硕士研究生入学考试辅导丛书

考研 材料力学

复习全书 》》》

94%为精选真题，近五年占比42%

薛佳祥　肖永锋　主编

- 知识点+例题+配套视频，高效学习
- 75种题型分类训练，强化解题能力

哈尔滨工业大学出版社
HITP　HARBIN INSTITUTE OF TECHNOLOGY PRESS

内 容 简 介

本丛书是为硕士研究生招生入学考试编写的材料力学综合辅导用书，涵盖了材料力学上册和下册的所有内容。在丛书的编写过程中，参考了各大院校指定的材料力学经典教材，从四十多所院校的近十年真题中挑选了一些经典题，按照"知识点—题型—例题—综合题"进行编排，在重视力学基本概念、理论阐述的同时，更注重题型划分、解题方法总结和做题能力训练。相信通过本丛书的学习，同学们可以更好地理解力学概念，掌握解题技巧，顺利取得高分。

本丛书可作为研究生入学考试的辅导书，也可作为高等工科院校本科生和专科生学习材料力学课程时的参考书、教师教学参考资料以及相关人士的自学用书。

图书在版编目（CIP）数据

考研材料力学.1，复习全书 / 薛佳祥，肖永锋主编
. — 哈尔滨：哈尔滨工业大学出版社，2023.3
ISBN 978-7-5603-3962-7

Ⅰ. ①考⋯ Ⅱ. ①薛⋯ ②肖⋯ Ⅲ. ①材料力学-研
究生-入学考试-自学参考资料 Ⅳ. ①TB301

中国版本图书馆 CIP 数据核字（2022）第 095053 号

策划编辑　王桂芝
责任编辑　陈雪巍　　王　爽　　林均豫
出版发行　哈尔滨工业大学出版社
社　　址　哈尔滨市南岗区复华四道街 10 号　邮编 150006
传　　真　0451-86414749
网　　址　http://hitpress.hit.edu.cn
印　　刷　明玺印务（廊坊）有限公司
开　　本　787 mm×1 092 mm　1/16　印张 20　字数 425 千字
版　　次　2023 年 3 月第 1 版　　2023 年 3 月第 1 次印刷
书　　号　ISBN 978-7-5603-3962-7
定　　价　99.80 元（全两册）

前　言

　　为了更好地帮助广大考生在有限的备考时间内，准确理解和掌握考研材料力学知识点，全面提高力学思维和解题能力，编者结合自己的考研经验及多年材料力学考研辅导心得，精心编写了本丛书，以帮助考生顺利通过研究生入学考试。

　　本丛书共有两册，包含《考研材料力学：复习全书》（简称《复习全书》）和《考研材料力学：真题分类训练365题》（简称《365题》）。

　　在《复习全书》的撰写过程中，编者参考了各大院校指定的材料力学教材和四十多所院校的近十年真题，从中挑选了一些经典题作为例题，按照"知识点—题型—例题—综合题"的方式进行编排，归纳总结了75种常考题型，每种题型下均有若干例题，不仅给出了详细的解答过程，还对重要的解题方法、解题技巧、易错点和难点进行了批注。值得一提的是，《复习全书》共346道题，其中94%为各大院校历年材料力学考研真题，近五年（2018—2022年）真题比例高达42%，是本书的一大特色。

　　《365题》与《复习全书》配套使用可实现最佳学习效果，在完成知识点的学习，掌握常考题型的解题方法和技巧后，考生可通过练习《365题》来检验学习效果，巩固做题能力，提高做题速度和准确度。在题目的选取上，《365题》也是以各大院校材料力学考研真题为主，92%为真题，其中近五年（2018—2022年）真题占比高达51%。希望考生一节一节地学，一题一题地练，最终建立完整的考研材料力学知识框架，实现真正意义上的"稳扎稳打"。

　　为了更好地帮助考生复习，请购买本丛书的考生加入QQ交流群，我们会在群里提供针对本丛书的免费答疑。此外，在考研材料力学复习中遇到任何问题，均可添加编者微信，我们将尽心为您解答。

　　（QQ交流群）　　　　　　　　　　　（编者微信）

　　最后希望本丛书能为考生们的复习备考带来帮助。限于编者水平，书中难免有不足和疏漏之处，恳请读者批评指正。祝大家复习顺利、心想事成、考研成功。

编　者

2023年2月

目　　录

第一篇　材料力学（Ⅰ）

第一章　绪论 …………………………………………………………………… 1

　第一节　材料力学的任务 ………………………………………………… 1

　第二节　材料力学基本假设 ……………………………………………… 2

　第三节　外力、内力、截面法、应力 ……………………………………… 3

　第四节　变形与应变 ……………………………………………………… 5

　综合题 ……………………………………………………………………… 6

第二章　轴向拉伸与压缩 …………………………………………………… 8

　第一节　概述 ……………………………………………………………… 8

　第二节　轴力计算 ………………………………………………………… 8

　　题型一：快速绘制轴力图 ……………………………………………… 9

　　题型二：二力杆的轴力计算 …………………………………………… 10

　第三节　应力及强度条件 ………………………………………………… 12

　　题型三：拉压杆应力公式的理解 ……………………………………… 13

　　题型四：拉压杆件应力计算 …………………………………………… 14

　　题型五：拉压杆强度计算 ……………………………………………… 16

　第四节　材料拉伸（压缩）力学性能 ……………………………………… 19

　　题型六：拉伸实验 ……………………………………………………… 20

　　题型七：弹性应变和塑性应变计算 …………………………………… 22

　第五节　轴向拉压杆件的变形、应变能 …………………………………… 25

　　题型八：拉压杆的轴向变形 …………………………………………… 26

　　题型九：应变能和能量法计算位移 …………………………………… 28

　第六节　剪切与挤压 ……………………………………………………… 32

　　题型十：连接件强度计算 ……………………………………………… 33

　综合题 ……………………………………………………………………… 38

第三章　扭转 ･･･ 43

　　第一节　概述 ･･･ 43

　　第二节　外力偶矩、扭矩、扭矩图 ･････････････････････････ 43

　　　　题型一：快速绘制扭矩图 ･･････････････････････････････ 44

　　第三节　等直圆杆的扭转切应力 ･･･････････････････････････ 46

　　　　题型二：计算扭转切应力 ･･････････････････････････････ 49

　　　　题型三：切应力互等定理 ･･････････････････････････････ 51

　　第四节　等直圆杆的扭转变形 ･････････････････････････････ 52

　　　　题型四：与相对扭转角有关的计算 ･･････････････････････ 53

　　第五节　圆柱形螺旋弹簧的应力和变形 ･････････････････････ 57

　　　　题型五：弹簧的应力与变形 ･･･････････････････････････ 59

　　第六节　等直非圆杆的扭转 ･･･････････････････････････････ 60

　　　　题型六：等直非圆杆的扭转 ･･･････････････････････････ 60

　　第七节　开口和闭口薄壁杆的自由扭转 ･････････････････････ 61

　　　　题型七：与薄壁杆自由扭转有关的计算 ･･････････････････ 62

　　综合题 ･･･ 64

第四章　弯曲应力 ･･･ 69

　　第一节　概述 ･･･ 69

　　第二节　剪力图、弯矩图 ･････････････････････････････････ 69

　　　　题型一：列方程作剪力图和弯矩图 ･････････････････････ 73

　　　　题型二：快速绘制剪力图和弯矩图 ･････････････････････ 75

　　　　题型三：已知弯矩图、剪力图画荷载图 ･･････････････････ 80

　　　　题型四：曲杆的内力图 ･･･････････････････････････････ 82

　　第三节　弯曲正应力和切应力 ･････････････････････････････ 85

　　　　题型五：计算弯曲正应力和切应力 ･････････････････････ 88

　　　　题型六：校核梁的强度 ･･･････････････････････････････ 90

　　　　题型七：确定梁的许用荷载 ･･･････････････････････････ 93

　　　　题型八：确定梁的尺寸 ･･･････････････････････････････ 96

　　综合题 ･･･ 99

第五章　弯曲变形 ･･･ 104

　　第一节　概述 ･･･ 104

第二节　挠度和转角···104

　题型一：积分法计算挠度和转角···107

　题型二：分段刚化法（叠加法）计算挠度和转角·······························110

第三节　弯曲应变能···114

　题型三：计算弯曲应变能···114

第四节　梁弯曲时的曲率···117

　题型四：与曲率有关的计算··117

第五节　两种材料的组合梁···119

　题型五：组合梁的计算···120

综合题···123

第六章　超静定问题及其解法··125

第一节　概述···125

　题型一：超静定次数判断···126

第二节　拉压超静定问题···128

　题型二：荷载作用下拉压超静定计算（变形协调）·························128

　题型三：装配误差作用下拉压超静定计算······································133

　题型四：温度作用下拉压超静定计算···136

第三节　扭转超静定问题···140

　题型五：扭转超静定的计算··140

第四节　简单超静定梁··142

　题型六：简单超静定梁的计算··142

综合题···147

第七章　应力状态与强度理论··153

第一节　概述···153

第二节　应力状态、单元体··153

　题型一：应力状态和单元体的理解··154

　题型二：外荷载作用下，某点的应力状态表示·······························156

第三节　平面应力状态分析··158

　题型三：求主应力大小和主平面方位···160

第四节　空间应力状态··165

　题型四：空间应力状态及其应力圆··166

第五节　应力与应变的关系··167

题型五：广义胡克定律的应用（求应变） ·········· 168

题型六：已知应变求荷载 ·········· 173

题型七：计算体应变 ·········· 175

题型八：薄壁圆筒的有关问题 ·········· 177

第六节　强度理论 ·········· 180

题型九：利用强度理论进行安全校核 ·········· 182

综合题 ·········· 187

第八章　组合变形 ·········· 193

第一节　概述 ·········· 193

第二节　斜弯曲 ·········· 193

题型一：斜弯曲计算 ·········· 195

第三节　拉伸（压缩）与弯曲 ·········· 198

题型二：拉（压）弯组合的计算 ·········· 198

第四节　偏心压缩（拉伸）与截面核心 ·········· 201

题型三：偏心压缩（拉伸）计算 ·········· 204

题型四：截面核心 ·········· 206

第五节　扭转与弯曲 ·········· 207

题型五：扭转与弯曲组合计算 ·········· 208

综合题 ·········· 212

第九章　压杆稳定 ·········· 216

第一节　概述 ·········· 216

第二节　细长压杆临界力的欧拉公式 ·········· 217

题型一：临界荷载的计算 ·········· 217

第三节　欧拉公式的适用范围、经验公式 ·········· 219

题型二：静定结构稳定性校核 ·········· 220

题型三：超静定结构稳定性校核 ·········· 224

题型四：不同平面内失稳 ·········· 227

综合题 ·········· 229

附：截面几何性质 ·········· 233

第一节　静矩与形心 ·········· 233

题型一：计算静矩和形心位置 ·········· 234

第二节　惯性矩、极惯性矩、惯性积···································236

　　题型二：计算惯性矩和惯性积·····································237

第三节　平行移轴公式···239

　　题型三：平行移轴公式与组合截面惯性矩计算·······················240

第四节　转轴公式、主惯性轴···242

　　题型四：计算形心主惯性矩·······································243

　　题型五：应用转轴公式求惯性矩···································245

综合题···246

第二篇　材料力学（Ⅱ）

第十章　能量法···249

第一节　概述···249

第二节　杆件应变能（内力功）的计算·································249

　　题型一：计算应变能···250

第三节　外力功、线弹性体功的互等定理·······························252

第四节　结构位移计算——单位荷载法·································255

　　题型二：用积分法计算莫尔积分···································257

　　题型三：图乘法计算莫尔积分·····································258

第五节　卡氏定理···268

　　题型四：卡氏定理求力···268

　　题型五：卡氏定理求位移···272

第十一章　力法···276

第一节　力法原理和力法方程···276

第二节　力法解超静定结构···278

　　题型一：力法解超静定刚架·······································278

　　题型二：力法解其他超静定结构···································282

第三节　对称性的利用···284

　　题型三：对称性的利用···284

第十二章　动荷载···288

第一节　概述···288

第二节　动静法求应力和变形···288

题型一：匀加速直线运动构件的动应力 ································· 289

题型二：匀速转动构件的动应力 ······························ 289

第三节　受冲击时的应力和变形 ································· 291

题型三：自由落体冲击 ································· 292

题型四：水平冲击 ································· 294

题型五：起吊重物的冲击 ································· 296

综合题 ································· 297

第十三章　塑性极限分析 ································· 301

第一节　概述 ································· 301

第二节　拉压杆件的塑性分析 ································· 302

题型一：计算杆系结构的极限荷载 ································· 302

第三节　圆轴的极限扭矩 ································· 303

题型二：计算圆轴的极限扭矩 ································· 304

第四节　梁的的极限弯矩 ································· 305

题型三：计算极限弯矩 ································· 308

第一篇 材料力学（Ⅰ）

第一章 绪论

第一节 材料力学的任务

构件是组成工程结构和机械的单个组成部分，如建筑物的梁和柱、机床轴等。材料力学的研究对象是**构件**，讨论的是单个构件是否能正常安全地工作。对构件正常安全工作的要求可归纳为如下三点：

（1）在荷载作用下，构件应不至于破坏（断裂或失效），即应具有足够的**强度**。

（2）在荷载作用下，构件所产生的变形，应不超过工程上允许的范围，即应具有足够的**刚度**。

（3）承受荷载作用时，构件在其原有形态下的平衡应保持为稳定的平衡，亦即要满足**稳定性**的要求。

构件的强度、刚度和稳定性问题均与所用材料的**力学性能**（主要是指在外力作用下材料变形与所受外力之间的关系，以及材料抵抗变形与破坏的能力）有关，这些力学性能均需通过材料试验来测定。此外，**实验研究**和**理论分析**都是完成材料力学的任务所必需的。

构件设计时，不仅需满足上述强度、刚度和稳定性要求，还应尽可能地合理选用材料和降低材料的消耗量，以节约资金或减轻构件自重，前者往往要求多用材料，而后者则要求少用材料，两者之间存在着矛盾。**材料力学的任务**就在于合理地解决**安全可靠**与**经济适用**的矛盾。

【例题 1.1】构件的强度、刚度和稳定性（　　）。（山东大学 2019）

A. 仅与材料的力学性能有关　　　　　　B. 仅与构形状尺寸有关

C. 与上述二者都有关　　　　　　　　　D. 与上述二者都无关

【解析】

构件的强度、刚度和稳定性问题均与所用的材料的力学性能有关，若构件横截面尺寸不足、形状不合理或材料选用不当，将不能满足上述要求，故本题选 C。

【例题 1.2】简述构件正常工作满足的要求及材料力学的任务。（中国科学技术大学 2012）

【解析】

（1）为保证构件正常工作，构件应有足够的能力负担起应当承担的荷载。因此它应当满足以下要求：强度要求、刚度要求和稳定性要求。（2）材料力学任务在满足强度、刚度和稳定性的要求下，为设计既经济又安全的构件提供必要的理论基础和计算方法。

【例题 1.3】 下列结论中，正确的是（　　）。（昆明理工大学 2019）

A．材料力学的任务是研究各种材料的力学问题

B．材料力学的任务是在保证安全的原则下设计构件

C．材料力学的任务是在力求经济的原则下设计构件

D．材料力学的任务是在既安全又经济原则下为设计构件提供分析计算的基本理论和方法

【解析】

材料力学的任务是解决安全可靠与经济适用的矛盾，故本题选 D。

第二节　材料力学基本假设

构件在进行强度、刚度或稳定性计算时，通常略去一些次要因素，将它们抽象为理想化的材料，然后进行理论分析。材料力学中所做的三个基本假设如下：

连续性假设： 物体在整个体积内连续地充满了物质而毫无空隙。

均匀性假设： 物体内任意点处取出的体积单元，其力学性能都能代表整个物体的力学性能。

各向同性假设： 材料沿各个方向的力学性能均相同。

此外，材料力学中所研究的构件在承受荷载作用时，其变形与构件的原始尺寸相比通常甚小，可以忽略不计，因此在研究构件的平衡和运动及内部受力变形等问题时，均可按构件的原始尺寸和形状进行计算，以上称为**小变形假设**。

【例题 1.4】 铸铁的连续性、均匀性和各向同性假设在（　　）适用。

A．宏观（远大于晶粒）尺度　　　　B．细观（晶粒）尺度

C．微观（原子）尺度　　　　　　　D．以上三项均不适用

【解析】

（1）组成固体的粒子之间存在空隙，并不连续，但这种空隙大小与构件的尺寸相比极其微小，可以不计。（2）就常用金属来说，组成金属的各晶粒的力学性能并不完全相同。但因构件或构件任一部分中都包含数量极多的晶粒，而且无规则地排列，固体的力学性能是各晶粒的力学性能的统计平均值，所以可以认为各部分的力学性能是均匀的。（3）就金属的单一晶粒来说，沿不同方向，力学性能并不一样。但金属构件包含数量众多的晶粒，且杂乱无章地排列，这样，沿各个方向的力学性能就接近相同了。由以上结论可以分析出铸铁的连续性、均匀性和各向同性在宏观（远大于晶粒）尺度适用，故本题选 A。

【例题 1.5】 根据均匀、连续性假设，可以认为（　　）。（北京科技大学 2012）

A．构件内的变形处处相同　　　　B．构件内的位移处处相同

C. 构件内的应力处处相同　　　　D. 构件内的弹性模量处处相同

【解析】

均匀性和连续性假设都是对构件本身的力学性能进行假设，变形、位移与应力都不属于力学性能，前两者是由外力或所属条件发生变化而产生的力学现象，应力属于内力，只有弹性模量属于力学性能，故本题选 D。

【例题 1.6】 在下列四种工程材料中，不可应用各向同性假设的是（　　）。（重庆大学 2012）

A. 铸铁　　　B. 玻璃　　　C. 松木　　　D. 碳素钢

【解析】

铸铁、玻璃与碳素钢属于各向同性材料，松木属于各向异性材料，故本题选 C。

【例题 1.7】 小变形的概念指的是（　　）。（扬州大学 2014）

A. 杆件在弹性范围内的变形

B. 杆件在垂直于轴线方向的变形

C. 结构的结点位置与原始位置相比为微小的变化

D. 与杆件本身尺寸相比为很小的变形

【解析】

材料力学所研究的问题限于小变形的情况，认为无论是变形或因变形引起的位移，其大小都远小于构件的最小尺寸，故本题选 D。

第三节　外力、内力、截面法、应力

外力 是外部物体对构件的作用力，包括外加荷载和约束反力。

按外力的 **作用方式** 分为表面力、体积力。

（1）表面力：作用于物体表面上的力，又可分为分布力和集中力。

（2）体积力：连续分布于物体内部各点上的力，如物体的重力、磁力、惯性力。

按外力是否随 **时间变化** 分为静荷载、动荷载。

（1）静荷载：荷载缓慢地由零增加到某一定值后，荷载大小保持不变或变化不显著。

（2）动荷载：荷载随时间而变化，分为交变荷载（海浪）和冲击荷载。

内力 是指材料因变形引起内部质点间相互位置变化而产生的附加力，材料力学中的内力，是指内力主矢和主矩 F、M，为求出内力，假想沿 **截面截开**，留下一部分作为研究对象，如图 1.1 所示。为了表示内力在某一点处的强度，引入内力集度，即 **应力** 的概念。

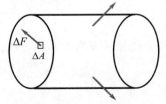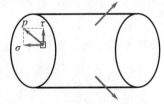

图 1.1

整个截面上各点处应力 p 与微面积 $\mathrm{d}A$ 之乘积的合成，即为该截面的内力。

$$p = \lim_{\Delta A \to 0} \frac{\Delta F}{\Delta A} = \frac{\mathrm{d}F}{\mathrm{d}A}, \quad F = \int_A p \, \mathrm{d}A$$

圣维南原理指出：如用与外力系静力等效的合力来代替原力系，则除在原力系作用区域内有明显差别外，在离外力作用区域略远处（如距离约等于横截面尺寸处）的影响非常微小，可以不计。

【例题 1.8】材料力学用什么方法求解内力？这一方法的基本步骤是什么？（东北林业大学 2016）

【解析】

由于内力是物体内部相邻部分之间的相互作用，为了显示内力，可应用截面法。截面法可归纳为以下三步：（1）欲求某一截面上的内力时，先沿该截面假想地把构件分为两部分，然后任意地取出一部分作研究对象，并弃去另一部分。（2）用作用于截面上的内力代替弃去部分对取出部分的作用。（3）建立取出部分的平衡方程，确定未知内力。

【例题 1.9】下列结论中正确的是（　　）。（重庆大学 2017）

A. 杆件某截面上的内力是该截面上应力的代数和

B. 杆件某截面上的内力是该截面上内力的平均值

C. 截面上某点的应力是该点处分布内力的集度

D. 内力必定大于应力

【解析】

内力是指由外力引起的、物体内部相邻部分之间分布内力系的合成，杆件截面上的内力分布集度，称为应力，故本题选 C。

【例题 1.10】内力和应力的关系（　　）。（上海理工大学 2019）

A. 内力大于应力　　　　　　　　B. 内力等于应力的代数和

C. 内力是矢量、应力是标量　　　D. 应力是分布内力的集度

【解析】

杆件截面上的内力分布集度，称为应力，故本题选 D。

【例题 1.11】下面对于内力描述正确的是（　　）。（广西大学 2018）

A. 外力的合力　　　　　　B. 分布内力系的合成

C. 横截面上的应力　　　　D. 外力的集度

【解析】

内力是指由外力引起的、物体内部相邻部分之间分布内力系的合成，故本题选 B。

第四节　变形与应变

构件在荷载作用下位置发生的变化可分为**刚体位移**和**变形位移**，材料力学中的变形通常是指变形位移，包括物体**尺寸**的改变和**形状**的改变。而变形包括线变形和角变形两种基本形式，**线变形**为线段长度的变化，**角变形**为线段间夹角的变化，为了度量变形程度，引入**应变**概念。

应变包括线应变和切应变（角应变），**线应变**为每单位长度的纵向伸长率，**切应变**表示变形前互相垂直的两条直线在变形后其直角的改变量。

工程构件在荷载作用下的变形通常是以下四种基本变形形式的组合。

（1）**轴向拉伸或压缩**：主要变形是构件长度的改变。

（2）**剪切**：主要变形是构件横截面沿外力作用方向发生相对错动。

（3）**扭转**：主要表现为构件的相邻横截面绕轴线发生相对转动，其表面纵向线将变成螺旋线，而轴线仍维持直线。

（4）**弯曲**：主要表现为杆件的相邻横截面将绕垂直于杆轴线的轴发生相对转动，而变形后的杆件轴线将弯成曲线。

【例题 1.12】关于弹性体受力后某一方向应力与应变的关系，有如下结论，正确的是（　　）。（中南大学 2014）

A. 有应力一定有应变，有应变不一定有应力

B. 有应力不一定有应变，有应变不一定有应力

C. 有应力不一定有应变，有应变一定有应力

D. 有应力一定有应变，有应变一定有应力

【解析】

已知 $\varepsilon_x = \dfrac{1}{E}(\sigma_x - v\sigma_y)$，若 $\sigma_x = v\sigma_y$，此时有应力，但应变为 0，即有应力不一定有应

变；如图 1.2 所示，拉应力引起纵向伸长线应变 ε 的同时也会引起横向线应变 ε'，且 $\varepsilon' = -v\varepsilon$，即纵向伸长，横向缩短，但横向无应力，所以有应变不一定有应力，故本题选 B。

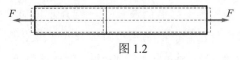

图 1.2

【例题 1.13】如图 1.3（a）和图 1.3（b）所示单元体中，实线代表变形前，虚线代表变形后，图 1.3（a）角应变为_____，图 1.3（b）角应变为_____。（暨南大学 2020）

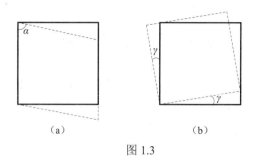

(a)   (b)

图 1.3

【解析】

图 1.3（a）角应变为 $\dfrac{\pi}{2}-\alpha$，图 1.3（b）角应变为 0。

综 合 题

【例题 1.14】下列说法中，错误的是（　　）。（昆明理工大学 2020）

A．根据各向同性假设，可认为材料的弹性常数在各方向都相同

B．根据均匀性假设，可认为构件的弹性常数在各点处都相同

C．若物体内各部分均无变形，则物体内各点的应变必为零

D．若物体内各部分均无变形，则物体内各点的位移必为零

【解析】

均匀性假设：物体内任意点处取出的体积单元，其力学性能都能代表整个物体的力学性能；各向同性假设：材料沿各个方向的力学性能均相同。故 A、B 选项正确。物体可发生刚性位移，所以物体内均无变形也可有位移，故本题选 D。

【例题 1.15】在静力学中，将研究对象看作刚体；而在材料力学中，又将研究对象看作变形固体，是何原因？其中对变形固体的三个基本假设是什么？（扬州大学 2013）

【解析】

（1）在力作用下，物体内部任意两点之间的距离始终保持不变，也就是说，在力的作用下，物体的大小和变形都不变，这样的物体就是刚体。固体因外力作用而变形，故称为变形固体或可变形固体。固体有多方面的属性，研究角度不同，侧重各不一样，由于材料力学研究构件的强度、刚度和稳定性要抽象出力学模型，故将研究对象看作变形固体。

（2）变形固体的三大假设分别是连续性假设、均匀性假设、各向同性假设。

【例题 1.16】如图 1.4 所示各单元体中，虚线表述受力变形后的情况，α 代表转角（弧度），它们的剪应变分别是 $\gamma_a =$ _____、$\gamma_b =$ _____、$\gamma_c =$ _____。（暨南大学 2016）

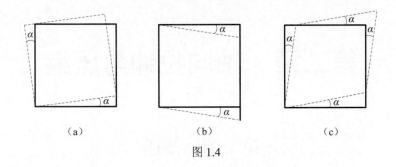

图 1.4

【解析】

图 1.4 中各单元体剪应变分别是 $\gamma_a = 0$、$\gamma_b = a$、$\gamma_c = 2a$。

【例题 1.17】 材料力学在其基本假设下研究了外力作用下杆的几种基本变形。请对下面叙述的缺省部分填空，以说明材料力学研究的基本变形及基本假设：

材料力学在（　　）假设下，依据构件上外力作用特点研究杆件的（　　）基本变形。

（1）剪切变形：作用于构件两侧面且与杆件（　　）垂直的外力，可以简化为大小相等、方向相反、（　　）的一对力，使杆件两部分发生（　　），这就是剪切变形。

（2）拉伸（压缩）变形：当杆件上外荷载合力的（　　）与杆件（　　）重合，杆件变形是沿着（　　）。

（3）扭转变形：杆件两端作用两大小相等、方向相反的（　　），且其作用平面垂直于杆件（　　），致使杆件任意两横截面发生（　　）的相对转动。对于圆截面杆件，基本假设中的（　　）条件理解为该杆件扭转变形前横截面为（　　），变形后仍然（　　），此时杆件横截面就像（　　）转动微小角度。（中国科学院大学 2013）

【解析】

材料力学在（**连续、均匀、各向同性**）假设下，依据构件上外力作用特点研究杆件的（**拉压、剪切、扭转、弯曲**）基本变形。

（1）剪切变形：作用于构件两侧面且与杆件（**轴线**）垂直的外力，可以简化为大小相等、方向相反、（**作用线相互平行且靠得很近**）的一对力，使杆件两部分发生（**沿外力作用方向的相对错动**），这就是剪切变形。

（2）拉伸（压缩）变形：当杆件上外荷载合力的（**作用线**）与杆件（**轴线**）重合，杆件变形是沿着（**轴线方向的伸长或缩短**）。

（3）扭转变形：杆件两端作用两大小相等，方向相反的（**力偶矩**），且其作用平面垂直于杆件（**轴线**），致使杆件任意两横截面发生（**绕轴线**）的相对转动。对于圆截面杆件，基本假设中的（**平面假定**）条件理解为该杆件扭转变形前横截面为（**平面**），变形后仍然（**为平面**），此时杆件横截面就像（**绕轴相对**）转动微小角度。

第二章　轴向拉伸与压缩

第一节　概述

工程实践中经常遇到承受拉伸或者压缩的杆件，如千斤顶的螺杆在顶起重物时，承受压缩；起重钢索在起吊重物时承受拉伸；桁架桥梁中，有的杆件受拉伸，有的杆件受压缩，这类构件简称为**拉（压）杆**。它们都有一个共同的特点：作用于杆件两端的外力合力作用线与杆件轴线重合，杆件的变形是沿着轴线方向的伸长或缩短。若把这些杆件的形状和受力状况进行简化，则可以得到如图 2.1 所示的受力简图，图中虚线表示变形后的形状。

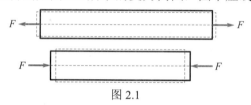

图 2.1

第二节　轴力计算

一、内力、截面法、轴力

如图 2.2（a）所示，设等直杆在两端轴向拉力 F 作用下处于平衡，可用截面法来求解横截面 $m-m$ 上的内力：假想地将杆件在横截面 $m-m$ 处截断成两部分，取左边部分为研究对象，将左边部分对研究对象的作用以截开面上的内力代替，合力为 F_N，如图 2.2（b）。

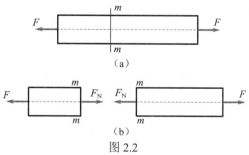

(a)

(b)

图 2.2

对研究对象列平衡方程：$F_N = F$，式中，F_N 为杆件任一截面 $m-m$ 上的内力，与杆的轴线重合，称为**轴力**，其特点：垂直横截面并通过其形心。若取 $m-m$ 截面右边部分为研究对象，则在截开面上的轴力与左边部分截开面的轴力数值相等，指向相反。

轴力的符号规定：若轴力的指向背离横截面，则规定为正，称为**拉力**；若轴力的指向指向横截面，则规定为负，称为**压力**。由此可知，图 2.2（b）中，无论取左边部分为研究对象还是取右边部分为研究对象，$m-m$ 截面的轴力均为拉力。需要注意的是，杆件在某确定的外力作用下，横截面上的轴力是确定的，只能是拉力（或者压力），与隔离体的选取（无论是取左边部分为隔离体还是取右边部分为隔离体）及求解方法（无论是截面法还是快速绘制轴力图的方法）无关。

二、快速绘制轴力图

快速绘制轴力图的步骤如下：

（1）求解支座反力；

（2）从左至右依次作轴力图。变截面杆件可视为等截面直杆（截面尺寸只影响应力，不影响内力），遇到集中荷载发生突变，均布荷载发生渐变，从 0 开始，最终归于 0。从左往右，外力方向向左，向上突变或渐变；外力方向向右，向下突变或渐变；可简记为"从左往右，左上右下"。

题型一：快速绘制轴力图

【例题 2.1】如图 2.3 所示的变截面杆，两部分的横截面面积分别为 A 和 $2A$，杆的长度和受力如图，材料弹性模量为 E，试绘制轴力图。（哈尔滨工程大学 2019）

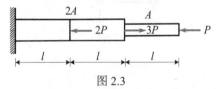

图 2.3

【解析】

根据快速绘制轴力图方法，绘制轴力图如图 2.4 所示。

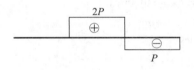

图 2.4

【例题 2.2】如图 2.5 所示的杆由五段组成，中间三段均布荷载大小分别为 $3q$、q、$2q$，每段长度均为 l，试绘制轴力图。（河海大学 2020）

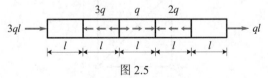

图 2.5

【解析】

根据快速绘制轴力图方法，绘制轴力图如图 2.6 所示。

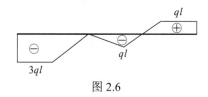

图 2.6

三、二力杆及其轴力计算

二力杆常见于桁架结构中。杆件为直杆且只承受轴向力的杆件称为二力杆，其常见形式：两端均用铰与其他结构相连。二力杆内部只有轴力，而无弯矩和剪力。通常用节点法或截面法求二力杆的轴力。

题型二：二力杆的轴力计算

【例题 2.3】 杆 AC、BC 在 C 处铰接，A、B 端与墙面铰接，如图 2.7 所示。F_1 和 F_2 作用在 C 点，$F_1 = 300\,\text{N}$，$F_2 = 500\,\text{N}$，不计杆重，试求两杆所受的力。（吉林大学 2017）

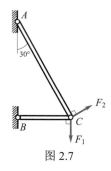

图 2.7

【解析】

列平衡方程：

$\sum F_x = 0$，$F_{\text{N}BC} + F_{\text{N}AC} \times \cos 60^\circ = F_2 \cos 30^\circ$；

$\sum F_y = 0$，$F_1 = F_2 \sin 30^\circ + F_{\text{N}AC} \sin 60^\circ$；

$F_{\text{N}AC} = \dfrac{100}{\sqrt{3}}\,\text{N}$（拉力），$F_{\text{N}BC} = \dfrac{700}{\sqrt{3}}\,\text{N}$（拉力）。

【例题 2.4】 正方形桁架如图 2.8 所示，设 N_{AB}、N_{BC} 分别表示杆 AB、BC 的轴力，A、C 铰节点受力为 P，则下列结论中，正确的是（　　）。（昆明理工大学 2019）

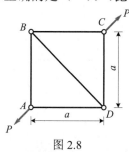

图 2.8

A. $N_{AB} = N_{AD} = N_{BC} = N_{CD} = \sqrt{2} \, P/2$, $N_{BD} = \sqrt{2} \, P/2$

B. $N_{AB} = N_{AD} = N_{BC} = N_{CD} = \sqrt{2} \, P/2$, $N_{BD} = P$

C. $N_{AB} = N_{AD} = N_{BC} = N_{CD} = \sqrt{2} \, P/2$, $N_{BD} = -P$

D. $N_{AB} = N_{AD} = N_{BC} = N_{CD} = \sqrt{2} \, P$, $N_{BD} = -P$

【解析】

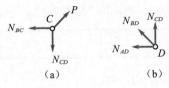

图 2.9

C 节点受力如图 2.9（a）所示，$N_{BC} = P\cos 45° = \sqrt{2} \, P/2$，$N_{CD} = P\sin 45° = \sqrt{2} \, P/2$；

D 节点受力如图 2.9（b）所示，$N_{BD}\cos 45° + N_{CD} = 0$，$N_{BD}\sin 45° + N_{AD} = 0$；

解得 $N_{BD} = -P$，$N_{AD} = \sqrt{2} \, P/2$，由对称性得 $N_{AB} = \sqrt{2} \, P/2$，故本题选 C。

【例题 2.5】如图 2.10 所示结构中，杆 AB 为刚性杆，杆 1、2、3 的材料相同，弹性模量 $E = 200$ GPa，横截面面积 $A_1 = 2A_2 = 2A_3 = 200$ mm²，外力 $F = 20$ kN，$l = 1$ m，试求杆 1、2、3 的轴力。（重庆大学 2014）

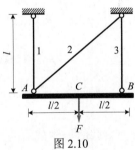

图 2.10

【解析】

根据截面法，取如图 2.11 所示的 AB 为隔离体进行受力分析，列静力平衡方程：

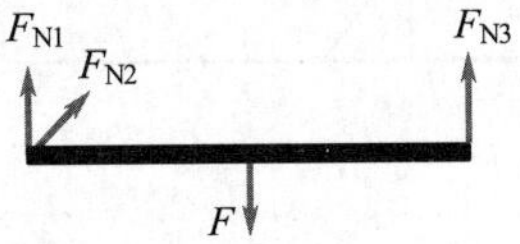

图 2.11

$\sum F_x = 0$，$F_{N2} \cdot \cos 45° = 0$；$\sum F_y = 0$，$F_{N1} + F_{N3} - F = 0$，

$\sum M_A = 0$，$F_{N3} \cdot l - F \cdot \dfrac{l}{2} = 0$；解得 $F_{N1} = 10$ kN，$F_{N2} = 0$，$F_{N3} = 10$ kN。

【注】本题是重庆大学 2014 年真题，通过截面法求解杆 1、2、3 轴力是基础，原题还需求解 C 点的水平位移和竖向位移。位移求解是材料力学的重点题型，将在后续章节系统介绍。

第三节　应力及强度条件

一、横截面正应力和斜截面应力

1. 横截面正应力

拉压杆横截面正应力公式为 $\sigma = F_N/A$，如图 2.12 所示。

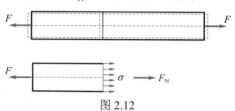

图 2.12

【注】（1）该公式在截面离杆端距离大于杆横向尺寸范围内适用。（2）公式仅表示截面正应力的平均值，并非真实应力分布。（3）杆件横截面在变形后沿杆轴做相对平移，截面仍为平面，即满足平面假定。

【趁热打铁】试推导轴向受力构件的截面正应力公式。（南昌大学 2018）

【解析】

由于假设材料是均匀的，杆内分布内力集度与杆纵向线段的变形相对应，因此杆截面上正应力均匀分布，静力关系为 $F_N = \int_A \sigma \, dA = \sigma \int_A dA = \sigma A$，所以 $\sigma = \dfrac{F}{A}$。

2. 斜截面应力

斜截面上既有正应力也有切应力，正应力 $\sigma_\alpha = \sigma_0 \cos^2 \alpha$，切应力 $\tau_\alpha = \dfrac{\sigma_0}{2} \sin 2\alpha$，式中，$\sigma_0 = \dfrac{F}{A}$ 为横截面的正应力，角度 α 为斜截面与横截面的夹角，以横截面外法线向斜截面外法线逆时针转向为正，如图 2.13 所示。

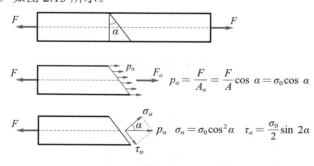

$$p_\alpha = \frac{F}{A_\alpha} = \frac{F}{A} \cos \alpha = \sigma_0 \cos \alpha$$

$$\sigma_\alpha = \sigma_0 \cos^2 \alpha \quad \tau_\alpha = \frac{\sigma_0}{2} \sin 2\alpha$$

图 2.13

【注】（1）当 $\alpha = 0$ 时，$\sigma_\alpha = \sigma_0$，即横截面上正应力是不同方向截面上正应力最大值。

（2）当 $\alpha = 45°$ 时，$\tau_\alpha = \sigma_0/2$，即 $45°$ 横截面上切应力是不同方向截面上切应力最大值。

题型三：拉压杆应力公式的理解

【例题 2.6】 轴向拉伸（或压缩）杆件，横截面上的正应力公式 $\sigma = F_N/A$ 是由（　）。（重庆大学 2015）

A．线性弹性假设导出的　　　　B．小变形假设导出的

C．平截面假设导出的　　　　　D．刚周边假设导出的

【解析】

　　轴向拉伸（或压缩）正应力公式 $\sigma = F_N/A$ 是由平截面假设导出的，故本题选C。

【例题 2.7】 如图 2.14 所示一等直杆，在轴向外力 F 作用下，关于 a、b、c 三个截面的轴力，有（　）。（扬州大学 2015）

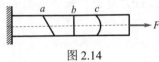

图 2.14

A．截面 a 轴力最大　　　　B．截面 b 轴力最大

C．截面 c 轴力最大　　　　D．a、b、c 三个截面轴力一样大

【解析】

　　本题考察轴力的定义，垂直于横截面并通过形心，作用线与杆的轴线重合的内力称为轴力。取隔离体如图 2.15 所示：

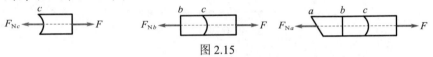

图 2.15

　　列水平方向平衡方程，可知：a、b、c 三个截面轴力一样大，故本题选D。

【例题 2.8】 下列结论中哪些是正确的是（　）。（暨南大学 2015）

（1）杆件的某个横截面上，若轴力 F_N 为正（即为拉力），则各点的正应力 σ 也均为正（即均为拉应力）。

（2）杆件的某个横截面上，若各点的正应力 σ 均为正，则轴力 F_N 也必为正。

（3）杆件的某个横截面上，若轴力 F_N 不为零，则各点的正应力均不为零。

（4）杆件的某个横截面上，若各点的正应力 σ 均不为零，则轴力也必定不为零。

A．（1）　　　　B．（2）　　　　C．（3）（4）　　　　D．全对

【解析】

　　横截面上为偏心拉力时，轴力为正，此时可能截面上一部分是拉应力，一部分是压应力，会出现正应力为零的点，（1）、（3）错；若出现如图 2.16 所示的正应力分布（纯弯曲且外力偶较大，塑性极限分析这一章会有介绍），则各点正应力均不为零，轴力为零，（4）错；正应力对横截面面积分即为轴力，（2）对。故本题选B。

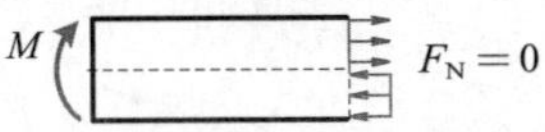

M ～ $F_N = 0$

图 2.16

【例题 2.9】 如图 2.17 所示的阶梯杆，CD 段横截面面积为 A，BC 和 DE 段横截面面积均为 $2A$，设 $1-1$、$2-2$、$3-3$ 截面上的正应力分别为 σ_{1-1}，σ_{2-2}，σ_{3-3}，则其大小次序为（　　）。（扬州大学 2020）

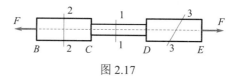

图 2.17

A. $\sigma_{1-1} > \sigma_{2-2} > \sigma_{3-3}$ B. $\sigma_{2-2} > \sigma_{3-3} > \sigma_{1-1}$

C. $\sigma_{3-3} > \sigma_{1-1} > \sigma_{2-2}$ D. $\sigma_{2-2} > \sigma_{1-1} > \sigma_{3-3}$

【解析】

　　轴力相同时，截面面积越小正应力越大；轴力和截面相同时，横截面正应力大于斜截面正应力，故本题选 A。

题型四：拉压杆件应力计算

【例题 2.10】 如图 2.18 所示变截面杆，两部分的横截面面积分别为 A 和 $2A$，杆的长度和受力如图，材料弹性模量为 E，试确定杆件的最大拉、压应力。（哈尔滨工程大学 2019）

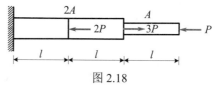

图 2.18

【解析】

　　作轴力图如图 2.19 所示：

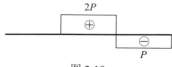

图 2.19

　　杆件的最大拉、压应力分别为 $\sigma_{\mathrm{t,max}} = \dfrac{F_{\mathrm{N1}}}{A_1} = \dfrac{2P}{2A} = \dfrac{P}{A}$，$\sigma_{\mathrm{c,max}} = \dfrac{F_{\mathrm{N2}}}{A_2} = \dfrac{P}{A}$。

【注】 本题为哈尔滨工程大学 2019 年真题，实际上还有第三问，求杆件的伸长量，轴向拉压杆的变形将在第五节进行学习。

【例题 2.11】 如图 2.20 所示圆截面杆，直径 $D = 30$ mm，所受轴力 $P = 15$ kN，求 AC 截面的正应力和 AB 截面的切应力及杆内的最大正应力和最大切应力。（大连理工大学 2011）

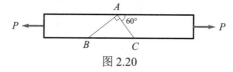

图 2.20

【解析】

$$\alpha = 30°, \quad \beta = -60°, \quad \sigma_\alpha = \sigma \cdot \cos^2\alpha, \quad \tau_\beta = \frac{\sigma}{2} \cdot \sin 2\beta,$$

AC 截面正应力：$\sigma_{30°} = \dfrac{P}{A} \cdot \cos^2\alpha = \dfrac{15 \times 10^3}{\frac{\pi}{4} \times 0.03^2} \times \cos^2 30° = 15.9 \ (\text{MPa})$，

AB 截面切应力：$\tau_{-60°} = \dfrac{P}{2A} \cdot \sin 2\beta = \dfrac{15 \times 10^3}{\frac{\pi}{4} \times 0.03^2} \times \dfrac{1}{2} \times \sin(-120°) = -9.2 \ (\text{MPa})$，

横截面上正应力最大，$\sigma_{\max} = \sigma = \dfrac{P}{A} = \dfrac{15 \times 10^3}{\frac{\pi}{4} \times 0.03^2} = 21.2 \ (\text{MPa})$；

45° 斜截面上切应力最大，$\tau_{\max} = \dfrac{\sigma}{2} = 10.6 \ \text{MPa}$。

【例题 2.12】图 2.21 所示支架中，已知两杆材料相同，横截面面积之比是 $A_1/A_2 = 2/3$，承受荷载为 F。试求：（1）两杆内应力相等时的夹角 θ；（2）两杆应力相等，且已知 $F = 10 \ \text{kN}$，$A_1 = 100 \ \text{mm}^2$ 时的杆内应力。（吉林大学 2014）

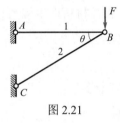

图 2.21

【解析】

（1）$F_y = 0$，$N_2 \sin\theta - F = 0$，$N_2 = \dfrac{F}{\sin\theta}$，$\sum F_x = 0$，$N_2 \cos\theta - N_1 = 0$，

$N_1 = N_2 \cos\theta = \dfrac{F}{\tan\theta}$，$\sigma_1 = \sigma_2$，$\dfrac{N_1}{N_2} = \dfrac{A_1}{A_2} = \dfrac{2}{3}$，$\dfrac{F/\tan\theta}{F/\sin\theta} = \cos\theta = \dfrac{2}{3}$，$\theta = 48.2°$。

（2）$\sigma_1 = \sigma_2 = \dfrac{N_1}{A_1} = \dfrac{F}{A_1 \tan\theta} = \dfrac{10 \times 10^3}{100 \times 10^{-6} \times \frac{\sqrt{5}}{2}} = 89.44 \ (\text{MPa})$。

【例题 2.13】如图 2.22 所示结构，杆件均为圆截面杆，其中杆 DC 截面直径为 28 mm，杆 BC 截面直径为 22 mm，求杆 DC 和杆 BC 的轴向应力。（上海交通大学 2017）

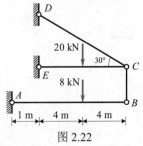

图 2.22

【解析】

取 AB 为隔离体，$\sum M_A = 0$，$F_{NBC} \cdot 9 - 8 \times 5 = 0$，

取 CE 为隔离体，$\sum M_E = 0$，$F_{NBC} \cdot 8 + 20 \times 4 - F_{NCD} \cdot 4 = 0$，

解得：$F_{NBC} = \dfrac{40}{9}$ kN（拉），$F_{NCD} = \dfrac{260}{9}$ kN（拉），

$$\sigma_{BC} = \frac{F_{BC}}{A_{BC}} = \frac{\frac{40}{9} \times 10^3}{\frac{\pi \times 22^2}{4}} = 11.69 \text{ (MPa)} \text{；} \quad \sigma_{CD} = \frac{F_{CD}}{A_{CD}} = \frac{\frac{260}{9} \times 10^3}{\frac{\pi \times 28^2}{4}} = 46.92 \text{ (MPa)}。$$

【注】 读者思考，如何求 CE 杆的轴力？

二、强度条件、安全因数、许用应力

脆性材料断裂时的应力是**强度极限** σ_b，塑性材料屈服时的应力是屈服极限 σ_s，这两者都是构件失效时的极限应力。为保证构件有足够的强度，在荷载作用下构件的实际应力（或称为工作应力）显然应低于极限应力。强度计算中，以大于 1 的因数除极限应力，并将所得结果称为许用应力，用 $[\sigma]$ 来表示。

塑性材料许用应力 $[\sigma] = \sigma_s/n_s$，脆性材料许用应力 $[\sigma] = \sigma_b/n_b$，n_s 和 n_b 均为大于 1 的安全系数。轴向构件拉伸或压缩时的强度条件为 $\sigma = F/A \leqslant [\sigma]$。

杆件截面强度计算有三类问题：

（1）**强度校核：** $\sigma = F_{N,\ max}/A \leqslant [\sigma]$。

（2）**截面选择：** $A = F_{N,\ max}/[\sigma]$。

（3）**确定许用荷载：** $[F] \leqslant [\sigma] A$。

【注】 （1）把杆件的最大工作应力与材料的强度指标结合起来，才能进行截面强度设计。
（2）强度设计中的三类问题，可理解为已知 A、σ、F 三者中的任意两个，求另外一个。

题型五：拉压杆强度计算

类型 1：校核强度

【例题 2.14】 如图 2.23 所示桁架，受铅垂荷载 $F = 50$ kN 作用，杆 1、2 的横截面均为圆形，其直径分别为 $d_1 = 15$ mm，$d_2 = 20$ mm，材料的许用应力均为 $[\sigma] = 150$ MPa，试校核桁架的强度。（山东大学 2017）

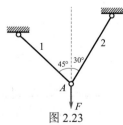

图 2.23

【解析】

（1）A 点受力如图 2.24 所示，列出 A 点的静力平衡方程求各杆轴力：

$\sum F_x = 0$，$F_1 \cdot \sin 45° = F_2 \cdot \sin 30°$，$\sum F_y = 0$，$F_1 \cdot \cos 45° + F_2 \cos 30° = F$，

$F_1 = \dfrac{2}{\sqrt{2}+\sqrt{6}} F = 0.518F = 25.9$（kN），$F_2 = \dfrac{2}{1+\sqrt{3}} F = 0.732F = 36.6$（kN）。

图 2.24

（2）校核各杆强度：

$$\sigma_1 = \frac{F_1}{A_1} = \frac{25.9 \times 10^3}{\frac{\pi}{4} \times 15^2 \times 10^{-6}} = 146.56 \ (\text{MPa}) < [\sigma] = 150 \ \text{MPa}$$

$$\sigma_2 = \frac{F_2}{A_2} = \frac{36.6 \times 10^3}{\frac{\pi}{4} \times 20^2 \times 10^{-6}} = 116.50 \ (\text{MPa}) < [\sigma] = 150 \ \text{MPa}$$

所以该桁架满足强度要求。

类型 2：截面选择

【例题 2.15】 如图 2.25 所示，AB 为圆截面钢杆，许用应力 $[\sigma] = 160$ MPa，已知 $P = 80$ kN，试确定杆 AB 的直径。（扬州大学 2011）

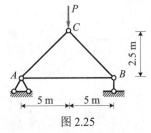

图 2.25

设 A、B 处支座反力分别为 F_{RA}、F_{RB}，对整体列平衡方程：

$F_{RA} + F_{RB} = 80$ kN，$F_{RA} = F_{RB}$，$F_{RA} = F_{RB} = 40$ kN；

取 BC 为隔离体，由 $\sum M_C = 0$，$F_{AB} \times 2.5 - F_{RB} \times 5 = 0$，$F_{AB} = 80$ kN；

$$\sigma = \frac{F}{A} = \frac{80 \times 10^3}{\frac{1}{4} \times \pi \times D^2 \times 10^{-6}} \leqslant 160 \times 10^6, \quad D \geqslant \sqrt{\frac{80 \times 10^3 \times 4}{\pi \times 10^{-6} \times 160 \times 10^6}} = 25.23 \ (\text{mm}),$$

所以杆 AB 的直径为 $D = 25.23$ mm。

【例题 2.16】 如图 2.26 所示杆系中，木杆 AB 长度 a 不变，其强度也足够高，但钢杆 AC 与木杆的夹角 α 可以改变（悬挂点 C 的位置可以在铅垂方向上、下调整），若欲使钢杆 AC 用料最少，夹角 α 应为多大？（重庆大学 2017）

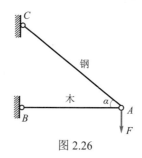

图 2.26

【解析】

A 点受力如图 2.27 所示，$F_{AC} \cdot \sin \alpha = F$，$F_{AC} = \dfrac{F}{\sin \alpha}$，

设钢杆的抗拉强度 $\sigma = \dfrac{F_{AC}}{A} \leqslant [\sigma] \Longrightarrow \dfrac{F}{A \sin \alpha} \leqslant [\sigma]$，$A \geqslant \dfrac{F}{[\sigma] \sin \alpha}$，

杆长 $l = \dfrac{a}{\cos \alpha}$，$V = lA \geqslant \dfrac{2Fa}{[\sigma] \sin 2\alpha}$，$\sin 2\alpha = 1$ 时，钢杆体积最小，此时 $\alpha = 45°$。

类型 3：确定许用荷载

【例题 2.17】 如图 2.28 所示的杆件结构中杆 1、2 为木制，杆 3、4 为钢制。已知杆 1、2 的横截面面积 $A_1 = A_2 = 4\,000 \text{ mm}^2$，杆 3、4 的横截面面积 $A_3 = A_4 = 800 \text{ mm}^2$；杆 1、2 的许用应力 $[\sigma_1] = 20 \text{ MPa}$，杆 3、4 的许用应力 $[\sigma_2] = 120 \text{ MPa}$，试求结构的作用荷载 $[F_p]$。（南京工业大学 2012）

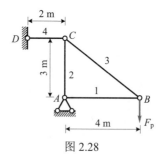

图 2.28

【解析】

如图 2.29 所示，根据 B 节点平衡可得：$F_3 \cdot \dfrac{4}{5} = F_1$，$F_3 \cdot \dfrac{3}{5} = F_p$，解得 $F_1 = \dfrac{4}{3} F_p$（拉），

$F_3 = \dfrac{5}{3} F_p$（拉）；根据 C 节点平衡可得：$F_3 \cdot \dfrac{4}{5} = F_4$，$F_3 \cdot \dfrac{3}{5} = F_2$，解得 $F_4 = \dfrac{4}{3} F_p$（拉），

$F_2 = F_p$（拉），

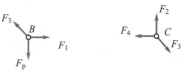

图 2.29

$F_1 > F_2$，$F_3 > F_4$，故杆 1、3 满足强度要求，杆 2、4 必满足强度要求，

$$\sigma_1 = \frac{F_1}{A_1} = \frac{\frac{4}{3}F_p}{4\,000 \times 10^{-6}} \leqslant [\sigma_1], \quad F_p \leqslant \frac{20 \times 10^6 \times 4\,000 \times 10^{-6} \times 3}{4} = 60 \ (\text{kN}),$$

$$\sigma_3 = \frac{F_3}{A_3} \leqslant [\sigma_2], \quad F_p \leqslant \frac{120 \times 10^6 \times 800 \times 10^{-6} \times 3}{5} = 57.6 \ (\text{kN}), \quad [F_P] = 57.6 \ \text{kN}。$$

【例题 2.18】如图 2.30 所示杆件由两段胶接而成，杆件横截面面积 $A = 10^4 \ \text{mm}^2$，胶接面许用正应力 $[\sigma] = 30 \ \text{MPa}$，许用切应力 $[\tau] = 10 \ \text{MPa}$。杆下端作用荷载为 F，杆自重不计，设 $\theta = 45°$，求许用荷载 $[F]$。（燕山大学 2014）

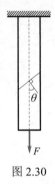

图 2.30

【解析】

本题考察斜截面正应力和切应力公式，$\sigma_{45°} = \sigma_0 \cos^2 45° = \dfrac{F}{2A} \leqslant [\sigma]$，$F \leqslant 600 \ \text{kN}$，

$\tau_{45°} = \dfrac{\sigma_0}{2} \sin 90° = \dfrac{F}{2A} \leqslant [\tau]$，$F \leqslant 200 \ \text{kN}$，所以许用荷载 $[F] = 200 \ \text{kN}$。

第四节　材料拉伸（压缩）力学性能

一、塑性材料拉伸力学性能

低碳钢是典型的塑性材料，在常温静载条件下拉伸时，其应力-应变关系曲线如图 2.31 所示。图中的应力-应变关系曲线分为**弹性阶段**、**屈服阶段**、**强化阶段**、**局部变形（缩颈）阶段**四个阶段，包含比例极限 σ_p、弹性极限 σ_e、屈服极限 σ_s、强度极限 σ_b 四个极限应力。弹性阶段内的应力和应变是成正比的，即 $\sigma = E\varepsilon$，式中 E 为材料**弹性模量**。屈服阶段在与轴线大致成 45° 倾角的方向出现滑移线（该现象与最大切应力有关）。强化阶段的 σ_b 是材料所能承受的最大应力。局部变形阶段形成缩颈现象，试件将被拉断。

塑性材料被拉断后，有两个衡量材料塑性的重要指标，分别为**断后伸长率**和**断面收缩率**，表达式为断后伸长率 $\delta = \dfrac{l_1 - l}{l} \times 100\%$；断面收缩率 $\psi = \dfrac{A - A_1}{A} \times 100\%$。

若将试样拉到超过屈服极限的 d 点，然后卸载，应力-应变关系曲线沿斜直线 dd' 回到 d' 点，$d'g$ 表示消失了的**弹性变形**，Od' 表示不能消失的**塑性变形**。再次加载时，应力-应变关系曲线沿着 $d'd$ 回到 d 点，弹性阶段的比例极限提高，而塑性变形和伸长率却有所降低，这种现象称为**冷作硬化**。对于没有明显屈服阶段的**塑性材料**，可以将产生 **0.2%塑性应变**时的应力作为屈服指标，称为**名义屈服极限**或**条件屈服极限**，并用 $\sigma_{0.2}$ 来表示（图 2.32），有些材料在计算时将应力-应变关系曲线简化为理想的弹塑性（图 2.33）。

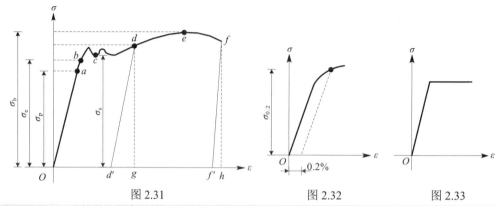

图 2.31   图 2.32   图 2.33

【注】（1）区分四个阶段对应的四个极限应力。（2）弹性变形可以根据公式 $\sigma = E\varepsilon$ 计算，塑性变形只能根据总变形减去弹性变形计算。

题型六：拉伸实验

【例题 2.19】 设低碳钢拉伸试件工作段的初始横截面面积为 A，试件被拉断后，断口的横截面面积为 A_1，试件断裂前所能承受的最大荷载为 F_b，则下列结论中，正确的是（   ）。

（昆明理工大学 2019）

A. 材料的强度极限 $\sigma_b = F_b/A$

B. 材料的强度极限 $\sigma_b = F_b/A_1$

C. 当试件工作段中的应力达到强度极限 σ_b 的瞬时，试件的横截面面积为 A_1

D. 当试件开始断裂的瞬时，作用于试件的荷载为 F_b

【解析】

强度极限为断裂前的最大荷载与试样横截面的初始面积 A 的比值，故本题选 A。

【注】应力-应变关系曲线中的应力 σ 是用力 F 除以试样横截面的初始面积 A 得到的，应变 ε 是用变形量 Δl 除以标距的初始长度 l 得到的。因此，材料的强度极限 σ_b 为断裂前的最大荷载 F_b 与试样横截面的初始面积 A 的比值。

【例题 2.20】 等截面直杆受轴向力作用，下列叙述中，正确的是（   ）。（重庆大学 2015）

A. 滑移线在材料的强化阶段出现

B. 滑移线的出现标志着材料进入塑性屈服阶段

C．在与轴线成 45°方向出现滑移线，材料仍处于弹性阶段

D．材料屈服时没有滑移线出现

【解析】

滑移线出现在屈服阶段，故本题选 B。

【注】应力基本保持不变，而应变显著增加的现象称为屈服，在 $\sigma-\varepsilon$ 曲线上表现为接近水平的小锯齿形线段。试样屈服时，表面将出现与轴线大致成 45°倾角的条纹，这是由于材料内部相对滑移形成的，称为滑移线。屈服现象的出现与最大切应力有关。

【例题 2.21】用标距 50 mm 和 100 mm 的两种拉伸试样，测得低碳钢的屈服极限分别为 σ_{s1}、σ_{s2}，伸长率分别为 δ_5、δ_{10}，比较两试样的结果，则有（　）。（扬州大学 2020）

A．$\sigma_{s1}<\sigma_{s2}$，$\delta_5>\delta_{10}$　　　　B．$\sigma_{s1}<\sigma_{s2}$，$\delta_5=\delta_{10}$

C．$\sigma_{s1}=\sigma_{s2}$，$\delta_5>\delta_{10}$　　　　D．$\sigma_{s1}=\sigma_{s2}$，$\delta_5=\delta_{10}$

【解析】

本题选 C。

【例题 2.22】三种材料的应力-应变曲线分别为 a、b 和 c，如图 2.34 所示，其中弹性模量最大、塑性最好和强度极限最高的曲线按顺序分别为（　）。（山东大学 2019）

A．a 曲线、b 曲线和 c 曲线　　　　B．b 曲线、c 曲线和 a 线

C．c 曲线、a 曲线和 b 曲线　　　　D．a 曲线、c 曲线和 b 曲线

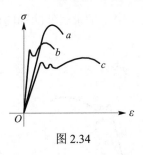

图 2.34

【解析】

（1）弹性模量 E 为弹性阶段的直线斜率，$E=\dfrac{\sigma}{\varepsilon}$ 显然为 b 曲线。

（2）如果应力变化不大，而应变变化很大时材料不破坏，则材料塑性好，即为 c 曲线；塑性是衡量材料发生不可恢复变形的能力，一般用伸长率来表示，$\delta=\dfrac{(l_1-l)}{l}\times100\%$，其中（$l_1-l$）为材料断裂后的残余拉伸量，即塑性变形。

（3）强度极限 σ_b 对应应力-应变曲线的最高点，即 a 曲线强度极限最高。故本题选 B。

【注】在同一坐标系中，几条应力-应变曲线比较弹性模量、塑性变形能力和强度极限是小题的高频考点。

【例题 2.23】 长 $l = 320$ mm，直径 $d = 32$ mm 的圆截面钢杆，在试验机上受到 135 kN 的拉伸力，测得直径缩减 6.2×10^{-3} mm，以及在 50 mm 长度内伸长 4×10^{-2} mm。试求此杆的弹性模量 E 和泊松比 v。（山东大学 2015）

【解析】

圆截面杆受到轴向拉力的作用，纵向会发生伸长，而横向则发生了缩短：

纵向线应变：$\varepsilon = \dfrac{\Delta l}{l} = \dfrac{4 \times 10^{-2}}{50} = 8 \times 10^{-4}$，

横向线应变：$\varepsilon' = \dfrac{\Delta d}{d} = \dfrac{-6.2 \times 10^{-3}}{32} = -1.94 \times 10^{-4}$，

泊松比：$v = \left| \dfrac{\varepsilon'}{\varepsilon} \right| = 0.24$，横截面上的均布应力：$\sigma = \dfrac{F}{A} = \dfrac{135 \times 10^{3}}{\frac{\pi}{4} \times 32^{2} \times 10^{-6}} = 167.86$ (MPa)，

杆的弹性模量：$E = \dfrac{\sigma}{\varepsilon} = \dfrac{167.86 \times 10^{6}}{8 \times 10^{-4}} = 209.82$ (GPa)，

综上所述，此杆的弹性模量约为 210 GPa，泊松比为 0.24。

题型七：弹性应变和塑性应变计算

【例题 2.24】 如图 2.35 所示为某金属材料拉伸应变图，测得弹性模量 $E = 200$ GPa，若超过屈服极限时继续加载，当试件横截面上的应力 $\sigma = 200$ MPa 时，测得轴向线应变 $\varepsilon = 3.5 \times 10^{-3}$，然后立即卸载至 $\sigma = 0$，试求试件的轴向塑性线应变是_____。（中国矿业大学 2016）

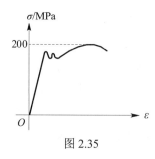

图 2.35

【解析】

$$\varepsilon = \frac{\sigma}{E} + \varepsilon_0, \quad \varepsilon_0 = 3.5 \times 10^{-3} - \frac{200 \times 10^{-3}}{200} = 2.5 \times 10^{-3}。$$

【注】 应力超过弹性极限后会产生塑性变形（不可恢复），材料的总应变包括弹性应变和塑性应变两部分。卸载恢复时，应力-应变遵从直线关系，斜率为弹性模量 E，卸载至 $\sigma = 0$ 时的残余应变即为塑性应变。

【例题 2.25】 某材料的应力-应变曲线可近似用如图 2.36 所示折线 OAB 表示，图中比例极限 $\sigma_p = 80$ MPa，直线 OA、CD 的斜率即弹性模量 $E = 70$ GPa，硬化阶段直线 AB 的斜率为

$E' = 30\,\mathrm{GPa}$，（1）当应力沿折线 OAC 增加到 $\sigma_1 = 100\,\mathrm{MPa}$ 时，试计算相应总应变 ε_1、弹性应变 ε_{1e} 与塑性应变 ε_{1p}。（2）如果上述应力沿直线 CD 减小至 0，然后再加载至 $\sigma_2 = 60\,\mathrm{MPa}$，则相应总应变 ε_2、弹性应变 ε_{2e} 与塑性应 ε_{2p} 又为何值？（暨南大学 2019）

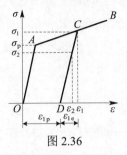

图 2.36

【解析】

（1）总应变：$\varepsilon_1 = \dfrac{\sigma_1 - \sigma_p}{E'} + \dfrac{\sigma_p}{E} = \dfrac{(100 - 80) \times 10^6}{30 \times 10^9} + \dfrac{80 \times 10^6}{70 \times 10^9} = 1.81 \times 10^{-3}$，

弹性应变：$\varepsilon_{1e} = \dfrac{\sigma_1}{E} = \dfrac{100 \times 10^6}{70 \times 10^9} = 1.43 \times 10^{-3}$，

塑性应变：$\varepsilon_{1p} = \varepsilon_1 - \varepsilon_{1e} = 1.81 \times 10^{-3} - 1.43 \times 10^{-3} = 3.8 \times 10^{-4}$。

（2）卸载后，再加载至 $\sigma = \sigma_2$ 时，应力-应变关系沿着 DC 变化。

总应变：$\varepsilon_2 = \varepsilon_{1p} + \dfrac{\sigma_2}{E} = 3.8 \times 10^{-4} + \dfrac{60 \times 10^6}{70 \times 10^9} = 1.24 \times 10^{-3}$，

弹性应变：$\varepsilon_{2e} = \dfrac{\sigma_2}{E} = \dfrac{60 \times 10^6}{70 \times 10^9} = 8.57 \times 10^{-4}$，塑性应变：$\varepsilon_{2p} = \varepsilon_{1p} = 3.8 \times 10^{-4}$。

二、脆性材料拉伸力学性能

铸铁是典型的脆性材料，铸铁拉伸时的应力-应变关系曲线为微弯曲线，如图 2.37 所示，没有明显直线部分，在较小的拉应力下就被拉断，没有屈服和缩颈现象，拉断前的应变很小，伸长率也很小。工程计算中，通常取总应变为 0.1%时应力-应变曲线的割线斜率来确定其弹性模量，称为**割线弹性模量**。铸铁的**强度极限**σ_b是衡量强度的唯一指标。脆性材料不宜作为抗拉零件的材料。

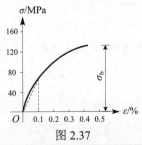

图 2.37

【注】（1）见到低碳钢想到塑性材料，见到铸铁想到脆性材料。（2）区别塑性材料和脆性材料应力-应变关系曲线差异和两种材料破坏时的断口特征。

【趁热打铁】什么是脆性断裂，什么是韧性断裂，它们在宏观拉断口上有什么特征？（暨南大学 2018）

【解析】

脆性断裂是构件未经明显变形发生的断裂，韧性断裂是构件经过大量变形后发生的断裂。可根据断裂前塑性变形大小区分脆性断裂和韧性断裂，脆性断裂是指断裂前没有明显的塑性变形，断口形貌是光亮的结晶状；韧性断裂是指断裂前产生明显的塑性变形，断口形貌是暗灰色纤维状。

三、材料压缩力学性能

塑性材料压缩时的力学性能与拉伸时基本无异，图 2.38 为低碳钢在拉伸和压缩时的应力-应变关系曲线。在弹性阶段和屈服阶段，两曲线基本重合，屈服强度和弹性模量基本相同。在屈服阶段后，低碳钢试样越压越扁，横截面面积不断增大，抗压能力也增高，得不到压缩时的强度极限。低碳钢的主要性能可以从拉伸试验获得，而不一定要进行压缩试验。

脆性材料在压缩和拉伸时的力学性能有较大的区别，以铸铁为例，如图 2.39 所示，铸铁拉伸时的应力-应变关系是一段微弯曲线，拉断前的应变很小，伸长率也很小。而铸铁在压缩时的强度极限和延伸率都较拉伸时大得多，因此这种材料宜用作受压构件。铸铁受压时将沿着与轴线大致成 $50°\sim55°$ 倾角的斜截面发生错动而破坏。

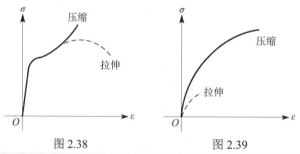

图 2.38   图 2.39

【注】（1）脆性材料的抗压强度通常远大于抗拉强度，宜用作抗压构件。（2）塑性材料压缩时的力学参数取自拉伸试验。

【趁热打铁】低碳钢在轴向拉伸和压缩时，下列结论中错误的是（　　）。（扬州大学 2017）

A．比例极限相等　　　B．屈服极限相等　　　C．强度极限相等　　　D．弹性模量相等

【解析】

低碳钢试样越压越扁，横截面面积不断增大，抗压能力也增高，得不到压缩时的强度极限，故本题选 C。

【趁热打铁】铸铁是脆性材料，低碳钢是塑性材料，在常温静荷载作用下，铸铁和低碳钢通常呈什么破坏？如图 2.40 所示结构体系，哪些杆件适合用铸铁制作？（河海大学 2012）

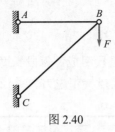

图 2.40

【解析】

铸铁发生脆性破坏，低碳钢发生塑性破坏。塑性材料如低碳钢抗拉强度高，但压缩时会压成扁饼。脆性材料如铸铁抗拉强度低，塑性性能差，但抗压能力强，宜于作为抗压构件的材料。题目中，AB 受拉，BC 受压，故 BC 杆适合用铸铁制作。

第五节　轴向拉压杆件的变形、应变能

一、轴向拉压杆的变形

1. 应变、泊松比

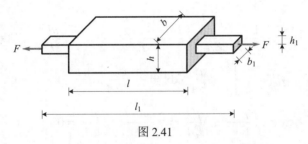

图 2.41

纵向变形：$\Delta l = l_1 - l$　　　　纵向应变：$\varepsilon = \dfrac{\Delta l}{l}$

横向变形：$\Delta b = b_1 - b$　　　　横向应变：$\varepsilon' = \dfrac{\Delta b}{b}$

泊松比：$v = -\dfrac{\varepsilon'}{\varepsilon}$

2. 胡克定律

当应力不超过材料的比例极限时，应力与应变成正比，表示为 $\sigma = E\varepsilon$。

【注】 胡克定律还有另一种表达：当应力不超过材料的比例极限时，杆件的伸长（缩短）Δl、F 与杆件的原长度 l 成正比，与横截面面积 A 成反比。

3. 拉压杆的轴向变形

（1）基本公式：$\Delta l = \dfrac{F_N l}{EA}$。

（2）轴力 $F_N(x)$ 和截面积 $A(x)$ 沿轴线方向变化时，可用积分法 $\Delta l = \displaystyle\int_0^l \dfrac{F_N(x)}{EA(x)}\mathrm{d}x$。

题型八：拉压杆的轴向变形

【例题 2.26】 如图 2.42 所示的杆由五段组成，每段长度均为 l，弹性模量为 E，横截面面积为 A，试：（1）画出轴力图。（2）求最大正应力。（3）求 CE 段伸长量。（河海大学 2020）

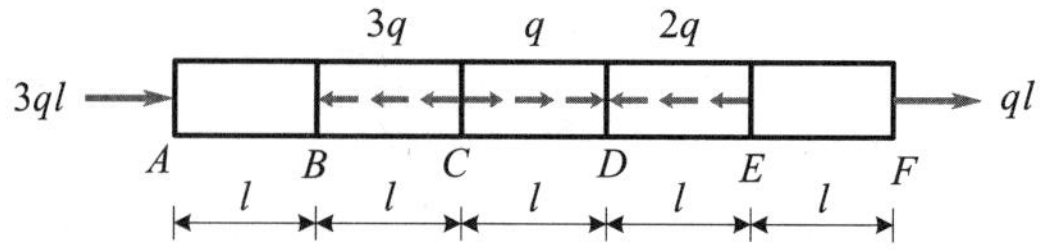

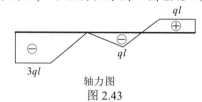

图 2.42

【解析】

（1）根据快速绘制轴力图法，可绘制轴力图如图 2.43 所示：

轴力图
图 2.43

（2）$\sigma_{\max} = \dfrac{F_{\max}}{A} = \dfrac{3ql}{A}$。

（3）$\Delta l_{CE} = -\dfrac{ql \cdot l}{EA} \cdot \dfrac{1}{2} - \dfrac{ql \cdot \frac{l}{2}}{EA} \cdot \dfrac{1}{2} + \dfrac{ql \cdot \frac{l}{2}}{EA} \cdot \dfrac{1}{2} = -\dfrac{ql^2}{2EA}$（缩短）。

求 Δl_{CE} 的另一种解法：$\Delta l_{CD} = \displaystyle\int_0^l -\dfrac{qx}{EA} \cdot \mathrm{d}x = -\dfrac{ql^2}{2EA}$，

$\Delta l_{DE} = \displaystyle\int_0^l \dfrac{F_D + 2qx}{EA} \cdot \mathrm{d}x = \dfrac{F_D \cdot l}{EA} + \dfrac{ql^2}{EA} = \dfrac{-ql \cdot l}{EA} + \dfrac{ql^2}{EA} = 0$，

$\Delta l_{CE} = -\dfrac{ql^2}{2EA} + 0 = -\dfrac{ql^2}{2EA}$（缩短）。

【注】 本题为轴力变化时，用积分法求杆的轴向变形。

【例题 2.27】 如图 2.44 所示轴向拉压的等直杆，横截面面积为 A，弹性模量为 E，质量密度为 ρ，杆的尺寸及受力如图所示。已知荷载 F 及 l，考虑杆的自重，试求截面 B 的位移。（北京交通大学 2015）

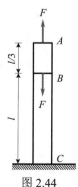

图 2.44

【解析】

荷载 F 作用下的 B 点无位移，由自重引起的 $\Delta_{By} = \dfrac{\rho A \frac{l}{3} gl}{EA} + \displaystyle\int_0^l \dfrac{\rho A g x}{EA} \mathrm{d}x = \dfrac{5\rho g l^2}{6E}$。

【例题 2.28】 如图 2.45 所示的圆锥形杆受轴向拉力作用，试求杆的伸长。

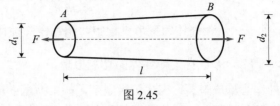

图 2.45

【解析】

由几何关系可知，任意截面的直径：$d = d_1 + (d_2 - d_1)\dfrac{x}{l}$；任意截面的面积：

$A(x) = \dfrac{\pi}{4} d^2 = \dfrac{\pi}{4}\left[d_1 + (d_2 - d_1)\dfrac{x}{l}\right]^2$；杆的伸长量：

$$\Delta l = \int_0^l \dfrac{F_N \mathrm{d}x}{EA(x)} = \dfrac{4F}{\pi E} \int_0^l \dfrac{\mathrm{d}x}{\left[d_1 + (d_2 - d_1)\dfrac{x}{l}\right]^2} = \dfrac{4F}{\pi E}\left[-\dfrac{1}{\frac{d_2 - d_1}{l} d_2} + \dfrac{1}{\frac{d_2 - d_1}{l} d_1}\right] = \dfrac{4Fl}{\pi E d_1 d_2}。$$

【注】 本题为截面变化时，用积分法求杆的轴向变形。

【例题 2.29】 如图 2.46 所示结构由两杆组成，杆的长度为 L，横截面面积为 A，杆材料的应力-应变关系如图所示，其图形方程为 $\sigma^n = B\varepsilon$，其中 n 和 B 是由试验测定的已知常数，若节点 C 点作用一铅垂荷载 P，试求节点 C 的竖向位移 δ_C。（大连理工大学 2014）

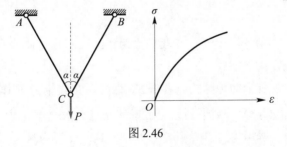

图 2.46

【解析】

应力和应变关系不是线性关系，采用余能对外力 P 求偏导计算 C 点竖向位移。

余能密度 $v_c = \displaystyle\int_0^{\sigma_1} \varepsilon(\sigma) \times \mathrm{d}\sigma = \dfrac{\sigma_1^{n+1}}{(n+1)B}$，其中 $\sigma_1 = \dfrac{F}{2A\cos\alpha}$，

余能 $V_c = v_c \times V = \dfrac{1}{(n+1)B} \cdot \left(\dfrac{F}{2A\cos\alpha}\right)^{n+1} \cdot 2AL = \dfrac{F^{n+1}L}{(n+1)B 2^n A^n \cos^{n+1}\alpha}$，

由余能定理得：竖向位移 $\delta_C = \dfrac{\partial V_c}{\partial F} = \dfrac{L}{B\cos\alpha}\left(\dfrac{F}{2A\cos\alpha}\right)^n$。

【注】 本题与孙训方的《材料力学》第 6 版下册例题 3.5 类似。

二、应变能和能量法计算位移

弹性体受力后发生变形, 同时弹性体内将积蓄能量, 这种伴随着弹性变形的增减而改变的能量称为应变能。轴向拉压杆件应变能 $V_\varepsilon = \dfrac{F_N^2 l}{2EA} = \dfrac{EA}{2l}\Delta l^2$, 应变能密度 (单位体积内的应变能) $v_\varepsilon = \dfrac{\sigma^2}{2E} = \dfrac{E\varepsilon^2}{2}$。弹性体的变形过程中, 积蓄在弹性体内的应变能 V_ε 在数值上等于外力所作的 W, 即 $V_\varepsilon = W$, 称为弹性体的**功能原理**。

【注】(1) 可把弹性杆件想象成弹簧, 在比例极限范围内, 力与变形成正比, 杆件内将储存能量。(2) 根据应变能在数值上等于外力所做的功可以求解弹性变形有关的问题, 这是"能量法"的简单应用。

题型九: 应变能和能量法计算位移

【例题 2.30】如图 2.47 所示杆件的拉压刚度为 EA, 其应变能表达式中正确的是 ( )。(湖南大学 2018)

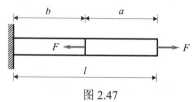

图 2.47

A. $V_\varepsilon = \dfrac{F^2 a}{2EA}$ B. $V_\varepsilon = \dfrac{F^2 l}{2EA} + \dfrac{F^2 b}{2EA}$ C. $V_\varepsilon = \dfrac{F^2 l}{2EA} - \dfrac{F^2 b}{2EA}$ D. $V_\varepsilon = \dfrac{F^2 a}{2EA} + \dfrac{F^2 b}{2EA}$

【解析】

作受力分析可知, b 段轴力为零, a 段轴力为 F, 故总应变能为 $\dfrac{F^2 a}{2EA}$, 故本题选 A。

【例题 2.31】如图 2.48 所示四种结构, 各杆 EA 相同, 在集中力 F 作用下结构的应变能分别用 $V_{\varepsilon 1}$、$V_{\varepsilon 2}$、$V_{\varepsilon 3}$、$V_{\varepsilon 4}$ 表示, 则下列结论正确的是 ( )。(太原理工大学 2019)

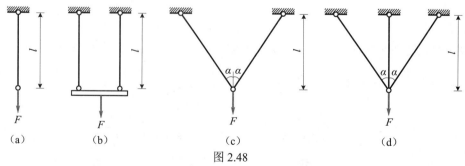

(a)   (b)   (c)   (d)

图 2.48

A. $V_{\varepsilon 1} > V_{\varepsilon 2} < V_{\varepsilon 3} > V_{\varepsilon 4}$ B. $V_{\varepsilon 1} < V_{\varepsilon 2} > V_{\varepsilon 3} < V_{\varepsilon 4}$

C. $V_{\varepsilon 1} > V_{\varepsilon 2} < V_{\varepsilon 3} < V_{\varepsilon 4}$ D. $V_{\varepsilon 1} > V_{\varepsilon 2} > V_{\varepsilon 3} > V_{\varepsilon 4}$

【解析】

轴向拉压应变能公式 $V_\varepsilon = \dfrac{F_N^2 L}{2EA}$，（b）相对（a），可视为轴力、长度不变，横截面面积变为原来的两倍，故 $V_{\varepsilon 1} > V_{\varepsilon 2}$，（c）相对（b），可视为轴力变大，杆件变长，横截面亦不变，故 $V_{\varepsilon 3} > V_{\varepsilon 2}$。$V_{\varepsilon 3}$ 和 $V_{\varepsilon 4}$ 的比较可从"外力功等于应变能"的角度考虑，$V_{\varepsilon 3} = \dfrac{1}{2} F \Delta_3$，$V_{\varepsilon 4} = \dfrac{1}{2} F \Delta_4$，静定结构抗变形能力相对较弱，$\Delta_3 > \Delta_4$，$V_{\varepsilon 3} > V_{\varepsilon 4}$，综上，故本题选 A。

【注】本题也可从定量的角度表示四种结构的应变能，再进行比较，较为繁琐，建议掌握解析中的定性判断方法。

【例题 2.32】抗拉压刚度为 EA 的等直杆如图 2.49 所示，受力前其右端与墙面的间隙为 δ，设 P 力作用后 C 截面的位移为 Δ（$>\delta$），则外力功（　　）。（暨南大学 2016）

　A. $W < \dfrac{P\Delta}{2}$　　B. $W > \dfrac{P\Delta}{2}$　　C. $W = \dfrac{P\Delta}{2}$　　D. $W = P\Delta$

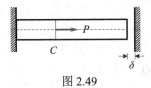

图 2.49

【解析】

此杆 $P-\Delta$ 曲线如图 2.50 所示，当 $\Delta \leqslant \delta$ 时，$W_1 = \dfrac{1}{2} P_1 \Delta$；当 $\Delta > \delta$ 时，由于 B 端受到约束，C 截面的位移跟力 P 的关系与 B 端无约束时不同，刚度变大，$P-\Delta$ 曲线斜率变大，$W = W_1 + W_2 < \dfrac{1}{2} P\Delta$，故本题选 A。

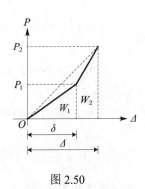

图 2.50

本题也可定量分析，如下：

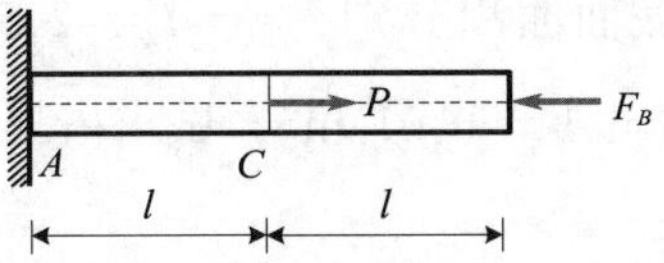

图 2.51

假设 C 点是中点，变形协调方程：$-\dfrac{F_B l}{EA} + \dfrac{(P - F_B)l}{EA} = \delta$，$F_B = \dfrac{P}{2} - \dfrac{\delta EA}{2l}$，

C 点位移 $\Delta = \dfrac{(P - F_B)l}{EA} = \dfrac{Pl}{2EA} + \dfrac{\delta}{2}$，外力功 $W = V_\varepsilon = \dfrac{(P - F_B)^2 l}{2EA} + \dfrac{F_B^2 l}{2EA}$，代入 F_B，

化简得：$W = \dfrac{P^2 l}{4EA} + \dfrac{\delta^2 EA}{4l}$，

$\dfrac{1}{2} P\Delta = \dfrac{P^2 l}{4EA} + \dfrac{P\delta}{4}$，$W - \dfrac{1}{2} P\Delta = \dfrac{\delta^2 EA}{4l} - \dfrac{P\delta}{4} = \dfrac{\delta}{4}\left(\dfrac{\delta EA}{l} - P\right)$，

B 端与墙面接触，故 $\dfrac{Pl}{EA} > \delta$，$P > \dfrac{\delta EA}{l}$，$W - \dfrac{1}{2} P\Delta < 0$，$W < \dfrac{1}{2} P\Delta$。

【例题 2.33】如图 2.52 所示等直杆在 F_1 单独作用下，伸长 Δl_1，在 F_2 单独作用下，伸长 Δl_2，则在力 F_1、F_2 同时作用时，关于该杆应变能下列选项中，错误的是（　　）。（重庆大学 2013）

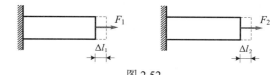

图 2.52

A. $\dfrac{1}{2} F_1 \Delta l_1 + \dfrac{1}{2} F_2 \Delta l_2$

B. $\dfrac{1}{2} F_1 \Delta l_1 + \dfrac{1}{2} F_2 \Delta l_2 + F_1 \Delta l_2$

C. $\dfrac{1}{2} F_1 \Delta l_1 + \dfrac{1}{2} F_2 \Delta l_2 + F_2 \Delta l_1$

D. $\dfrac{1}{2}(F_1 + F_2)(\Delta l_1 + \Delta l_2)$

【解析】

根据线弹性体互等定理：$F_1 \Delta l_2 = F_2 \Delta l_1$，

先加 F_1，再加 F_2 的情况为 $\dfrac{1}{2} F_1 \Delta l_1 + \dfrac{1}{2} F_2 \Delta l_2 + F_1 \Delta l_2$；

先加 F_2，再加 F_1 的情况为 $\dfrac{1}{2} F_1 \Delta l_1 + \dfrac{1}{2} F_2 \Delta l_2 + F_2 \Delta l_1$；

F_1 和 F_2 同时施加的情况为 $\dfrac{1}{2}(F_1 + F_2)(\Delta l_1 + \Delta l_2)$；由 $F_1 \Delta l_2 = F_2 \Delta l_1$，可证明：

$\dfrac{1}{2} F_1 \Delta l_2 + \dfrac{1}{2} F_2 \Delta l_1 = F_1 \Delta l_2 = F_2 \Delta l$，从而 B、C、D 等价，故本题选 A。

【例题 2.34】如图 2.53 所示桁架在 C 点受竖直向下 $F = 50$ kN 的力，各杆材料相同，弹性模量为 $E = 100$ GPa，长度和截面面积分别为 $l_1 = l_2 = 2.5\sqrt{2}$ m，$l_3 = l_4 = l_5 = 2.5$ m，$A_1 = A_2 = 0.022\,5$ m^2，$A_3 = A_4 = A_5 = 0.01$ m^2，试求桁架加载点 C 处的竖直位移。（浙江工业大学 2016）

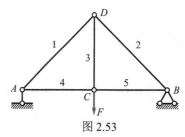

图 2.53

【解析】

由结构的对称性可得：$F_A = F_B = \dfrac{F}{2}$，

取 A 点进行受力分析：$\sum F_x = 0$，$F_4 = F_1 \cos 45°$，$\sum F_y = 0$，$F_A = F_1 \sin 45°$，

解得 $F_1 = \dfrac{\sqrt{2}}{2}F$，$F_4 = \dfrac{F}{2}$，同理 $F_2 = \dfrac{\sqrt{2}}{2}F$，$F_5 = \dfrac{F}{2}$，

取 D 点进行受力分析：由 $\sum F_y = 0$，$F_3 = F_1 \cos 45° + F_2 \cos 45° = F$，

体系应变能：$V_\varepsilon = \dfrac{\left(\frac{\sqrt{2}}{2}F\right)^2 \sqrt{2}l}{2E \cdot 2.25A} \times 2 + \dfrac{\left(\frac{F}{2}\right)^2 l}{2EA} \times 2 + \dfrac{F^2 l}{2EA} = \dfrac{(27 + 8\sqrt{2})F^2 l}{36EA}$，

根据能量法，由外力功等于应变能得：$\dfrac{1}{2}F\delta_C = V_\varepsilon$，

$\delta_C = \dfrac{(27 + 8\sqrt{2})Fl}{18EA} = \dfrac{(27 + 8\sqrt{2}) \times 50 \times 10^3 \times 2.5}{18 \times 100 \times 10^9 \times 0.01} = 0.266$ (mm)。

【例题 2.35】 已知 AC 为刚性杆，如图 2.54 所示，C 点作用铅垂力 F，$AB = BC = AD = l$，BD 直径为 d，许用应力为 $[\sigma]$，弹性模量为 E，试求：（1）许用铅垂力 $[F]$；（2）当 $F = [F]$ 时，C 点的竖向位移。（河海大学 2017）

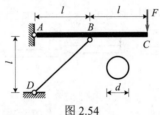

图 2.54

【解析】

（1）取 AC 杆为隔离体：$\sum M_A = 0$，$F_{BD} \cdot \dfrac{l}{\sqrt{2}} - F \cdot 2l = 0$，

解得 $F_{BD} = 2\sqrt{2}F$，$\sigma = \dfrac{2\sqrt{2}[F]}{\frac{\pi}{4}d^2} \leqslant [\sigma]$，$[F] \leqslant \dfrac{\pi d^2 [\sigma]}{8\sqrt{2}}$。

（2）AC 为刚性杆，变形图如图 2.55 所示。

$\Delta l_{BD} = \dfrac{F_{BD} \cdot \sqrt{2}l}{EA} = \dfrac{2\sqrt{2}F \times \sqrt{2}l}{E \times \frac{\pi}{4}d^2} = \dfrac{16Fl}{E\pi d^2}$，

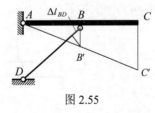

图 2.55

C 点竖向位移 $\Delta_C = 2\Delta_B = 2\sqrt{2}\,\Delta l_{BD} = \dfrac{32\sqrt{2}Fl}{E\pi d^2} = \dfrac{32\sqrt{2}l}{E\pi d^2} \times \dfrac{\pi d^2 [\sigma]}{8\sqrt{2}} = \dfrac{4l[\sigma]}{E}$。

第六节 剪切与挤压

一、铆接件的强度失效形式

铆接件强度失效形式主要有三种：剪切破坏、连接板拉断、挤压破坏，如图 2.56 所示。

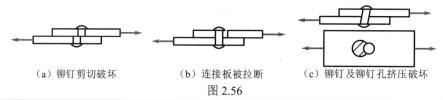

（a）铆钉剪切破坏   （b）连接板被拉断   （c）铆钉及铆钉孔挤压破坏

图 2.56

【注】研究铆接件三种破坏，需要明确一个问题，是谁被破坏？即：研究对象是谁？对于剪切破坏，研究对象是铆钉；而挤压破坏既可能出现在铆钉上，也可能出现在连接件上；连接板拉断破坏，研究对象是连接板。

二、剪切破坏及剪切强度计算

当作为连接件的铆钉、螺栓、销钉、键等零件承受一对大小相等、方向相反、作用线相互平行且相距很近的力作用时，如图 2.57 所示，这时在剪切面上既有弯矩又有剪力，但弯矩极小，故主要是剪力引起的剪切破坏。

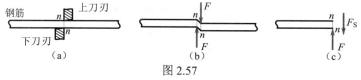

图 2.57

假定剪应力在横截面上均匀分布，以 F_S 表示作用在剪切面上的剪力，A 表示铆钉的横截面面积，则剪切相应的强度条件是 $\tau = F_S/A \leq [\tau]$。

需要注意的是，在计算中要正确确定有几个剪切面，以及每个剪切面上的剪力，具有单剪切面的铆钉如图 2.58 所示，具有双剪切面的铆钉如图 2.59 所示。

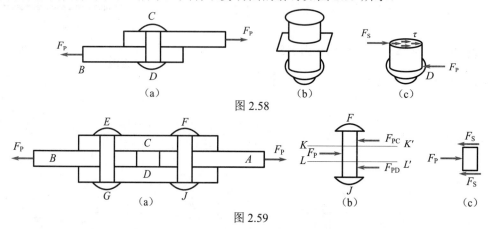

（a）   （b）   （c）

图 2.58

（a）   （b）   （c）

图 2.59

三、挤压破坏及挤压强度计算

在外力作用下，铆钉与连接件之间，必将在接触面上相互压紧，如图 2.60 所示，触面上的相互压紧可能导致连接件或铆钉局部发生塑性变形（图 2.60 中反映的是连接件因挤压发生塑性变形），因此需要进行挤压强度计算。

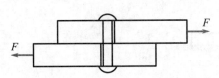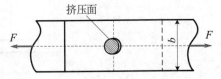

图 2.60

假定挤压应力在"有效挤压面"上均匀分布。所谓"有效挤压面"是指挤压面积在垂直于总挤压力方向上的投影，如图 2.61 所示。

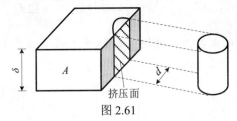

图 2.61

以 F 表示挤压面上传递的力，A_{bs} 表示挤压面面积，则挤压应力相应的强度条件是

$$\sigma_{bs} = \frac{F}{A_{bs}} = \frac{F}{d\delta} \leqslant [\sigma_{bs}]$$

需要说明的是，当铆钉与连接板材料不同时，应对强度较低者进行挤压强度计算。通常，铆钉的材料强度大于连接板的材料强度，因此，校核连接板的挤压强度更为常见。

【注】（1）在剪切和挤压计算时，至关重要的是判断出剪切面和挤压面。（2）螺栓群结构中，连接板的轴力可能呈阶梯分布，需校核几个危险面。

题型十：连接件强度计算

【例题 2.36】如图 2.62 所示的两种连接，在相同荷载下，若 $d_1 = d_2$，则 $\tau_1/\tau_2 = $ _____，若 $\tau_1 = \tau_2$，则 $d_1/d_2 = $ _____。（湖南大学 2014）

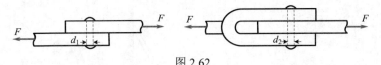

图 2.62

【解析】

$d_1 = d_2$，$\tau_1 = \dfrac{F_s}{A_s} = \dfrac{F}{\pi d^2/4} = \dfrac{4F}{\pi d^2}$，$\tau_2 = \dfrac{F_s}{A_s} = \dfrac{F/2}{\pi d^2/4} = \dfrac{2F}{\pi d^2}$，$\dfrac{\tau_1}{\tau_2} = 2$；

$\tau_1 = \tau_2$，$\dfrac{4F}{\pi d_1^2} = \dfrac{2F}{\pi d_2^2}$，$\dfrac{d_1}{d_2} = \sqrt{2}$。

【**例题 2.37**】如图 2.63 所示直径为 d 的圆柱放在直径为 $D = 2d$，厚度为 δ 的圆形基座上，地基对基座的支反力为均匀分布，圆柱承受轴向压力 F，则基座剪切面上的切应力为_____。（暨南大学 2018）

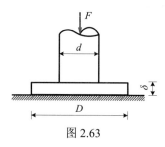

图 2.63

【**解析**】

由题可知，地基对基座的反力均匀分布 $p = \dfrac{F}{\dfrac{\pi D^2}{4}} = \dfrac{4F}{\pi(2d)^2} = \dfrac{F}{\pi d^2}$，

取基座中心区域直径为 d 的圆盘为研究对象，如图 2.64 中虚线所示：

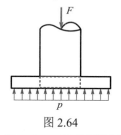

图 2.64

圆盘侧面为基座的剪切面，剪切力为 F_s，由受力平衡可得：$F = F_s + p \cdot \dfrac{\pi d^2}{4}$，

$F_s = F - p \cdot \dfrac{\pi d^2}{4} = \dfrac{3F}{4}$，$\tau = \dfrac{F_s}{A} = \dfrac{3F}{4\pi d\delta}$，其中 $A = \pi d\delta$ 为剪切面面积。

【**注**】剪切和挤压的计算，关键在于确定剪切面面积和挤压面面积。

【**例题 2.38**】如图 2.65 所示 2 m 长的杆 AB 跨中作用竖直向下的荷载 $F = 15$ kN，A 端靠在光滑铅垂面上，B 端为铰链支座。若铰链中销钉的剪切许用应力 $[\tau] = 65$ MPa，求 B 铰链中圆柱销钉的最小直径 d。（扬州大学 2014）

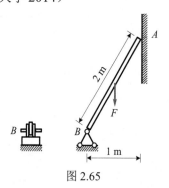

图 2.65

【解析】

设 A 处水平支反力为 F_{RA}，B 处水平和竖直支反力分别为 F_{Bx}、F_{By}，

由 $\sum M_B = 0$，$F \times \dfrac{1}{2} - F_{RA} \times \sqrt{3} = 0$，$F_{RA} = \dfrac{5\sqrt{3}}{2}$ kN（←），$\sum F_x = 0$，$\sum F_y = 0$，

$F_{Bx} = F_{RA} = \dfrac{5\sqrt{3}}{2}$ kN，$F_{By} = F = 15$ kN，$F_s = \sqrt{\left(\dfrac{5\sqrt{3}}{2}\right)^2 + 15^2} = 15.61$ (kN)，

$\tau = \dfrac{F_s/2}{\frac{\pi}{4}d^2} \leqslant 65$ MPa，$d \geqslant \sqrt{\dfrac{2 \times 15.61 \times 10^3}{\pi \times 65 \times 10^6}} = 12.365$ (mm)，取 $d_{\min} = 12.37$ mm。

【例题 2.39】 如图 2.66 所示木楔接头，将两个相同木杆 A、B 连接在一起，受轴向拉力 P，若许用剪应力为 $[\tau]$，许用挤压应力为 $[\sigma_{bs}]$，写出接头的剪切强度条件和挤压强度条件。（哈尔滨工程大学 2019）

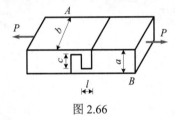

图 2.66

【解析】

剪切面是长为 b、宽为 l 的矩形，则 $A = bl$，剪切强度条件：$\tau = \dfrac{F_s}{A} = \dfrac{P}{bl} \leqslant [\tau]$；

挤压面积为长 b、高为 c 的矩形 $A_{bs} = bc$，挤压强度条件：$\sigma_{bs} = \dfrac{F_s}{A} = \dfrac{P}{bc} \leqslant [\sigma_{bs}]$。

【注】 本题难点在于剪切面积和挤压面面积判断。

【例题 2.40】 如图 2.67 所示螺钉在拉力 F 作用下，已知螺钉剪切许用应力 $[\tau]$ 和拉伸许用应力 $[\sigma]$ 之间关系为 $[\tau] = 0.6[\sigma]$，试求螺钉直径 d 与钉头高度 h 的合理比值。（燕山大学 2018）

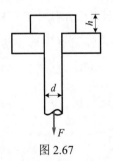

图 2.67

【解析】

螺钉拉应力为 $\sigma = \dfrac{F}{A} = \dfrac{4F}{\pi d^2}$，螺钉剪切应力为 $\tau = \dfrac{F}{A'} = \dfrac{F}{\pi dh}$，（剪切面是直径为 d、高为 h 的柱面），$\tau = 0.6\sigma$，$\dfrac{F}{\pi dh} = 0.6 \times \dfrac{4F}{\pi d^2}$，$\dfrac{d}{h} = 2.4$，即螺钉直径 d 与钉头高度 h 的合理比值为 2.4。

【例题 2.41】 如图 2.68 所示四个共线铆钉连接件，板和铆钉材料相同，已知 $F = 80$ kN，$b = 80$ mm，$t = 10$ mm，$d = 16$ mm，$[\tau] = 100$ MPa，$[\sigma_{bs}] = 300$ MPa，$[\sigma] = 180$ MPa。试校核铆钉和板的强度。（北京交通大学 2019）

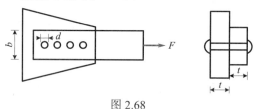

图 2.68

【解析】

（1）铆钉强度校核：

剪切应力 $\tau = \dfrac{\dfrac{F}{4}}{A} = \dfrac{20 \times 10^3}{\dfrac{\pi}{4} \times (16 \times 10^{-3})^2} = 99.47$ (MPa) $< [\tau]$，强度满足条件。

（2）板强度校核：

挤压应力 $\sigma_{bs} = \dfrac{\dfrac{F}{4}}{A_{bs}} = \dfrac{20 \times 10^3}{16 \times 10^{-3} \times 10 \times 10^{-3}} = 125$ (MPa) $< [\sigma_{bs}]$，

最大拉应力 $\sigma_{max} = \dfrac{F_{max}}{(b - d) \cdot t} = \dfrac{80 \times 10^3}{(0.08 - 0.016) \times 0.01} = 125$ (MPa) $< [\sigma]$，强度满足条件。

【注】 对铆钉（螺栓）与钢板的连接件来说，常需校核铆钉的剪切强度、钢板的挤压强度、钢板的抗拉强度，读者需要弄明白各自的研究对象。

【例题 2.42】 铆钉连接如图 2.69 所示，已知拉力 $F = 80$ kN，钢板的宽度 $b = 80$ mm，高度 $t = 10$ mm，铆钉的直径 $d = 22$ mm，铆钉许用切应力 $[\tau] = 130$ MPa，钢板许用挤压应力 $[\sigma_{bs}] = 300$ MPa，许用拉应力 $[\sigma] = 170$ MPa。试校核该接头的强度。（石家庄铁道大学 2016）

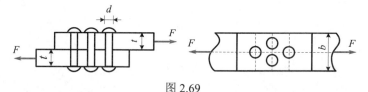

图 2.69

【解析】

图中铆钉只有一个剪切面，每个剪切面的剪力为 $\dfrac{F}{4}$。

（1）铆钉的分析：剪切应力为

$$\tau_s = \frac{\dfrac{F}{4}}{A} = \frac{20 \times 10^3}{\dfrac{\pi}{4} \times (22 \times 10^{-3})^2} = 52.61 \ (\text{MPa}) < [\tau]$$

（2）板的分析：挤压应力为

$$\sigma_{bs} = \frac{\dfrac{F}{4}}{A_{bs}} = \frac{20 \times 10^3}{0.022 \times 0.01} = 90.9 \ (\text{MPa}) < [\sigma_{bs}]$$

下面进行钢板拉应力强度校核，取钢板隔离体进行受力分析，轴力图如图 2.70 所示：

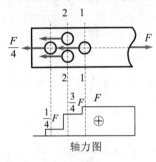

图 2.70

由于轴力变化，1－1截面和2－2截面为可能的危险截面，

1－1截面拉应力为 $\sigma_1 = \dfrac{F}{(b-d) \cdot t} = \dfrac{80 \times 10^3}{(0.08 - 0.022) \times 0.01} = 137.9 \ (\text{MPa}) < [\sigma]$，

2－2截面拉应力：$\sigma_2 = \dfrac{\dfrac{3F}{4}}{(b-2d) \cdot t} = \dfrac{60 \times 10^3}{(0.08 - 2 \times 0.022) \times 0.01} = 166.7 \ (\text{MPa}) < [\sigma]$，

综上，该接头的强度符合要求。

【注】 本题需要注意以下两点：

（1）铆钉组连接计算基本假设：不考虑铆钉弯曲的影响；若外力通过铆钉组横截面的形心，且各铆钉材料和直径均相同，则每个铆钉的受力均相等。

（2）有多个铆钉的连接件，钢板轴力变化，在钢板抗拉强度验算时，需要同时考虑轴力变化和截面打孔削弱，危险截面可能有多个。

综 合 题

【例题 2.43】 如图 2.71 所示结构中，BC 为刚性杆，长度为 l，杆 1 和杆 2 的横截面面积均为 A，许用应力分别为 $[\sigma_1]$ 和 $[\sigma_2]$，且有 $[\sigma_1]=2[\sigma_2]$，荷载 F 可沿杆 BC 移动，其移动范围为 $0<x<l$，试求许用荷载 $[F]$，以及结构所能承受的最大荷载 $[F_{max}]$。（扬州大学 2018）

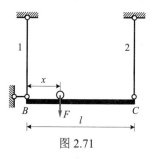

图 2.71

【解析】

（1）当 F 移动到 C 点时为最不利的情况，此时 $F_2=F$，$\sigma_2=\dfrac{F_2}{A}=\dfrac{F}{A}\leqslant[\sigma_2]$，许用荷载 $[F]=A[\sigma_2]$。

（2）$\sum M_B=0$，$\sum F_y=0$，$F_1=\dfrac{l-x}{l}F$，$F_2=\dfrac{x}{l}F$，当杆 1 和杆 2 同时达到许用应力时，结构承受荷载最大，$\dfrac{F_1}{A}=[\sigma_1]$，$\dfrac{F_2}{A}=[\sigma_2]$，$\dfrac{F_1}{F_2}=\dfrac{[\sigma_1]}{[\sigma_2]}=2$，$\dfrac{l-x}{x}=2$，

$x=\dfrac{l}{3}$，$[F_{max}]=F_1+F_2=[\sigma_1]A+[\sigma_2]A=3[\sigma_2]A$。

【例题 2.44】 平面桁架由杆 AB 和杆 AC 组成，如图 2.72（a）所示，已知两杆的横截面面积均为 $A=20\ \text{mm}^2$，长度均为 $l=1\ \text{m}$，$\theta=45°$，$F=5\ \text{kN}$，两杆的材料相同，其应力-应变曲线如图 2.72（b）所示，弹性模量为折线变化，试求桁架 A 点的铅垂位移 y_A。（重庆大学 2013）

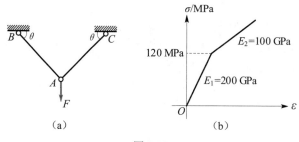

（a）　　　　　　　　　（b）

图 2.72

【解析】

A 点受力分析以及变形图如图 2.73 所示：

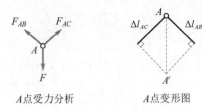

A点受力分析　　　　A点变形图

图 2.73

$\sum F_x = 0$，$F_{AC}\cos 45° = F_{AB}\cos 45°$，$F_{AC} = F_{AB}$，

$\sum F_y = 0$，$F_{AC}\sin 45° + F_{AB}\sin 45° = F$，$F_{AC} = F_{AB} = \dfrac{5\sqrt{2}}{2} = 3.536$ (kN)，

$\sigma_{AC} = \sigma_{AB} = \dfrac{F_{AC}}{A} = \dfrac{3.536 \times 10^3}{20 \times 10^{-6}} = 176.8$ (MPa)，

$\Delta l_{AC} = \Delta l_{AB} = \dfrac{\sigma l}{E} = \dfrac{120 \times 10^6}{200 \times 10^9} \times 1 + \dfrac{(176.8 - 120) \times 10^6}{100 \times 10^9} \times 1 = 1.168$ (mm)，

作 A 点变形图，利用几何关系得：$y_A = \dfrac{\Delta l_{AC}}{\cos 45°} = 1.168 \times \sqrt{2} = 1.65$ (mm)。

【注】本题较为新颖，材料的应力-应变曲线分段，表明弹性模量有变化，在计算伸长量时，需分段进行。

【例题 2.45】如图 2.74 所示结构中，AB 为水平放置的刚性杆，1、2、3 材料相同，其弹性模量 $E = 200$ GPa，许用应力 $[\sigma] = 170$ MPa，杆 1、2 的直径为 $d_1 = d_2 = 20$ mm，杆 3 的直径为 $d_3 = 25$ mm，长度 $l = 1.0$ m，现刚性杆 AB 跨中作用一集中力 $F = 50$ kN。试：（1）校核结构的强度。（2）求 C 点的铅垂位移。（石家庄铁道大学 2016）

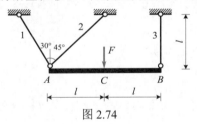

图 2.74

【解析】

（1）取刚性杆 AB 为隔离体，$\sum M_A = 0$，$Fl - F_3 \times 2l = 0$，解得 $F_3 = 0.5F = 25$ kN，列 A 节点水平和竖向平衡方程可得：$F_1\sin 30° = F_2\sin 45°$，$F_1\cos 30° + F_2\cos 45° = 0.5F$，解得 $F_1 = 18.3$ kN，$F_2 = 12.94$ kN；

杆 1 和杆 2 横截面积相等，杆 1 轴力大，故杆 1 和杆 2 强度只需校核杆 1，

$\sigma_1 = \dfrac{F_1}{A_1} = \dfrac{18.3 \times 10^3 \times 4}{\pi \times 0.02^2} = 58.25$ (MPa) $< [\sigma]$；

对于杆 3，$\sigma_3 = \dfrac{F_3}{A_3} = \dfrac{25 \times 10^3 \times 4}{\pi \times 0.025^2} = 50.93$ (MPa) $< [\sigma]$，故该结构强度满足要求。

（2）能量法求位移，$\dfrac{1}{2}F\Delta = \dfrac{F_1^2 l_1}{2EA_1} + \dfrac{F_2^2 l_2}{2EA_2} + \dfrac{F_3^2 l_3}{2EA_3}$，$\Delta = \dfrac{1}{EF}\left(\dfrac{F_1^2 l_1 + F_2^2 l_2}{A_1} + \dfrac{F_3^2 l_3}{A_3}\right)$

$$= \dfrac{1}{200\times10^9\times50\times10^3}\left[\dfrac{(18.3\times10^3)^2\times\frac{2}{\sqrt{3}} + (12.94\times10^3)^2\times\sqrt{2}}{\dfrac{\pi\times0.02^2}{4}} + \dfrac{(25\times10^3)^2\times1}{\dfrac{\pi\times0.025^2}{4}}\right]$$

$= 0.326$（mm）。

【例题 2.46】 结构尺寸及受力如图 2.75 所示，AB 可视为刚性杆，CD 为直径 $D = 40$ mm 的圆截面钢杆，材料许用应力 $[\sigma] = 180$ MPa，弹性模量 $E = 200$ GPa，试：（1）求许用荷载 $[F]$；
（2）当 $F = 30$ kN 时，计算 A 点的竖向位移；（3）若 $F = 30$ kN，D 处铆钉的许用切应力 $[\tau] = 100$ MPa，试设计铆钉直径 d。（扬州大学 2016）

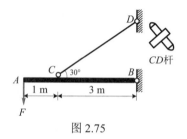

图 2.75

【解析】

（1）$\sum M_B = 0$，$4F - \dfrac{3}{2}F_{CD} = 0$，$F_{CD} = \dfrac{8}{3}F$，$\sigma = \dfrac{\frac{8}{3}F}{A} \leqslant [\sigma]$，

$[F] = \dfrac{3}{8}[\sigma]A = \dfrac{3}{8}\times180\times10^6\times\dfrac{\pi}{4}\times0.04^2 = 84.82$（kN）。

（2）$F_{CD} = \dfrac{8}{3}F = 80$ kN，$\Delta l_{CD} = \dfrac{F_{CD}l}{EA} = \dfrac{80\times10^3\times2\sqrt{3}}{200\times10^9\times\frac{\pi}{4}\times0.04^2} = 1.103$（mm），

由变形协调关系，$\Delta_{Ay} = \Delta_{Cy}\times\dfrac{4}{3} = 2\times1.103\times\dfrac{4}{3} = 2.94$（mm）。

（3）$F_{CD} = 80$ kN，$\tau = \dfrac{\frac{F_{CD}}{2}}{\frac{1}{4}\times\pi d^2} = \dfrac{4\times40\times10^3}{\pi d^2} \leqslant [\tau] = 100\times10^6$，

因此 $d \geqslant 22.57$ mm，取 $d = 22.6$ mm。

【注】 本题第（3）问计算铆钉剪切时，注意为双剪切面，一个剪切面承担的剪力为 $\dfrac{F_{CD}}{2}$。

【例题 2.47】 如图 2.76 所示冲床的最大冲力为 $F = 400$ kN，被剪钢板的剪切极限应力为 $[\tau] = 360$ MPa，冲头材料的许用应力为 $[\sigma] = 440$ MPa，。试求在最大冲力作用下能冲剪的圆孔的最小直径 $d_{\min}$ 和最大厚度 $t_{\max}$。（燕山大学 2020）

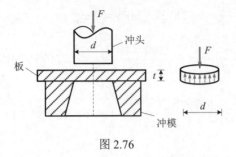

图 2.76

【解析】

以冲头为研究对象：

$$\sigma_{\max} = \frac{F_{\max}}{\frac{1}{4}\pi d^2} = \frac{400 \times 10^3}{\frac{1}{4}\pi d^2} \leqslant [\sigma] \Longrightarrow d \geqslant \sqrt{\frac{1\,600 \times 10^3}{440 \times 10^6 \times \pi}} = 34 \ (\text{mm}),$$

故能冲剪的孔最小直径 $d_{\min} = 34$ mm；

以被剪钢板为研究对象，剪切面是直径为 d、高为 t 的柱面，要使得板能被冲切破坏，

$$\tau = \frac{F_{\max}}{\pi d t} = \frac{400 \times 10^3}{\pi d t} \geqslant [\tau], \ 解得 d = 34 \ \text{mm}, \ t \leqslant \frac{400 \times 10^3}{\pi \times 0.034 \times 360 \times 10^6} = 10.4 \ (\text{mm}),$$

故能冲剪的钢板的最大厚度 $t_{\max} = 10.4$ mm。

【例题 2.48】 图 2.77 所示对接式铆钉连接，已知板宽度 $b = 150$ mm，两盖板厚 $t_1 = 12$ mm，两主板厚 $t_2 = 20$ mm，铆钉直径 $d = 28$ mm，各连接部分材料相同，许用拉应力 $[\sigma_t] = 160$ MPa，许用切应力 $[\tau] = 100$ MPa，许用挤压应力 $[\sigma_{bs}] = 280$ MPa，设外力 $F = 300$ kN，试对连接做强度校核。（重庆大学 2020）

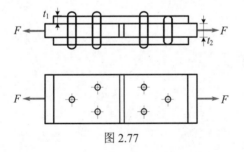

图 2.77

【解析】

铆钉的剪切应力 $\tau = \dfrac{\dfrac{F}{6}}{\dfrac{\pi d^2}{4}} = \dfrac{50 \times 10^3}{\dfrac{\pi}{4} \times 28^2} = 81.24 \ (\text{MPa}) < [\tau]$；

板的挤压应力 $\sigma_{bs1} = \dfrac{\dfrac{F}{6}}{d \cdot t_1} = \dfrac{50 \times 10^3}{28 \times 12} = 148.81 \ (\text{MPa}) < [\sigma_{bs}]$，

$$\sigma_{bs2} = \frac{\frac{F}{3}}{d \cdot t_2} = \frac{100 \times 10^3}{28 \times 20} = 178.57 \ (\text{MPa}) < [\sigma_{bs}];$$

板的拉应力 $\sigma_t = \frac{F}{(b-d)t_2} = \frac{300 \times 10^3}{(150-28) \times 20} = 122.95 \ (\text{MPa}) < [\sigma_t],$

$$\sigma_t = \frac{\frac{2}{3}F}{(b-2d)t_2} = \frac{200 \times 10^3}{(150-2 \times 28) \times 20} = 106.38 \ (\text{MPa}) < [\sigma_t],$$

$$\sigma_t = \frac{\frac{F}{2}}{(b-2d)t_1} = \frac{150 \times 10^3}{(150-2 \times 28) \times 12} = 132.98 \ (\text{MPa}) < [\sigma_t],$$

综上，可知此对接式铆钉连接满足强度要求。

第三章　扭转

第一节　概述

轴向杆件两端作用大小相等、方向相反且作用平面垂直于杆件轴线的力偶，使杆件的任意两截面都发生绕轴线的相对转动，这时发生的变形称为**扭转变形**，如图 3.1 所示。

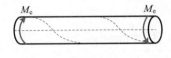

图 3.1

直杆发生扭转变形的**受力特征**是杆受垂直于杆件轴线的外力偶系作用，其**变形特征**是杆的相邻横截面将绕杆轴线发生相对转动，杆表面的纵向线将变成螺旋线。

第二节　外力偶矩、扭矩、扭矩图

一、外力偶矩的计算

工程上常用的传动轴，往往仅知其所传递的功率和转速，需根据所传递的功率和转速，求出使轴发生扭转的**外力偶矩**：

$$\{M_e\}_{N \cdot m} = 9\,550 \times \frac{\{P\}_{kW}}{\{n\}_{r/min}}$$

【趁热打铁】电动机功率为 200 kW，转速为 100 r/min，则其输出扭矩为（　）。（四川大学 2017）

A. 19.1 N·m　　B. 19.1 kN·m　　C. 4.774 N·m　　D. 4.774 kN·m

【解析】

根据外力偶矩公式 $M_e = 9\,550 \times \dfrac{P}{n} = 9\,550 \times \dfrac{200}{100} = 19\,100$ (N·m)，故本题选 B。

【注】（1）需注意外力偶矩计算公式中的单位，若给出的不是公式中单位，则需转化。
（2）通常以 M_e 表示外力偶矩，以 T 表示因外力偶矩作用而在杆件内部产生的扭矩，在计算过程中，M_e 和 T 可以相互替代。

二、扭矩与扭矩图

求出所有作用于轴上的外力偶矩之后,即可采用截面法研究横截面上的内力。可按**右手螺旋法则**判断扭矩的正负,若把扭矩 T 表示为矢量,当矢量方向与所研究部分截面的外法线方向一致时,扭矩 T 为正;反之为负。

快速绘制扭矩图的方法步骤:(1)计算支座反力;(2)从左至右依次作扭矩图。变截面杆件可视为等截面直杆(截面尺寸只影响应力,不影响内力),遇到集中力偶发生突变,均布力偶发生渐变,从 0 开始,最终归于 0。从左往右,外力方向向上,向上突变或渐变;外力方向向下,向下突变或渐变。

题型一:快速绘制扭矩图

【例题 3.1】某传动轴,转速 $n = 300$ r/min,轮 1 为主动轮,输入功率 $P_1 = 50$ kW,轮 2、轮 3、轮 4 为从动轮,输出功率分别为 $P_2 = 10$ kW,$P_3 = P_4 = 20$ kW,试求:(1)轴内的最大扭矩;(2)若将轮 1 与轮 3 的位置对调,试分析对轴的受力是否有利。(南昌大学 2020)

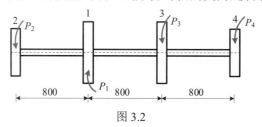

图 3.2

【解析】

(1)$M_1 = 9\,550 \times \dfrac{50}{300} = 1\,591.7$ (N·m),$M_2 = 318.3$ (N·m),

$M_3 = M_4 = 636.7$ (N·m),轴的扭矩图如图 3.3 所示:

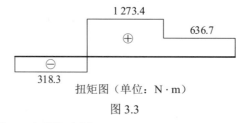

扭矩图(单位:N·m)

图 3.3

所以,轴内的最大扭矩 $T_{\max} = 1\,273.4$ N·m。

(2)若将轮 1 与轮 3 对调,则轴的扭矩图如图 3.4 所示:

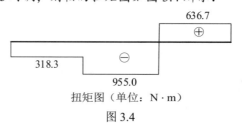

扭矩图(单位:N·m)

图 3.4

最大扭矩变为 $T_{\max} = 955$ N·m，轮1与轮3对调导致最大扭矩变小，对轴受力更有利。

【注】传动轴上主动轮和从动轮安装的位置不同，轴所承受的最大扭矩也不同，合理安装轮的位置有利于减小传动轴的设计尺寸。

【例题 3.2】一传动轴如图 3.5 所示，其转速 $n = 500$ r/min，主动轮 B 的功率 $P = 1\,000$ kW，若不计轴承摩擦所耗功率，三个从动轮输出的功率分别为 $P_1 = 400$ kW，$P_2 = 300$ kW，$P_3 = 300$ kW。试作轴的扭矩图。（大连理工大学 2016）

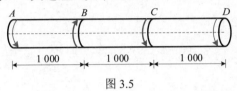

图 3.5

【解析】

$$T_A = 9\,550\,\frac{P_1}{n} = 9\,550 \times \frac{400}{500} = 7.64 \text{ (kN·m)}$$

$$T_B = 9\,550\,\frac{P}{n} = 9\,550 \times \frac{1\,000}{500} = 19.1 \text{ (kN·m)}$$

$$T_C = T_D = 9\,550\,\frac{P_2}{n} = 9\,550 \times \frac{300}{500} = 5.73 \text{ (kN·m)}, \quad 扭矩图如图 3.6 所示。$$

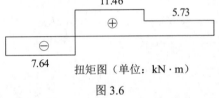

扭矩图（单位：kN·m）

图 3.6

【例题 3.3】绘制如图 3.7 所示结构的扭矩图。

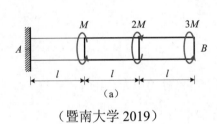

（暨南大学 2019）

（南京航空航天大学 2017）

图 3.7

【解析】

对应的扭矩图如图 3.8 所示：

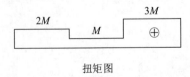

扭矩图

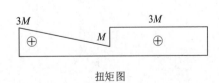

扭矩图

图 3.8

第三节　等直圆杆的扭转切应力

一、横截面切应力

等直圆杆在扭转时横截面上只有切应力，为求得圆杆在扭转时横截面上的切应力计算公式，需结合几何方程、物理方程和静力学方程求解。

几何方程：

如图 3.9 所示，根据几何关系可得：$\gamma_\rho \approx \tan \gamma_\rho = \dfrac{\overline{GG'}}{\overline{EG}} = \dfrac{\rho \, \mathrm{d}\varphi}{\mathrm{d}x}$，$\gamma_\rho = \dfrac{\rho \, \mathrm{d}\varphi}{\mathrm{d}x}$，$\dfrac{\mathrm{d}\varphi}{\mathrm{d}x}$ 表示相对扭转角 φ 沿杆长度的变化率，对于给定的横截面，$\dfrac{\mathrm{d}\varphi}{\mathrm{d}x}$ 为常量。同一距离 ρ 的圆周上各点处的切应变 γ_ρ 均相同，且与 ρ 成正比。

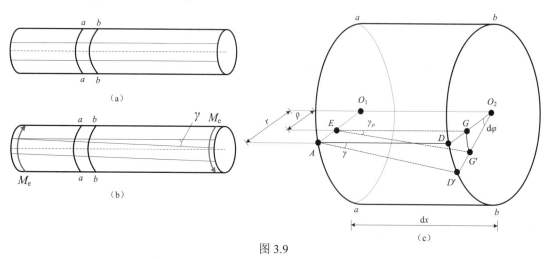

图 3.9

物理方程：

在线弹性范围内，切应力与切应变成正比，即 $\tau = G\gamma$，横截面上的切应力的表达式为 $\tau_\rho = G\gamma_\rho = G\rho \dfrac{\mathrm{d}\varphi}{\mathrm{d}x}$，如图 3.10 所示，同一距离 ρ 的圆周上各点处切应力 τ_ρ 相等，τ_ρ 与 ρ 成正比，γ_ρ 为垂直于半径平面内的切应变，τ_ρ 的方向垂直于半径。

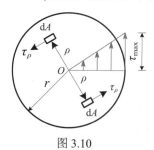

图 3.10

静力学方程：

由合力矩原理可得 $\int_A \rho \tau_\rho \mathrm{d}A = T$，代入式 $\tau_\rho = G\rho \dfrac{\mathrm{d}\varphi}{\mathrm{d}x}$，得 $G \dfrac{\mathrm{d}\varphi}{\mathrm{d}x} \int_A \rho^2 \mathrm{d}A = T$，由于

$\int_A \rho^2 \mathrm{d}A = I_P$，可得 $\dfrac{\mathrm{d}\varphi}{\mathrm{d}x} = \dfrac{T}{GI_P}$，代入式 $\tau_\rho = G\rho \dfrac{\mathrm{d}\varphi}{\mathrm{d}x}$，得到 $\tau_\rho = \dfrac{T\rho}{I_P}$。

当 ρ 等于横截面半径 r 时，即在横截面周边上各点处，切应力将达到最大值 $\tau_{\max} = \dfrac{Tr}{I_P}$。

若以 W_P 代表 I_P/r，则 $\tau_{\max} = \dfrac{T}{W_P}$，式中的 W_P 称为扭转截面系数，单位为 m^3。

【注】 （1）圆轴扭转横截面上剪应力计算公式只适用于圆杆，非圆杆有另外的计算公式。
（2）圆截面上某一点处切应力的方向垂直于该点与圆心的连线。

二、斜截面应力

在圆杆表面用横截面、径向截面及与外表面切平面平行的面截取出如图 3.11 所示单元体，两对相互垂直平面上的切应力 τ 和 τ' 数值相等，指向或背离两平面交线，即为**切应力互等定理**。

当单元体在两对互相垂直的平面上只有切应力而无正应力时，称为**纯剪切应力状态**。如图 3.12 所示，任一斜截面上的正应力和切应力计算公式分别为 $\sigma_\alpha = -\tau \sin 2\alpha$，$\tau_\alpha = \tau \cos 2\alpha$，在 $\alpha = -45°$ 和 $\alpha = 45°$ 两斜截面上的正应力为该截面上正应力的最大值和最小值：$\sigma_{-45°} = \sigma_{\max} = +\tau$，$\sigma_{45°} = \sigma_{\min} = -\tau$。

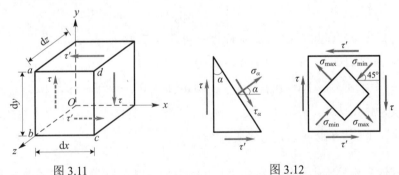

图 3.11　　　　　　　　　　图 3.12

对于**剪切强度低于拉伸强度**的材料（如**低碳钢**），破坏是由横截面上的最大切应力引起，从杆的最外层沿横截面发生剪断，如图 3.13（a）所示，对于**拉伸强度低于剪切强度**的材料（如**铸铁**），其破坏由 $-45°$ 斜截面上的最大拉应力引起，从杆的最外层沿杆轴线约 $45°$ 倾角发生拉断，如图 3.13（b）所示。

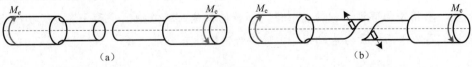

图 3.13

纯剪切单元体的左右两侧面发生了微小的相对错动，使原来互相垂直的两个棱边的夹角改变了一个微量 γ，当切应力不超过材料的剪切比例极限时，切应变 γ 与切应力 τ 成正比，即 $\tau = G\gamma$，这就是**剪切胡克定律**，其中 G 为切变模量。此外，弹性模量 E、泊松比 ν 和切变模量 G 三个弹性常数之间存在关系，为 $G = \dfrac{E}{2(1+\nu)}$，三个弹性常数中，只要知道任意两个，即可确定另外一个。

【注】（1）纯剪切应力状态下斜截面上的正应力和切应力计算公式是在二维平面中根据静力平衡解出的。（2）斜截面上的最大正应力和最大切应力将决定材料是被拉断还是被剪断。（3）弹性模量、泊松比、切变模量三者关系将在应力状态这一章中有非常复杂的推导过程。

【趁热打铁】请推导纯剪应力状态下斜截面的应力表达式，说出铸铁与低碳钢在纯扭状态下的断面破坏形式并解释原因。（南昌大学 2019）

【解析】

取纯剪应力状态下的单元体如图 3.14（a）所示，并简化成图 3.14（b）所示的斜截面应力状态：

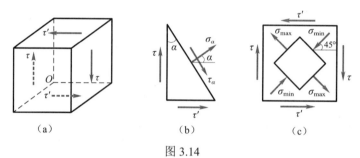

图 3.14

假设斜截面的面积为 $\mathrm{d}A$，根据静力平衡方程可得

$\sigma_\alpha \mathrm{d}A + (\tau \mathrm{d}A \cos \alpha)\sin \alpha + (\tau \mathrm{d}A \sin \alpha)\cos \alpha = 0$，

$\tau_\alpha \mathrm{d}A - (\tau \mathrm{d}A \cos \alpha)\cos \alpha + (\tau \mathrm{d}A \sin \alpha)\sin \alpha = 0$，$\sigma_\alpha = -\tau \sin 2\alpha$，$\tau_\alpha = \tau \cos 2\alpha$，

铸铁为脆性材料，如图 3.14（c）所示，当 $\alpha = 45°$ 时，拉应力最大导致开裂；低碳钢为塑性材料，当 $\alpha = 0°$ 时，切应力最大导致开裂。

【趁热打铁】推导圆轴扭转横截面上剪应力计算公式，并简要回答此推导过程中采用了哪种基本假设，为什么需要这些假设和条件？（武汉大学 2015）

【解析】

轴扭转横截面上剪应力计算公式的推导采用了平面假设，即圆轴扭转变形前为平面的横截面，变形后仍保持为平面，形状和大小不变，半径仍保持为直线，且相邻两截面间的距离不变。采用平面假设，扭转变形中，圆轴的横截面就像刚性平面一样，绕轴线旋转了一个角度，再以平面假设为基础推导出应力和变形计算公式。

几何方程：$\gamma_\rho = \dfrac{\rho \, \mathrm{d}\varphi}{\mathrm{d}x}$，物理方程：$\tau_\rho = G\gamma_\rho = G\rho \dfrac{\mathrm{d}\varphi}{\mathrm{d}x}$，静力平衡方程：$\displaystyle\int_A \rho\tau_\rho \mathrm{d}A = T$。

根据上述三大方程得到圆轴扭转横截面上剪应力计算公式：$\tau_\rho = \dfrac{T\rho}{I_P}$，当 ρ 等于横截面

半径 r 时，即在横截面周边上各点处，切应力将达到最大值 $\tau_{\max} = \dfrac{Tr}{I_P}$。

题型二：计算扭转切应力

【例题 3.4】如图 3.15 所示结构是由两种不同材料组成的圆轴，里层和外层材料的剪切模量分别为 G_1、G_2，且 $G_1 = 2G_2$。当圆轴受扭时，里、外层之间无相对滑动，关于横截面上剪应力，其正确答案是（　　）。（中国矿业大学 2019）

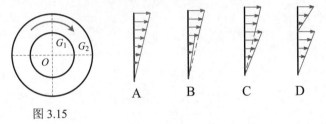

图 3.15

【解析】

由于里、外层之间无相对滑动可知切应变相等，即 $\gamma_1 = \gamma_2$，根据剪切胡克定律 $\tau = \gamma G$，

在两种材料交接处的切应力比值为 $\dfrac{\tau_1}{\tau_2} = \dfrac{\gamma_1 G_1}{\gamma_2 G_2} = \dfrac{G_1}{G_2} = 2$，故本题选 C。

【例题 3.5】实心杆和空心杆的横截面面积相等，实心杆直径为 d，空心杆外径为 D，内外径比值 $\alpha = 0.6$，且两杆所受扭转力偶相同，试求两杆最大切应力之比。（四川大学 2020）

【解析】

实心杆最大切应力 $\tau_{\max 1} = \dfrac{T}{W_p} = \dfrac{T}{\dfrac{\pi d^3}{16}} = \dfrac{16T}{\pi d^3}$，空心杆最大切应力 $\tau_{\max 2} = \dfrac{T}{\dfrac{\pi D^3 (1 - \alpha^4)}{16}}$，

根据两杆横截面面积相等可得 $\dfrac{\pi d^2}{4} = \dfrac{\pi D^2}{4}(1 - \alpha^2)$，$d = 0.8D$，所以两杆的最大切应力之

比为 $\dfrac{\tau_{\max 1}}{\tau_{\max 2}} = \dfrac{\dfrac{16T}{\pi d^3}}{\dfrac{16T}{\pi D^3 (1 - \alpha^4)}} = \dfrac{D^3 (1 - \alpha^4)}{d^3} = \dfrac{(1 - 0.6^4)}{0.8^3} = 1.7$。

【例题 3.6】如图 3.16 所示为一齿轮连接件，工作时功率为 7.5 kW，$n = 100$ r/min，构件许用剪应力为 $[\tau] = 40$ MPa，试根据强度确定：（1）若构件为实心，则实心圆轴直径 d_1 为多少；（2）若构件为空心，内、外径比值为 0.5，确定空心圆轴的外径 d_2。（南昌大学 2018）

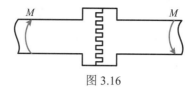

图 3.16

【解析】

（1）$M = 9\,550\dfrac{P}{n} = 9\,550 \times \dfrac{7.5}{100} = 716.25 \ (\text{N} \cdot \text{m})$，

$\tau_{\max} = \dfrac{M}{W_{\text{p}}} \leqslant [\tau]$，$d_1 \geqslant \sqrt[3]{\dfrac{16M}{[\tau] \cdot \pi}} = \sqrt[3]{\dfrac{16 \times 716.25 \times 10^3}{40 \times \pi}} = 45 \ (\text{mm})$。

（2）已知 $M = 716.25 \ \text{N} \cdot \text{m}$，空心轴 $W_{\text{p}} = \dfrac{1}{16}\pi d_2^3(1 - \alpha^4)$，$\alpha = \dfrac{1}{2}$，

$\tau_{\max} = \dfrac{M}{W_{\text{p}}} \leqslant [\tau]$，$d_2 \geqslant \sqrt[3]{\dfrac{16 \times 716.25 \times 10^3}{40 \times \pi \times \left(1 - \dfrac{1}{16}\right)}} = 46 \ (\text{mm})$。

【例题 3.7】用一根内、外径之比为 0.6 的空心圆轴代替一直径为 40 mm 的实心轴。在两轴许用切应力相等的条件下：（1）确定空心圆轴的外径；（2）若两轴长度相等，比较空心圆轴和实心圆轴的重量比。（山东大学 2016）

【解析】

（1）圆轴受扭，轴上最大切应力 $\tau_{\max} = \dfrac{T}{W_{\text{p}}}$，对于实心圆轴：$W_{\text{p1}} = \dfrac{\pi d^3}{16}$；对于空心圆轴：$W_{\text{p2}} = \dfrac{\pi D^3}{16}(1 - \alpha^4)$。若用空心圆轴代替实心圆轴，且两轴许用应力相等，则 $W_{\text{p1}} = W_{\text{p2}}$，

即 $\dfrac{W_{\text{p1}}}{W_{\text{p2}}} = \dfrac{\dfrac{\pi d^3}{16}}{\dfrac{\pi D^3}{16}(1 - \alpha^4)} = \dfrac{40^3}{D^3(1 - 0.6^4)} = 1$，解得 $D = 41.9 \ \text{mm}$。

（2）两轴材质相同，长度相同，圆轴质量之比即为横截面面积之比，

$\dfrac{A_1}{A_2} = \dfrac{\dfrac{\pi d^2}{4}}{\dfrac{\pi D^2(1 - \alpha^2)}{4}} = \dfrac{40^2}{41.89^2 \times (1 - 0.6^2)} = 1.42$，即实心圆轴的质量是空心圆轴的 1.42 倍。

【例题 3.8】如图 3.17 所示，已知实心圆轴最大切应力 $\tau_{\max} = 200 \ \text{MPa}$，求阴影部分和非阴影部分各自承担的扭矩。内部直径 $d = 200 \ \text{mm}$，外部直径 $D = 400 \ \text{mm}$。（大连理工大学 2020）

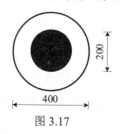

图 3.17

【解析】

阴影部分承担的扭矩：

$$M_{e1} = \int_A \rho \tau_\rho dA = \int_0^{\frac{d}{2}} \rho \cdot \frac{\tau_{max}}{D/2} \cdot \rho \cdot 2\pi\rho d\rho = \int_0^{0.1} \frac{200 \times 10^6}{0.2} \times 2\pi \times \rho^3 d\rho = 157 \ (kN \cdot m);$$

非阴影部分承担的扭矩：

$$M_{e2} = \int_{0.1}^{0.2} \frac{200 \times 10^6}{0.2} \times 2\pi \times \rho^3 d\rho = 2\ 356 \ (kN \cdot m)。$$

题型三：切应力互等定理

【例题 3.9】剪应力互等定理和剪切胡克定律的正确适用范围是（　　）。（暨南大学 2017）

A. 剪切胡克定律在比例极限范围内成立，剪应力互等定理不受比例极限的限制

B. 超过比例极限时都成立

C. 剪应力互等定理在比例极限范围内成立，剪切胡克定律不受比例极限的限制

D. 都只在比例极限范围内成立

【解析】

剪应力互等定理根据单元体上静力平衡方程推导而出，即任取某一单元体，其在两对互相垂直平面上的剪应力相等，此定理具有普遍意义，跟剪应力大小无关；剪切胡克定律只在切应力不超过材料的比例极限时成立，即线弹性范围内，剪应力与剪应变成正比，故本题选 A。

【例题 3.10】从受扭圆杆内截取出如图 3.18 虚线所示的一部分，该部分（　　）上无切应力。（北京交通大学 2012）

A. 横截面 1　　　B. 纵截面 2　　　C. 纵截面 3　　　D. 圆柱面 4

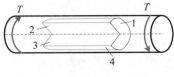

图 3.18

【解析】

纯扭时横截面上切应力对截面形心力矩之和等于扭矩 T，再根据切应力互等定理可知，纵截面 2 和纵截面 3 存在剪应力，故本题选 D。

【例题 3.11】一直径为 d 的实心圆杆如图 3.19 所示，在承受扭转力偶矩 M_e 后，测得圆杆表面与纵向线成 $45°$ 方向上的线应变为 ε。试导出以 M、d 和 ε 表示的剪切弹性模量 G 的表达式。（暨南大学 2012）

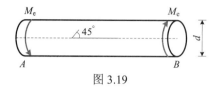

图 3.19

【解析】

由纯剪应力状态可知，与轴线成 $45°$ 方向单元体上只有正应力，分别是

$\sigma_{45°} = \tau$，$\sigma_{-45°} = -\tau$，根据胡克定律有 $\varepsilon = \varepsilon_{45°} = \dfrac{1}{E}(\sigma_{45°} - v\sigma_{-45°}) = \dfrac{\tau}{E}(1+v)$，其中

$\tau = \dfrac{M_e}{W_P} = \dfrac{16M_e}{\pi d^3}$，$G = \dfrac{E}{2(1+v)}$，$\varepsilon = \dfrac{16M_e}{\pi d^3} \cdot \dfrac{1}{E}(1+v)$，$E = \dfrac{16M_e}{\varepsilon \pi d^3} \cdot (1+v)$，

$G = \dfrac{E}{2(1+v)} = \dfrac{8M_e}{\varepsilon \pi d^3}$。

第四节 等直圆杆的扭转变形

等直圆杆的扭转变形，是用两横截面绕杆轴相对转动的相对角位移即相对扭转角 φ 来度量的。设杆件上相距 $\mathrm{d}x$ 的两横截面间的相对扭转角为 $\mathrm{d}\varphi$，则二者满足微分关系 $\dfrac{\mathrm{d}\varphi}{\mathrm{d}x} = \dfrac{T}{GI_P}$，因此，长为 l 的一段杆两端面的相对扭转角为 $\varphi = \displaystyle\int_l \mathrm{d}\varphi = \int_0^l \dfrac{T}{GI_P}\mathrm{d}x$。

当等直圆杆仅在两端受一对外力偶时，则所有横截面上的扭矩 T 均相同，且等于杆端的外力偶矩 M_e，对于由同一材料制成的等直圆杆，G 和 I_P 亦为常量，可得 $\varphi = \dfrac{Tl}{GI_P} = \dfrac{M_e l}{GI_P}$，

GI_P 称为等直圆杆的扭转刚度，单位长度扭转角 $\varphi' = \dfrac{T}{GI_P}$。

等直圆杆受扭时，杆内任一点均处于纯剪切应力状态，线弹性范围内的切应力与切应变成正比，设一单元体如图 3.20 所示，其左侧面固定，单元体在变形后右侧向下移动 $\gamma \mathrm{d}x$，整个变形过程中只有右侧面上的外力 $\tau \mathrm{d}y\mathrm{d}z$ 对相应的 $\gamma \mathrm{d}x$ 做功，$\mathrm{d}W = \dfrac{1}{2}(\tau \mathrm{d}y \mathrm{d}z)(\gamma \mathrm{d}x) = \dfrac{1}{2}\tau\gamma(\mathrm{d}x\mathrm{d}y\mathrm{d}z)$，单元体内所积蓄的应变能 $\mathrm{d}V_\varepsilon$ 数值上等于 $\mathrm{d}W$，单位体积内应变能密度为

$$v_\varepsilon = \frac{\mathrm{d}V_\varepsilon}{\mathrm{d}V} = \frac{\mathrm{d}W}{\mathrm{d}x\mathrm{d}y\mathrm{d}z} = \frac{1}{2}\tau\gamma = \frac{\tau^2}{2G} = \frac{G}{2}\gamma^2$$

等直圆杆受扭时，全杆应变能 V_ε 可由积分计算：

$$V_\varepsilon = \int_l \int_A v_\varepsilon \mathrm{d}A\,\mathrm{d}x = \frac{T^2 l}{2GI_P} = \frac{M_e^2 l}{2GI_P} = \frac{GI_P}{2l}\varphi^2$$

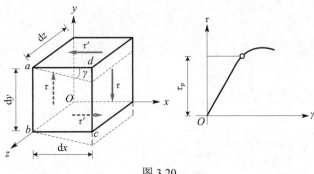

图 3.20

【注】圆杆中扭矩为非常数时，需用到定积分来计算相对扭转角和杆的应变能。

【趁热打铁】如图 3.21 所示线弹性变截面圆轴在截面 A 承受扭转力偶矩 M_1 时，轴的变形能为 U_1，截面 A 的扭转角为 φ_1；在截面 B 承受扭转力偶矩 M_2 时，轴的变形能为 U_2，截面 A 的转角为 φ_2。若轴同时承受 M_1 和 M_2，则轴的变形能为（　）。（太原理工大学 2020）

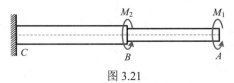

图 3.21

A. $U = U_1 + U_2$

B. $U = U_1 + U_2 + M_1\varphi_2$

C. $U = U_1 + U_2 + M_2\varphi_1$

D. $U = U_1 + U_2 + \dfrac{M_2\varphi_1}{2} + \dfrac{M_1\varphi_2}{2}$

【解析】

　　本题考查的重点：（1）扭转变形能只能由某截面上的扭矩乘以该截面的转角，例如本题的扭矩角 φ_1 和 φ_2 是 A 截面处的扭转角，在计算变形能时只能与 M_1 相乘，若 φ_1 和 φ_2 与 M_2 相乘，则不正确，所以 C、D 错误；（2）变形能的计算是否需要乘以 $\dfrac{1}{2}$，若荷载是从 0 开始增加，则需要乘以 $\dfrac{1}{2}$；若荷载已经保持不变，则不需要乘以 $\dfrac{1}{2}$。例如，本题中先作用 M_1，此时 M_1 已经保持不变，然后再作用 M_2，M_2 作用过程中，A 处增加的扭转角为 φ_2，所以 $M_1\varphi_2$ 就是由于再作用 M_2 时 A 处的变形能，不需要乘以 $\dfrac{1}{2}$，故本题选 B。

题型四：与相对扭转角有关的计算

【例题 3.12】相同材料的两根圆轴一为实心、一为空心，长度和所受外力偶矩均一样，且两圆轴横截面面积相同，其中空心轴内、外径之比 $\alpha = \dfrac{d_2}{D_2} = 0.8$，试求两轴最大相对扭转角之比。（山东大学 2018）

【解析】

实心圆轴最大相对扭转角 $\varphi_1 = \dfrac{T_1 l_1}{GI_{p1}}$，空心圆轴最大相对扭转角 $\varphi_2 = \dfrac{T_2 l_2}{GI_{p2}}$，

已知 $T_1 = T_2$，$l_1 = l_2$，$\dfrac{\varphi_1}{\varphi_2} = \dfrac{I_{p2}}{I_{p1}} = \dfrac{\dfrac{\pi D_2^4 (1-\alpha^4)}{32}}{\dfrac{\pi D_1^4}{32}}$，$\dfrac{A_1}{A_2} = \dfrac{\dfrac{\pi D_1^2}{4}}{\dfrac{\pi (D_2^2 - d_2^2)}{4}} = \left(\dfrac{D_1}{0.6D_2}\right)^2 = 1$，

$D_1 = 0.6 D_2$，$\dfrac{\varphi_1}{\varphi_2} = \dfrac{(1-0.8^4) \cdot D_2^4}{0.6^4 \cdot D_2^4} = 4.56$，

因此，实心圆轴与空心圆轴最大相对扭转角之比为 4.56。

【例题 3.13】 如图 3.22 所示，钻头的横截面直径为 22 mm，在切削部位均匀分布集度为 m 的阻抗力偶矩作用，许用切应力为 $[\tau] = 70$ MPa。（1）试求许用扭转力偶 M_e 的力偶矩值。（2）若 $G = 80$ GPa，求上端对下端的相对扭转角。（中南大学 2020）

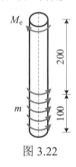

图 3.22

【解析】

由扭转图 3.23 可知：$T_{max} = M_e = 0.1 \times m$ （N·m），$M_e = T_{max} \leq W[\tau] = \dfrac{\pi}{16} d^3 [\tau] =$

146.3 N·m，阻抗力偶矩 $m = 1\,463$ N·m/m，上、下两端的相对扭转角：

$$\varphi = \int_0^{100} \dfrac{mx}{GI_p} \mathrm{d}x + \int_{100}^{300} \dfrac{M_e}{GI_p} \mathrm{d}x = 0.004 + 0.016 = 0.02 \text{ rad} = 1.15°。$$

扭矩图

图 3.23

【例题 3.14】 如图 3.24 所示，实心圆轴 AB 直径 $d = 100$ mm，长 $l = 1$ m，其两端所受外力偶矩 $M_e = 14$ kN·m。材料的切变模量 $G = 80$ GPa。试求：（1）最大切应力及两端截面间的

相对扭转角；（2）截取出圆轴 CB，则 C 截面上 D、E、F 三点处切应力的大小及其方向（请在图中标出三点应力方向），点 D、E 在外圆周上，点 F 距离圆心 O 为 25 mm；（3）C 截面上 D、E、F 处的切应变。（暨南大学 2020）

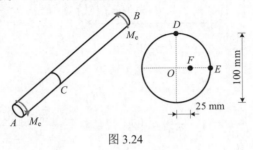

图 3.24

【解析】

（1）计算最大切应力及两端面间的相对扭转角，$\tau_{\max} = \dfrac{T}{W_p} = \dfrac{M_e}{W_p}$，

$W_p = \dfrac{1}{16}\pi d^3 = \dfrac{1}{16}\times\pi\times100^3 = 196\,350\ (\text{mm}^3)$，$\tau_{\max} = \dfrac{M_e}{W_p} = \dfrac{14\times10^6}{196\,350} = 71.3\ (\text{MPa})$，

$\varphi = \dfrac{Tl}{GI_p}$，$I_p = \dfrac{1}{32}\pi d^4 = \dfrac{1}{32}\times\pi\times100^4 = 9.82\times10^6\ (\text{mm}^4)$，

$\varphi = \dfrac{Tl}{GI_p} = \dfrac{14\times10^6\times1\,000}{80\times10^3\times9.82\times10^6} = 0.017\,8\ (\text{rad}) = 1.02°$。

（2）图示截面上 D、E、F 三点处切应力的数值和方向：

$\tau_D = \tau_E = \dfrac{M_e}{W_p} = \dfrac{14\times10^6}{196\,350} = 71.3\ (\text{MPa})$，$\tau_F = \dfrac{M_e\rho}{I_p} = \dfrac{14\times10^6\times25}{9.82\times10^6} = 35.6\ (\text{MPa})$，

三点处的切应力方向如图 3.25 所示：

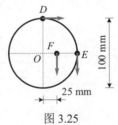

图 3.25

（3）$\gamma_D = \gamma_E = \dfrac{71.3}{80\times10^3} = 0.000\,891$，$\gamma_F = \dfrac{\tau_F}{G} = \dfrac{35.6}{80\times10^3} = 0.000\,445$。

【例题 3.15】为了保证如图 3.26 所示轴的安全，将杆 OC 与端面 B 刚接，当 C 点位移超过容许值 Δs 时，C 点与 D 点接触，接通报警器线路而报警，已知轴许用切应力 $[\tau] = 20$ MPa，切变模量 $G = 80$ GPa，许用单位长度扭转角 $[\varphi'] = 0.35\times10^{-3}$ (°)/mm，试设计触点 C、D 间的距离 Δs。（湖南大学 2012）

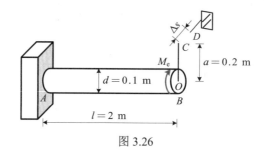

图 3.26

【解析】

切应力：$\tau = \dfrac{M_e}{W_p} = \dfrac{M_e}{\dfrac{\pi d^3}{16}} = \dfrac{16M_e}{\pi \cdot 100^3} \leqslant [\tau]$，$M_e \leqslant \dfrac{20 \times \pi \times 100^3}{16} = 3.93 \ (\text{kN} \cdot \text{m})$，

单位扭转角：$\varphi' = \dfrac{M_e}{GI_p} \cdot \dfrac{180}{\pi} \leqslant [\varphi']$，

$$M_e \leqslant \dfrac{80 \times 10^3 \times \dfrac{\pi \times 100^4}{32} \times \pi \times 0.35 \times 10^{-3}}{180} = 4.80 \ (\text{kN} \cdot \text{m})，$$

最大扭矩不能超过 3.93 kN·m，

单位扭转角：$\varphi' = \dfrac{M_e}{GI_p} = \dfrac{3.93 \times 10^6}{80 \times 10^3 \times \dfrac{\pi \times 100^4}{32}} = 5 \times 10^{-6} \ (\text{rad/mm})，$

$\Delta s = \varphi' \times l \times a = 5 \times 10^{-6} \times 2\,000 \times 200 = 2 \ (\text{mm})。$

【例题 3.16】如图 3.27 所示阶梯形圆杆，AE 段空心，外径 $D = 140$ mm，内径 $d = 100$ mm，BC 段为实心，直径 $d = 100$ mm，外力偶矩 $M_A = 18$ kN·m，$M_B = 32$ kN·m，$M_C = 14$ kN·m，已知：$[\tau] = 80$ MPa，许用单位长度扭转角 $[\varphi'] = 1.2$ (°)/m，$G = 80$ GPa，试校核该轴的强度和刚度。（北京交通大学 2013）

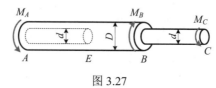

图 3.27

【解析】

AE 段：$I_p = \dfrac{1}{32} \pi D^4 \left[1 - \left(\dfrac{d}{D} \right)^4 \right] = 27.9 \times 10^6 \ \text{mm}^4$，$W_p = \dfrac{2I_p}{D} = 398.5 \times 10^3 \ \text{mm}^3$，

BC 段：$I_p' = \dfrac{1}{32} \pi d^4 = 9.82 \times 10^6 \ \text{mm}^4$，$W_p' = \dfrac{2I_p'}{d} = 196.4 \times 10^3 \ \text{mm}^3$，

强度校核：

$\tau_{AE} = \dfrac{M_A}{W_p} = \dfrac{18 \times 10^6}{398.5 \times 10^3} = 45.2 \ (\text{MPa}) < [\tau] = 80 \ (\text{MPa})，$

$\tau_{BC} = \dfrac{M_C}{W_p'} = \dfrac{14 \times 10^6}{196.4 \times 10^3} = 71.3$ (MPa) $< [\tau] = 80$ (MPa)，该轴的强度满足要求。

刚度校核：

$\varphi'_{BC} = \dfrac{T}{GI_p'} \times \dfrac{180^\circ}{\pi} = \dfrac{14 \times 10^3}{80 \times 10^9 \times 9.82 \times 10^{-6}} \times \dfrac{180^\circ}{\pi} = 1.02$ (°)/m < 1.2 (°)/m

$\varphi'_{AE} = \dfrac{T'}{GI_p} \times \dfrac{180^\circ}{\pi} = \dfrac{18 \times 10^3}{80 \times 10^9 \times 2.79 \times 10^{-5}} \times \dfrac{180^\circ}{\pi} = 0.46$ (°)/m < 1.2 (°)/m

综上所述，该轴的强度和刚度均满足要求。

第五节　圆柱形螺旋弹簧的应力和变形

螺旋弹簧簧丝的轴线是一条空间螺旋线，当螺旋角 $\alpha < 5^\circ$ 时，可忽略螺旋角的影响，近似认为簧丝横截面与弹簧轴线以及力 F 在同一平面内，如图3.28（a）所示。

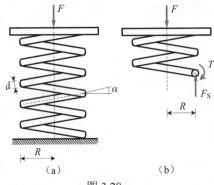

图 3.28

设弹簧圈的平均半径为 R，簧丝的直径为 d，弹簧的有效圈数（除去两端与平面接触部分后的圈数）为 n，簧丝材料的切变模量为 G，当 $d \ll R$ 时，可略去簧丝曲率的影响，近似用圆杆公式计算。下面推导弹簧横截面上的应力公式及弹簧的变形公式。

一、弹簧横截面上的应力

将弹簧沿任意截面截开，如图3.28（b）所示，由平衡方程可得，通过截面形心的剪力 $F_S = F$ 和扭矩 $T = FR$，作为近似解，略去与剪力 F_S 相应的切应力，采用圆截面直杆的扭转切应力公式可得簧丝横截面上的**最大扭转切应力**为

$$\tau_{max} = \frac{T}{W_p} = \frac{FR}{\dfrac{\pi d^3}{16}} = \frac{16FR}{\pi d^3}$$

上式算出的最大切应力仅考虑了扭转产生的切应力，是偏低的近似值。在弹簧的设计计算中，常将该式乘以考虑弹簧曲率和剪力影响的修正因数 $K = \dfrac{4c-1}{4c-4} + \dfrac{0.615}{c}$，修正后的**弹簧内的最大切应力**为

$$\tau_{\max} = K \cdot \frac{16FR}{\pi d^3}$$

【注】考生在做题时，应注意题目所求为最大扭转切应力还是弹簧内的最大切应力；若题目中没有做特别说明，或者没有给出修正系数，则默认弹簧内的最大切应力就是最大扭转切应力。

二、弹簧的变形

利用功能原理研究弹簧受轴向压（拉）力作用时的缩短（伸长）变形$\varDelta$。弹簧变形如图 3.29（a）所示，实验结果表明，弹性范围内，弹簧的变形$\varDelta$与外力F成正比，如图 3.29（b）所示。

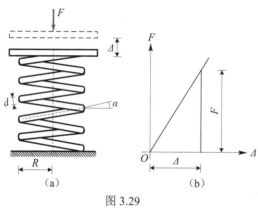

图 3.29

外力做功为

$$W = \frac{1}{2}F\varDelta$$

若只考虑弹簧丝扭转变形的影响，则由等直圆杆扭转应变能公式推导得到弹簧内的应变能为

$$V_\varepsilon = \frac{1}{2}\frac{T^2 l}{GI_\mathrm{p}} = \frac{(FR)^2 2\pi Rn}{2GI_\mathrm{p}}$$

式中，$l = 2\pi Rn$代表簧丝中心线的全长；I_p为簧丝横截面的极惯性矩。令外力做功W与弹簧内的应变能V_ε相等，即得

$$\frac{1}{2}F\varDelta = \frac{(FR)^2 2\pi Rn}{2GI_\mathrm{p}}$$

代入$I_\mathrm{p} = \frac{\pi d^4}{32}$，经过化简后可得**弹簧受轴向力作用时的变形公式**为

$$\varDelta = \frac{64FR^3 n}{Gd^4}$$

由于在计算应变能V_ε时，略去了剪力的影响，并应用了直杆扭转应变能公式，故所得的V_ε值是近似的，且比实际值小，算出的变形$\varDelta$也较实际值略小，但其相对误差在可接受

的范围内。若令 $k=\dfrac{Gd^4}{64R^3n}$ 为弹簧的刚度系数，其单位为 N/m，则弹簧的变形 $\Delta=\dfrac{F}{k}$。

【注】弹簧的应力和变形是大多院校考研大纲要求掌握的内容，但考研中极少考到，考生应熟练掌握弹簧的应力和变形表达式的推导过程，不可只记公式，而忽略其推导过程。

题型五：弹簧的应力与变形

【例题 3.17】圆柱形密圈螺旋弹簧，簧丝的横截面直径 $d=18$ mm，弹簧圈的平均直径 $D=125$ mm，材料的 $G=80$ GPa。如弹簧所受拉力 $F=500$ N，试求：（1）簧丝的最大切应力；（2）要有几圈弹簧，才能使它的伸长等于 6 mm？

【解析】

（1）簧丝的最大切应力：

$$\tau_{\max}=\frac{T}{W_{\mathrm p}}=\frac{FR}{\dfrac{\pi d^3}{16}}=\frac{16FR}{\pi d^3}=\frac{8FD}{\pi d^3}=\frac{8\times500\times125}{\pi\times18^3}=27.3\ (\mathrm{MPa})$$

（2）弹簧受轴向力作用时的变形公式 $\Delta=\dfrac{64FR^3n}{Gd^4}$，$n=\dfrac{\Delta Gd^4}{64FR^3}$，代入数据可得

$n=\dfrac{6\times80\times10^3\times18^4}{64\times500\times62.5^3}=6.5$，即至少需要 6.5 圈，才能使伸长等于 6 mm。

【例题 3.18】油泵阀门弹簧平均直径 $D=20$ mm，簧丝直径 $d=2.5$ mm，有效圈数 $n=8$，承受轴向压力 $F=80$ N，如图 3.30 所示。已知弹簧材料的切变模量 $G=80$ GPa。试求：（1）簧丝的最大切应力及弹簧的变形；（2）若将簧丝截面改为正方形，而要求簧丝内的最大切应力保持不变，则正方形截面的边长以及两弹簧的重量比。

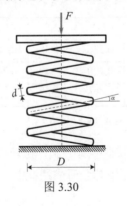

图 3.30

【解析】

（1）簧丝的最大切应力 $\tau_{\max}=\dfrac{T}{W_{\mathrm p}}=\dfrac{8FD}{\pi d^3}=\dfrac{8\times80\times20}{\pi\times2.5^3}=260.8\ (\mathrm{MPa})$，弹簧的变形

$\Delta=\dfrac{64FR^3n}{Gd^4}=\dfrac{64\times80\times10^3\times8}{80\times10^3\times2.5^4}=13.1\ (\mathrm{mm})$。

（2）$\tau_{max} = \dfrac{8FD}{\pi d^3} = \dfrac{F\frac{D}{2}}{\alpha a^3}$，得正方形边长 $a = \sqrt[3]{\dfrac{\pi d^3}{16\alpha}} = 2.45$（mm），横截面面积之比

即为重量比，所以重量比为 $\dfrac{\pi d^2}{4} : a^2 = 0.82 : 1$。

第六节　等直非圆杆的扭转

等直圆杆是基于平面假设来分析横截面上的应力，而等直非圆杆受扭后横截面不再保持为平面，只能通过弹性理论方法求解。矩形截面杆扭转时，通过弹性理论方法求解出的横截面上最大切应力和单位长度扭转角计算公式为 $\tau_{max} = \dfrac{T}{W_t}$，$\varphi' = \dfrac{T}{GI_t}$，矩形截面的 I_t 和 W_t 与截面尺寸关系为 $W_t = \alpha h b^2$，$I_t = \beta h b^3$，横截面上最大切应力 τ_{max} 发生在截面周边距形心最近的点 $\tau = \gamma \tau_{max}$ 处，矩形截面周边上各点处切应力方向与周边相切，如图 3.31 所示。矩形截面杆自由扭转时的因数 α、β、γ 见表 3.1。

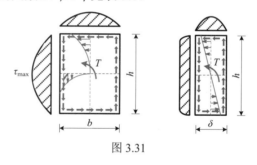

图 3.31

表 3.1

h/b	1.0	1.2	1.5	2.0	2.5	3.0	4.0	6.0	8.0	10.0
α	0.208	0.219	0.231	0.246	0.258	0.267	0.282	0.299	0.307	0.313
β	0.141	0.166	0.196	0.229	0.249	0.263	0.281	0.299	0.307	0.313
γ	1.000	0.930	0.858	0.796	0.767	0.753	0.745	0.743	0.743	0.743

附注：当 $h/b > 10$ 时，$\alpha = \beta \approx \dfrac{1}{3}$，$\gamma = 0.74$。

【注】（1）矩形截面杆扭转时可以直接套公式，扭转因数查表即可。（2）T 形截面为开口薄壁截面，可看作是由两个矩形截面组合而成的截面。

题型六：等直非圆杆的扭转

【例题 3.19】等直非圆截面杆自由扭转时，横截面上（　　）。（暨南大学 2020）

A．只有切应力，没有正应力　　　B．只有正应力，没有切应力

C．既有正应力又有切应力　　　　D．正应力、切应力均为零

【解析】

等直非圆杆在自由扭转时，杆相邻两横截面的翘曲程度完全相同，横截面上只有切应力而无正应力；若杆的两端受到约束而不能自由翘曲，相邻两横截面的翘曲程度不同，将在横截面上引起附加的正应力，但附加的正应力通常很小，可略去不计，故本题选 A。

【例题 3.20】 宽度 $b = 50$ mm、高度 $h = 100$ mm 的矩形截面钢杆，长度 $l = 2$ m，在其两端承受扭矩外力偶矩 M_e 作用，如图 3.32 所示。已知材料的许用切应力 $[\tau] = 100$ MPa，切变模量 $G = 80$ GPa，杆的许用单位长度扭转角 $[\varphi'] = 1$ (°)/m。试求外力偶矩的许用值。

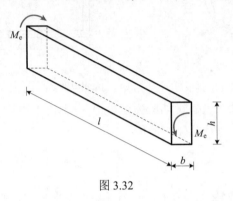

图 3.32

【解析】

由强度条件可知，$T = M_e \leqslant W_t[\tau] = \alpha h b^2[\tau]$，查表可知 $\alpha = 0.246$，

$M_e \leqslant 0.246 \times 0.1 \times 0.05^2 \times 100 \times 10^6 = 6\ 150$ (N·m)；

由刚度条件可知 $T = M_e \leqslant G I_t[\varphi'] = G \beta h b^3[\varphi']$，查表可知 $\beta = 0.229$，

$M_e \leqslant 80 \times 10^9 \times 0.229 \times 0.1 \times 0.05^3 \times \left(1 \times \dfrac{\pi}{180°}\right) = 4\ 000$ (N·m)；

为同时满足强度和刚度条件，许用外力偶矩为 $[M_e] = 4\ 000$ N·m。

第七节　开口和闭口薄壁杆的自由扭转

开口薄壁杆（壁厚中线是不封闭的曲线）可以看作是由若干狭长矩形所组成的组合截面，常见的开口薄壁杆截面如图 3.33 所示：

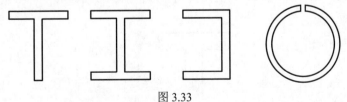

图 3.33

开口薄壁杆扭转后，组合截面各组成部分所转动的单位长度扭转角与整个截面的单位长度扭转角相同，根据变形协调方程可以建立静力学方程：

$$\varphi_1' = \varphi_2' = \varphi_3' = \cdots = \varphi_n', \quad \frac{T_1}{GI_{t1}} = \frac{T_2}{GI_{t2}} = \frac{T_3}{GI_{t3}} = \cdots = \frac{T_n}{GI_{tn}} = \frac{T}{GI_t}, \quad T = T_1 + T_2 + \cdots + T_n$$

由此可解出各组合截面所承担的扭矩，以及对应的切应力与单位扭转角：

$$\tau_i = \frac{T_i}{W_{ti}}, \quad \varphi' = \frac{T_i}{GI_{ti}}$$

闭口薄壁杆的壁厚中线是一条封闭的折线或曲线，常见闭口薄壁杆截面如图 3.34 所示：

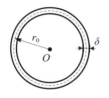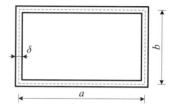

图 3.34

由于闭口薄壁杆截面上的内力只有扭矩，因此其横截面上只有切应力，当薄壁杆的壁厚远小于其横截面尺寸时，可假设切应力沿壁厚无变化，切应力方向与壁厚中线相切，则闭口薄壁杆截面上的切应力及单位扭转角：

$$\tau = \frac{T}{W_t} = \frac{T}{2A_0\delta}, \quad \varphi' = \frac{T}{GI_p}$$

【注】（1）等直非圆杆扭转这一节中，介绍了矩形截面杆自由扭转因数 α、β，当 $h/b > 10$ 时，$\alpha = \beta \approx \frac{1}{3}$，对于由矩形薄壁杆组成的组合截面，扭转时的惯性矩 $I_{ti} = \frac{1}{3}h_i\delta_i^3$，抗扭截面系数 $W_{ti} = \frac{1}{3}h_i\delta_i^2$。（2）圆截面闭口薄壁杆的极惯性矩 $I_p = \dfrac{\pi\left[(2r_0+\delta)^4 - (2r_0-\delta)^4\right]}{32} = \dfrac{\pi}{32}\left[(2r_0+\delta)^2 + (2r_0-\delta)^2\right]\left[(2r_0+\delta)^2 - (2r_0-\delta)^2\right]$，壁厚 δ 很小，略去 δ 的一阶及高阶无穷小，得 $I_p \approx \dfrac{\pi}{32} \cdot 8r_0^2 \cdot 4r_0 \cdot 2\delta \approx 2\pi r_0^3\delta$，$W_t = \dfrac{I_p}{r_0} \approx 2\pi r_0^2\delta$。

题型七：与薄壁杆自由扭转有关的计算

【例题 3.21】 长度为 1 m 的 T 字形薄壁杆发生自由扭转，所承受的扭矩 $M = 400$ N·m，截面如图 3.35 所示，材料的许用剪应力 $[\tau] = 80$ MPa，抗剪模量 $G = 80$ GPa，试：（1）校核该杆的强度；（2）求该杆两端面间的扭转角。（同济大学 2018）

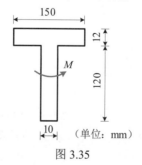

图 3.35

【解析】

（1）$I_t = \sum \frac{1}{3}b_ih_i^3 = \frac{1}{3}\times 150\times 12^3 + \frac{1}{3}\times 120\times 10^3 = 126\ 400\ (\text{mm}^4)$，假设水平部分

的长条分担的扭矩为 M_1，竖直部分的长条分担的扭矩为 M_2，则

$$\frac{M_1}{M_2} = \frac{I_{t1}}{I_{t2}} = \frac{\frac{1}{3}\times 150\times 12^3}{\frac{1}{3}\times 120\times 10^3} = 2.16,\quad M_1 = 273.4\ \text{N}\cdot\text{m},\quad M_2 = 126.6\ \text{N}\cdot\text{m},$$

$$\tau_{1\max} = \frac{M_1}{W_{t1}} = \frac{273.4\times 10^3}{\frac{1}{3}\times 150\times 12^2} = 38.0\ (\text{MPa}),\quad \tau_{2\max} = \frac{M_2}{W_{t2}} = \frac{126.6\times 10^3}{\frac{1}{3}\times 120\times 10^2} = 31.7\ (\text{MPa}),$$

由于 $\tau_{1\max} < [\tau]$，$\tau_{2\max} < [\tau]$，所以结构安全。

（2）$\varphi = \dfrac{Tl}{GI_t} = \dfrac{400\times 10^3\times 1\ 000}{80\times 10^3\times 126\ 400} = 0.039\ 56\ (\text{rad}) = 2.27°$。

【例题 3.22】横截面面积 A、壁厚 δ、长度 l 和材料的切变模量均相同的三种截面形状的闭口薄壁杆，分别如图 3.36（a）、（b）、（c）所示，若分别在杆的两端承受相同的扭转外力偶矩 M_e，试求三杆横截面上的扭转切应力之比。

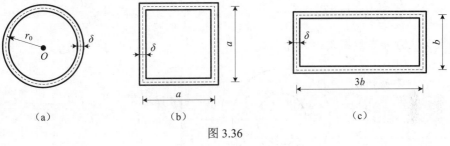

（a）　　　　　　（b）　　　　　　（c）

图 3.36

【解析】

薄壁圆截面：$A = 2\pi r_0\delta$，$r_0 = \dfrac{A}{2\pi\delta}$，$A_0 = \pi r_0^2 = \dfrac{1}{4\pi}\left(\dfrac{A}{\delta}\right)^2$，$\tau_a = \dfrac{T}{2A_0\delta} = \dfrac{M_e 2\pi\delta}{A^2}$，

薄壁正方形截面：$A = 4a\delta$，$a = \dfrac{A}{4\delta}$，$A_0 = a^2 = \dfrac{1}{16}\left(\dfrac{A}{\delta}\right)^2$，$\tau_b = \dfrac{T}{2A_0\delta} = \dfrac{8M_e\delta}{A^2}$，

薄壁矩形截面：$A = 8b\delta$，$b = \dfrac{A}{8\delta}$，$A_0 = 3b\cdot b = \dfrac{3}{64}\left(\dfrac{A}{\delta}\right)^2$，$\tau_c = \dfrac{T}{2A_0\delta} = \dfrac{32M_e\delta}{3A^2}$，

三种截面上的扭转切应力之比为 $\tau_a : \tau_b : \tau_c = 2\pi : 8 : \dfrac{32}{3} = 1 : 1.27 : 1.70$。

综 合 题

【例题 3.23】 对于由两种不同材料组成的梁，如图 3.37 所示，粘结牢固，受外力偶矩 T 作用下，试画出横截面上剪应力的示意图，其中 $G_A = 2G$，$G_B = G$，抗扭截面极惯性矩满足 $I_{pA} = \dfrac{I_{pB}}{2}$。（中国科学院大学 2020）

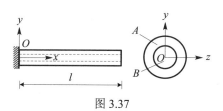

图 3.37

【解析】

　　设 A 部分承担的扭矩为 T_A，B 部分承担的扭矩为 T_B，B 部分的圆截面直径为 d，$T_A + T_B = T$，由于两种材料间粘结牢固，无相对滑动，可知 $\gamma_{A\min} = \gamma_{B\max}$，

$$\tau_{B\max} = \frac{T_B d}{2I_{pB}}, \quad \tau_{A\min} = \frac{T_A d}{2I_{pA}}, \quad \gamma_{B\max} = \frac{\tau_{B\max}}{G_B} = \frac{T_B d}{2I_{pB}G_B}, \quad \gamma_{A\min} = \frac{\tau_{A\min}}{G_A} = \frac{T_A d}{2I_{pA}G_A},$$

$$\frac{\gamma_{B\max}}{\gamma_{A\min}} = \frac{T_B}{T_A} \cdot \frac{I_{pA}G_A}{I_{pB}G_B} = 1, \quad T_A = T_B = \frac{T}{2}, \quad \tau_{B\max} = \frac{Td}{4I_{pB}}, \quad \tau_{A\min} = \frac{Td}{4I_{pA}} = 2\tau_{B\max},$$

横截面上剪应力分布如图 3.38 所示。

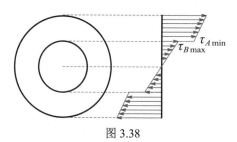

图 3.38

【例题 3.24】 某阶梯型圆轴，AC 段的直径为 $d_1 = 40$ mm，CD 段和 DB 段直径为 $d_2 = 70$ mm，轴上装有三个皮带，如图 3.39 所示，已知由轮 3 输入的功率为 $P_3 = 30$ kW，轮 1 输出的功率为 $P_1 = 13$ kW。转速 $n = 200$ r/min，材料的剪切许用应力 $[\tau] = 60$ MPa，$G = 80$ GPa，许用单位扭转角 $[\varphi'] = 2$ (°)/m，试校核该轴的强度和刚度。（吉林大学 2012）

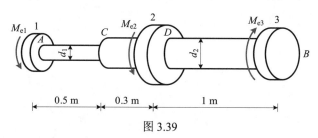

图 3.39

【解析】

$$M_{e1} = 9\,550 \times \frac{13}{200} = 620.75 \ (\text{N} \cdot \text{m}), \quad M_{e3} = 9\,550 \times \frac{30}{200} = 1\,432.50 \ (\text{N} \cdot \text{m}),$$

AC 段：

强度：$\tau_{\max} = \dfrac{T_{\max}}{W_p} = \dfrac{620.75 \times 10^3 \times 16}{\pi \times 40^3} = 49.4 \ (\text{MPa}) < [\tau] = 60 \ \text{MPa}$，

刚度：$\varphi'_{\max} = \dfrac{T_{\max}}{GI_p} \times \dfrac{180}{\pi} = \dfrac{620.75 \times 10^3 \times 32}{80 \times 10^3 \times \pi \times 40^4} \times \dfrac{180}{\pi} = 1.77 \ [(°)/\text{m}] < [\varphi']$，

故 AC 段的强度和刚度均满足要求。

DB 段：

强度：$\tau_{\max} = \dfrac{T_{\max}}{W_p} = \dfrac{1\,432.5 \times 10^3 \times 16}{\pi \times 70^3} = 21.27 \ (\text{MPa}) < [\tau] = 60 \ \text{MPa}$，

刚度：$\varphi'_{\max} = \dfrac{T_{\max}}{GI_p} \times \dfrac{180}{\pi} = \dfrac{1\,432.5 \times 10^3 \times 32}{80 \times 10^3 \times \pi \times 70^4} \times \dfrac{180}{\pi} = 0.435 \ [(°)/\text{m}] < [\varphi']$，

故 DB 段的强度和刚度均满足要求。

【例题 3.25】圆轴受力如图 3.40 所示，AC 段为空心截面，其外径 $D = 2d$，内径为 d，CD 段为实心截面，其直径 $D = 2d$。材料的切变模量 G，长度 a，力偶矩 M 均为已知，试求：
（1）轴的扭矩图；（2）A 截面的扭转角；（3）轴内的最大切应力 $\tau_{\max}$ 和最大正应力 $\sigma_{\max}$。
（重庆大学 2019）

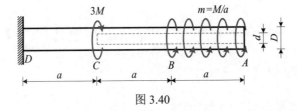

图 3.40

【解析】

（1）轴的扭矩图如图 3.41 所示：

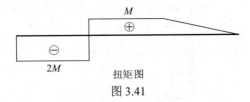

扭矩图

图 3.41

（2）A 截面的扭转角为

$$\varphi_A = \varphi_{DC} + \varphi_{CB} + \varphi_{BA}$$

$$= -\frac{2Ma}{G \cdot \frac{\pi}{32}(2d)^4} + \frac{Ma}{G \cdot \frac{\pi}{32}[(2d)^4 - d^4]} + \int_0^a \frac{M_T(x)}{G \cdot \frac{\pi}{32}[(2d)^4 - d^4]} \mathrm{d}x$$

$$= -\frac{4Ma}{G\pi d^4} + \frac{32Ma}{15G\pi d^4} + \int_0^a \frac{\dfrac{M}{a}x}{G \cdot \dfrac{\pi}{32} \cdot 15d^4} \mathrm{d}x = -\frac{4Ma}{5G\pi d^4} \text{。}$$

（3）DC 段：$\tau_{1,\max} = \dfrac{2M}{\dfrac{\pi}{16}(2d)^3} = \dfrac{4M}{\pi d^3}$， CA 段：$\tau_{2,\max} = \dfrac{M}{\dfrac{\pi}{32}\left[(2d)^4 - d^4\right]} \cdot d = \dfrac{32M}{15\pi d^3}$，

$\tau_{\max} = \tau_{1,\max} = \dfrac{4M}{\pi d^3}$，纯剪应力状态下的最大正应力为 $\sigma_{\max} = \tau_{\max} = \dfrac{4M}{\pi d^3}$。

【例题 3.26】如图 3.42 所示钻探机钻杆，已知钻杆外径 $D = 60$ mm，内径 $d = 50$ mm，传递功率 $P = 7.5$ kW，转速 $n = 180$ r/min，钻杆钻入地层深度 $l = 40$ m，$G = 81$ GPa，$[\tau] = 40$ MPa，假定地层对钻杆的阻力距沿长度均匀分布。试求：（1）地层对钻杆单位长度上的阻力距 m；（2）作钻杆的扭矩图，并进行强度校核；（3）求 A、B 两截面之间相对扭转角。（吉林大学 2014）

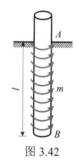

图 3.42

【解析】

（1）外力偶矩：$M_A = 9\,550 \dfrac{P_A}{n} = 9\,550 \times \dfrac{7.5}{180} = 397.9$ (N·m)，

阻力矩 $m = \dfrac{397.9}{40} = 9.95$ (N·m/m)。

（2）钻杆的扭矩图如图 3.43 所示：

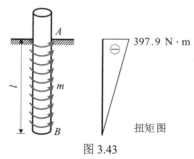

397.9 N·m

扭矩图

图 3.43

危险截面扭矩：$T_{\max} = 397.9$ N·m， $W_p = \dfrac{\pi D^3\left(1 - \dfrac{d^4}{D^4}\right)}{16} = 21\,958$ mm³，

最大切应力：$\tau_{\max} = \dfrac{T_{\max}}{W_p} = \dfrac{397.9 \times 1\,000}{21\,958} = 18.1$ (MPa) $< [\tau]$，强度满足要求。

（3）$I_p = \dfrac{\pi D^4 \left(1 - \dfrac{d^4}{D^4}\right)}{32} = \dfrac{\pi \times 60^4 \times \left(1 - \dfrac{50^4}{60^4}\right)}{32} = 658\ 753\ (\text{mm}^4)$，

$T = (397.9 \times 10^3 - 9.95x)\ \text{N} \cdot \text{mm}$，

$\varphi = \displaystyle\int_0^l \dfrac{T}{GI_p} \mathrm{d}x = \int_0^{40\ 000} \dfrac{397.9 \times 10^3 - 9.95x}{81\ 000 \times 658\ 753} \mathrm{d}x = 0.149\ \text{rad}$。

【例题 3.27】如图 3.44 所示，两实心圆轴由法兰上的 4 个螺栓连接。已知轴传递的扭矩为 $M_n = 40\ \text{kN} \cdot \text{m}$，法兰平均直径 $D = 300\ \text{mm}$，厚 $t = 20\ \text{mm}$，圆轴的许用切应力 $[\tau] = 40\ \text{MPa}$，许用单位长度扭转角 $[\varphi'] = 1 \times 10^{-5}\ \text{rad/mm}$，$E = 200\ \text{GPa}$，$G = 80\ \text{GPa}$，$v = 0.25$，螺栓的许用切应力 $[\tau_1] = 120\ \text{MPa}$，许用挤压应力 $[\sigma_c] = 300\ \text{MPa}$，求圆轴的直径 d 和螺栓的直径 d_1。（四川大学 2017）

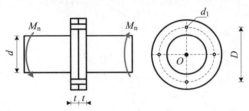

图 3.44

【解析】

最大扭矩切应力：$\tau_{max} = \dfrac{M_n}{W_p} = \dfrac{40 \times 10^6}{\dfrac{\pi d^3}{16}} \leqslant [\tau] = 40$，$d \geqslant 172.0\ \text{mm}$，

单位长度扭转角：$\varphi' = \dfrac{M_n}{GI_p} = \dfrac{40 \times 10^6}{80 \times 10^3 \times \dfrac{\pi d^4}{32}} \leqslant [\varphi']$，$d \geqslant 150.2\ \text{mm}$，

取圆轴的直径 $d = 172.0\ \text{mm}$。

由 $M_n = 4F \dfrac{D}{2}$ 得，每个螺栓承担剪力 $F = 66.67\ \text{kN}$，

由螺栓抗剪切可得

$$\tau_{max} = \dfrac{F}{A_1} = \dfrac{66.67 \times 10^3}{\dfrac{\pi d_1^2}{4}} \leqslant [\tau_1] = 120\ \text{MPa}，\quad d_1 \geqslant 26.6\ \text{mm}$$

由螺栓抗挤压可得

$$\sigma_{cmax} = \dfrac{F}{A_2} = \dfrac{66.67 \times 10^3}{d_1 t} \leqslant [\sigma_c] = 300\ \text{MPa}，\quad d_1 \geqslant 11.1\ \text{mm}$$

取螺栓的直径 $d_1 = 26.6\ \text{mm}$。

【例题 3.28】如图 3.45 所示，圆轴两端受外力偶矩 M_e 作用，直径为 d，用横截面 ABE、CDF 和包含轴线的纵向面 $ABCD$ 从圆轴 3.45（a）图中截出一部分，如图（b）所示，纵向截面上的切应力已示于图中。试求 3.45（b）图中：（1）纵向截面上的合力偶矩；（2）右侧横截面上的合力；（3）证明所截出部分的纵向截面上的内力系与横截面上的内力系组成平衡力系。（中南大学 2017）

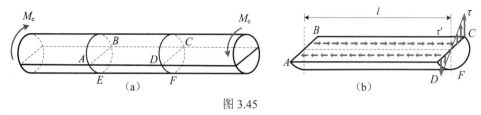

图 3.45

【解析】

（1）由切应力互等定理可知，纵向截面 $ABCD$ 上距轴心 ρ 处切应力 $\tau_\rho = \dfrac{M_e \rho}{I_p}$，则纵截面 $ABCD$ 上的切应力所构成的合力偶矩为

$$M = \int_A \tau_\rho \, \mathrm{d}A \times 2\rho = \int_0^r \frac{2M_e \rho^2}{I_p} \times l \, \mathrm{d}\rho = \frac{2M_e l r^3}{3I_p}。$$

（2）如图 3.46 所示，截面 CDF 上的内力元素 $\mathrm{d}F = \tau_\rho \, \mathrm{d}A = \dfrac{M_e \rho}{I_p} \rho \, \mathrm{d}\theta \mathrm{d}\rho$，该截面的 z 方向分力为 $F_z = \displaystyle\int_A \tau_\rho \, \mathrm{d}A \cdot \sin\theta = \int_0^r \int_0^\pi \frac{M_e \rho}{I_p} \rho \, \mathrm{d}\theta \mathrm{d}\rho \cdot \sin\theta = \frac{2M_e r^3}{3I_p}$。

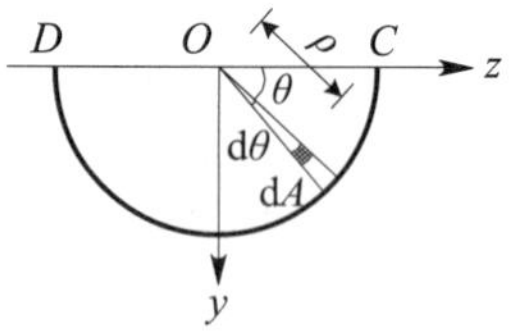

图 3.46

（3）截面 ABE 上有反向的 F_z，截面 ABE 和截面 CDF 上的水平分力构成力偶，力偶矩 $M = F_z \cdot l = \dfrac{2M_e r^3 l}{3I_p}$，与纵截面 $ABCD$ 上力偶矩大小相等、方向相反，组成平衡力系。

第四章　弯曲应力

第一节　概述

等直杆承受垂直于杆轴线的外力作用时，杆的轴线变成曲线，这种变形称为**弯曲**，以弯曲为主要变形的杆件称为**梁**。若梁上所有外力作用于包含该对称轴的纵向平面内，梁变形后的轴线是在该纵向对称面内的平面曲线，这种的弯曲称为**对称弯曲**，如图 4.1 所示。

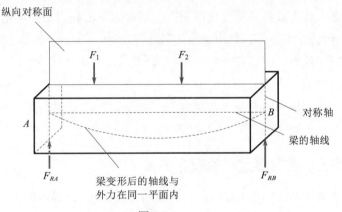

图 4.1

对称弯曲下等截面直梁的支座按其对梁在荷载作用平面的约束情况，可简化为固定端、固定铰支座、可动铰支座，如图 4.2 所示。

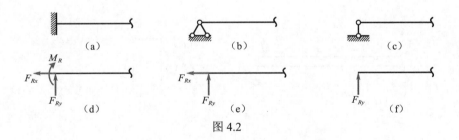

图 4.2

第二节　剪力图、弯矩图

一、剪力图和弯矩图介绍

剪力是与横截面相切的分布内力系的合力，**弯矩**是与横截面垂直的合力偶矩。在横截面截取长为 dx 的微段，若微段出现左端向上而右端向下的相对错动时，该截面上的剪力为正，反之为负；若微段向下弯曲时，出现向下的凸变形，即下半部纵向受拉时，横截面上的弯矩为正，反之为负，如图 4.3 所示。

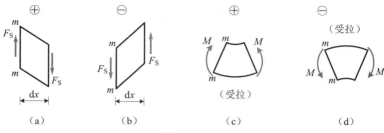

图 4.3

梁横截面上的剪力和弯矩通常是随横截面的位置发生变化，可以分别表示为坐标 x 的函数 $F_S = F_S(x)$ 和 $M = M(x)$。根据剪力方程和弯矩方程绘出 $F_S(x)$ 和 $M(x)$ 的图线，表示沿梁轴线横截面上剪力或弯矩的变化情况，分别称为梁的**剪力图**和**弯矩图**。

【注】（1）矩形截面梁在荷载作用下发生微小变形时，跨长的改变可以略去，可按梁的原始尺寸求梁的支座反力、剪力和弯矩。（2）梁上受几项荷载共同作用时，由几项荷载共同作用引起的某一参数（内力、应力、位移）等于每项荷载单独作用时引起的该参数值的叠加，处于同一平面内同一方向的参数为代数和叠加，处于不同平面或不同方向的参数为几何和叠加。

二、弯矩、剪力、荷载集度间的微分关系

设梁上任意分布荷载的集度 $q = q(x)$ 是 x 的连续函数，以向上为正，如图 4.4（a）所示，用坐标为 x 和 $x + dx$ 的两横截面截取长为 dx 的梁段，如图 4.4（b）所示。坐标 x 处横截面上的剪力和弯矩分别为 $F_S(x)$ 和 $M(x)$，荷载集度为 $q(x)$，坐标 $x + dx$ 处横截面上的剪力和弯矩分别为 $F_S(x) + dF_S(x)$ 和 $M(x) + dM(x)$。

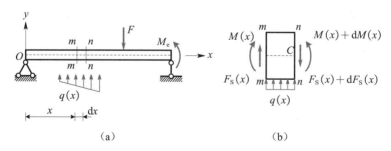

图 4.4

微小梁段略去 $q(x)$ 沿 dx 长度的变化，由梁段的剪力平衡可得

$$\sum F_y = 0, \quad F_S(x) - [F_S(x) + dF_S(x)] + q(x)dx = 0$$

化简可得剪力与荷载集度的关系：$\dfrac{dF_S(x)}{dx} = q(x)$，由梁段的弯矩平衡可得

$$\sum M_C = 0,\quad [M(x)+\mathrm{d}M(x)]-M(x)-F_S(x)\mathrm{d}x-q(x)\mathrm{d}x \times \frac{\mathrm{d}x}{2}=0$$

略去二阶微量，化简可得弯矩与剪力的关系：$\dfrac{\mathrm{d}M(x)}{\mathrm{d}x}=F_S(x)$，综上，又可得弯矩与

荷载集度的关系：$\dfrac{\mathrm{d}^2 M(x)}{\mathrm{d}x^2}=q(x)$。

【趁热打铁】某梁受力如图 4.5 所示，试推导图中梁内弯矩、剪力、轴力与荷载集度之间的
微分关系。（重庆大学 2018）

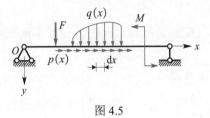

图 4.5

【解析】

取 $\mathrm{d}x$ 段的微元体受力分析如图 4.6 所示：

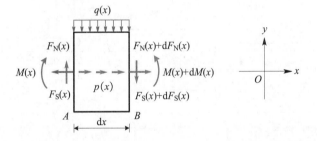

图 4.6

由 $\sum F_x = 0$ 得，$F_N(x)+\mathrm{d}F_N(x)-F_N(x)+p(x)\mathrm{d}x=0$，$\dfrac{\mathrm{d}F_N(x)}{\mathrm{d}x}=-p(x)$，

当 $\sum F_y = 0$ 时，$F_S(x)-q(x)\mathrm{d}x-[F_S(x)+\mathrm{d}F_S(x)]=0$，$\dfrac{\mathrm{d}F_S(x)}{\mathrm{d}x}=-q(x)$，

当 $\sum M_B = 0$ 时，$M(x)+F_S(x)\mathrm{d}x-\dfrac{1}{2}q(x)(\mathrm{d}x)^2-[M(x)+\mathrm{d}M(x)]=0$，

省略高阶量 $\dfrac{1}{2}q(x)(\mathrm{d}x)^2$，$\dfrac{\mathrm{d}M(x)}{\mathrm{d}x}=F(x)$，$\dfrac{\mathrm{d}M^2(x)}{\mathrm{d}x^2}=\dfrac{\mathrm{d}F_S(x)}{\mathrm{d}x}=-q(x)$。

【注】图 4.4 中的 $q(x)$ 方向竖直向上，$\dfrac{\mathrm{d}^2 M(x)}{\mathrm{d}x^2}=q(x)$，此题中的 $q(x)$ 方向竖直向下，

$\dfrac{\mathrm{d}^2 M(x)}{\mathrm{d}x^2}=-q(x)$，注意两者符号的差别；此外题中剪力、轴力与荷载集度之间微分关系
的正负号与弯矩类似。

【趁热打铁】已知某梁的弯矩方程 $M(x) = \dfrac{q_0}{6L}(-x^3 + 3Lx^2 + 3L^2x - L^3)$，则其剪力方程

$F_s(x) = $ _____，分布荷载方程 $q(x) = $ _____。（四川大学 2019）

【解析】

根据弯矩、剪力与荷载集度之间的微分关系可知

$$F_s(x) = \frac{\mathrm{d}M(x)}{\mathrm{d}x} = \frac{q_0}{6L}(-3x^2 + 6Lx + 3L^2) = \frac{q_0}{2L}(-x^2 + 2Lx + L^2),$$

$$q(x) = \frac{\mathrm{d}F_s(x)}{\mathrm{d}x} = \frac{q_0}{2L}(-2x + 2L) = \frac{q_0}{L}(-x + L)。$$

【注】若已知梁的弯矩方程，直接对弯矩方程求导即可得出梁的剪力方程，对剪力方程求导即可得出分布荷载方程。

弯矩 $M(x)$、剪力 $F_s(x)$ 和荷载集度 $q(x)$ 之间微分关系式的几何意义：剪力图上某点处的切线斜率等于该点处荷载集度的大小，弯矩图上某点处的切线斜率等于该点处剪力的大小。汇总有关弯矩、剪力与荷载间的关系以及剪力图和弯矩图的一些特征见表 4.1。

表 4.1

梁段外力情况	向下均布荷载 q	无荷载	集中力 F C	集中力偶 M_e C
剪力图特征	向下方倾斜的直线 $\oplus$ 或 $\ominus$	水平直线，一般为 $\oplus$ 或 $\ominus$	在 C 处有突变 C F	在 C 处无变化 C
弯矩图特征	下凸的二次抛物线 或	一般为斜直线 或	在 C 处有尖角 或 或	在 C 处有突变 C M_e
最大弯矩所在截面的可能位置	在 $F_s = 0$ 的截面	—	在剪力突变的截面	在紧靠 C 点的某一侧截面

【注】（1）承受集中力的某点处剪力图有突变，弯矩图有尖角。（2）承受集中力偶的某点处弯矩图有突变，剪力图无变化。（3）弯矩图的一次导函数图形是剪力图，剪力图的一次导函数图形是分布荷载图。

【趁热打铁】如图 4.7 所示梁荷载中当外力偶 M_1 位置改变时，下列结论中正确的是（　　）。（暨南大学 2019）

A．剪力图和弯矩图均改变　　　　B．剪力图不变，弯矩图改变

C．剪力图改变，弯矩图不变　　　　D．剪力图和弯矩图均不改变

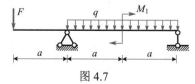

图 4.7

【解析】

由荷载作用下梁的剪力图和弯矩图特征可知，弯矩作用处的弯矩图有突变，剪力图无变化，当M_1位置改变时，由于各支座处的支座反力不发生变化，因此剪力图也不发生变化，而弯矩图中弯矩突变处随着M_1位置改变而改变，故本题选B。

题型一：列方程作剪力图和弯矩图

【例题 4.1】试求出如图 4.8 所示各梁的剪力方程和弯矩方程，并作剪力图和弯矩图。

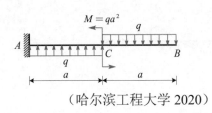 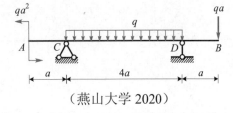

（哈尔滨工程大学 2020）　　　　　　　（燕山大学 2020）

图 4.8

【解析】

（1）列平衡方程求支座反力，由$F_y = 0$得$F_{Ay} - qa + qa = 0$，$F_{Ay} = 0$，$\sum M_A = 0$，

$qa \cdot \dfrac{3a}{2} - qa^2 - qa \cdot \dfrac{a}{2} + M_A = 0$，$M_A = 0$。

梁的弯矩方程：$M(x) = 0.5qx^2$（$0 \leqslant x < a$），

$M(x) = qa \cdot \left(x - \dfrac{a}{2}\right) - 0.5q(x - a)^2 - qa^2$（$a < x \leqslant 2a$），

梁的剪力方程：$F_S(x) = qx$（$0 \leqslant x \leqslant a$），$F_S(x) = qa - q(x - a)$（$a \leqslant x \leqslant 2a$）。

剪力图和弯矩图如图 4.9 所示：

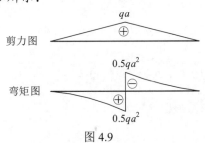

图 4.9

（2）先求支座反力，由$\sum M_C = 0$可知，$q \times 4a \times 2a + qa \times 5a - qa^2 - F_D \times 4a = 0$，

$F_D = 3qa$，$\sum F_y = 0$，$F_C + F_D - q \times 4a - qa = 0$，$F_C = 2qa$。

各段弯矩方程：$M(x) = -qa^2$（$0 \leqslant x \leqslant a$），

$M(x) = -qa^2 + 2qa \cdot (x - a) - \dfrac{q}{2}(x - a)^2$（$a \leqslant x \leqslant 5a$），

$M(x) = -qa(6a - x)$（$5a \leqslant x \leqslant 6a$）。

各段剪力方程：$F_\mathrm{S}(x)=0\ (0\leqslant x<a)$，$F_\mathrm{S}(x)=2qa-q(x-a)\ (a<x<5a)$，$F_\mathrm{S}(x)=qa\ (5a<x\leqslant 6a)$。

由各段的剪力方程和弯矩方程可得剪力图和弯矩图如图 4.10 所示。

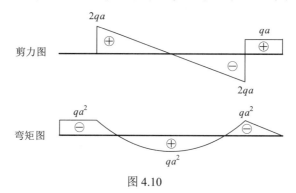

图 4.10

【例题 4.2】如图 4.11 所示外伸简支梁的均布荷载 q 和尺寸 a，试求：（1）梁的支座反力；（2）建立梁的剪力方程 $F(x)$ 和弯矩方程 $M(x)$；（3）作剪力图和弯矩图。（暨南大学 2020）

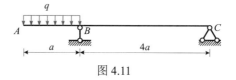

图 4.11

【解析】

（1）列平衡方程求支座反力，$\sum M_C=0$，$F_B\cdot 4a-q\cdot a\cdot\dfrac{9}{2}a=0$，$F_B=\dfrac{9}{8}qa(\uparrow)$，

$\sum F_y=0$，$q\cdot a-F_B+F_C=0$，$F_C=\dfrac{1}{8}qa(\downarrow)$。

（2）梁段剪力方程：$F(x)=-qx\ (0\leqslant x<a)$，$F(x)=\dfrac{1}{8}qa\ (a<x<5a)$，

弯矩方程：$M(x)=-\dfrac{q}{2}x^2\ (0\leqslant x\leqslant a)$，$M(x)=-\dfrac{1}{8}qa\cdot(5a-x)\ (a\leqslant x\leqslant 5a)$。

（3）梁的剪力图和弯矩图如图 4.12 所示。

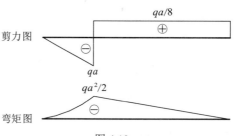

图 4.12

【注】（1）梁上作用集中力偶时，梁的弯矩图发生突变，列弯矩方程时的梁段区间不可写等号，剪力方程的梁段区间与此类似。（2）剪力方程可直接根据弯矩方程求导得出。

【例题 4.3】若简支梁受到按线性规律分布的荷载作用，如图 4.13 所示，写出弯矩、剪力的表达式，并作剪力图和弯矩图。（上海交通大学 2015）

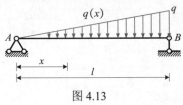

图 4.13

【解析】

根据平衡方程 $\sum M_B = 0$，$F_A \cdot l - \frac{ql}{2} \cdot \frac{l}{3} = 0$，$\sum M_A = 0$，$F_B \cdot l - \frac{ql}{2} \cdot \frac{2l}{3} = 0$，

解得 $F_A = \frac{ql}{6}$，$F_B = \frac{ql}{3}$，以 A 为原点，坐标为 x 的截面上荷载集度 $q(x) = \frac{qx}{l}$，

则坐标 x 截面上的剪力 $F(x) = F_A - \frac{q(x) \cdot x}{2} = \frac{ql}{6} - \frac{qx^2}{2l}$，

弯矩 $M(x) = F_A \cdot x - \frac{q(x) \cdot x}{2} \cdot \frac{x}{3} = \frac{qlx}{6}\left(1 - \frac{x^2}{l^2}\right)$，

梁中最大弯矩发生在剪力为 0 的位置，令剪力方程为 0 得 $x = \frac{l}{\sqrt{3}} = 0.577l$，

所以，$M_{\max} = \frac{ql^2}{9\sqrt{3}}$，梁的剪力图和弯矩图如图 4.14 所示。

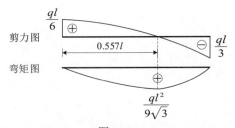

图 4.14

【注】受非均布荷载作用的梁上最大弯矩值只能通过弯矩方程求出，并标注在弯矩图上。

题型二：快速绘制剪力图和弯矩图

【例题 4.4】试作如图 4.15 所示结构的剪力图和弯矩图。

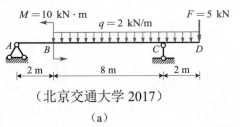

（北京交通大学 2017）

（a）

（广西大学 2018）

（b）

图 4.15

（华东交通大学 2019）
（c）

（武汉大学 2015）
（d）

续图 4.15

【解析】

（a）列平衡方程求支座反力，由 $\sum M_A = 0$ 得：$F_C \times 10 + 10 = 5 \times 12 + 2 \times 10 \times (2+5)$，$F_C = 19$ kN（↑），$F_A = 2 \times 10 + 5 - 19 = 6$ （kN）（↑），梁的剪力图和弯矩图如图 4.16 所示：

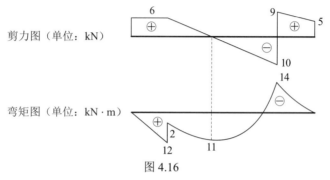

图 4.16

（b）列平衡方程求支座反力，得 $F_B = \dfrac{11}{4}qa$（↑），$F_D = \dfrac{5}{4}qa$（↑），梁的剪力图和弯矩图如图 4.17 所示：

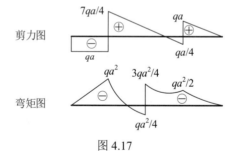

图 4.17

（c）列平衡方程求得支座反力 $F_A = \dfrac{5}{8}ql$（↑），$F_B = \dfrac{9}{8}ql$（↓），梁的剪力图和弯矩图如图 4.18 所示：

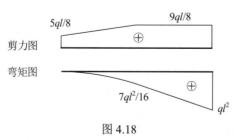

图 4.18

（d）列平衡方程求支座反力，$\sum M_A = 0$，$10 + 10 \times 4 - 10 - F_B \cdot 5 = 0$，$F_B = 8$ kN

$\sum F_y = 0$，$F_A + F_B - 10 - 10 = 0$，$F_A = 12$ kN，梁的剪力图和弯矩图如图4.19所示。

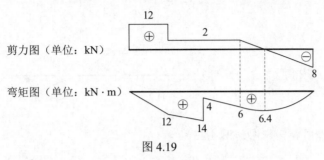

图 4.19

【例题 4.5】试作如图4.20所示结构的剪力图和弯矩图。

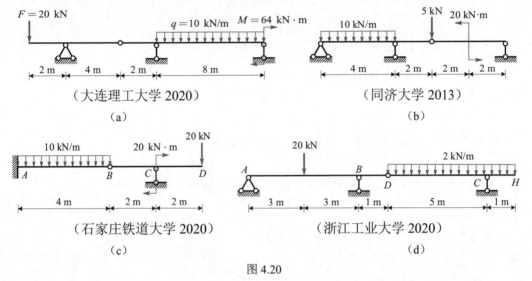

图 4.20

【解析】

（a）梁的剪力图和弯矩图如图4.21所示：

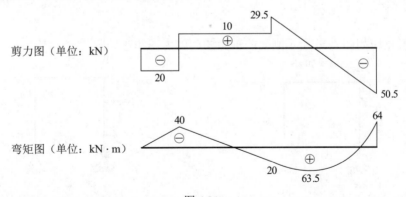

图 4.21

（b）梁的剪力图和弯矩图如图4.22所示：

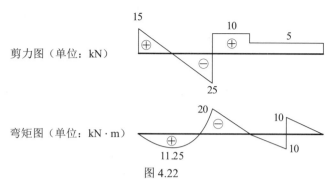

图 4.22

（c）梁的剪力图和弯矩图如图 4.23 所示：

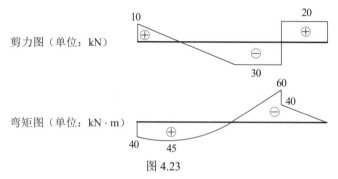

图 4.23

（d）梁的剪力图和弯矩图分别如图 4.24 和 4.25 所示。

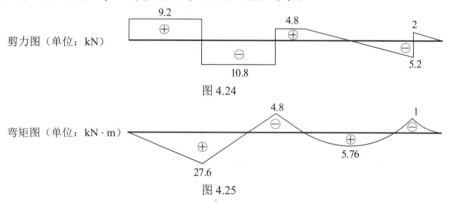

图 4.24

图 4.25

【例题 4.6】试作如图 4.26 所示刚架的轴力图、剪力图和弯矩图。

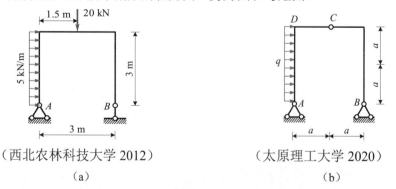

（西北农林科技大学 2012）

（a）

（太原理工大学 2020）

（b）

图 4.26

【解析】

（a）列静力平衡方程可求出支座反力 $F_{Ax} = 15\ \text{kN}(\leftarrow)$，$F_{Ay} = 2.5\ \text{kN}(\uparrow)$，$F_B = 17.5\ \text{kN}(\uparrow)$，梁的轴力图、剪力图和弯矩图如图 4.27 所示：

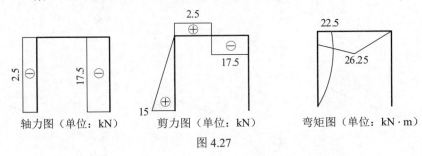

图 4.27

（b）列静力平衡方程可求出支座反力 $F_{By} = qa(\uparrow)$，$F_{Bx} = \dfrac{qa}{2}(\leftarrow)$，$F_{Ax} = \dfrac{3qa}{2}(\leftarrow)$，$F_{Ay} = qa(\downarrow)$，梁的轴力图、剪力图和弯矩图如图 4.28 所示。

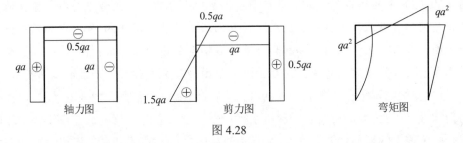

图 4.28

【例题 4.7】 简支斜梁 AB 与水平夹角为 $30°$，A 端为固定铰支座，可动铰支座 B 端与 AB 夹角为 $60°$，如图 4.29 所示，试画出斜梁 AB 的内力图（轴力图、剪力图、弯矩图）。

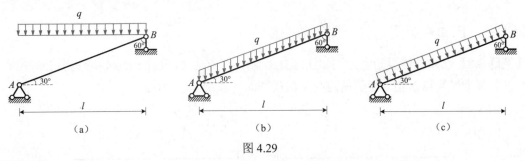

图 4.29

【解析】

三种简支斜梁的弯矩图、剪力图和轴力图分别如图 4.30 所示：

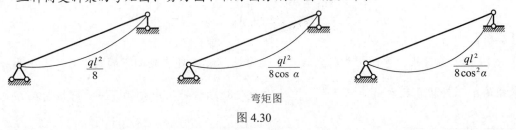

弯矩图

图 4.30

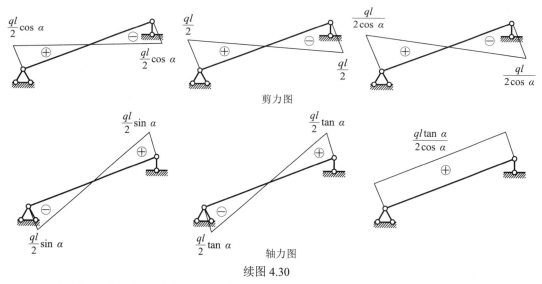

剪力图

轴力图

续图 4.30

图 4.29（a）中的均布荷载 q 沿梁水平投影长度上分布，在工程上对应如楼梯活载、屋面活载和屋面积雪荷载等以水平投影面积计算的均布荷载；图 4.29（b）中的均布荷载 q 沿梁自身长度上分布，工程上对应如结构自重、装饰重量等均布荷载；图 4.29（c）中的均布荷载 q 垂直于杆件轴线方向作用，工程上对应如由液体或气体压力形成的均布荷载。

【注】（1）斜梁的弯矩和剪力以图 4.29（c）荷载时最大，且只有图 4.29（c）荷载时斜梁的轴力为常数。（2）当均布荷载沿斜梁水平投影长度分布时，梁的截面弯矩等于相同跨度水平梁相应位置上的截面弯矩。（3）B 支座链杆方向的改变不会引起斜梁弯矩和剪力的变化，例如，梁 B 端的杆端剪力，可由梁绕 A 支座的力矩平衡条件完全确定，B 支座链杆方向的改变只影响杆端轴力，而不会改变杆端剪力的数值。

题型三：已知弯矩图、剪力图画荷载图

【例题 4.8】已知外伸梁的弯矩图如图 4.31 所示，C 点为 BD 段的中点，弯矩图上对应 CD 段的曲线为抛物线，绘出梁的剪力图及荷载图。（武汉大学 2012）

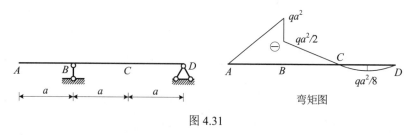

弯矩图

图 4.31

【解析】

AB 段为悬臂段，弯矩图为斜直线且上侧受拉，故 A 处受到向下的集中力，大小为 qa；弯矩图在 B 处从左往右向下突变 $\dfrac{qa^2}{2}$，故 B 处受到顺时针集中力偶 $\dfrac{qa^2}{2}$；弯矩图在 CD 段

向下凸且是抛物线，故 CD 段受到向下的均布荷载 q，梁的荷载图及剪力图如图 4.32 所示。经验证，由此荷载图画出的弯矩图与题干所给弯矩图一致，可以确认荷载图无误。

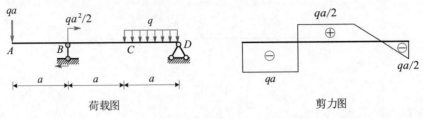

图 4.32

【注】 已知弯矩图绘制荷载图解题方法：首先根据弯矩图的特点画出大致的荷载图，然后根据荷载图绘制弯矩图从而验证荷载图的正确性，谨防疏漏。

【例题 4.9】 已知梁的弯矩图如图 4.33 所示，作梁的剪力图和荷载图。（湖南大学 2016）

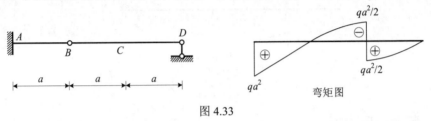

图 4.33

【解析】

弯矩图在 C 处从左往右向下突变 qa^2，故 C 处受到顺时针集中力偶 qa^2；弯矩图在 BC 段向上凸，在 CD 段向下凸，故在 BC 段受到向上的均布荷载，在 CD 段受到向下的均布荷载，梁的荷载图及剪力图如图 4.34 所示。经验证，由此荷载图画出的弯矩图与题干所给弯矩图一致，可以确认荷载图无误。

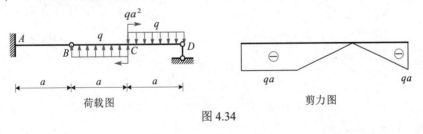

图 4.34

【例题 4.10】 已知简支梁上（没有力偶作用）的剪力图如图 4.35 所示，试绘制梁的弯矩图。（重庆大学 2018）

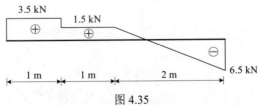

图 4.35

【解析】

由剪力图可知简支梁的受力图如图 4.36 所示:

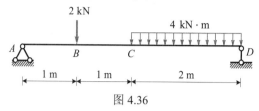

图 4.36

梁的弯矩图如图 4.37 所示。

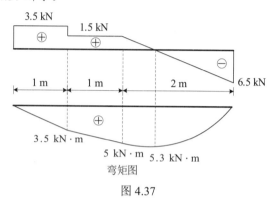

图 4.37

题型四: 曲杆的内力图

【例题 4.11】 作如图 4.38 所示曲杆的弯矩图。

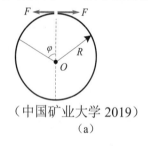

（中国矿业大学 2019）

（a）

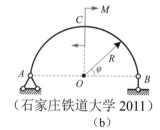

（石家庄铁道大学 2011）

（b）

图 4.38

【解析】

（a）取一段圆弧作为研究对象, 列力矩平衡方程可得: 任一 φ 角处梁弯矩方程为 $M(\varphi) = FR(1 - \cos \varphi)$。

当 $\varphi = \dfrac{\pi}{2}$ 时, $M\left(\dfrac{\pi}{2}\right) = FR$; 当 $\varphi = \pi$ 时, $M(\pi) = 2FR$, 且曲杆内侧受拉, 可绘制弯矩图如图 4.39 所示:

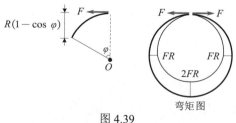

图 4.39

（b）$\sum M_A = 0$，$F_B \cdot 2R - M = 0$，可得 $F_{By} = \dfrac{M}{2R}(\uparrow)$；$\sum F_y = 0$，可得 $F_{Ay} = \dfrac{M}{2R}(\downarrow)$，

$\sum F_x = 0$，可得 $F_{Ax} = 0$。

对 AC 部分，取一段圆弧作为研究对象，列力矩平衡方程可得：任一 φ_1 角处梁弯矩方程

为 $M(\varphi_1) = F_{By} R(1 - \cos \varphi_1) = \dfrac{M}{2}(1 - \cos \varphi_1)\ \left(0 < \varphi_1 < \dfrac{\pi}{2}\right)$，外侧受拉；同理可得 BC 段的

弯矩方程 $M(\varphi_2) = F_{By} R(1 - \cos \varphi_2) = \dfrac{M}{2}(1 - \cos \varphi_2)\ \left(0 < \varphi_2 < \dfrac{\pi}{2}\right)$，内侧受拉，可绘制曲

杆的弯矩图如图 4.40 所示。

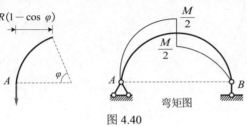

图 4.40

【例题 4.12】作如图 4.41 所示曲杆的弯矩图和扭矩图。

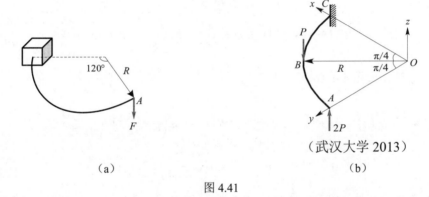

（武汉大学 2013）

（a）　　　　　　　　　　　　（b）

图 4.41

【解析】

（a）绘制曲杆的俯视图如图 4.42 所示：

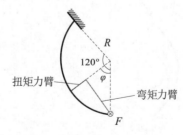

图 4.42

扭矩 $T(\varphi) = FR(1 - \cos \varphi)\ \left(0 \leqslant \varphi \leqslant \dfrac{2}{3}\pi\right)$，弯矩 $M(\varphi) = FR \sin \varphi\ \left(0 \leqslant \varphi \leqslant \dfrac{2}{3}\pi\right)$，

曲杆的弯矩图和扭矩图如图 4.43 所示：

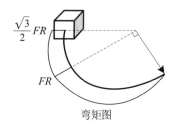

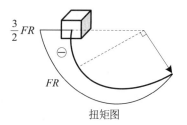

图 4.43

（b）绘制曲杆的俯视图如图 4.44 所示：

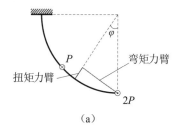

（a）

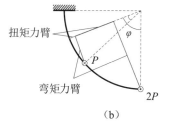

（b）

图 4.44

当 $0 \leqslant \varphi \leqslant \dfrac{\pi}{4}$ 时，由图 4.44(a)可得

$$T(\varphi) = 2PR(1 - \cos \varphi)\left(0 \leqslant \varphi \leqslant \frac{\pi}{4}\right), \quad M(\varphi) = 2PR \sin \varphi \left(0 \leqslant \varphi \leqslant \frac{\pi}{4}\right)$$

当 $\dfrac{\pi}{4} \leqslant \varphi \leqslant \dfrac{\pi}{2}$ 时，由图 4.44(b)可得

$$T(\varphi) = 2PR(1 - \cos \varphi) - PR\left[1 - \cos\left(\varphi - \frac{\pi}{4}\right)\right]\left(\frac{\pi}{4} \leqslant \varphi \leqslant \frac{\pi}{2}\right)$$

$$M(\varphi) = 2PR \sin \varphi - PR \sin\left(\varphi - \frac{\pi}{4}\right)\left(\frac{\pi}{4} \leqslant \varphi \leqslant \frac{\pi}{2}\right)$$

可绘制弯矩图和扭矩图如图 4.45 所示。

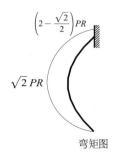

弯矩图

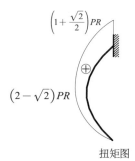

扭矩图

图 4.45

第三节 弯曲正应力和切应力

一、纯弯梁正应力

若梁在某段内各截面上剪力为零，弯矩为常量，则该段梁的弯曲为**纯弯曲**。纯弯曲梁横截面上正应力计算公式，需综合考虑几何方面、物理方面和静力学方面。

几何方面：

截取纯弯曲梁中长为dx的微段，微段两横截面将相对旋转一个微小角度$d\theta$。在连续的变形中，梁中间有一层无长度改变的**中性层**$\overset{\frown}{O_1O_2}$，如图 4.46 所示。

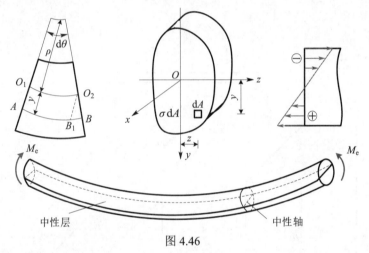

图 4.46

横截面上距**中性轴**（中性层与横截面的交线）为y处的纵向线应变$\varepsilon = \dfrac{\overset{\frown}{B_1B}}{O_1O_2} = \dfrac{y\,d\theta}{dx}$，

中性层的曲率为$\dfrac{1}{\rho} = \dfrac{d\theta}{dx}$，纵向线应变为$\varepsilon = \dfrac{y}{\rho}$。

物理方面：

在线弹性范围内工作的材料，由胡克定理可得物理关系$\sigma = E\varepsilon = E\dfrac{y}{\rho}$。

静力学方面：

纯弯曲梁段横截面上法向内力元素σdA构成的空间平行力系中只有M不为零，其值等于M_e，则$M_z = \displaystyle\int_A \sigma dA \times y = \dfrac{E}{\rho}\int_A y^2 dA = \dfrac{EI_z}{\rho} = M$，$\dfrac{1}{\rho} = \dfrac{M}{EI_z}$，$EI_z$称为梁的弯曲刚度，相同弯矩条件下，$EI_z$值越大，弯曲变形越小。结合物理关系，可得等直梁纯弯曲时横截面

上任一点处的正应力 $\sigma = \dfrac{My}{I_z}$，式中 M 为横截面上的弯矩，I_z 为横截面对中性轴 z 的惯性

矩，y 为所求应力点纵坐标。横截面上离中性轴最远处点的正应力最大，$\sigma_{\max} = \dfrac{My_{\max}}{I_z} = \dfrac{M}{W_z}$，

式中的 $W_z = \dfrac{I_z}{y_{\max}}$ 称为弯曲截面系数。

二、梁上切应力

受任意荷载作用的矩形梁，从梁中截取长为 $\mathrm{d}x$ 的微段，微段两侧截面上弯矩不同，相同 y 坐标处的正应力也不相同，在微段上截取出体积元素，如图 4.47 所示，体积元素两端面的法向内力 F_{N1}^* 和 F_{N2}^* 不相等，为维持体积元素的平衡，必有沿 x 方向的切向内力 $\mathrm{d}F_S'$，即存在相应的切应力 τ'。

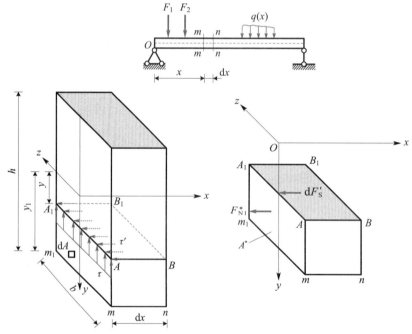

图 4.47

假设横截面上各点处切应力与侧面平行，并且距中性轴等矩的各点切应力大小相等，由静力学关系导出切应力的计算公式，则体积元素两端面上的法向内力 F_{N1}^* 和 F_{N2}^* 为

$$F_{N1}^* = \int_{A*} \sigma_1 \mathrm{d}A = \int_{A*} \frac{My_1}{I_z} \mathrm{d}A = \frac{M}{I_z} \int_{A*} y_1 \mathrm{d}A = \frac{M}{I_z} S_z^*$$

$$F_{N2}^* = \int_{A*} \sigma_2 \mathrm{d}A = \int_{A*} \frac{(M + \mathrm{d}M)}{I_z} y_1 \mathrm{d}A = \frac{M + \mathrm{d}M}{I_z} S_z^*$$

由平衡方程 $F_{N2}^* - F_{N1}^* = \mathrm{d}F_S' = \tau'b\,\mathrm{d}x$，并根据切应力互等定理，即可得到矩形截面等直梁在对称弯曲时横截面上任一点处切应力为 $\tau = \tau' = \dfrac{\mathrm{d}M}{\mathrm{d}x} \times \dfrac{S_z^*}{I_z b} = \dfrac{F_S S_z^*}{I_z b}$，式中 S_z^* 为横截面上距中性轴为 y 的横线以外部分的面积 A^* 对中性轴的静矩。矩形截面梁和圆形截面梁中性轴上的切应力最大，分别为 $\tau_{矩max} = \dfrac{3}{2} \times \dfrac{F_S}{A}$，$\tau_{圆max} = \dfrac{4}{3} \times \dfrac{F_S}{A}$。

【趁热打铁】 如图 4.48 所示狭长矩形截面简支梁，设弯曲切应力沿截面宽度均匀分布，试：（1）在线弹性范围内，推导横截面上的切应力计算公式；（2）画出切应力沿截面高度的分布规律。（重庆大学 2020）

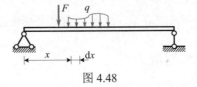

图 4.48

【解析】

（1）取隔离体如图 4.49 所示，截面静矩为 S，离中性轴距离 y 处正应力为 $\sigma(y)$，根据受力平衡，$\displaystyle\int_A \sigma(y)\mathrm{d}A + \tau \cdot b\,\mathrm{d}x = \int_A [\sigma(y) + \mathrm{d}\sigma(y)]\mathrm{d}A$，$\tau b\,\mathrm{d}x = \displaystyle\int_A \mathrm{d}\sigma(y)\,\mathrm{d}A = \int_A \dfrac{\mathrm{d}My}{I_z}\mathrm{d}A$，

$$\tau b = \int_A \frac{y}{I_z} \cdot \frac{\mathrm{d}M}{\mathrm{d}x} \cdot \mathrm{d}A = \int_A \frac{y}{I_z} \cdot F_S \cdot \mathrm{d}A = \frac{F_S}{I_z}\int_A y\,\mathrm{d}A = \frac{F_S S}{I_z}, \quad \tau = \frac{F_S S}{I_z b}.$$

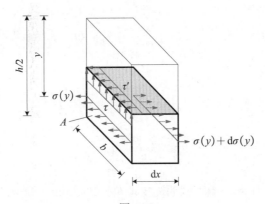

图 4.49

（2）设离中性轴 y 处的截面静矩为 $S(y)$，则

$$S(y) = b\left(\frac{h}{2} - y\right)\left[y + \frac{1}{2}\left(\frac{h}{2} - y\right)\right] = \frac{b}{2}\left(\frac{h^2}{4} - y^2\right), \quad \tau = \frac{F_S \cdot \frac{b}{2}\left(\frac{h^2}{4} - y^2\right)}{I_z b} = \frac{F_S}{2I_z}\left(\frac{h^2}{4} - y^2\right),$$

切应力沿截面高度的分布规律如图 4.50 所示。

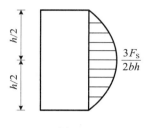

图 4.50

【注】（1）梁发生纯弯曲时，直梁变成了弧形梁，此弧形可看成是某个大圆中的一段弧形，其半径的倒数即为中性层的曲率，即 $\kappa = \dfrac{1}{\rho} = \dfrac{\mathrm{d}\theta}{\mathrm{d}x}$ 。（2）在切应力计算公式中，$\mathrm{d}F_s'$ 是侧截面上切应力 τ' 与微面积 $\mathrm{d}A$ 的乘积，而切应力公式中的 τ 是横截面上的切应力，两种切应力 τ' 和 τ 是通过切应力互等定理建立联系，这里需要区分横截面切应力 τ 和侧截面切应力 τ' 。

题型五：计算弯曲正应力和切应力

【例题 4.13】如图 4.51 所示，两矩形截面梁，尺寸和材料的许用应力均相等，按图 (a)、(b) 所示放置，按弯曲正应力强度条件确定两许用荷载之比 $\dfrac{P_1}{P_2} = （\quad）$。（中国矿业大学 2019）

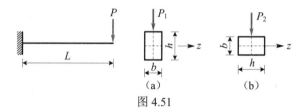

图 4.51

A. $\dfrac{h}{b}$ B. 1 C. $\dfrac{b}{h}$ D. 需结合其他条件判断

【解析】

由于两梁材料相同，则许用正应力相同，$[\sigma] = \dfrac{My}{I_z} = \dfrac{PLy}{I_z}$，$\dfrac{P_1 L \cdot \dfrac{h}{2}}{\dfrac{bh^3}{12}} = \dfrac{P_2 L \cdot \dfrac{b}{2}}{\dfrac{b^3 h}{12}}$，可

得 $\dfrac{P_1}{P_2} = \dfrac{h}{b}$，故本题选 A。

【例题 4.14】如图 4.52 所示一矩形截面简支梁 $h = 200 \text{ mm}$，$b = 100 \text{ mm}$，试求在集中力偏左截面上的角点 A、内部 B 点处的 τ_A 和 τ_B，以及 $\tau_{\max}$。（宁波大学 2020）

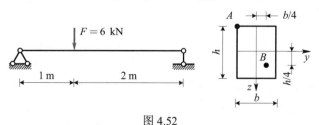

图 4.52

【解析】

简支梁剪力图如图 4.53 所示，集中力偏左截面上剪力为 4 kN，角点 A、内部 B 点处静

矩 $S_A = 0$，$S_B = b \times \dfrac{h}{4} \times \dfrac{3}{8}h = \dfrac{3}{32} \times 100 \times 200^2 = 375\,000$ (mm^3)，

$\tau_A = 0$，$\tau_B = \dfrac{4\,000 \times 375\,000}{\dfrac{100 \times 200^3}{12} \times 100} = 0.225$ (MPa)，

简支梁上最大剪力 $F_{\max} = 4$ kN，$\tau_{\max} = \dfrac{F_{\max}S_{\max}}{I_y b} = \dfrac{4\,000 \times \dfrac{100 \times 200}{2} \times \dfrac{200}{4}}{\dfrac{100 \times 200^3}{12} \times 100} = 0.3$ (MPa)。

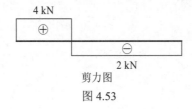

剪力图

图 4.53

【例题 4.15】 如图 4.54 所示简支梁，已知 D 点上下边缘应变 ε'、ε''，且 $\varepsilon' = 2\varepsilon''$，弹性模量为 E，惯性矩为 I_z，高度为 h，试：（1）求 D 点下边缘的正应力；（2）D 点上、下边缘应力的比值；（3）求 y_c；（4）用 D 点下边缘应变表示最大弯矩；（5）求最大正应力。（北京交通大学 2020）

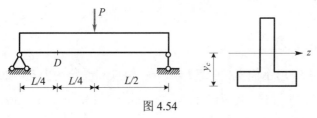

图 4.54

【解析】

（1）D 点下边缘的正应力 $\sigma_{D下} = E\varepsilon''$。

（2）由 $\sigma_{D上} = E\varepsilon'$，$\sigma_{D下} = E\varepsilon''$ 可知 $\sigma_{D上} : \sigma_{D下} = 2 : 1$。

（3）$\sigma_{D上} = \dfrac{M_D(h - y_c)}{I_z}$，$\sigma_{D下} = \dfrac{M_D y_c}{I_z}$，$\sigma_{D上} : \sigma_{D下} = (h - y_c) : y_c = 2 : 1$，$y_c = \dfrac{1}{3}h$。

（4）$\sigma_{D下} = \dfrac{M_D y_c}{I_z} = \dfrac{PL y_c}{8I_z} = \dfrac{PLh}{24I_z}$，$PL = \dfrac{24I_z}{h}E\varepsilon''$，$M_{\max} = \dfrac{1}{4}PL = \dfrac{6I_z}{h}E\varepsilon''$。

（5）最大正应力 $\sigma_{\max} = \dfrac{M_{\max}(h - y_c)}{I_z} = 4E\varepsilon''$。

【例题 4.16】 如图 4.55 所示，简支外伸梁受集中力 P 作用，作出弯矩图和剪力图。梁截面见图，若梁由厚度不同的两板用双排铆钉连接，铆钉许用剪力为 $[F]$，分别求出左跨和右跨中铆钉最大距离 S。（上海交通大学 2014）

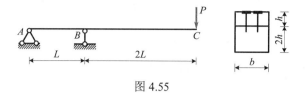

图 4.55

【解析】

剪力图和弯矩图如图 4.56 所示：

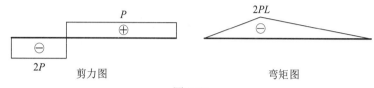

剪力图   弯矩图

图 4.56

由于 B 点左右两截面剪力不同，B 点左侧切应力：$\tau_1 = \dfrac{F_S S^*}{I_z b} = \dfrac{2P \cdot bh \cdot h}{\dfrac{b \cdot (3h)^3}{12} \cdot b} = \dfrac{8P}{9bh}$，

设 AB 跨铆钉最大距离为 S_1，$\tau_1 \cdot b \cdot S_1 = 2[F]$，$\dfrac{8P}{9bh} \cdot b \cdot S_1 = 2[F]$，$S_1 = \dfrac{9h}{4P}[F]$，

设 BC 跨铆钉最大距离为 S_2，B 点右侧切应力：$\tau_2 = \dfrac{F_S S^*}{I_z b} = \dfrac{P \cdot bh \cdot h}{\dfrac{b \cdot (3h)^3}{12} \cdot b} = \dfrac{4P}{9bh}$，

$\tau_2 \cdot b \cdot S_1 = 2[F]$，$S_2 = \dfrac{9h}{2P}[F]$。

题型六：校核梁的强度

【例题 4.17】 如图 4.57 所示简支架长度 $l = 1\,\text{m}$，中点 C 受集中力 $P = 20\,\text{kN}$，BC 中点处梁的上、下边缘各有一弧形洼槽，截面尺寸 $b = 80\,\text{mm}$，$h = 100\,\text{mm}$，$a = 30\,\text{mm}$，$[\sigma] = 80\,\text{MPa}$，校核梁的弯曲正应力强度。（沈阳建筑大学 2019）

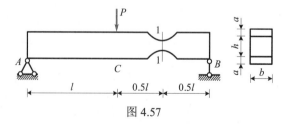

图 4.57

【解析】

梁的弯矩图如图 4.58 所示：

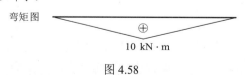

弯矩图

$10\,\text{kN} \cdot \text{m}$

图 4.58

C 截面处：$W_z = \dfrac{b(h+2a)^2}{6} = \dfrac{80 \times 160^2}{6} = 341\,333\ (\mathrm{mm^3})$，

$\sigma_C = \dfrac{M_C}{W_z} = \dfrac{10 \times 10^6}{341333} = 29.3\ (\mathrm{MPa}) < [\sigma]$，

BC 中点处：$W_z' = \dfrac{bh^2}{6} = \dfrac{80 \times 100^2}{6} = 133\,333\ (\mathrm{mm^3})$，

$\sigma' = \dfrac{M'}{W_z'} = \dfrac{5 \times 10^6}{133\,333} = 37.5\ (\mathrm{MPa}) < [\sigma]$，所以该梁满足要求。

【例题 4.18】 T 形等截面铸铁梁受力及尺寸如图 4.59 所示，已知 $q = 10\ \mathrm{kN/m}$，$F = 20\ \mathrm{kN}$，材料的许用拉应力 $[\sigma_t] = 30\ \mathrm{MPa}$，许用压应力 $[\sigma_c] = 60\ \mathrm{MPa}$，试校核该梁的正应力强度条件。（中国矿业大学 2018）

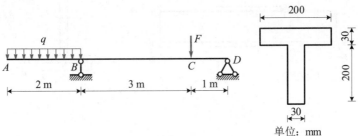

图 4.59

【解析】

梁的支座反力 $F_B = 30\ \mathrm{kN}$，$F_D = 10\ \mathrm{kN}$，梁的弯矩图如图 4.60 所示：

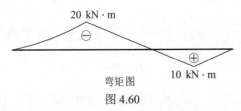

弯矩图

图 4.60

其中 $M_{\max}^+ = 10\ \mathrm{kN \cdot m}$，$M_{\max}^- = -20\ \mathrm{kN \cdot m}$，

设梁的形心距底边距离为 z_c，则 $z_c = \dfrac{30 \times 200 \times 100 + 30 \times 200 \times 215}{30 \times 200 + 30 \times 200} = 157.5\ (\mathrm{mm})$，

梁截面对形心轴的惯性矩为

$I_z = \dfrac{30 \times 200^3}{12} + 30 \times 200 \times (157.5 - 100)^2 + \dfrac{200 \times 30^3}{12} + 30 \times 200 \times (215 - 157.5)^2$

$= 6 \times 10^7\ (\mathrm{mm^4})$，

最大正弯矩截面 $\sigma_t = \dfrac{M_{\max}^+ z_c}{I_z} = \dfrac{10 \times 10^6 \times 157.5}{6 \times 10^7} = 26.3\ (\mathrm{MPa}) < [\sigma_t]$，

$\sigma_c = \dfrac{M_{\max}^+ (230 - z_c)}{I_z} = \dfrac{10 \times 10^6 \times (230 - 157.5)}{6 \times 10^7} = 12.1\ (\mathrm{MPa}) < [\sigma_c]$，

最大负弯矩截面 $\sigma'_t = \dfrac{M^-_{\max}(230-z_c)}{I_z} = \dfrac{20\times10^6\times(230-157.5)}{6\times10^7} = 24.2\ (\text{MPa}) < [\sigma_t]$，

$\sigma'_c = \dfrac{M^-_{\max}y_c}{I_z} = \dfrac{20\times10^6\times157.5}{6\times10^7} = 52.5\ (\text{MPa}) < [\sigma_c]$，所以该梁满足强度要求。

【例题 4.19】 校核如图 4.61 所示焊接钢梁的强度，翼缘与腹板交接处可不校核。已知材料的许用正应力 $[\sigma] = 170\ \text{MPa}$，许用切应力 $[\tau] = 100\ \text{MPa}$，中部加强段横截面对中性轴惯性矩 $I_z = 132.6\times10^6\ \text{mm}^4$。（南昌大学 2013）

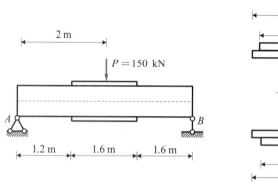 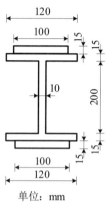

图 4.61

【解析】

（1）校核跨中强度：梁的跨中弯矩 $M_{\max} = \dfrac{1}{4}Pl = \dfrac{1}{4}\times150\times4 = 150\ (\text{kN}\cdot\text{m})$，

跨中最大应力 $\sigma_{\max} = \dfrac{150\times10^6\times130}{132.6\times10^6} = 147\ (\text{MPa}) < [\sigma]$，跨中满足强度要求。

（2）校核连接处强度：连接处弯矩 $M_1 = 90\ \text{kN}\cdot\text{m}$，

惯性矩：$I_{z1} = \dfrac{1}{12}\times120\times230^3 - \dfrac{1}{12}\times110\times200^3 = 48.34\times10^6\ (\text{mm}^4)$，

最大正应力：$\sigma_{z1} = \dfrac{90\times10^6\times115}{48.34\times10^6} = 214\ (\text{MPa}) > [\sigma]$，连接处正应力不满足强度要求，

最大剪力：$Q_{\max} = 75\ \text{kN}$，

$S_{\max} = 120\times15\times\left(100+\dfrac{15}{2}\right) + 10\times100\times50 = 24.35\times10^4\ (\text{mm}^3)$，

$\tau_{\max} = \dfrac{Q_{\max}S_{\max}}{I_{z1}b} = \dfrac{75\times10^3\times24.35\times10^4}{48.34\times10^6\times10} = 38\ (\text{MPa}) < [\tau]$，连接处切应力满足强度要求。

综上所述，焊接钢梁不满足强度要求。

【例题 4.20】 如图 4.62 所示，已知横梁 AB 由 25 号工字钢制成，$W_z = 402 \times 10^3$ mm^3，材料的许用应力 $[\sigma] = 160$ MPa。试画出弯矩图，并校核横梁 AB 正应力强度。（上海交通大学 2012）

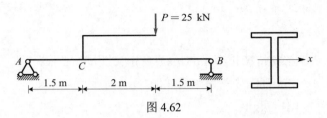

图 4.62

【解析】

横梁可等效成如图 4.63 所示结构：

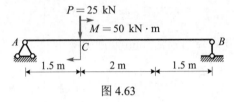

图 4.63

根据静力平衡方程 $\sum M_A = 0$，$25 \times 1.5 + 50 - F_{RB} \times 5 = 0$，$F_{RB} = 17.5$ kN，

$F_{RA} + F_{RB} = P$，$F_{RA} = 7.5$ kN，横梁 AB 的弯矩图如图 4.64 所示：

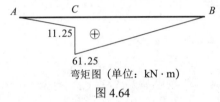

弯矩图（单位：kN·m）

图 4.64

$\sigma_{\max} = \dfrac{M_{\max}}{W_z} = \dfrac{61.25 \times 10^6}{402 \times 10^3} = 152.4$ (MPa) $< [\sigma] = 160$ MPa，横梁正应力强度满足要求。

题型七：确定梁的许用荷载

【例题 4.21】 图 4.65 所示铸铁梁 AC 许用拉应力 $[\sigma_t] = 30$ MPa，许用压应力 $[\sigma_c] = 60$ MPa，z 轴为中性轴，$I_z = 7.63 \times 10^6$ mm^4，荷载 F 可沿梁任意移动，在如图（a）、（b）所示横截面两种摆放情况下哪种许用荷载 $[F]$ 较大。（南昌大学 2020）

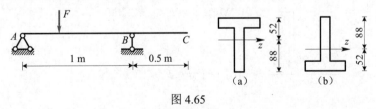

图 4.65

【解析】

荷载 F 作用在 AB 中点以及 C 点时梁的弯矩图分别如图 4.66（a）、4.66（b）所示：

弯矩图（单位：kN·m）　　　　　　　　弯矩图（单位：kN·m）

（a）　　　　　　　　　　　　　　　（b）

图 4.66

第一种情况：截面摆放情况如图 4.65（a）所示，

当荷载作用在 AB 中点时，弯矩图如图 4.66（a）所示，

$$\sigma_{t,max} = \frac{M \cdot y_1}{I_z} = \frac{\frac{F}{4} \times 10^6 \times 88}{7.63 \times 10^6} \leq 30 \text{ MPa} \Longrightarrow F \leq 10.4 \text{ kN},$$

$$\sigma_{c,max} = \frac{M \cdot y_2}{I_z} = \frac{\frac{F}{4} \times 10^6 \times 52}{7.63 \times 10^6} \leq 60 \text{ MPa} \Longrightarrow F \leq 35.2 \text{ kN};$$

当荷载作用在 C 点时，弯矩图如图 4.66（b）所示，

$$\sigma_{t,max} = \frac{M_C \cdot y_2}{I_z} = \frac{\frac{F}{2} \times 10^6 \times 52}{7.63 \times 10^6} \leq 30 \text{ MPa} \Longrightarrow F \leq 8.8 \text{ kN},$$

$$\sigma_{c,max} = \frac{M_C \cdot y_1}{I_z} = \frac{\frac{F}{2} \times 10^6 \times 88}{7.63 \times 10^6} \leq 60 \text{ MPa} \Longrightarrow F \leq 10.4 \text{ kN},$$

综上所述，按第一种位置摆放 $[F] = 8.8$ kN。

第二种情况：截面摆放情况如图 4.65（b）所示，

当荷载作用在 AB 中点时，弯矩图如图 4.66（a）所示，

$$\sigma_{t,max} = \frac{M \cdot y_2}{I_z} = \frac{\frac{F}{4} \times 10^6 \times 52}{7.63 \times 10^6} \leq 30 \text{ MPa} \Longrightarrow F \leq 17.6 \text{ kN},$$

$$\sigma_{c,max} = \frac{M \cdot y_1}{I_z} = \frac{\frac{F}{4} \times 10^6 \times 88}{7.63 \times 10^6} \leq 60 \text{ MPa} \Longrightarrow F \leq 20.8 \text{ kN};$$

当荷载作用在 C 点时，弯矩图如图 4.66（b）所示，

$$\sigma_{t,max} = \frac{M_C \cdot y_1}{I_z} = \frac{\frac{F}{2} \times 10^6 \times 88}{7.63 \times 10^6} \leq 30 \text{ MPa} \Longrightarrow F \leq 5.2 \text{ kN},$$

$$\sigma_{c,max} = \frac{M_C \cdot y_2}{I_z} = \frac{\frac{F}{2} \times 10^6 \times 52}{7.63 \times 10^6} \leq 60 \text{ MPa} \Longrightarrow F \leq 17.6 \text{ kN},$$

综上所述，按第二种位置摆放 $[F] = 5.2$ kN，所以，截面摆放情况如图 4.65（a）时的许用荷载最大，$[F]_{max} = 8.8$ kN。

【例题 4.22】 槽形等截面简支梁尺寸及受力如图 4.67 所示，已知集中力 $F = 2P$ (N)，集中力偶 $M = 0.8P$ (N·m)，材料许用拉应力 $[\sigma_t] = 40$ MPa，许用压应力 $[\sigma_c] = 80$ MPa，对 z 轴的惯性矩 $I_z = 1.729 \times 10^8$ mm^4，试求 P 的最大值。（北京交通大学 2014）

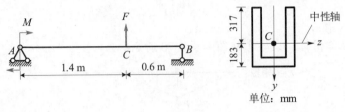

图 4.67

【解析】

根据静力平衡方程求支座反力，$F \times 1.4 - M - 2 \times F_B = 0$，$F_B = P(\downarrow)$，$F_A = P(\downarrow)$，梁的弯矩图如图 4.68 所示：

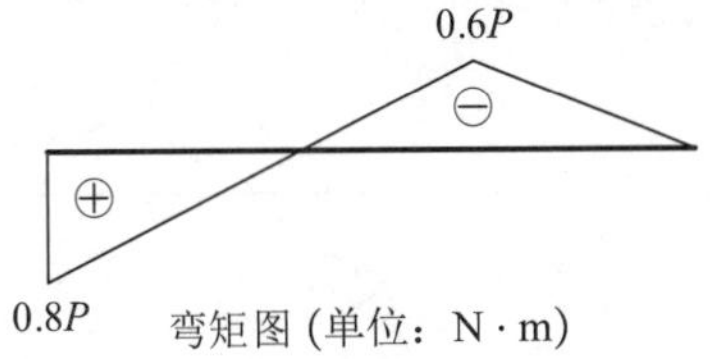

弯矩图（单位：N·m）

图 4.68

A 点，$\sigma_{t1} = \dfrac{0.8P \cdot 0.183}{I_z} \leqslant [\sigma_t]$，$P \leqslant I_z[\sigma_t]/(0.8 \times 0.183) = \dfrac{1.729 \times 10^{-4} \times 40 \times 10^6}{0.8 \times 0.183} =$

47.2 (kN)，$\sigma_{c1} = \dfrac{0.8P \cdot 0.371}{I_z} \leqslant [\sigma_c]$，$P \leqslant I_z[\sigma_c]/(0.8 \times 0.317) = 54.5$ (kN)，

C 点，$\sigma_{t2} = \dfrac{0.6P \cdot 0.317}{I_z} \leqslant [\sigma_t]$，$P \leqslant I_z[\sigma_t]/(0.6 \times 0.317) = 36.3$ (kN)，

$\sigma_{c2} = \dfrac{0.6P \cdot 0.183}{I_z} \leqslant [\sigma_c]$，

$P \leqslant I_z[\sigma_c]/(0.6 \times 0.183) = \dfrac{1.729 \times 10^{-4} \times 80 \times 10^6}{0.6 \times 0.183} = 126.0$ (kN)，

综上所述，P 的最大值为 36.3 kN。

【注】 （1）本题在代入数据进行计算时，单位需要保持一致。 （2）最大正弯矩和最大负弯矩处的拉应力和压应力均需要验算。

【例题 4.23】 如图 4.69 所示矩形截面外伸梁，已知材料的许用应力为 $[\sigma]$，当荷载 F_1 单独作用在梁上 C 处时，梁内的最大正应力恰好等于许用应力，试：（1）求荷载 F_1；（2）若 C 处的荷载 F_1 增大到 $1.5F_1$，为使梁内的最大正应力不超过许用应力，在 D 处加以荷载 F_2，求荷载 F_2。（河海大学 2015）

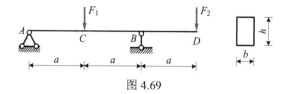

图 4.69

【解析】

（1）F_1 单独作用时，梁的弯矩图如图 4.70 所示：

图 4.70

最大正应力 $\sigma_{\max} = \dfrac{M_{\max}}{\dfrac{1}{6}bh^2} = \dfrac{3F_1a}{bh^2} = [\sigma]$，$F_1 = \dfrac{bh^2[\sigma]}{3a}$。

（2）F_1 和 F_2 同时作用时，梁的弯矩图如图 4.71 所示：

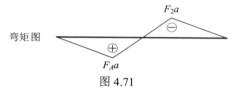

图 4.71

列平衡方程：$\sum F = 0$，$\sum M_A = 0$，

$F_A - 1.5F_1 + F_B - F_2 = 0$，$F_1a - F_B \cdot 2a + F_2 \cdot 3a = 0$，由两式解得 $F_A = \dfrac{3F_1}{4} - \dfrac{F_2}{2}$，

$F_A \cdot a \leqslant \dfrac{F_1a}{2}$，$\left(\dfrac{3F_1}{4} - \dfrac{F_2}{2} \right) \cdot a \leqslant \dfrac{F_1a}{2}$，$F_2 \geqslant \dfrac{F_1}{2}$，$F_2 \cdot a \leqslant \dfrac{F_1a}{2}$，$F_2 \leqslant \dfrac{F_1}{2}$，可得：$F_2 = \dfrac{F_1}{2}$。

【注】 此第（2）小题中的最大正弯矩和最大负弯矩的绝对值均不应超过第（1）小题中的最大弯矩值，根据这个关系列出两个不等式求解。

题型八：确定梁的尺寸

【例题 4.24】 一木梁受力如图 4.72 所示，材料的许用应力 $[\sigma] = 10$ MPa，试确定如下三种不同形状截面的最小尺寸：（1）高、宽之比 $\dfrac{h}{b} = 2$ 的矩形；（2）边长为 a 的正方形；（3）直径为 d 的圆形；（4）比较上述三种截面形状梁的材料用量。（暨南大学 2018）

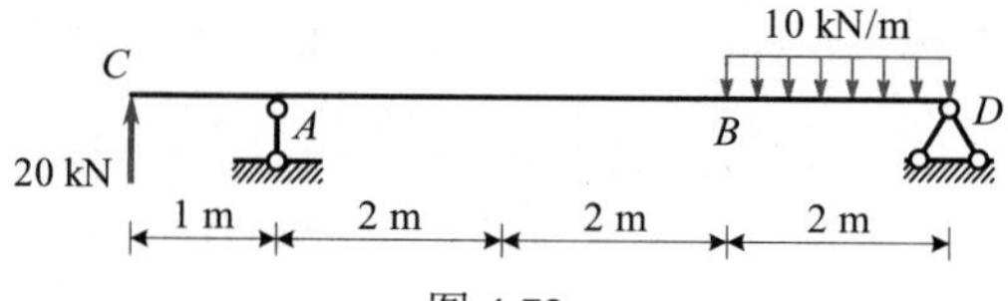

图 4.72

【解析】

梁的弯矩图如图 4.73 所示：

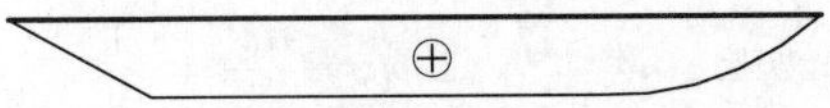

弯矩图

$\oplus$

20 kN·m

图 4.73

（1）高、宽之比 $\dfrac{h}{b}=2$ 的矩形，最大正应力 $\sigma_{\max}=\dfrac{M_{\max}}{\dfrac{1}{6}bh^2}\leqslant[\sigma]\Longrightarrow h\geqslant0.288$ m，取

最小用量：$h=0.288$ m，$b=0.144$ m。

（2）边长为 a 的正方形，$\sigma_{\max}=\dfrac{M_{\max}}{\dfrac{1}{6}a^3}\leqslant[\sigma]\Longrightarrow a\geqslant0.229$ m，取 $a=0.229$ m。

（3）直径为 d 的圆形，$\sigma_{\max}=\dfrac{M_{\max}}{\dfrac{\pi d^3}{32}}\leqslant[\sigma]\Longrightarrow d\geqslant0.273$ m，取 $d=0.273$ m。

（4）高和宽分别为 $h=0.288$ m，$b=0.144$ m 的矩形面积 $A_1=0.042$ m^2，边长 0.229 m 的正方形面积 $A_2=0.052$ m^2，直径 $d=0.273$ m 的圆形面积 $A_3=0.059$ m^2，通过比较 $A_1<A_2<A_3$，即高宽之比 $\dfrac{h}{b}=2$，的矩形材料用量最省。

【注】（1）梁在受弯时，合理的截面形状应该是截面面积 A 较小，而抗弯截面系数 W 较大。（2）矩形截面受弯时的经济性是优于圆形截面的。

【例题 4.25】梁 AB 和杆 BC 均为圆形截面，材料相同，已知 $E=200$ GPa，$[\sigma]=160$ MPa，杆 BC 直径 $d=20$ mm。在如图 4.74 所示荷载作用下测得 BC 杆轴向伸长为 $\Delta l=0.5$ mm。求荷载 q 的值及梁 AB 的直径。（山东大学 2019）

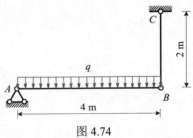

图 4.74

【解析】

（1）求均布荷载 q：

杆 BC 所受轴力为 $F_{BC}=2q$，由胡克定律可知，$\Delta l=\dfrac{F_{BC}l}{EA}=\dfrac{2ql}{EA}$，

$$q=\dfrac{EA\cdot\Delta l}{2l}=\dfrac{200\times10^9\times\dfrac{\pi}{4}\times20^2\times10^{-6}\times0.5\times10^{-3}}{2\times2}=7.85\ (\text{kN/m})。$$

（2）求梁 AB 的直径：

梁 AB 的危险截面为跨中截面，跨中弯矩 $M = \dfrac{ql^2}{8} = \dfrac{1}{8} \times 7.85 \times 4^2 = 15.7$ (kN·m)，

梁最大应力 $\sigma_{max} = \dfrac{M}{W} = \dfrac{M}{\dfrac{\pi d^3}{32}} \leq [\sigma] = 160$ MPa，则 $d \geq \sqrt[3]{\dfrac{15.7 \times 10^6 \times 32}{\pi \times 160}} = 100$ (mm)，

即梁的 AB 直径至少为 100 mm。

【注】 荷载 q 是根据杆的轴向伸长来计算的，梁的尺寸是根据受弯来确定的。

【例题 4.26】 如图 4.75 所示木梁受移动荷载 $F = 40$ kN 作用。已知木梁长度为 1 m，横截面为矩形截面且高、宽比 $\dfrac{h}{b} = 1.5$，$[\sigma] = 10$ MPa，$[\tau] = 3$ MPa，试确定梁的截面尺寸。（南昌大学 2021）

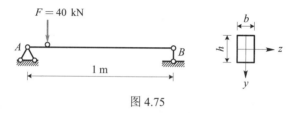

图 4.75

【解析】

当 F 作用于跨中时结构出现最大弯矩，$M_{max} = \dfrac{Fl}{4} = \dfrac{40 \times 10^3 \times 1}{4} = 10$ (kN·m)，

当 F 作用于 A 端或 B 端，结构上剪力有最大值，$F_{Smax} = F$，$W_z = \dfrac{bh^2}{6} = 0.375b^3$，

$\sigma_{max} = \dfrac{M_{max}}{W_z} = \dfrac{M_{max}}{0.375b^3} \leq [\sigma]$，$b \geq \sqrt[3]{\dfrac{M_{max}}{0.375[\sigma]}} = \sqrt[3]{\dfrac{10 \times 10^6}{0.375 \times 10}} = 138.7$ (mm)，

$\tau = \dfrac{3F_{Smax}}{2A} = \dfrac{3F_{Smax}}{2 \times 1.5b^2} \leq [\tau]$，$b \geq \sqrt{\dfrac{3F_{Smax}}{2 \times 1.5[\tau]}} = \sqrt{\dfrac{3 \times 40 \times 10^3}{2 \times 1.5 \times 3}} = 115.5$ (mm)，

综上所述，$b \geq 138.7$ mm，取 $b = 138.7$ mm，$h = 208.1$ mm。

【例题 4.27】 某梁的横截面如图 4.76 所示。已知材料许用拉应力 $[\sigma_t] = 80$ MPa，许用压应力 $[\sigma_c] = 140$ MPa，为使该截面能承受最大弯矩 $M = 80$ kN·m，试问 d 值应取多大？（武汉大学 2011）

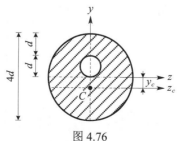

图 4.76

【解析】

截面的形心位于 y 轴且 $y_c = \dfrac{-\pi\left(\frac{d}{2}\right)^2 \times \frac{d}{2}}{\pi(2d)^2 - \pi\left(\frac{d}{2}\right)^2} = -\dfrac{d}{30}$，

形心惯性矩 $I_{zc} = \dfrac{\pi(4d)^4}{64} + \pi(2d)^2 \times \left(\dfrac{d}{30}\right)^2 - \left[\dfrac{\pi d^4}{64} + \pi\left(\dfrac{d}{2}\right)^2 \times \left(\dfrac{8d}{15}\right)^2\right] = 12.3d^4$，

若梁上端受压，下端受拉，则

$$\sigma_t = \frac{My}{I_{zc}} = \frac{M\left(2d - \frac{d}{30}\right)}{I_{zc}} = \frac{0.159\,9M}{d^3} \leqslant [\sigma_t], \quad d \geqslant 54.3 \text{ mm},$$

$$\sigma_c = \frac{My}{I_{zc}} = \frac{M\left(2d + \frac{d}{30}\right)}{I_{zc}} = \frac{0.165\,3M}{d^3} \leqslant [\sigma_c], \quad d \geqslant 45.5 \text{ mm},$$

若梁上端受拉，下端受压，则

$$\sigma_t = \frac{My}{I_{zc}} = \frac{M\left(2d + \frac{d}{30}\right)}{I_{zc}} = \frac{0.165\,3M}{d^3} \leqslant [\sigma_t], \quad d \geqslant 54.9 \text{ mm},$$

$$\sigma_c = \frac{My}{I_{zc}} = \frac{M\left(2d - \frac{d}{30}\right)}{I_{zc}} = \frac{0.159\,9M}{d^3} \leqslant [\sigma_c], \quad d \geqslant 45.0 \text{ mm},$$

在受弯方向未知的情况下，梁的尺寸 $d \geqslant 54.9$ mm。

【注】 题中未告知梁的受弯方向，因此需分别计算上、下端受拉或受压时梁的尺寸，并且取最大值。

综合题

【例题 4.28】 某矩形截面悬臂梁受力如图 4.77 所示，材料许用正应力为 $[\sigma]$，许用切应力为 $[\tau]$，$[\sigma] = 2[\tau]$，设矩形截面宽度 b 不变，试：（1）按照等强度原则求矩形截面高度 $h(x)$（设此梁仍可用等直梁公式计算，$h(x)$ 用 $[\sigma]$、b、l、F 等表示）；（2）在 $h - x$ 坐标下画出 $h(x)$ 图形。（需画出曲线凹凸方向，设 $[\sigma] = 40$ MPa，$b = 100$ mm，$l = 6$ m，$F = 100$ kN）（南京工业大学 2014）

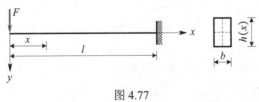

图 4.77

【解析】

（1）梁的弯矩图和剪力图如图 4.78 所示，距离自由端 x 处的截面弯矩 $M(x) = Fx$，

截面正应力 $\sigma(x) = \dfrac{M(x)}{W_z} = \dfrac{6Fx}{bh^2(x)} = [\sigma]$，$h(x) = \sqrt{\dfrac{6Fx}{b[\sigma]}}$ （$0 \leqslant x \leqslant l$），

最大切应力 $\tau_{\max} = \dfrac{3F_S}{2A} = \dfrac{3F}{2bh(x)} \leqslant [\tau] = \dfrac{[\sigma]}{2}$，$h(x) \geqslant \dfrac{3F}{b[\sigma]} = \dfrac{3 \times 100 \times 10^3}{100 \times 40} = 75$ （mm），

$h(x) = \sqrt{\dfrac{6Fx}{b[\sigma]}} = \sqrt{\dfrac{6 \times 100 \times 10^3 \times x}{100 \times 40}} = 12.25\sqrt{x}$ mm （$0 \leqslant x \leqslant 6\,000$ mm），且 $h \geqslant 75$ mm。

弯矩图 　　　　　　　　　　　剪力图

图 4.78

（2）$h(x) = 12.25\sqrt{x}$，当 $h = 75$ mm，$x = 37.5$ mm，$h'(x) = \dfrac{12.25}{2\sqrt{x}}$，$h''(x) < 0$，

因此 $h - x$ 坐标下的 $h(x)$ 图形向上凸起，截面高度曲线如图 4.79 所示。

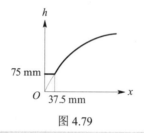

图 4.79

【注】由于悬臂梁任意截面处的剪力相等且为 F，任意截面处都存在切应力，因此在截面宽度不变的情况下，截面存在最小的高度，这从截面高度曲线中可以明显看出。

【例题 4.29】矩形截面悬臂梁 AB，承受集度为 q 的均布荷载，如图 4.80 所示，假设沿中性层及任一截面截取脱离体 AC，试证明脱离体 AC 满足静力平衡条件。（暨南大学 2017）

提示：中性轴处纵向纤维间的挤压应力为 $\dfrac{q}{2b}$。

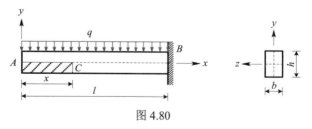

图 4.80

【解析】

在距离自由端 A 为 x 的横截面上任一点处都有正应力和切应力，其值分别为

$$\sigma_z = \dfrac{M(x)}{I_z}y = \dfrac{6qx^2}{bh^3}y，\quad \tau_y = \dfrac{F_S S_z}{bI_z} = \dfrac{6qx}{bh^3}\left(\dfrac{h^2}{4} - y^2\right);$$

横截面中性轴处切应力最大，由切应力互等定理可知中性层上切应力 $\tau_x = \tau_{y|y=0} = \dfrac{3qx}{2bh}$，

中性层上切应力的合力 $F_{\mathrm{t}} = \displaystyle\int_0^x \tau_x b\,\mathrm{d}x = \int_0^x \dfrac{3qx}{2bh} b\,\mathrm{d}x = \dfrac{3qx^2}{4h}\,(\rightarrow)$，

横截面上正应力 σ_x 和切应力 τ_y 的合力分别为

$$F_{\mathrm{N}} = \int_0^{\frac{h}{2}} \sigma_x b\,\mathrm{d}y = \int_0^{\frac{h}{2}} \dfrac{6qx^2}{bh^3} by\,\mathrm{d}y = \dfrac{3qx^2}{4h}\,(\leftarrow),$$

$$F_{\mathrm{t}}' = \int_0^{\frac{h}{2}} \tau_y b\,\mathrm{d}y = \int_0^{\frac{h}{2}} \dfrac{6qx^2}{bh^3}\left(\dfrac{h^2}{4} - y^2\right) b\,\mathrm{d}y = \dfrac{qx}{2}\,(\uparrow),$$

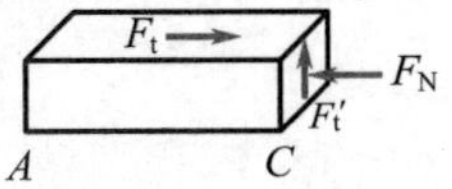

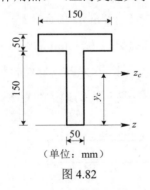

图 4.81

脱离体 AC 的受力如图 4.81 所示，由静力平衡条件可知 $\sum F_x = F_{\mathrm{t}} - F_{\mathrm{N}} = 0$ 满足，但 $\sum F_y = 0$ 和 $\sum M_z = 0$ 不满足，因为材料力学中忽略了纵层之间的挤压应力，若考虑中性轴处纵向纤维间挤压应力 $\dfrac{q}{2b}$，根据静力平衡条件：

$$\sum F_y = F_{\mathrm{t}}' - \sigma \cdot bx = \dfrac{qx}{2} - \dfrac{q}{2b} \cdot bx = 0,\ 满足平衡，$$

$$\sum M_z = \sigma_y bx \cdot \dfrac{x}{2} - F_{\mathrm{N}} \cdot \dfrac{2}{3} \cdot \dfrac{h}{2} = 0,\ 满足平衡。$$

【注】（1）题干中的"中性轴处纵向纤维间的挤压应力"属于弹性力学的范畴，读者只需了解即可。（2）本题重点考查的是中性层上切应力的合力以及横截面上正应力和切应力合力的计算。

【例题 4.30】如图 4.82 所示 T 形梁，受到 $M = 3.1$ kN·m 的弯矩作用，截面下侧受拉，上侧受压。试：（1）画出正应力分布情况，并计算最大拉应力和最大压应力；（2）计算 T 形截面上拉力和压力的合力以及作用点。（上海交通大学 2020）

图 4.82

【解析】

（1）先求中性轴的位置：$y_c = \dfrac{S}{A} = \dfrac{50 \times 150 \times 175 + 50 \times 150 \times 75}{50 \times 150 \times 2} = 125$ （mm），

中性轴惯性矩：

$$I = \frac{1}{12} \times 150 \times 50^3 + \frac{1}{12} \times 50 \times 150^3 + 2 \times 50 \times 150 \times 50^2 = 5.31 \times 10^7 \ (mm^4),$$

由于截面上侧受压、下侧受拉，所以最大压应力 $\sigma_{c,max} = \dfrac{My_1}{I} = \dfrac{3.1 \times 10^6 \times 75}{5.31 \times 10^7} = 4.4 \ (MPa)$，

最大拉应力 $\sigma_{t,max} = \dfrac{My_2}{I} = \dfrac{3.1 \times 10^6 \times 125}{5.31 \times 10^7} = 7.3 \ (MPa)$，正应力分布如图 4.83 所示：

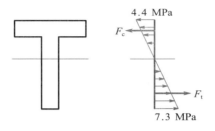

图 4.83

（2）受拉区为矩形，受拉区合力 $F_t = \displaystyle\int_{A_2} \sigma_2 dA = \frac{1}{2} \times \sigma_{t,max} \times y_2 \times b = 22.8 \ kN$，拉力

合力作用点位于三角形受拉区域形心处，距离中性轴 83.3 mm，受拉区合力等于受压区合力，

即 $F_c = F_t = 22.8 \ kN$，受压区合力作用点可以根据截面力矩平衡来求解，设受压区合力作

用高度为 a，则 $M = F_c \times a + F_t \times \dfrac{2}{3} \times y_2$，$a = 52.6 \ mm$，即受压区合力作用点距离中性

轴 52.6 mm。

【注】（1）受压区合力也可以通过积分来计算，$F_c = \displaystyle\int_{A_1} \sigma_1 dA = \int_0^{0.25} \frac{My}{I} \times 0.05 dy + \int_{0.25}^{0.75} \frac{My}{I} \times 0.15 dy = 22.8 \ kN$。（2）受压区和受拉区正应力均为线性分布。

【例题 4.31】如图 4.84 所示，跨度为 3.6 m 的脚手架人行通道，由尺寸为 300 mm × 12 mm

的木板与 38 mm × 90 mm 的木条通过直径为 5 mm 的螺丝钉钉成，螺丝钉沿跨度间隔为 $e =$

200 mm。已知木材的许用正应力为 $[\sigma] = 6 \ MPa$，螺丝材料的许用切应力为 $[\tau] = 100 \ MPa$。

试求容许通过的单个行人（作为移动荷载）的最大体重 F。（同济大学 2015）

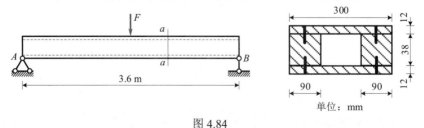

图 4.84

【解析】

设力 F 作用点距 A 点水平距离为 x，$M(x) = \dfrac{x(l-x)F}{l} \leq \dfrac{1}{4}Fl$（当且仅当 $x = \dfrac{l}{2}$ 时取

等号），$I_z = 2 \times \left(\dfrac{1}{12} \times 90 \times 38^3 \right) + 2 \times \left(\dfrac{1}{12} \times 300 \times 12^3 + 300 \times 12 \times 25^2 \right) = 5.41 \times 10^6 \ \text{mm}^4$，

根据 $\sigma_{max} = \dfrac{M_{max}}{I_z} y_{max} = \dfrac{\dfrac{1}{4} \times F \times 3.6 \times 10^6 \times (19+12)}{5.41 \times 10^6} = [\sigma]$，$F = 1.16 \ \text{kN}$，

根据 $\tau_{max} = \dfrac{F_z S_z^*}{I_z b} = \dfrac{F \times 10^3 \times (300 \times 12 \times 25)}{5.41 \times 10^6 \times 90 \times 2}$，$\tau_{max} \cdot e \cdot b = 2A[\tau]$，$F = 2.36 \ \text{kN}$，

故最大体重 $F_{max} = 1.16 \ \text{kN}$。

【注】本题除了需要验算木材最大正应力外，还需要验算木板连接处螺丝钉的切应力是否满要求。

【例题 4.32】如图 4.85 所示悬臂梁 AB 受均布荷载 q 和集中力 P，横截面为正方形 $a \times a$，中性轴即正方形对角线。试计算最大剪应力的大小及其所在位置。

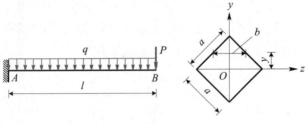

图 4.85

【解析】

A 截面剪力最大，$F_S = P + ql$，

$I_z = \dfrac{a^4}{12}$，$S_z(y) = \dfrac{1}{2} \times \left(\dfrac{\sqrt{2}}{2}a - y \right)^2 \times 2 \times \dfrac{\dfrac{\sqrt{2}}{2}a + 2y}{3} = \dfrac{1}{3}\left(\dfrac{\sqrt{2}}{2}a + 2y \right)\left(\dfrac{\sqrt{2}}{2}a - y \right)^2$，

$b(y) = 2\left(\dfrac{\sqrt{2}}{2}a - y \right)$，

$\tau_s = \dfrac{F_S S_z(y)}{I_z b(y)} = \dfrac{F_S}{I_z} \cdot \dfrac{1}{6}\left(\dfrac{\sqrt{2}}{2}a + 2y \right)\left(\dfrac{\sqrt{2}}{2}a - y \right) = \dfrac{F_S}{6I_z}\left(-2y^2 + \dfrac{\sqrt{2}}{2}ya + \dfrac{1}{2}a^2 \right)$，

令 $\tau_s' = 0$，得 $y = \dfrac{\sqrt{2}}{8}a$，所以最大剪应力在 A 截面距中性轴 $\dfrac{\sqrt{2}}{8}a$ 的上、下两处取得

$\tau_{max} = \dfrac{F_S S_z\left(\dfrac{\sqrt{2}}{8}a \right)}{I_z b\left(\dfrac{\sqrt{2}}{8}a \right)} = \dfrac{9(P+ql)}{8a^2}$。

第五章 弯曲变形

第一节 概述

对梁进行强度校核是为了保证梁在荷载作用下不致破坏，但是只考虑这一方面还是不够的，因为梁在荷载作用下会发生变形，若变形过大，同样影响梁的正常使用。因此，梁除了满足强度条件之外，其变形也不应超过允许变形值，本章主要讨论梁弯曲时的变形。

第二节 挠度和转角

梁弯曲变形后的横截面位移有两个基本量，如图 5.1 所示，横截面形心在垂直于 x 轴方向的线位移 w 称为该截面的**挠度**，横截面对其原来位置的角位移 θ 称为该截面的**转角**，转角 θ 也是曲线在该点的切线与 x 轴之间的夹角。梁变形后的轴线称为**挠曲线**，$w = f(x)$ 称为**挠曲线方程**，$\theta \approx \tan \theta = w' = f'(x)$ 称为**转角方程**。

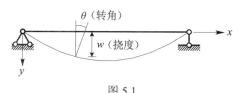

图 5.1

梁横截面上除弯矩 M 外，通常还有剪力 F_S，而工程上常用的梁，可以略去其剪力 F_S 对于梁位移的影响，梁线弹性范围内纯弯曲情况下的曲线表达式仍适用，曲率 κ 与弯矩 M 的物理关系为 $\kappa(x) = \dfrac{1}{\rho(x)} = \dfrac{M(x)}{EI}$，在数学中，平面曲线的曲率与曲线方程的导数关系为 $\dfrac{1}{\rho(x)} = \pm \dfrac{w''}{(1 + w'^2)^{3/2}}$，曲线凸向上时 w'' 为正，凸向下时为负，略去微小量 w'^2，可得梁的挠曲线近似微分方程为 $w'' = -\dfrac{M(x)}{EI}$，上式在等截面直梁中可改写为 $EIw'' = -M(x)$，将上式两端各乘以 $\mathrm{d}x$，积分一次可得，$EIw' = -\displaystyle\int M(x)\mathrm{d}x + C_1$，再积分一次可得

$$EIw = -\int \left[\int M(x)\mathrm{d}x \right] \mathrm{d}x + C_1 x + C_2$$

在微小变形条件下，梁的挠度和转角均与作用在梁上的荷载成线性关系，简单荷载作用下梁的挠度和转角见表 5.1。当梁在几项荷载同时作用下某截面的挠度和转角，分别等于每项荷载单独作用下该截面的挠度或转角的代数和，这就是求梁变形的**叠加法**。

表 5.1

序号	梁上荷载及弯矩图	挠曲线方程	转角和挠度
1		$w = \dfrac{M_e x^2}{2EI}$	$\theta_B = \dfrac{M_e l}{EI}$ $w_B = \dfrac{M_e l^2}{2EI}$
2		$w = \dfrac{F x^2}{6EI}(3l - x)$	$\theta_B = \dfrac{F l^2}{2EI}$ $w_B = \dfrac{F l^3}{3EI}$
3		$w = \dfrac{q x^2}{24EI}(x^2 + 6l^2 - 4lx)$	$\theta_B = \dfrac{q l^3}{6EI}$ $w_B = \dfrac{q l^4}{8EI}$
4		$w = \dfrac{M_e x}{6EIl}(l - x)(2l - x)$	$\theta_A = \dfrac{M_e l}{3EI}$ $\theta_B = \dfrac{M_e l}{6EI}$
5		$w = \dfrac{F x}{48EI}(3l^2 - 4x^2)$ $\left(0 \leq x \leq \dfrac{l}{2}\right)$	$\theta_A = \dfrac{F l^2}{16EI}$ $\theta_B = \dfrac{F l^2}{16EI}$ $w_C = \dfrac{F l^3}{48EI}$
6		$w = \dfrac{q x}{24EI}(l^3 - 2lx^2 + x^3)$	$\theta_A = \dfrac{q l^3}{24EI}$ $\theta_B = \dfrac{q l^3}{24EI}$ $w_C = \dfrac{5 q l^4}{384EI}$

【注】（1）集中力偶、集中荷载、均布荷载作用下的挠曲线方程分别是梁长度的二次函数、三次函数、四次函数。（2）表 5.1 中的转角和挠度只给出了大小，方向可根据杆件的变形情况来确定。

　　基于分段刚化的叠加法：分段刚化是在小变形情形下，将梁分成若干段，按顺序将各段梁假设为刚体，先确定未刚化部分的挠度与转角，再根据未刚化部分的弹性位移与刚化部分的刚体位移关系，最终叠加出所求点的挠度与转角。以图 5.2 所示的悬臂梁为例，应用分段刚化法确定自由端的挠度与转角。

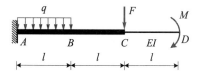

图 5.2

第一步：刚化 AB、BC

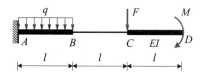

等效于 $\theta_{D1} = \dfrac{Ml}{EI}$, $w_{D1} = \dfrac{Ml^2}{2EI}$

第二步：刚化 AB、CD

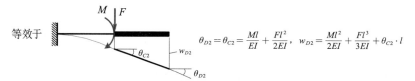

等效于 $\theta_{D2} = \theta_{C2} = \dfrac{Ml}{EI} + \dfrac{Fl^2}{2EI}$, $w_{D2} = \dfrac{Ml^2}{2EI} + \dfrac{Fl^3}{3EI} + \theta_{C2} \cdot l$

第三步：刚化 BC、CD

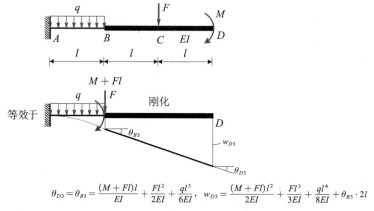

$$\theta_{D3} = \theta_{B3} = \dfrac{(M+Fl)l}{EI} + \dfrac{Fl^2}{2EI} + \dfrac{ql^3}{6EI}, \quad w_{D3} = \dfrac{(M+Fl)l^2}{2EI} + \dfrac{Fl^3}{3EI} + \dfrac{ql^4}{8EI} + \theta_{B3} \cdot 2l$$

综上： $\theta_D = \theta_{D1} + \theta_{D2} + \theta_{D3}$, $w_D = w_{D1} + w_{D2} + w_{D3}$

【注】（1）分段刚化法需要分清弹性位移与刚体位移。（2）根据弹性曲线连续光滑的要求来确定刚体位移。

题型一：积分法计算挠度和转角

【**例题 5.1**】如图 5.3 所示，简支梁 AB 在其左端 A 作用集中力偶 M_e，请给出梁的转角方程 $\theta(x)$ 和挠度方程 $w(x)$，已知梁的刚度为 EI、跨度为 l。（暨南大学 2020）

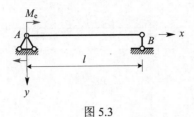

图 5.3

【**解析**】

挠度方程：$w(x) = \dfrac{M_e x}{6EIl}(l-x)(2l-x) \quad (0 \leqslant x \leqslant l)$；

转角方程：$\theta(x) = \dfrac{M_e}{6EIl}(l-x)(2l-x) + \dfrac{M_e x}{6EIl}(-3l+2x) \quad (0 \leqslant x \leqslant l)$。

【**例题 5.2**】变截面悬臂梁受均布荷载 q 作用，如图 5.4 所示，已知梁长为 l 及弹性量模量 E。试求截面的挠度 w_A 和截面 C 的转角 θ_C。（南昌大学 2020）

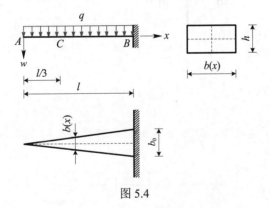

图 5.4

【**解析**】

由题意可知 $b(x) = \dfrac{b_0}{l}x$，$I(x) = \dfrac{b(x)}{12}h^3 = \dfrac{b_0 h^3}{12l}x$，$EIw'' = -M(x) = \dfrac{1}{2}qx^2$，

$w'' = \dfrac{6ql}{Eb_0 h^3}x$，$w' = \dfrac{3ql}{Eb_0 h^3}x^2 + C$，$w = \dfrac{ql}{Eb_0 h^3}x^3 + Cx + D$，

由边界条件 $x = l$，$w = w' = 0$，得 $C = -\dfrac{3ql^3}{Eb_0 h^3}$，$D = \dfrac{2ql^4}{Eb_0 h^3}$，

$w' = \dfrac{3ql}{Eb_0 h^3}x^2 - \dfrac{3ql^3}{Eb_0 h^3}$，$w = \dfrac{ql}{Eb_0 h^3}x^3 - \dfrac{3ql^3}{Eb_0 h^3}x + \dfrac{2ql^4}{Eb_0 h^3}$，

所以 $w_A = w(0) = \dfrac{2ql^4}{Eb_0 h^3}(\downarrow)$，$\theta_C = w'\left(\dfrac{l}{3}\right) = -\dfrac{8ql^3}{3Eb_0 h^3}(\curvearrowleft)$。

【例题 5.3】 弯曲刚度为 EI 的悬臂梁受三角形分布荷载，如图 5.5 所示，其中 q、a 为已知量。梁的材料为线弹性体且不计切应变对挠度的影响，试计算悬臂梁自由端 A 的转角 θ_A、梁自由端 A 的垂直位移 w_A。（暨南大学 2020）

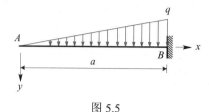

图 5.5

【解析】

由 $M(x) = -\dfrac{q}{a}x \cdot \dfrac{1}{2}x \cdot \dfrac{1}{3}x = -\dfrac{qx^3}{6a}$，则 $EIw'' = -M(x) = \dfrac{qx^3}{6a}$，

$EIw' = \dfrac{qx^4}{24a} + C_1$，$EIw = \dfrac{qx^5}{120a} + C_1 x + C_2$，连续条件：$w_B = 0$，$\theta_B = 0$，

$$\begin{cases} \dfrac{qa^4}{24a} + C_1 = 0 \\ \dfrac{qa^5}{120a} + C_1 x + C_2 = 0 \end{cases} \implies \begin{cases} C_1 = -\dfrac{qa^3}{24} \\ C_2 = \dfrac{qa^4}{30} \end{cases},$$

所以，$w = \dfrac{1}{EI}\left(\dfrac{qx^5}{120a} - \dfrac{qa^3}{24} \cdot x + \dfrac{qa^4}{30} \right)$，$\theta = \dfrac{1}{EI}\left(\dfrac{qx^4}{24a} - \dfrac{qa^3}{24} \right)$，

解得：$\theta_A = -\dfrac{qa^3}{24EI}$（↶），$w_{Ay} = \dfrac{qa^4}{30EI}$（↓）。

【例题 5.4】 图 5.6 所示结构中，试求 A 处的转角和挠度，EI 为常数。（南昌大学 2018）

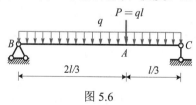

图 5.6

【解析】

$\sum M_B = 0$，$ql \cdot \dfrac{2}{3}l - F_C \cdot l + \dfrac{1}{2}ql^2 = 0$，$F_C = \dfrac{7}{6}ql$，且 $F_B + F_C = 2ql$，$F_B = \dfrac{5}{6}ql$，

$0 \leqslant x \leqslant \dfrac{2}{3}l$，$M(x) = -\dfrac{1}{2}qx^2 + \dfrac{5}{6}qlx$；$\dfrac{2}{3}l \leqslant x \leqslant l$，$M(x) = -\dfrac{1}{2}qx^2 - \dfrac{1}{6}qlx + \dfrac{2}{3}ql^2$；

当 $0 \leqslant x \leqslant \dfrac{2}{3}l$ 时，$EIw_1'' = -M(x) = \dfrac{1}{2}qx^2 - \dfrac{5}{6}qlx$，$EIw_1' = \dfrac{1}{6}qx^3 - \dfrac{5}{12}qlx^2 + C_1$，

$EIw_1 = \dfrac{1}{24}qx^4 - \dfrac{5}{36}qlx^3 + C_1 x + D_1$，由 $w_1(0) = 0$ 可知 $D_1 = 0$；

当 $\frac{2}{3}l \leqslant x \leqslant l$ 时，$EIw_2'' = -M(x) = \frac{1}{2}qx^2 + \frac{1}{6}qlx - \frac{2}{3}ql^2$，

$EIw_2' = \frac{1}{6}qx^3 + \frac{1}{12}qlx^2 - \frac{2}{3}ql^2x + C_2$，

$EIw_2 = \frac{1}{24}qx^4 + \frac{1}{36}qlx^3 - \frac{1}{3}ql^2x^2 + C_2x + D_2$，由 $w_2(l) = 0$ 可知 $C_2l + D_2 = \frac{19}{72}ql^4$，

所以 $EIw_2 = \frac{1}{24}qx^4 + \frac{1}{36}qlx^3 - \frac{1}{3}ql^2x^2 + C_2x + \frac{19}{72}ql^4 - C_2l$，

由连续条件可知，当 $x = \frac{2}{3}l$ 时，$w_1'\left(\frac{2}{3}l\right) = w_2'\left(\frac{2}{3}l\right)$，$w_1\left(\frac{2}{3}l\right) = w_2\left(\frac{2}{3}l\right)$，即：

$\frac{1}{6}qx^3 - \frac{5}{12}qlx^2 + C_1 = \frac{1}{6}qx^3 + \frac{1}{12}qlx^2 - \frac{2}{3}ql^2x + C_2$，

$\frac{1}{24}qx^4 - \frac{5}{36}qlx^3 + C_1x = \frac{1}{24}qx^4 + \frac{1}{36}qlx^3 - \frac{1}{3}ql^2x^2 + C_2x + \frac{19}{72}ql^4 - C_2l$，

代入 $x = \frac{2}{3}l$，$2C_1 + C_2 = \frac{321}{648}ql^3$，$C_2 - C_1 = \frac{2}{9}ql^3$，解得 $C_1 = \frac{59}{648}ql^3$，$C_2 = \frac{203}{648}ql^3$，

$EIw_1' = \frac{1}{6}qx^3 - \frac{5}{12}qlx^2 + \frac{59}{648}ql^3$，$w_1'\left(\frac{2}{3}l\right) = -\frac{29}{648EI}ql^3(\curvearrowright)$，

$EIw_1 = \frac{1}{24}qx^4 - \frac{5}{36}qlx^3 + \frac{59}{648}ql^3x$，$w_1\left(\frac{2}{3}l\right) = \frac{1}{36EI}ql^4(\downarrow)$，

综上：A 截面处的转角和挠度分别为 $\theta_A = -\frac{29}{648EI}ql^3(\curvearrowright)$，$w_A = \frac{1}{36EI}ql^4(\downarrow)$。

【注】梁的弯矩方程在集中荷载作用处发生变化，因此需把梁分成两段，分别通过积分来求转角和挠度，本题计算量较大，计算时需仔细。

【例题 5.5】具有初曲率的等厚度钢条 AB，放置在刚性平面 MN 上，两端距刚性平面的距离 $\Delta = 1$ mm，如图 5.7 所示。若在钢条两端施加力 F 后，钢条与刚性平面紧密接触，且刚性平面反力均匀分布。设钢条的长度 $l = 200$ mm，横截面 $b \times \delta = 20$ mm $\times 5$ mm，弹性模量 $E = 200$ GPa。试求：（1）钢条在自然状态下的轴线方程；（2）力 F 的值；（3）钢条内的最大弯曲正应力。（西北农林科技大学 2013）

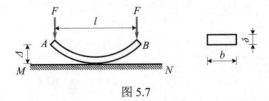

图 5.7

【解析】

（1）钢条与刚性平面紧密接触时，可简化成如图 5.8 所示结构：

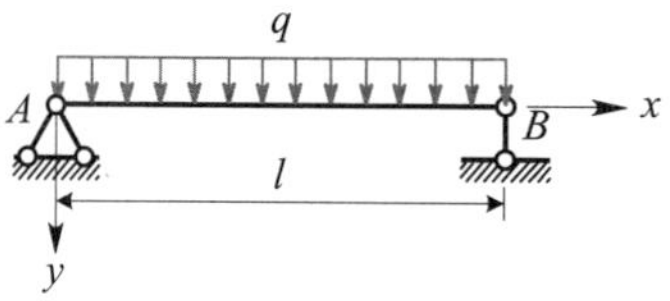

图 5.8

其中 $q = 2\dfrac{F}{l}$，则钢条的轴线方程 $y = \dfrac{Fx}{12EIl}(l^3 - 2lx^2 + x^3)$。

（2）最大挠度 $y_{\max} = \dfrac{5ql^4}{384EI}$，其中 $I = \dfrac{b\delta^3}{12} = 208 \ (\text{mm}^4)$，

$y_{\max} = \Delta$，$\dfrac{5 \times 2F \times 200^3}{384 \times 200 \times 10^3 \times 208} = 1$，$F = 199.7 \ \text{N}$。

（3）最大弯矩 $M_{\max} = \dfrac{1}{4}Fl = \dfrac{1}{4} \times 199.7 \times 0.2 = 9.99 \ (\text{N} \cdot \text{m})$，

最大弯曲正应力 $\sigma_{\max} = \dfrac{M}{\frac{1}{6}b\delta^2} = \dfrac{9.99 \times 10^3}{\frac{1}{6} \times 20 \times 5^2} = 119.88 \ (\text{MPa})$。

【注】此题需逆向等价成受均布荷载作用的简支梁，再按简支梁计算挠度及应力。

题型二：分段刚化法（叠加法）计算挠度和转角

【例题 5.6】用叠加法求图 5.9 所示悬臂梁自由端 A 截面的挠度和转角，已知梁的抗弯刚度为 EI。（燕山大学 2015）

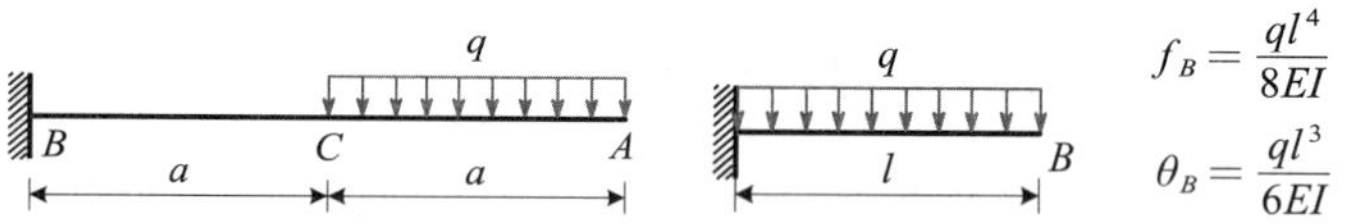

$f_B = \dfrac{ql^4}{8EI}$

$\theta_B = \dfrac{ql^3}{6EI}$

图 5.9

【解析】

梁可等效成如图 5.10 所示的向上和向下均布荷载的叠加。

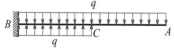

图 5.10

向下均布荷载 q 对 A 截面产生的挠度和转角分别为

$f_{A1} = \dfrac{q(2a)^4}{8EI} = \dfrac{2qa^4}{EI}(\downarrow)$，$\theta_{A1} = \dfrac{q(2a)^3}{6EI} = \dfrac{4qa^3}{3EI}(\curvearrowright)$，

向上均布荷载 q 对 A 截面产生的挠度和转角分别为

$f_{A2} = \dfrac{qa^4}{8EI} + \theta_C a = \dfrac{qa^4}{8EI} + \dfrac{qa^4}{6EI} = \dfrac{7qa^4}{24EI}(\uparrow)$，$\theta_{A2} = \theta_C = \dfrac{qa^3}{6EI}(\curvearrowright)$，

叠加后得到 A 截面的挠度和转角分别为

$\theta_A = \theta_{A1} - \theta_{A2} = \dfrac{7qa^3}{6EI}(\curvearrowright)$，$f_A = f_{A1} - f_{A2} = \dfrac{41qa^4}{24EI}(\downarrow)$。

【**例题 5.7**】试参照附表，采用叠加法求图 5.11 所示变截面梁跨中 C 截面处挠度 y_C。（重庆大学 2019）

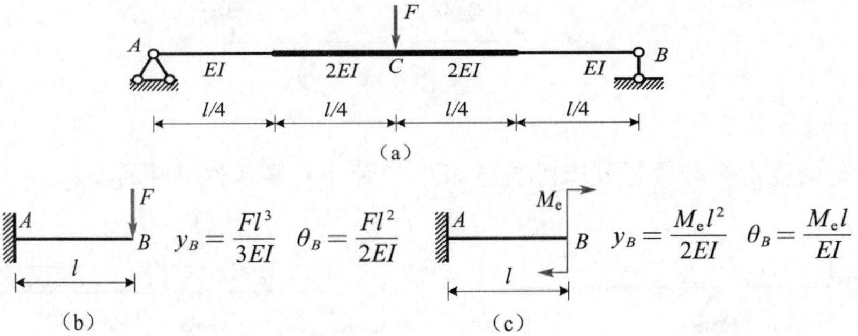

（a）

附表

（b）　　　　　　　　　　　　　　　　　　（c）

图 5.11

【**解析**】

取右半结构如图 5.12 所示：

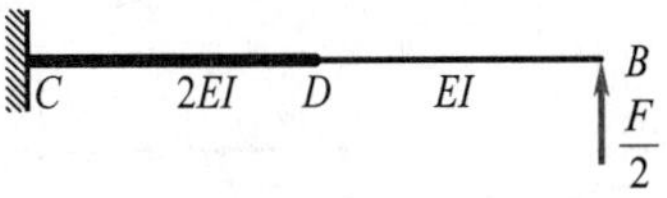

图 5.12

原结构求 C 点的挠度转化为求 B 点的挠度，使用分段刚化法，如图 5.13 所示：

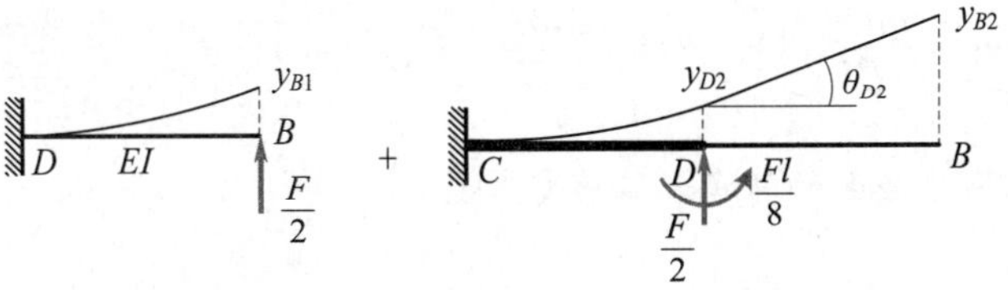

图 5.13

$$y_{B1} = -\frac{\frac{F}{2} \cdot \left(\frac{l}{4}\right)^3}{3EI} = -\frac{Fl^3}{384EI}, \quad y_{D2} = -\left[\frac{\frac{F}{2}\left(\frac{l}{4}\right)^3}{3 \cdot 2EI} + \frac{\frac{Fl}{8}\left(\frac{l}{4}\right)^2}{2 \cdot 2EI}\right] = -\frac{5Fl^3}{1\,536EI},$$

$$\theta_{D2} = -\left[\frac{\frac{F}{2}\left(\frac{l}{4}\right)^2}{2 \cdot 2EI} + \frac{\frac{Fl}{8}\left(\frac{l}{4}\right)}{2EI}\right] = -\frac{3Fl^2}{128EI},$$

$$y_{B2} = y_{D2} + \theta_{D2} \cdot \frac{l}{4} = -\frac{5Fl^3}{1\,536EI} - \frac{3Fl^2}{128EI} \cdot \frac{l}{4} = -\frac{7Fl^3}{768EI},$$

$$y_B = y_{B1} + y_{B2} = -\frac{3Fl^3}{256EI}, \quad y_C = -y_B = \frac{3Fl^3}{256EI}(\downarrow)。$$

【**例题 5.8**】试求如图 5.14 所示梁中 C 截面处的转角 θ_C 与挠度 w_C 值，已知梁的抗弯刚度 EI 为常数。（暨南大学 2018）

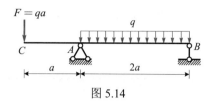

图 5.14

【解析】

C 截面的挠度和转角等效于图 5.15 所示两种外力单独作用时的叠加:

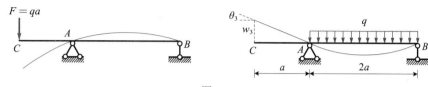

图 5.15

采用分段刚化法计算集中荷载 $F = qa$ 作用时 C 点的转角和挠度, 计算简图如图 5.16 所示:

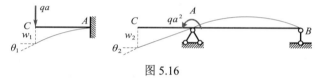

图 5.16

$$\theta_1 = \frac{qa^3}{2EI} \ (\curvearrowleft), \quad w_1 = \frac{qa^4}{3EI} \ (\downarrow), \quad \theta_2 = \frac{2qa^3}{3EI} \ (\curvearrowleft), \quad w_2 = \theta_2 \cdot a = \frac{2qa^4}{3EI} \ (\downarrow),$$

均布荷载作用下 C 截面的转角和挠度分别为 $\theta_3 = \frac{qa^3}{3EI} \ (\curvearrowright), w_3 = \theta_3 \cdot a = \frac{qa^4}{3EI} \ (\uparrow),$

C 截面的转角 $\theta = \theta_1 + \theta_2 + \theta_3 = \frac{5qa^3}{6EI} \ (\curvearrowleft)$, 挠度 $w = w_1 + w_2 + w_3 = \frac{2qa^4}{3EI} \ (\downarrow)$。

【例题 5.9】 直角刚架受力如图 5.17 所示, 设抗弯刚度 EI 为常数, 不考虑剪切和轴力的影响, 试用叠加法求 C 截面的铅垂位移。(重庆大学 2020)

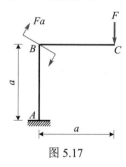

图 5.17

【解析】

(1) AB 刚化, BC 变形, 如图 5.18 所示, 则 $w_{C1} = \frac{Fa^3}{3EI} (\downarrow)$。

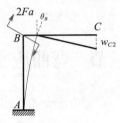

图 5.18

（2）BC 刚化，AB 变形，如图 5.19 所示，$\theta_B = \dfrac{2Fa^2}{EI}$（$\curvearrowright$），$w_{C2} = \theta_B \cdot a = \dfrac{2Fa^3}{EI}$（$\downarrow$），

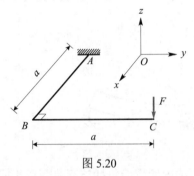

图 5.19

则 $w_C = w_{C1} + w_{C2} = \dfrac{Fa^3}{3EI} + \dfrac{2Fa^3}{EI} = \dfrac{7Fa^3}{3EI}$（$\downarrow$）。

【例题 5.10】如图 5.20 所示，已知梁的直径 d 及 a，E，G，求自由端 C 处的挠度和转角。

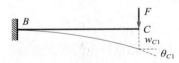

图 5.20

【解析】

（1）AB 刚化，BC 变形，如图 5.21 所示，则 $w_{C1} = \dfrac{Fa^3}{3EI}$（$\downarrow$），$\theta_{C1} = \dfrac{Fa^2}{2EI}$（$\curvearrowright$）。

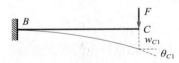

图 5.21

（2）BC 刚化，AB 变形，如图 5.22 所示，则

$w_{C2} = \dfrac{Fa^3}{3EI}$（$\downarrow$），$\theta_{C2} = 0$，$\theta_{C3} = \dfrac{Ma}{GI_p} = \dfrac{Fa^2}{GI_p}$（$\curvearrowright$），$w_{C3} = \theta_{C3} \cdot a = \dfrac{Fa^3}{GI_p}$（$\downarrow$），

$I_p = \dfrac{\pi}{32}d^4$，$I = \dfrac{\pi}{64}d^4$，$w_C = w_{C1} + w_{C2} + w_{C3} = \dfrac{32Fa^3}{\pi d^4}\left(\dfrac{4}{3E} + \dfrac{1}{G}\right)$（$\downarrow$），

$\theta_C = \theta_{C1} + \theta_{C3} = \dfrac{Fa^2}{2EI} + \dfrac{Fa^2}{GI_p} = \dfrac{32Fa^2}{\pi d^4}\left(\dfrac{1}{E} + \dfrac{1}{G}\right)$（$\curvearrowright$）。

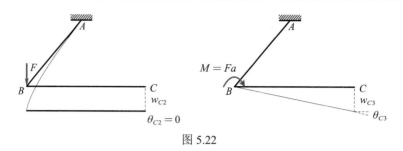

图 5.22

第三节　弯曲应变能

梁在线弹性范围内小变形条件下，弯曲应变能V_ε在数值上等于作用在梁上的外力所作的功 W，如图 5.23 所示，即$V_\varepsilon = W = \dfrac{1}{2} M_e \theta = \dfrac{1}{2} M_e \cdot \dfrac{M_e l}{EI} = \dfrac{M^2 l}{2EI}$。若梁任一横截面上的弯矩表达式用$M(x)$来表示，则全梁的弯曲应变能可通过积分求得：$V_\varepsilon = \displaystyle\int_l \dfrac{M^2(x)}{2EI}\,\mathrm{d}x$。

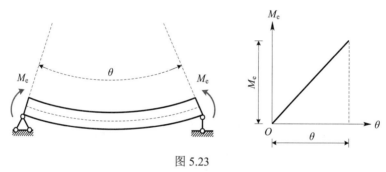

图 5.23

此外，梁在弯曲变形时，梁内应变能包括与弯曲变形相应的弯曲应变能和与剪切变形相应的剪切应变能，而对于工程上常用的梁，其跨长往往大于 10 倍的横截面高度，梁的剪切应变能则远小于弯曲应变能，可忽略不计。

题型三：计算弯曲应变能

【例题 5.11】简支梁承受集中力 F 作用而产生的应变能为 2 焦耳，当 F 增加到 $2F$ 时，集中力的应变能增加到_____焦耳。（四川大学 2011）

【解析】

简支梁如图 5.24 所示，F 作用在简支梁任意位置，支座反力$F_A = \dfrac{b}{l} F$，$F_B = \dfrac{a}{l} F$，

弯矩方程$M(x_1) = F_A \cdot x_1 = \dfrac{b x_1}{l} F$ $(0 \leqslant x_1 \leqslant a)$，$M(x_2) = F_B \cdot x_2 = \dfrac{a x_2}{l} F$ $(0 \leqslant x_1 \leqslant b)$，

$V_\varepsilon = \displaystyle\int_l \dfrac{M^2(x)}{2EI}\,\mathrm{d}x = AF^2$（$A$ 为常数），当 F 增加到 $2F$ 时，弯曲应变能V_ε增加 4 倍，所以此时集中力的应变能增加到 8 焦耳。

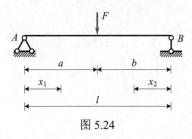

图 5.24

【例题 5.12】如图 5.25 所示，已知杆件 AB 的抗弯刚度系数 EI 为常数，试用此功能原理计算 A 点的挠度。（暨南大学 2018）

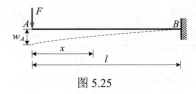

图 5.25

【解析】

梁任意截面的弯矩方程为 $M(x) = -Fx$，$V_\varepsilon = \int_0^l \dfrac{M^2(x)}{2EI} dx = \int_0^l \dfrac{F^2 x^2}{2EI} dx = \dfrac{F^2 l^3}{6EI}$，

荷载 F 所做的功 $W = \dfrac{1}{2} F w_A$，由功能原理可知：$\dfrac{1}{2} F w_A = \dfrac{F^2 l^3}{6EI}$，$w_A = \dfrac{Fl^3}{3EI}$。

【例题 5.13】图 5.26 所示为简支梁，当 A 截面单独作用 F 时，梁的应变能为 V_1，当左端面单独作用 M_e 时，梁的应变能为 V_2，截面 A 的挠度为 w，当上述荷载同时作用时，梁的应变能为_____。（重庆大学 2019）

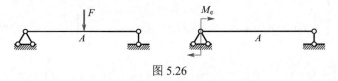

图 5.26

【解析】

做功与加载次序无关，同时作用 F 和 M_e 时，外力功等于先作用 F 的外力功 W_1 加上再作用 M_e 时的外力功 $W_2 = V_2 + Fw$，即 $W = W_1 + W_2 = V_1 + V_2 + Fw$，由功能原理可知：应变能 $V_\varepsilon = W = V_1 + V_2 + Fw$。

【例题 5.14】如图 5.27 所示，悬臂梁受集中力 P_1、P_2、P_3 作用。若按下列三种方式加载：（1）先加 P_1，再加 P_2，最后加 P_3；（2）P_1、P_2、P_3 由开始同时按比例增长；（3）先加 P_1，再加 P_3，最后加 P_2。则三种加载式方式下梁的应变能（　　）。（昆明理工大学 2019）

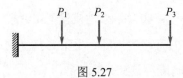

图 5.27

A. $U_{(1)} > U_{(2)} > U_{(3)}$ B. $U_{(1)} < U_{(2)} < U_{(3)}$

C. $U_{(1)} > U_{(2)}$，$U_{(2)} < U_{(3)}$ D. $U_{(1)} = U_{(2)} = U_{(3)}$

【解析】

外力做功与加载顺序无关，只与最终值有关，而外力做功在数值上与应变能相等，故本题选 D。

【例题 5.15】矩形截面 $b \times h$ 的简支梁 AB，在 C 点处承受向下的集中荷载 F，如图 5.28 所示。材料为线弹性，弹性模量为 E，切变模量为 G，考虑剪力对挠度的影响。求截面 C 的挠度。（浙江工业大学 2020）

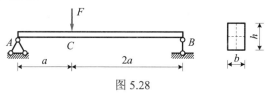

图 5.28

【解析】

根据静力平衡方程求得支座反力 $F_A = \dfrac{2}{3}F$，$F_B = \dfrac{1}{3}F$，建立如图 5.29 所示坐标系，

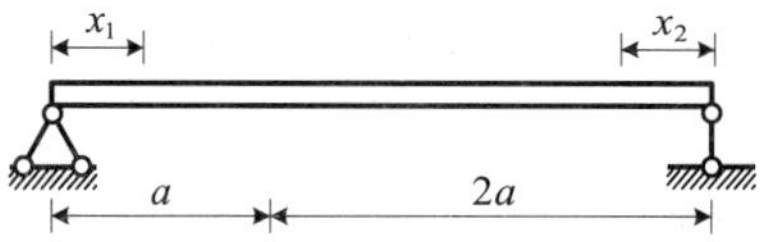

图 5.29

弯矩方程：$M = \begin{cases} \dfrac{2}{3}Fx_1 & (0 \leq x_1 \leq a) \\[2mm] \dfrac{1}{3}Fx_2 & (0 \leq x_2 \leq 2a) \end{cases}$，剪力方程：$F_S = \begin{cases} \dfrac{2}{3}F & (0 \leq x_1 \leq a) \\[2mm] -\dfrac{1}{3}F & (0 \leq x_2 \leq 2a) \end{cases}$，

剪应力：$\tau = \dfrac{F}{3I}\left(\dfrac{1}{4}h^2 - y^2\right)(0 \leq x_1 \leq a)$，$\tau = -\dfrac{F}{6I}\left(\dfrac{1}{4}h^2 - y^2\right)(0 \leq x_2 \leq 2a)$

应变能：$V_\varepsilon = \displaystyle\int_l \dfrac{M^2 \mathrm{d}x}{2EI} + \int_l \mathrm{d}x \int_{-\frac{b}{2}}^{\frac{b}{2}} \mathrm{d}z \int_{-\frac{h}{2}}^{\frac{h}{2}} \dfrac{\tau^2}{2G}\mathrm{d}y = \int_0^a \dfrac{\left(\frac{2}{3}Fx_1\right)^2 \mathrm{d}x_1}{2EI} + \int_0^{2a} \dfrac{\left(\frac{1}{3}Fx_2\right)^2 \mathrm{d}x_2}{2EI} +$

$\displaystyle\int_0^a \mathrm{d}x_1 \int_{-\frac{b}{2}}^{\frac{b}{2}} \mathrm{d}z \int_{-\frac{h}{2}}^{\frac{h}{2}} \dfrac{\left[\frac{F}{3I}\left(\frac{h^2}{4} - y^2\right)\right]^2}{2G}\mathrm{d}y + \int_0^{2a} \mathrm{d}x_2 \int_{-\frac{b}{2}}^{\frac{b}{2}} \mathrm{d}z \int_{-\frac{h}{2}}^{\frac{h}{2}} \dfrac{\left[\frac{F}{6I}\left(\frac{h^2}{4} - y^2\right)\right]^2}{2G}\mathrm{d}y$

$= \dfrac{8F^2 a^3}{3Ebh^3} + \dfrac{2F^2 a}{5Gbh}$，$w_C = \dfrac{\mathrm{d}V_\varepsilon}{\mathrm{d}F} = \dfrac{16Fa^3}{3Ebh^3}\left(1 + \dfrac{3h^2 E}{20a^2 G}\right)$。

【注】混凝土、低碳钢的切变模量通常是弹性模量的0.4倍左右，矩形截面梁的长度通常是高度的1～2个数量积，由剪力引起的挠度小于梁总挠度的1%，因此在计算梁的挠度时，一般不考虑剪力对挠度的影响。

第四节 梁弯曲时的曲率

推导纯弯曲梁横截面正应力公式时，根据梁变形后的几何关系，横截面上距**中性轴**（中性层与横截面的交线）为 y 处的纵向线应变 $\varepsilon = \dfrac{\overset{\frown}{B_1 B}}{\overline{O_1 O_2}} = \dfrac{y\,\mathrm{d}\theta}{\mathrm{d}x}$，如图 5.30 所示，中性层的曲率为 $\dfrac{1}{\rho} = \dfrac{\mathrm{d}\theta}{\mathrm{d}x}$，因此 y 处纵向线应变为 $\varepsilon = \dfrac{y}{\rho}$。由胡克定理可得其物理关系 $\sigma = E\varepsilon = E\dfrac{y}{\rho}$，结合静力学关系可知横截面弯矩为 $M = \displaystyle\int_A \sigma\,\mathrm{d}A \times y = \int_A \dfrac{E}{\rho} y\,\mathrm{d}A \times y = \dfrac{E}{\rho}\int_A y^2\,\mathrm{d}A = \dfrac{EI_z}{\rho}$，

梁弯曲时的曲率与截面上弯矩之间的关系为 $\dfrac{1}{\rho} = \dfrac{M}{EI_z}$。

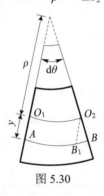

图 5.30

题型四：与曲率有关的计算

【例题 5.16】长为 l 的简支梁受满跨均布荷载作用，已知荷载集度为 q，抗弯刚度为 EI，则跨中截面处中性层的曲率半径 ρ 为（   ）。（重庆大学 2016）

A. $\dfrac{8EI}{ql^2}$ B. $\dfrac{ql^2}{8EI}$ C. $\dfrac{4EI}{ql^2}$ D. $\dfrac{ql^2}{4EI}$

【解析】

跨中截面弯矩 $M = \dfrac{1}{8}ql^2$，中性层曲率 $\dfrac{1}{\rho} = \dfrac{M}{EI} = \dfrac{ql^2}{8EI}$，曲率半径 $\rho = \dfrac{8EI}{ql^2}$，选 A。

【例题 5.17】将直径为 d 的钢丝绕在直径为 D 的圆筒上，求最大弯曲正应力，当要减小弯曲正应力时应当如何调整钢丝直径？

【解析】

钢丝的曲率半径为 $\rho = \dfrac{d+D}{2}$，钢丝的最大弯曲正应变为 $\varepsilon_{\max} = \dfrac{y_{\max}}{\rho} = \dfrac{d}{D+d}$，最大弯曲正应力 $\sigma_{\max} = E\varepsilon_{\max} = \dfrac{Ed}{D+d} \approx \dfrac{Ed}{D}$，因此要减小弯曲正应力，应减小钢丝直径。

【例题 5.18】如图 5.31 所示，在刚性圆柱上放置一钢板，试确定在铅垂荷载 q 作用下，钢板不与圆柱接触部分的长度 l 及截面最大正应力。已知 $R = 7.5$ cm，$h = 0.25$ cm，单位面积上 $q = 10$ N/cm²，$E = 200$ MPa，钢板长度为圆柱半径两倍。（上海交通大学 2021）

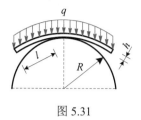

图 5.31

【解析】

钢柱与圆柱接触时，曲率半径满足：$\dfrac{1}{R} = \dfrac{M}{EI} = \dfrac{\frac{qbl^2}{2}}{EI}$，可得 $l = \sqrt{\dfrac{2EI}{Rqb}} = \sqrt{\dfrac{Eh^3}{6Rq}} =$

$\sqrt{\dfrac{200 \times 100 \times 0.25^3}{6 \times 7.5 \times 10}} = 0.83$（cm），最大正应力：$\sigma = \dfrac{M}{W_z} = \dfrac{\frac{qbl^2}{2}}{\frac{bh^2}{6}} = \dfrac{3ql^2}{h^2} = 3.31$ MPa。

【例题 5.19】如图 5.32 所示悬臂梁由两根材料相同的矩形截面板叠合而成，$h_1 = 50$ mm，$h_2 = 100$ mm，$b = 100$ mm，$l = 1\,000$ mm，两板之间无摩擦力，材料许用应力 $[\sigma] = 100$，两板弹性模量为 E，求许用集度 $[q]$。（中南大学 2020）

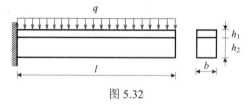

图 5.32

【解析】

设固定端两板承受的弯矩分别为 M_1、M_2，则 $M_1 + M_2 = \dfrac{1}{2}ql^2$，两矩形截面板变形时中性层曲率相同，即 $\dfrac{1}{\rho} = \dfrac{M_1}{EI_1} = \dfrac{M_2}{EI_2}$，故 $\dfrac{M_1}{M_2} = \dfrac{I_1}{I_2} = \left(\dfrac{h_1}{h_2}\right)^3 = \dfrac{1}{8}$，解得 $M_1 = \dfrac{1}{18}ql^2$，

$M_2 = \dfrac{4}{9}ql^2$，两截面上最大正应力分别为

$$\sigma_1 = \dfrac{M_1}{W_{z1}} = \dfrac{6M_1}{bh_1^2} = \dfrac{ql^2}{3bh_1^2}，\quad \sigma_2 = \dfrac{M_2}{W_{z2}} = \dfrac{6M_2}{bh_2^2} = \dfrac{8ql^2}{3bh_2^2} = \dfrac{2ql^2}{3bh_1^2}，$$

$$\sigma_{\max} = \dfrac{2ql^2}{3bh_1^2} = [\sigma]，\quad [q] = \dfrac{3bh_1^2}{2l^2}[\sigma] = 37.5 \text{ N/mm}。$$

第五节　两种材料的组合梁

由两种不同材料制成的组合梁分为粘结和不粘结两种工况。

当两种材料的接触部分紧密粘结（无相对错动）时，梁的横截面可视作整体，平面假设仍然成立。取截面的对称轴和中性轴分别为 y 轴和 z 轴，如图 5.33（a）所示，由平面假设可知，横截面上各点处的纵向线应变沿截面高度呈线性规律变化，如图 5.33（b）所示，横截面上任一点 y 处的纵向线应变 $\varepsilon = \dfrac{y}{\rho}$，若 $E_2 > E_1$，则组合梁横截面上的正应力分布如图 5.33（c）所示。

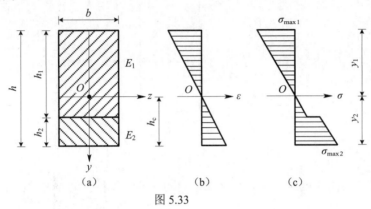

图 5.33

根据横截面上分布力系的静力学关系可得

$$\int_{A_1} \sigma_1 \mathrm{d}A_1 + \int_{A_2} \sigma_2 \mathrm{d}A_2 = F_N = 0$$

$$\int_{-(h-h_c)}^{h_c-h_2} E_1 \frac{y}{\rho} b \,\mathrm{d}y + \int_{h_c-h_2}^{h_c} E_2 \frac{y}{\rho} b \,\mathrm{d}y = 0 \Longrightarrow E_1 S_1 + E_2 S_2 = 0$$

式中 S_1、S_2 分别为两种材料对中性轴的静矩，解方程即可确定中性轴的位置。

当两种材料的接触部分不粘结（无摩擦，可相对错动）时，设两种材料承担的弯矩分别为 M_1 和 M_2，则 $M_1 + M_2 = M$，变形过程中两种材料的曲率相同，即 $\dfrac{1}{\rho} = \dfrac{M_1}{E_1 I_1} = \dfrac{M_2}{E_2 I_2}$，联立解方程，可得

$$M_1 = \frac{E_1 I_1}{E_1 I_1 + E_2 I_2} M, \quad M_2 = \frac{E_2 I_2}{E_1 I_1 + E_2 I_2} M$$

式中 I_1 和 I_2 分别为两种材料对自身中性轴的惯性矩。

两种材料承受的最大正应力分别为

$$\sigma_{\max 1} = \frac{M_1}{I_1} y_1 = \frac{E_1 M y_1}{E_1 I_1 + E_2 I_2}, \quad \sigma_{\max 2} = \frac{M_2}{I_2} y_2 = \frac{E_2 M y_2}{E_1 I_1 + E_2 I_2}$$

式中 y_1 和 y_2 分别为两种材料离自身中性轴的最远距离。

题型五：组合梁的计算

【例题 5.20】 矩形截面梁一端固定，另一端在其纵向截面承内受弯曲力偶 M，截面尺寸为 $b \times h$，梁由拉压弹性模量不同的材料制成，拉伸压缩的弹性模量分别为 E_t 和 E_c，试确定中性轴的位置。已知平面假设和单向受力假设均成立。（上海交通大学 2017）

【解析】

设中性轴曲率半径为 ρ，沿截面纵向对称轴与中性轴分别建立坐标轴 y 轴与 z 轴，如图 5.34 所示：

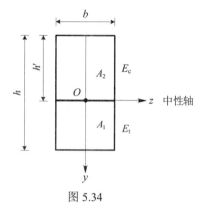

图 5.34

横截面上距离中性轴 y 处的纵向正应变为 $\varepsilon = \dfrac{y}{\rho}$，根据胡克定律，受拉区和受压区正应力分别为 $\sigma_1 = \dfrac{E_t y}{\rho}$，$\sigma_2 = \dfrac{E_c y}{\rho}$，设受拉区和受压区的面积分别为 A_1、A_2，由静力学关系可知，$\displaystyle\int_{A_1} \sigma_1 \mathrm{d}A + \int_{A_2} \sigma_2 \mathrm{d}A = 0$，$\displaystyle\int_{A_1} \dfrac{E_t y}{\rho} \mathrm{d}A + \int_{A_2} \dfrac{E_c y}{\rho} \mathrm{d}A = 0$，$E_t S_1 + E_c S_2 = 0$，式中 S_1，S_2 代表截面 A_1 和 A_2 对中性轴 z 的静矩。设中性轴与截面顶边的距离为 h'，则 $S_1 = b(h - h')\left(\dfrac{h - h'}{2}\right) = \dfrac{b(h - h')^2}{2}$，$E_t \dfrac{b(h - h')^2}{2} - E_c \dfrac{bh'^2}{2} = 0$，解得 $h' = \dfrac{h\sqrt{E_t}}{\sqrt{E_t} + \sqrt{E_c}}$。

【例题 5.21】 如图 5.35 所示的简支梁由钢和木材两种材料组成，梁跨度 $l = 3$ m，荷载 $F = 10$ kN，钢的弹性模量 $E_s = 200$ GPa，木材的弹性模量 $E_w = 10$ GPa，若两种材料间不能相对滑动，试求：（1）梁横截面中性轴 z 距梁上边缘的距离；（2）钢材和木材的最大正应力。（中南大学 2015）

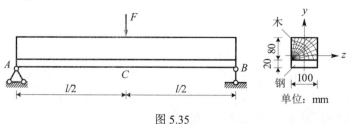

图 5.35

【解析】

由于两种材料间不能相对滑动，其截面上应变呈线性分布，对应的应力分布如图 5.36 所示：

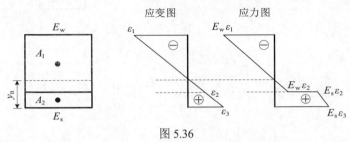

图 5.36

（1）两种材料在距离中性轴为 y 的截面上正应力分别为 $\sigma_1 = \dfrac{E_w y}{\rho}$ 和 $\sigma_2 = \dfrac{E_s y}{\rho}$，设中性轴距离底边为 y_n，由静力学可知：

$$F_N = \int_{A_1} \sigma_1 \mathrm{d}A_1 + \int_{A_2} \sigma_2 \mathrm{d}A_2 = \frac{E_w}{\rho} \int_{A_1} y \mathrm{d}A_1 + \frac{E_s}{\rho} \int_{A_2} y \mathrm{d}A_2 = 0 , \quad E_w S_1 + E_s S_2 = 0 ,$$

代入数据得：$10 \times 100 \times 80 \times (60 - y_n) + 200 \times 100 \times 20 \times (10 - y_n) = 0$，$y_n = 18.3$ mm，所以横截面中性轴 z 距梁上边缘的距离为 $100 - 18.3 = 81.7$（mm）。

（2）两种材料对中性轴的惯性矩：

$$I_w = \frac{100 \times 80^3}{12} + 80 \times 100 \times 41.7^2 = 18.2 \times 10^6 \ (\mathrm{mm}^4),$$

$$I_s = \frac{100 \times 20^3}{12} + 100 \times 20 \times 8.3^2 = 20.4 \times 10^4 \ (\mathrm{mm}^4)_\circ$$

钢材部分的最大正应力 $\sigma_{smax} = \dfrac{E_s I_s}{E_s I_s + E_w I_w} \cdot M \cdot \dfrac{y_n}{I_s} =$

$$\frac{\frac{1}{4} \times 10 \times 3 \times 10^6 \times 200 \times 10^3}{200 \times 10^3 \times 20.4 \times 10^4 + 10 \times 10^3 \times 18.2 \times 10^6} \times 18.3 = 123.2 \ (\mathrm{MPa}),$$

木材部分的最大正应力 $\sigma_{wmax} = \dfrac{E_w I_w}{E_s I_s + E_w I_w} \cdot M \cdot \dfrac{(h - y_n)}{I_w} =$

$$\frac{\frac{1}{4} \times 10 \times 3 \times 10^6 \times 10 \times 10^3}{200 \times 10^3 \times 20.4 \times 10^4 + 10 \times 10^3 \times 18.2 \times 10^6} \times 81.7 = 27.5 \ (\mathrm{MPa})_\circ$$

【例题 5.22】已知梁的截面由两种材料组成，材料 1 的弹性模量为 $E_1 = E$，材料 2 的弹性模量为 $E_2 = 2E$，其尺寸如图 5.37 所示，梁上作用均布荷载 q，求：（1）两板完全贴合，无胶结时的最大正应力；（2）两板完全贴合，有胶结时的最大正应力。（大连理工大学 2013）

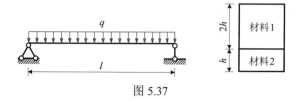

图 5.37

【解析】

（1）最大弯矩 $M_{max} = \dfrac{ql^2}{8}$，两板无胶结时，$\dfrac{1}{\rho} = \dfrac{M}{EI_z}$，$\dfrac{M_1}{M_2} = \dfrac{E_1 I_{z1}}{E_2 I_{z2}} = \dfrac{E_1 \dfrac{b(2h)^3}{12}}{E_2 \dfrac{bh^3}{12}} = 4$，

故材料 1 承担的弯矩 $M_1 = \dfrac{4}{5}M = \dfrac{ql^2}{10}$，材料 2 承担的弯矩 $M_2 = \dfrac{1}{5}M = \dfrac{ql^2}{40}$，

两板的最大正应力分别为

$$\sigma_{1\,max} = \frac{M_1 y_1}{I_{z1}} = \frac{\dfrac{ql^2}{10}h}{\dfrac{b(2h)^3}{12}} = \frac{3ql^2}{20bh^2}, \quad \sigma_{2\,max} = \frac{M_2 y_2}{I_{z2}} = \frac{\dfrac{ql^2}{40} \cdot \dfrac{h}{2}}{\dfrac{bh^3}{12}} = \frac{3ql^2}{20bh^2}。$$

（2）两板胶结时，设中性轴距离底边高度为 y_n，根据 $E_1 S_1 + E_2 S_2 = 0$，可得

$$2h \cdot b \cdot (2h - y_n) + 2 \cdot h \cdot b \cdot \left(\frac{h}{2} - y_n\right) = 0, \quad y_n = \frac{5}{4}h$$

两种材料对中性轴的惯性矩分别为

$$I_1 = \frac{b(2h)^3}{12} + b \cdot 2h \cdot \left(\frac{3}{4}h\right)^2 = \frac{43}{24}bh^3$$

$$I_2 = \frac{bh^3}{12} + b \cdot h \cdot \left(\frac{3}{4}h\right)^2 = \frac{31}{48}bh^3$$

两板的最大正应力分别为

$$\sigma_{max1} = \frac{M_1}{I_1}y_1 = \frac{E_1 M y_1}{E_1 I_1 + E_2 I_2} = \frac{\dfrac{ql^2}{8} \cdot \dfrac{7}{4}h}{\dfrac{43}{24}bh^3 + 2 \cdot \dfrac{31}{48}bh^3} = \frac{21ql^2}{296bh^2}$$

$$\sigma_{max2} = \frac{M_2}{I_2}y_2 = \frac{E_2 M y_2}{E_1 I_1 + E_2 I_2} = \frac{2 \cdot \dfrac{ql^2}{8} \cdot \dfrac{5}{4}h}{\dfrac{43}{24}bh^3 + 2 \cdot \dfrac{31}{48}bh^3} = \frac{15ql^2}{148bh^2}$$

综 合 题

【例题 5.23】 如图 5.38 所示槽钢外伸梁及其断面（开口向上）。在均布荷载 q 和集中荷载 P 作用下，自由端 C 点挠度为 0。均布荷载 q 为 3 kN/m，假定槽钢梁处于线弹性阶段，钢材杨氏模量 $E = 200$ GPa，荷载均通过槽钢形心轴。试求集中荷载 P 的大小。（同济大学 2017）

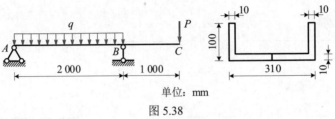

单位：mm

图 5.38

【解析】

截面的形心 $y_C = \dfrac{310 \times 10 \times 5 + 90 \times 10 \times 2 \times (10 + 45)}{310 \times 10 + 90 \times 10 \times 2} = 23.37$ (mm)，

截面惯性矩 $I_z = \left[\dfrac{1}{12} \times 310 \times 10^3 + 310 \times 10 \times (23.37 - 5)^2 \right] +$

$2 \times \left[\dfrac{1}{12} \times 90^3 \times 10 + 90 \times 10 \times (55 - 23.37)^2 \right] = 4.088 \times 10^6$ (mm⁴)，

均布荷载 q 单独作用时在 C 点产生的挠度：

$w_1 = \dfrac{q(2l)^3}{24EI} \times l = \dfrac{3 \times 8 \times 1\,000^4}{24 \times 200\,000 \times 4.088 \times 10^6} = 1.223$ (mm) (↑)，

集中荷载 P 单独作用时在 C 点产生的挠度：

$w_2 = \dfrac{Pl^3}{3EI} + \dfrac{Pl \cdot 2l}{3EI} \cdot l = \dfrac{Pl^3}{EI} = \dfrac{P \times 1\,000^3}{200\,000 \times 4.088 \times 10^6}$ (↓)，

由 $w_1 = w_2$，可知，$\dfrac{P \times 1\,000^3}{200\,000 \times 4.088 \times 10^6} = 1.223$，$P = 1\,000$ (N)。

【例题 5.24】 如图 5.39 所示，外径为 d 的空心圆管，其惯性矩为 I，极惯性矩为 I_p，材料弹性模量为 E，切变模量为 G。试用叠加法（分段刚化法）求在自由端 D 作用垂直力 P 所引起的 D 点垂直挠度及转角，不计剪力影响。

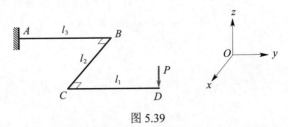

图 5.39

【解析】

采用分段钢化计算位移的过程如图 5.40 所示：

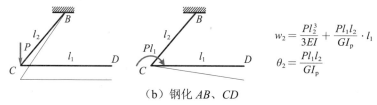

$$w_1 = \frac{Pl_1^3}{3EI} \quad \theta_1 = \frac{Pl_1^2}{2EI}$$

（a）钢化 AB、BC

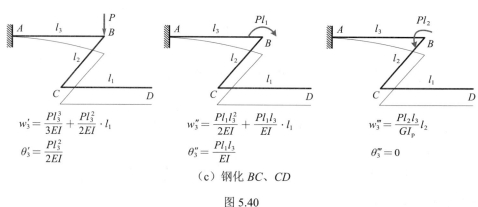

$$w_2 = \frac{Pl_2^3}{3EI} + \frac{Pl_1l_2}{GI_p} \cdot l_1$$

$$\theta_2 = \frac{Pl_1l_2}{GI_p}$$

（b）钢化 AB、CD

$$w_3' = \frac{Pl_3^3}{3EI} + \frac{Pl_3^2}{2EI} \cdot l_1$$

$$\theta_3' = \frac{Pl_3^2}{2EI}$$

$$w_3'' = \frac{Pl_1l_3^2}{2EI} + \frac{Pl_1l_3}{EI} \cdot l_1$$

$$\theta_3'' = \frac{Pl_1l_3}{EI}$$

$$w_3''' = \frac{Pl_2l_3}{GI_p}l_2$$

$$\theta_3''' = 0$$

（c）钢化 BC、CD

图 5.40

D 点的位移 $w = w_1 + w_2 + w_3' + w_3'' + w_3'''$

$$= \frac{Pl_1^3}{3EI} + \frac{Pl_2^3}{3EI} + \frac{Pl_1l_2}{GI_p} \cdot l_1 + \frac{Pl_3^3}{3EI} + \frac{Pl_3^2}{2EI} \cdot l_1 + \frac{Pl_1l_3^2}{2EI} + \frac{Pl_1l_3}{EI} \cdot l_1 + \frac{Pl_2l_3}{GI_p}l_2$$

$$= \frac{P}{EI}\left(\frac{l_1^3 + l_2^3 + l_3^3}{3} + l_1l_3^2 + l_1^2l_3\right) + \frac{P}{GI_p}(l_1^2l_2 + l_2^2l_3) \ (\downarrow),$$

D 点的转角 $\theta = \theta_1 + \theta_2 + \theta_3' + \theta_3'' + \theta_3''' = \frac{Pl_1^2}{2EI} + \frac{Pl_1l_2}{GI_p} + \frac{Pl_3^2}{2EI} + \frac{Pl_1l_3}{EI}$

$$= \frac{P}{2EI}(l_1 + l_3)^2 + \frac{Pl_1l_2}{GI_p}。$$

第六章　超静定问题及其解法

第一节　概述

一、超静定结构与超静定次数

在工程实践中，为了减小构件内的应力或者变形，往往会增加构件的支座或者约束。如图 6.1 所示，由于平面汇交力系仅有两个独立的平衡方程，由静力平衡方程不可能求出 3 个未知轴力；如图 6.2 所示，在跨中增加一个支座 C，由于平面平行力系仅有两个独立平衡方程，梁的三个支座反力也不可能由静力平衡方程求出，这类不能单凭静力平衡方程求解的结构，称为**超静定结构**。

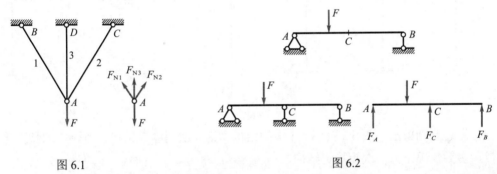

图 6.1　　　　　　　　　　　　　　　图 6.2

去掉某一个或几个约束后，超静定结构变为静定结构，将去掉的约束称为**多余约束**，多余约束的个数就是结构的**超静定次数**。

从超静定结构上去掉多余约束的方法有很多，归纳起来主要包括以下几种：

（1）去掉支座处的一根支杆或一根二力杆，这相当于去掉 1 个约束，如图 6.3 和图 6.4 所示。

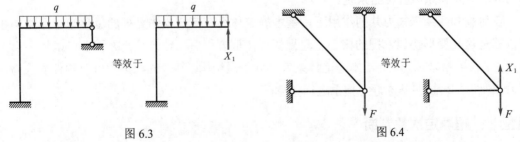

图 6.3　　　　　　　　　　　　　　　图 6.4

（2）撤除一个铰支座或一个单铰，这相当于去掉 2 个约束，如图 6.5 和图 6.6 所示。

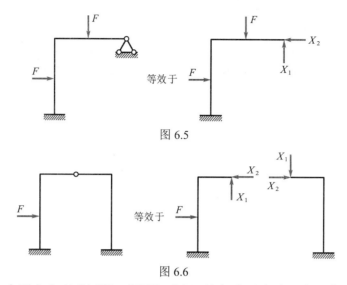

图 6.5

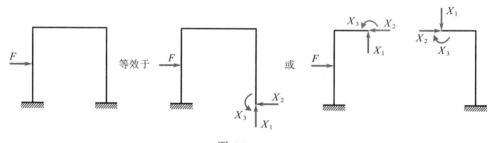

图 6.6

（3）撤掉一个固定支座或切断一根刚架式杆，这相当于去除 3 个约束，如图 6.7 所示。

图 6.7

根据上述判别方法，图 6.3 及图 6.4 中的结构均为一次超静定结构。考研中的超静定结构问题，多数情况下为一次超静定结构。

二、超静定结构的解法

超静定结构需要增加变形协调方程才可以求解。求解超静定结构时，可以将某一处的约束当作多余约束撤掉，并在该处施加与多余约束相对应的力（多余未知力）从而得到一个由荷载和多余未知力共同作用的静定结构，撤掉多余约束后的静定结构称为原超静定结构的**基本静定体系**或者相当系统。

在荷载和多余未知力共同作用下，基本静定体系在多余未知力处的位移等于原结构相应位移是建立变形协调方程的核心。建立变形协调方程后，结合平衡方程即可求解多余未知力，求得多余未知力后，基本静定体系就等同于原结构，其余的约束力以及构件的内力、应力或变形均可按照基本静定体系进行计算。

题型一：超静定次数判断

【例题 6.1】 如图 6.8 所示的结构为（   ）结构。（暨南大学 2016）

  A．静定   B．一次超静定   C．二次超静定   D．三次超静定

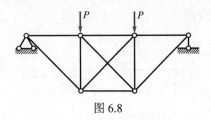

图 6.8

【解析】

原结构去掉中间一根斜杆（二力杆）后变为静定结构，二力杆提供一个多余约束，故原结构为一次超静定结构。

【例题 6.2】 判断如图 6.9 所示结构的超静定次数。

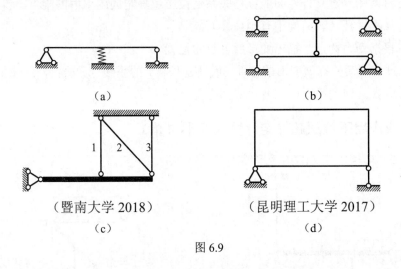

（a）　　　　　　　　　　　　　　　　　　（b）

（暨南大学 2018）　　　　　　　　　　（昆明理工大学 2017）

（c）　　　　　　　　　　　　　　　　　　（d）

图 6.9

【解析】

（a）跨中弹簧提供一个约束，撤掉后变为静定结构，故原结构为一次超静定结构。

（b）中间的竖向二力杆提供一个约束，撤掉后变为静定结构（两个简支梁），故原结构为一次超静定结构。

（c）一个二力杆提供一个多余约束，撤掉图中的杆 1 和杆 2 后变为静定结构，故原结构为二次超静定结构。

（d）图示矩形刚架，在任意位置切断，变为静定结构，故原结构为三次超静定结构。

【例题 6.3】 如图 6.10 所示的超静定梁为几次超静定结构？其基本静定体系是否唯一？若不唯一，请画出至少 2 个基本静定体系下的相当系统。（暨南大学 2017）

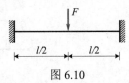

图 6.10

【解析】

在梁的任意位置切断，其结构变为静定结构，故该超静定梁为三次超静定结构。基本静定体系不唯一，如图 6.11 所示：

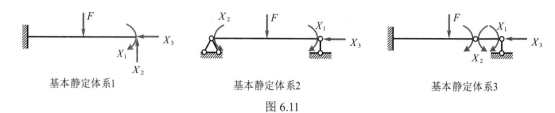

基本静定体系1　　　　　　基本静定体系2　　　　　　基本静定体系3

图 6.11

第二节　拉压超静定问题

绘制变形协调图、建立杆件间的位移关系是拉压超静定问题求解的难点，步骤如下：

第一步：找刚性杆（若结构中有刚性杆）。

第二步：根据受力特点，描出变形后各点的位置。

第三步：过变形后的点做变形前杆件（或其延长线）的垂线，标出各杆的伸长或缩短。

第四步：寻找几何关系，建立变形协调方程。

题型二：荷载作用下拉压超静定计算（变形协调）

【**例题 6.4**】建立如图 6.12 所示结构的变形协调方程。

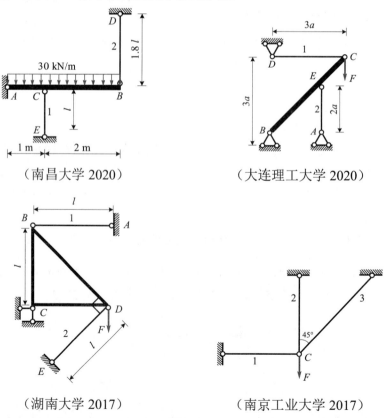

（南昌大学 2020）　　　　　　　　（大连理工大学 2020）

（湖南大学 2017）　　　　　　　　（南京工业大学 2017）

图 6.12

【解析】

变形协调图及变形关系如图 6.13 所示。

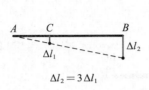

$$\Delta l_2 = 3\Delta l_1$$

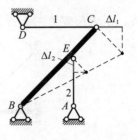

$$\sqrt{2}\,\Delta l_2 = \frac{2}{3}\times\left(\sqrt{2}\,\Delta l_1\right)$$

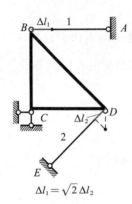

$$\Delta l_1 = \sqrt{2}\,\Delta l_2$$

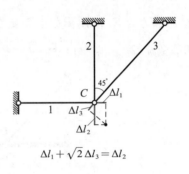

$$\Delta l_1 + \sqrt{2}\,\Delta l_3 = \Delta l_2$$

图 6.13

【例题 6.5】作如图 6.14 所示杆件的轴力图。（上海交通大学 2012）

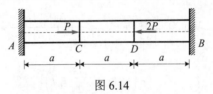

图 6.14

【解析】

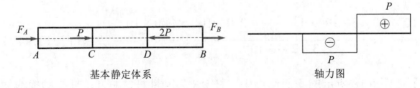

图 6.15

取基本静定体系如图 6.15 所示，$\sum F_x = 0$，$F_A + F_B + P - 2P = 0$，

变形协调条件：$\Delta l_{AB} = 0$，$-\dfrac{F_A a}{EA} - \dfrac{(F_A + P)a}{EA} + \dfrac{F_B a}{EA} = 0$，

解得 $F_A = 0$，$F_B = P$，轴力图如图 6.15 所示。

【例题 6.6】 如图 6.16 所示结构，杆 AE 为刚性杆，杆 CD 为钢制，其面积 $A = 200\ \text{mm}^2$，弹性模量为 $2.0 \times 10^5\ \text{MPa}$，$B$ 处弹簧刚度 $k = 3 \times 10^3\ \text{N/mm}$，$l = 1\ \text{m}$。若 CD 杆的许用应力 $[\sigma] = 160\ \text{MPa}$，试求荷载 P 的容许值。（南昌大学 2013）

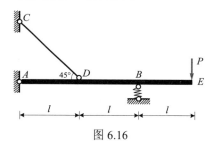

图 6.16

【解析】

设 CD 杆轴力为 F_N，弹簧支座 B 反力为 F_{yB}，以 AB 为隔离体，则

$\sum M_A = 0$，$F_{yB} \cdot 2l + F_N \cdot \sin 45° \cdot l = P \cdot 3l$ ①，变形图如图 6.17 所示：

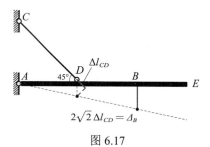

图 6.17

变形协调方程：$\sqrt{2}\,\Delta l_{CD} \times 2 = \Delta_B$，其中 $\sqrt{2}\,\Delta l_{CD}$ 为 D 点的竖向位移，则

$2\sqrt{2} \times \dfrac{F_N \cdot \sqrt{2}\,l}{EA} = \dfrac{F_{yB}}{k}$ ②，联立①②解得 $F_N = \dfrac{3PEA}{8kl + \dfrac{\sqrt{2}}{2}EA}$，

CD 杆正应力 $\sigma = \dfrac{F_N}{A} \leqslant [\sigma]$，$P \leqslant \dfrac{[\sigma]\left(8kl + \dfrac{\sqrt{2}}{2}EA\right)}{3E}$，代入数据可得

$P \leqslant \dfrac{160 \times 10^6 \times \left(8 \times 3 \times 10^6 \times 1 + \dfrac{\sqrt{2}}{2} \times 2.0 \times 10^{11} \times 200 \times 10^{-6}\right)}{3 \times 2.0 \times 10^{11}} \times 10^{-3} = 13.94\ (\text{kN})$

【例题 6.7】 如图 6.18 所示的平面结构中，杆 AB 为刚性杆，杆 1、杆 2 的横截面面积分别为 $A_1 = A$，$A_2 = 10A$，弹性模量分别为 $E_1 = E$，$E_2 = 0.5E$，试求杆 1、杆 2 的轴力及 B 点的铅垂位移。（中南大学 2018）

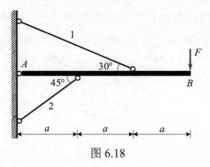

图 6.18

【解析】

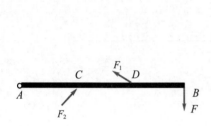

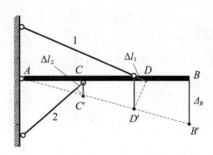

图 6.19

对 AB 杆进行受力分析如图 6.19 所示，$\sum M_A = 0$，$F \times 3a - F_1 \times a - F_2 \times \dfrac{a}{\sqrt{2}} = 0$，

$$3\sqrt{2}\,F - \sqrt{2}\,F_1 - F_2 = 0 \quad ①$$

由变形图可得，变形协调关系：$\dfrac{\sqrt{2}\,\Delta l_2}{2\Delta l_1} = \dfrac{1}{2}$，其中 $\sqrt{2}\,\Delta l_2$，$2\Delta l_1$ 分别对应 C、D 点的竖

向位移，$\Delta l_2 = \dfrac{F_2 \times \sqrt{2}\,a}{E_2 A_2}$，$\Delta l_1 = \dfrac{F_1 \times \dfrac{4a}{\sqrt{3}}}{E_1 A_1}$ 代入可得

$$F_2 = \frac{10}{\sqrt{3}} F_1 \quad ②$$

联立①②解得：$F_1 = \dfrac{3\sqrt{3}}{\sqrt{3} + 5\sqrt{2}} F$，$F_2 = \dfrac{30}{\sqrt{3} + 5\sqrt{2}} F$，

$\Delta l_2 = \dfrac{F_2 \times \sqrt{2}\,a}{5EA} = \dfrac{6\sqrt{2}}{\sqrt{3} + 5\sqrt{2}} \dfrac{Fa}{EA}$，$\Delta_B = 3 \times \sqrt{2}\,\Delta l_2 = \dfrac{36}{\sqrt{3} + 5\sqrt{2}} \dfrac{Fa}{EA}$，

综上：杆 1 轴力 $\dfrac{3\sqrt{3}}{\sqrt{3} + 5\sqrt{2}} F$，受拉；杆 2 轴力 $\dfrac{30}{\sqrt{3} + 5\sqrt{2}} F$，受压；$B$ 点的铅垂位

移为 $\dfrac{36}{\sqrt{3} + 5\sqrt{2}} \dfrac{Fa}{EA}$，方向向下。

【例题 6.8】 如图 6.20 所示的桁架结构，各杆拉伸（压缩）刚度均为 EA，杆 AB 长度为 l，试求在荷载 F 作用下节点 A 的铅垂位移。（中国矿业大学 2018）

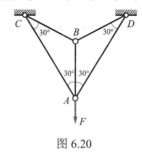

图 6.20

【解析】

　　解除 AB 杆的约束，代以反力 F_N，

得基本静定系如图 6.21 所示：

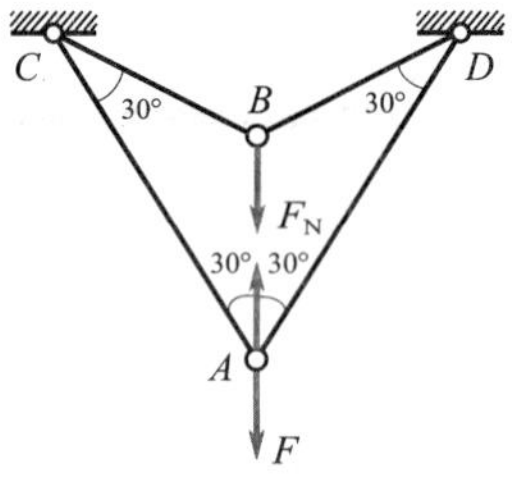

A 节点列平衡方程结合对称性可得：$F_{AC} = F_{AD} = \dfrac{F - F_N}{\sqrt{3}}$，

B 节点列平衡方程结合对称性可得：$F_{BC} = F_{BD} = F_N$，

变形协调方程：$\varDelta_A - \varDelta_B = \dfrac{F_N l}{EA}$，

其中 $\varDelta_A = \dfrac{2}{\sqrt{3}} \Delta l_{AC} = \dfrac{2}{\sqrt{3}} \times \dfrac{F_{AC}\sqrt{3}\, l}{EA} = \dfrac{2(F - F_N) l}{\sqrt{3}\, EA}$，

$\varDelta_B = 2\Delta l_{BC} = \dfrac{2 F_N l}{EA}$，

将 $\varDelta_A$，$\varDelta_B$ 代入变形协调方程解得：$F_N = \dfrac{2}{3\sqrt{3} + 2} F$，

　　故 A 点的铅垂位移：$\varDelta_A = \dfrac{2(F - F_N) l}{\sqrt{3}\, EA} = \dfrac{6Fl}{\left(3\sqrt{3} + 2\right) EA}$ （↓）。

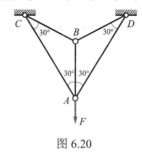

基本静定体系

图 6.21

【例题 6.9】 如图 6.22 所示结构，杆 1、杆 2、杆 3 材料均相同，弹性模量 $E = 200$ GPa，杆 1 的截面面积 $A_1 = 200$ mm²，杆 2 的截面面积 $A_2 = 300$ mm²，杆 3 的截面面积 $A_3 = 400$ mm²，集中力 $F = 30$ kN，计算杆 1、杆 2、杆 3 的轴力。（上海交通大学 2020）

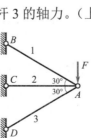

图 6.22

【解析】

　　根据小变形假设，各杆在荷载 F 的作用下，发生位移情况如图 6.23 所示：

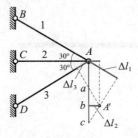

图 6.23

　　节点 A 移动到 A'，设各杆的变形为 Δl_1、Δl_2、Δl_3，根据几何关系及位移，可得变形协

调方程：$ab = Ac - Aa - bc$，即 $\dfrac{\Delta l_2}{\tan 30°} = \dfrac{\Delta l_1}{\sin 30°} - \dfrac{\Delta l_3}{\sin 30°} - \dfrac{\Delta l_2}{\tan 30°}$，

$$\sqrt{3}\,\Delta l_2 = 2\Delta l_1 - 2\Delta l_3 - \sqrt{3}\,\Delta l_2, \quad \sqrt{3}\,\Delta l_2 = \Delta l_1 - \Delta l_3,$$

$\Delta l_1 = \dfrac{F_{N_1}\dfrac{2}{\sqrt{3}}l}{EA_1}$，$\Delta l_2 = \dfrac{F_{N_2}l}{EA_2}$，$\Delta l_3 = \dfrac{F_{N_3}\dfrac{2}{\sqrt{3}}l}{EA_3}$，代入得：$\dfrac{\sqrt{3}\,F_{N_2}}{A_2} = \dfrac{2F_{N_1}}{\sqrt{3}\,A_1} - \dfrac{2F_{N_3}}{\sqrt{3}\,A_3}$，

即：$2F_{N_2} = 2F_{N_1} - F_{N_3}$　①，此即变形协调得到的补充方程，根据 A 节点平衡方程得

$$\sum F_x = 0, \quad \frac{\sqrt{3}}{2}F_{N_1} + F_{N_2} = \frac{\sqrt{3}}{2}F_{N_3} \quad ②, \quad \sum F_y = 0, \quad \frac{1}{2}F_{N_1} + \frac{1}{2}F_{N_3} = F \quad ③,$$

联立①②③得：$F_{N_1} = \dfrac{2(1+\sqrt{3})}{3+2\sqrt{3}}F = 0.845F = 25.35 \ (\text{kN})$，

$F_{N_2} = \dfrac{\sqrt{3}}{3+2\sqrt{3}}F = 0.268F = 8.04 \ (\text{kN})$，　$F_{N_3} = \dfrac{2(2+\sqrt{3})}{3+2\sqrt{3}}F = 1.153F = 34.59 \ (\text{kN})$。

题型三：装配误差作用下拉压超静定计算

　　杆件在制成以后，其尺寸难免有微小误差。在静定结构中，这种误差仅略微改变结构的几何形状，不会引起附加内力，但在超静定结构中，由于有多余约束，装配误差将产生附加内力，称为**装配内力**。

【例题 6.10】 如图 6.24 所示的水平刚性横梁 AB，上部由杆 1 和杆 2 悬挂，下部由铰支座 C 支承。由于制造误差，杆 1 长度缩短了 δ，已知两杆的材料和横截面积均相同，且 $E_1 = E_2 = E$，$A_1 = A_2 = A$。试求装配后两杆的轴力和应力。（中南大学 2019）

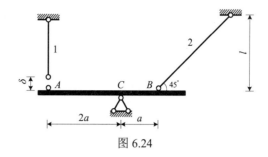

图 6.24

【解析】

对 C 点取矩可得：$\sum M_C = 0$，$2a \cdot F_1 = \dfrac{\sqrt{2}}{2} F_2 \cdot a$，$F_1 = \dfrac{\sqrt{2}}{4} F_2$ ①

变形协调方程：$\Delta_A = 2\Delta_B$，其中 $\Delta_B = \sqrt{2}\,\Delta l_2$，$\Delta_A = \delta - \Delta l_1$，

即 $\delta - \Delta l_1 = 2\sqrt{2}\,\Delta l_2$，$\delta - \dfrac{F_1 l}{EA} = 2\sqrt{2}\,\dfrac{F_2 \sqrt{2}\, l}{EA}$，$F_1 + 4F_2 = \dfrac{EA\delta}{l}$ ②

联立①②得：装配后两杆轴力 $F_1 = \dfrac{\sqrt{2}\, EA\delta}{(16 + \sqrt{2})l}$（拉），$F_2 = \dfrac{4EA\delta}{(16 + \sqrt{2})l}$（拉），

$\sigma_1 = \dfrac{\sqrt{2}\, E\delta}{(16 + \sqrt{2})l}$（拉），$\sigma_2 = \dfrac{4E\delta}{(16 + \sqrt{2})l}$（拉）。

【注】 关于装配误差、变形及位移之间关系的理解：假设在刚性横梁 A 端有一向上的力将 A 端抬高 δ 与 1 杆铰接，撤掉该力后，A 端将有恢复到原来位置的趋势，但由于杆 1 拉力的存在，A 端无法回到原来的位置而产生一定的位移 Δ_A。Δ_A、δ 和 Δl_1 之间的关系为 $\Delta_A = \delta - \Delta l_1$，为方便理解，$\delta$ 可视为理想位移，Δl_1 为恢复位移，Δ_A 为实际位移。此类题目均可采用此假设、演绎及推理的方法解决。

【例题 6.11】 如图 6.25 所示的杆系中，杆 AB 比名义长度略短，误差为 δ，若各杆材料相同，弹性模量为 E，横截面积均为 A，且 $l_1 = l_2 = l$，求装配后各杆的轴力。（上海交通大学 2016）

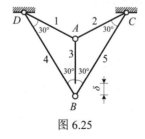

图 6.25

【解析】

设杆 AB 装配后轴力 F，建立基本静定体系如图 6.26 所示：

基本静定体系

图 6.26

由 A 节点平衡可得：$F_{N1} = F_{N2} = F$，由 B 节点平衡可得：$F_{N4} = F_{N5} = \dfrac{F}{\sqrt{3}}$，

变形协调方程：$\Delta_A + \Delta_B = \delta - \Delta l_{AB}$，

其中 $\Delta_A = 2\Delta l_1 = \dfrac{2Fl}{EA}$，$\Delta_B = \dfrac{2\Delta l_4}{\sqrt{3}} = \dfrac{2\left(\dfrac{F}{\sqrt{3}}\right)\left(\sqrt{3}\,l\right)}{\sqrt{3}\,EA} = \dfrac{2Fl}{\sqrt{3}\,EA}$，$\Delta l_{AB} = \dfrac{Fl}{EA}$，

代入可得：$\left(2F + \dfrac{2F}{\sqrt{3}}\right)\dfrac{l}{EA} = \delta - \dfrac{Fl}{EA}$，$F = \dfrac{\sqrt{3}}{3\sqrt{3} + 2}\dfrac{\delta EA}{l}$，

故：$F_{N1} = F_{N2} = F_{N3} = F = \dfrac{\sqrt{3}}{3\sqrt{3} + 2}\dfrac{\delta EA}{l}$（拉），

$F_{N4} = F_{N5} = \dfrac{F}{\sqrt{3}} = \dfrac{1}{3\sqrt{3} + 2}\dfrac{\delta EA}{l}$（压）。

【注】关于变形协调方程 $\Delta_A + \Delta_B = \delta - \Delta l_{AB}$，可以这样理解：$\delta$ 可视为 A 点和 B 点的理想相对位移，Δl_{AB} 为恢复位移，$\Delta_A + \Delta_B$ 为实际相对位移。

【例题 6.12】如图 6.27 所示结构中三根杆件所用材料和截面尺寸相同，弹性模量为 E，横截面面积为 A，许用应力为 $[\sigma]$。（1）试求许用荷载 $[F_P]$；（2）若制作时杆件 AB 偏长 Δ，试计算安装完成时由制造误差引起的各杆初应力。（同济大学 2011）

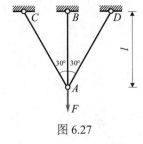

图 6.27

【解析】

本题为拉压超静定问题，解答此类问题需分别列出平衡方程、物理方程及变形协调方程，题中杆 AC 与杆 AD 对称，受力情况相同。

（1）由于结构对称，A 点位移向下，结构变形如图 6.28 所示，变形协调方程：

$$\Delta l_{AC} = \frac{\sqrt{3}}{2}\Delta l_{AB} \quad ① , \quad 平衡方程：2N_{AC}\frac{\sqrt{3}}{2}+N_{AB}=F \quad ②$$

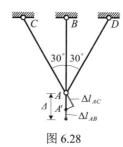

图 6.28

物理方程：$\Delta l_{AC} = \dfrac{N_{AC}\frac{2}{\sqrt{3}}l}{EA}$，$\Delta l_{AB} = \dfrac{N_{AB}l}{EA}$ ③，

联立①②③解得：$N_{AC} = \dfrac{3F}{3\sqrt{3}+4}$，$N_{AB} = \dfrac{4F}{3\sqrt{3}+4}$，

$N_{AB} > N_{AC}$，故判定杆 AB 先破坏，在极限状态时，则 $\sigma_{AB} = \dfrac{N_{AB}}{A} = \dfrac{4}{3\sqrt{3}+4} \times \dfrac{F}{A} \leqslant [\sigma]$，

许用荷载 $[F_{\mathrm{P}}] = \left(1 + \dfrac{3\sqrt{3}}{4}\right)A[\sigma]$。

（2）装配后，设 A 最终位置在 A' 点，则 AB 受压，AC、AD 受拉，

变形协调方程：$\Delta l_{AC} \times \dfrac{2}{\sqrt{3}} = \Delta - \Delta l_{AB}$ ①，

平衡方程：$2N_{AC} \times \dfrac{\sqrt{3}}{2} = N_{AB}$ ②，

物理方程：$\Delta l_{AC} = \dfrac{N_{AC}\frac{2}{\sqrt{3}}l}{EA}$，$\Delta l_{AB} = \dfrac{N_{AB}l}{EA}$ ③，

联立①②③解得：$N_{AC} = \dfrac{3}{3\sqrt{3}+4} \times \dfrac{EA\Delta}{l}$（拉），$N_{AB} = \dfrac{3\sqrt{3}}{3\sqrt{3}+4} \times \dfrac{EA\Delta}{l}$（压），

制造误差引起的初应力 $\sigma_{AC} = \sigma_{AD} = \dfrac{3}{3\sqrt{3}+4} \times \dfrac{E\Delta}{l}$（拉），$\sigma_{AB} = \dfrac{3\sqrt{3}}{3\sqrt{3}+4} \times \dfrac{E\Delta}{l}$（压）。

题型四：温度作用下拉压超静定计算

在工程实际中，结构或部分杆件往往会遇到温度变化。若杆的同一截面上各点的温度变化相同时，则杆仅会发生伸长或缩短变形。对静定结构而言，温度引起的变形不会在杆中产生内力，但在超静定结构中，由于存在多余约束，杆由温度变化引起的变形受到限制，从而将在杆中产生内力，这种内力称为**温度内力**，与之相应的应力称为**温度应力**。对这种

问题研究中，杆的变形包括两部分，分别为由温度变化产生的变形以及由温度内力引起的变形。

对于一根自由杆件，温度升高或降低 ΔT 时，变形量 $\Delta l = \pm \alpha \Delta T l$，温度升高，变形量为正，杆伸长；温度降低，变形量为负，杆缩短。

【**例题 6.13**】如图 6.29 所示，已知 $T = 5\ ℃$，B 截面面积为 $5\ cm^2$，A 截面面积为 $10\ cm^2$，线膨胀系数 $\alpha = 12.5 \times 10^{-6}\ ℃^{-1}$，$E = 200\ GPa$。当温度升至 $25\ ℃$ 时，求各截面的温度应力。（南京工业大学 2019）

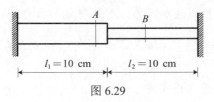

图 6.29

【**解析**】

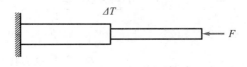

图 6.30

取基本静定体系如图 6.30 所示，分别计算温度作用下杆伸长量和力 F 作用下杆缩短量。温度作用下杆的伸长量：

$$\Delta l = \Delta l_1 + \Delta l_2 = \alpha l_1 \Delta T + \alpha l_2 \Delta T = 12.5 \times 10^{-6} \times 0.1 \times (25 - 5) \times 2 = 5 \times 10^{-5}\ (m),$$

力 F 的作用下杆的伸长量：

$$\Delta l' = \Delta l_1' + \Delta l_2' = \frac{Fl_1}{EA_1} + \frac{Fl_2}{EA_2} = \frac{F \times 0.1}{200 \times 10^9 \times 5 \times 10^{-4}} + \frac{F \times 0.1}{200 \times 10^9 \times 10 \times 10^{-4}}$$

$$= 1.5 \times 10^{-9} F,$$

由变形协调方程 $\Delta l = \Delta l'$ 得：$5 \times 10^{-5} = 1.5 \times 10^{-9} F$，$F = 33.3\ kN$，

温度应力 $\sigma_A = \dfrac{F}{A_1} = \dfrac{33.33 \times 10^3}{10 \times 10^{-4}} = 33.3\ (MPa)$，$\sigma_B = \dfrac{F}{A_2} = \dfrac{33.33 \times 10^3}{5 \times 10^{-4}} = 66.7\ (MPa)$。

【**例题 6.14**】外径 $D_c = 50\ mm$，内径 $d_s = 25\ mm$ 的铜管，套在直径 $d_s = 25\ mm$ 钢杆上，如图 6.31 所示，两杆长度相同，在两端用直径 $d = 12\ mm$ 的销钉将两者固定连接，两销钉间距为 l，已知铜和钢的弹性模量及线膨胀系数分别为 $E_c = 105\ GPa$，$\alpha_c = 17 \times 10^{-6}\ ℃^{-1}$ 和 $E_s = 210\ GPa$，$\alpha_s = 12 \times 10^{-6}\ ℃^{-1}$，在室温条件下装配工作时，组合件温度升高 $50℃$，不考虑摩擦影响，试求销钉横截面上的切应力。（南昌大学 2017）

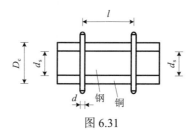

图 6.31

【解析】

由于 $\alpha_c > \alpha_s$，若无销钉作用，则铜管伸长多，钢杆伸长少，销钉的存在使铜管和钢杆伸长量相等，因此，销钉对铜管施加压力，对钢杆施加拉力。

变形协调方程：$\alpha_c l \Delta T - \dfrac{Fl}{E_c A_c} = \alpha_s l \Delta T + \dfrac{Fl}{E_s A_s}$，等式左右两边分别表示在温度和力作

用下铜管和钢杆的实际伸长量，移项得 $\dfrac{Fl}{E_s A_s} + \dfrac{Fl}{E_c A_c} = (\alpha_c - \alpha_s) l \cdot \Delta T$，解得

$$F = \frac{(\alpha_c - \alpha_s)\Delta T}{\dfrac{1}{E_s A_s} + \dfrac{1}{E_c A_c}} = \frac{(5 \times 10^{-6}) \times 50}{\dfrac{1}{210 \times 10^9 \times \frac{1}{4}\pi \times 0.025^2} + \dfrac{1}{105 \times 10^9 \times \frac{1}{4}\pi \times (0.05^2 - 0.025^2)}} = 15.46 \ (\text{kN}),$$

销钉有两个剪切面，故 $F_s = \dfrac{1}{2}F = 7.73 \ \text{kN}$，$\tau = \dfrac{F_s}{A} = \dfrac{7.73 \times 10^3}{\dfrac{1}{4}\pi \times 12^2} = 68.35 \ (\text{MPa})$。

【例题 6.15】 如图 6.32 所示，两杆都为钢杆，$E = 200 \ \text{GPa}$，$\alpha = 12.5 \times 10^{-6} \ ^\circ\text{C}^{-1}$。两杆的横截面面积同为 $A = 1\,000 \ \text{mm}^2$。若杆 BC 的温度降低 $20 \ ^\circ\text{C}$，而杆 BD 的温度不变，试求两杆横截面上的应力。（上海交通大学 2015）

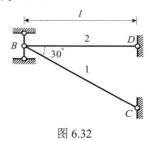

图 6.32

【解析】

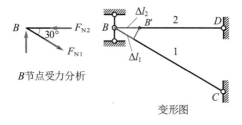

B 节点受力分析

变形图

图 6.33

杆 1 温度降低，杆 2 温度不变，根据结构特点可判断杆 1 受拉，杆 2 受压。对节点 B

进行受力分析，如图 6.33 所示，可得平衡方程：

物理方程：$\Delta l_1 = \alpha \Delta T \dfrac{l}{\cos 30°} - \dfrac{F_{N1}}{EA} \dfrac{l}{\cos 30°}$，　$\Delta l_2 = \dfrac{F_{N2} l}{EA}$　②，

变形协调方程：$\dfrac{\Delta l_1}{\cos 30°} = \Delta l_2$　③，

联立①②③解得：$F_{N1} = \dfrac{8\alpha \Delta TEA}{8 + 3\sqrt{3}}$，　$F_{N2} = \dfrac{4\sqrt{3}\alpha \Delta TEA}{8 + 3\sqrt{3}}$，

$$\sigma_1 = \frac{8\alpha \Delta TE}{8 + 3\sqrt{3}} = \frac{8 \times 12.5 \times 10^{-6} \times 20 \times 200 \times 10^9}{8 + 3\sqrt{3}} = 30.31 \ (\text{MPa}),$$

$$\sigma_2 = \frac{4\sqrt{3}\alpha \Delta TE}{8 + 3\sqrt{3}} = \frac{4\sqrt{3} \times 12.5 \times 10^{-6} \times 20 \times 200 \times 10^9}{8 + 3\sqrt{3}} = 26.25 \ (\text{MPa})。$$

【注】（1）本题为一根杆温度降低，另一根杆温度不变，注意与前面题目的差别。（2）请读者思考，若本题杆 1 和杆 2 温度均降低 20 ℃，杆 1、杆 2 的拉压情况能直接判断吗？平衡方程、物理方程、变形协调方程有何变化？

【例题 6.16】如图 6.34 所示结构，AD 为刚性杆，杆 1、杆 2 为弹性杆，受到力 $P = 10$ kN 的作用。已知 $l_{AB} = l_{BC} = l_{CD} = 1$ m，杆 1、杆 2 直径均为 $d = 20$ mm，弹性模量 $E = 200$ GPa，线膨胀系数 $\alpha = 20 \times 10^{-6}$ ℃$^{-1}$，试求温度上升 50 ℃时，杆 1 和杆 2 的内力。（大连理工大学 2017）

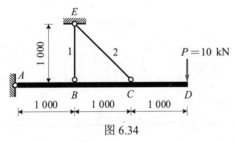

图 6.34

【解析】

杆 AD 受力分析及变形图如图 6.35 所示：

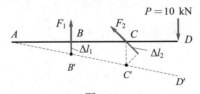

图 6.35

平衡方程：$F_1 \cdot 1 + F_2 \cdot \sqrt{2} - P \cdot 3 = 0$　①，

物理方程：$\Delta l_1 = \dfrac{F_1 \cdot 1}{EA} + \alpha \Delta T \cdot 1$，　$\Delta l_2 = \dfrac{F_2 \cdot \sqrt{2}}{EA} + \alpha \Delta T \cdot \sqrt{2}$　②，

变形协调方程：$2\Delta l_1 = \sqrt{2}\,\Delta l_2$ ③，

联立①②③解得：$F_1 = F_2 = \dfrac{3}{1+\sqrt{2}}P = 12.43$ (kN)。

【注】（1）本题为温度和外荷载共同作用下的拉压超静定问题，应注意与前面题目的区别。（2）在温度和外荷载共同作用下，杆1和杆2均伸长，但杆件是受拉还是受压无法直接判断，可以先假设杆1和杆2均受拉，此时，列平衡方程和物理方程需与该假设一致，不可出现平衡方程为 $F_1\cdot 1 + F_2\cdot\sqrt{2} - P\cdot 3 = 0$，物理方程为 $\Delta l_1 = \alpha\Delta T\cdot 1 - \dfrac{F_1\cdot 1}{EA}$ 的情况。

第三节 扭转超静定问题

求解扭转超静定问题的核心仍然是建立变形协调方程。

题型五：扭转超静定的计算

【例题 6.17】如图 6.36 所示，两端固定的等截面圆杆，承受两个相同大小的力偶 M_e，已知许用切应力为 $[\tau]$，试求固定端约束力偶的大小，并确定圆杆的直径。（中南大学 2016）

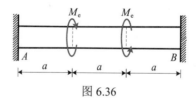

图 6.36

【解析】

取基本静定体系如图 6.37 所示：

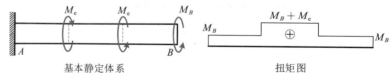

基本静定体系　　　　　　　　扭矩图

图 6.37

平衡方程：$\sum M = 0$，$M_A = M_B$，可快速绘制扭矩图，其中 M_B 待求，

变形协调条件：$\varphi_B = \dfrac{M_B a}{GI_p} + \dfrac{(M_B+M_e)a}{GI_p} + \dfrac{M_B a}{GI_p} = 0$，$M_B = -\dfrac{M_e}{3}$，

故扭矩图如图 6.38 所示：

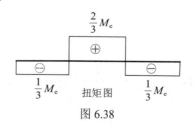

图 6.38

圆杆上最大扭矩为 $\dfrac{2M_e}{3}$，最大扭转切应力 $\tau_{max} = \dfrac{\frac{2M_e}{3}}{W_p} = \dfrac{32M_e}{3\pi d^3} \leqslant [\tau]$，$d \geqslant \sqrt[3]{\dfrac{32M_e}{3\pi[\tau]}}$

即固定端约束力偶矩的大小为 $\dfrac{M_e}{3}$，圆杆的直径大于等于 $\sqrt[3]{\dfrac{32M_e}{3\pi[\tau]}}$。

【例题 6.18】 如图 6.39 所示的实心截面圆轴，已知单位长度许用扭转角 $[\varphi'] = 0.5\ (°)/m$，材料的切变模量 $G = 80\ \text{GPa}$，试确定轴的直径。（重庆大学 2020）

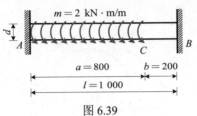

图 6.39

【解析】

解除多余约束，得基本静定体系如图 6.40 所示：

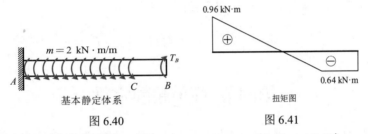

基本静定体系　　　　　　　　扭矩图

图 6.40　　　　　　　　　　图 6.41

距离 A 端长度为 x 处的扭矩为 $T(x) = 1.6 - T_B - 2x\ (0 \leqslant x \leqslant 0.8)$，

$$\varphi_{AC} = \int_0^{0.8} \frac{T(x)}{GI_p} \mathrm{d}x = \int_0^{0.8} \frac{1.6 - T_B - 2x}{GI_p} \mathrm{d}x = \frac{(1.6 - T_B) \times 0.8 - 0.8^2}{GI_p},\quad \varphi_{CB} = -\frac{T_B \times 0.2}{GI_p},$$

变形协调关系为 A、B 两端相对扭转角 $\varphi_{AB} = \varphi_{AC} + \varphi_{CB} = 0$，$T_B = 0.64\ \text{kN} \cdot \text{m}$，

可绘制扭矩图如图 6.41 所示，由扭矩图知 $T_{max} = 0.96\ \text{kN} \cdot \text{m}$，

最大单位长度扭转角 $\dfrac{T_{max}}{GI_p} = \dfrac{0.96 \times 10^3}{80 \times 10^9 \times \frac{\pi d^4}{32}} \times \dfrac{180}{\pi} \leqslant [\varphi'] = 0.5\ (°)/m$，

$$d \geqslant \sqrt[4]{\frac{32 \times 0.96 \times 10^3 \times 180}{80 \times 10^9 \times \pi^2 \times 0.5}} = 0.061\ 2\ (\text{m}) = 61.2\ (\text{mm}),\ 取直径为 61.2\ \text{mm}。$$

【例题 6.19】 如图 6.42 所示，将空心圆管 A 套在实心圆杆 B 的一端。两杆在同一横截面处有一直径相同的贯穿孔，但两孔的中心线构成 φ 角，现在杆 B 上施加扭转力偶使之扭转，将杆 A 和 B 的两孔对齐，装上销钉后卸去所施加的扭转力偶。试问卸载后两杆截面上的扭矩为多大？已知两杆的极惯性矩分别为 I_{pA} 和 I_{pB}，材料相同，切变模量为 G。（浙江工业大学 2020）

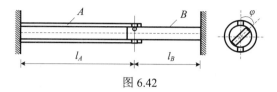

图 6.42

【解析】

当卸除杆 B 上的外力偶后，连接部分将回转一个角度，此角度即为圆管 A 转动的角度 φ_A，设回转一个角度后 B 相对初始位置转动的角度为 φ_B，管 A 与管 B 截面上扭矩分别为 T_A、T_B，如图 6.43 所示：

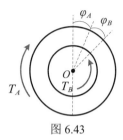

图 6.43

静力平衡方程：$T_A = T_B$，变形协调方程：$\varphi_A + \varphi_B = \varphi$，

物理方程：$\varphi_A = \dfrac{T_A l_A}{GI_{pA}}$，$\varphi_B = \dfrac{T_B l_B}{GI_{pB}}$，联立解得：$T_A = T_B = \dfrac{GI_{pA}I_{pB}\beta}{I_{pB}l_A + I_{pA}l_B}$。

第四节 简单超静定梁

本章第一节中阐述了超静定结构的一般求解思路，即将超静定结构的多余约束撤掉，并在该处施加与多余约束相对应的多余未知力，得到一个由荷载和多余未知力共同作用的基本静定体系。在荷载和多余未知力共同作用下，基本静定体系在多余未知力处的位移等于原结构相应位移，基于此建立变形协调方程。建立变形协调方程后，结合平衡方程即可求解多余未知力，求得多余未知力后，基本静定体系就等同于原结构，其余的约束力以及构件的内力、应力或变形均可按照基本静定体系进行计算。

对于拉压超静定和扭转超静定问题，按照本章第二节和第三节中介绍的方法求解更为简单，因此并未体现出上述一般求解思路的优势。本节将重点介绍用该方法对简单超静定梁进行求解，对于超静定刚架，用卡式定理和力法更为方便，将在后面章节进行系统介绍。

题型六：简单超静定梁的计算

【例题 6.20】 求如图 6.44 所示结构的最大弯矩。（四川大学 2017）

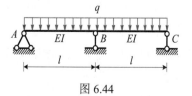

图 6.44

【解析】

解除 B 支座约束，代以反力 F_B，基本静定系如图 6.45 所示。

平衡方程：$\sum F_y = 0$，$F_A + F_B + F_C = 2ql$，

变形协调方程：$w_B = w_{Bq} + w_{BF_B} = -\dfrac{5q(2l)^4}{384EI} + \dfrac{F_B(2l)^3}{48EI} = 0$，

联立上述方程，解得 $F_A = F_C = \dfrac{3}{8}ql(\uparrow)$，$F_B = \dfrac{5}{4}ql(\uparrow)$。

可绘制剪力图如图 6.46 所示，最大弯矩可能在剪力为 0 处和支座 B 处，

剪力为 0 处：$M_{\max 1} = \dfrac{1}{2} \cdot \dfrac{3}{8}ql \cdot \dfrac{3}{8}l = \dfrac{9}{128}ql^2$，

支座 B 处：$M_{\max 2} = \dfrac{9}{128}ql^2 - \dfrac{1}{2} \cdot \dfrac{5}{8}ql \cdot \dfrac{5}{8}l = -\dfrac{1}{8}ql^2$，

由于 $\dfrac{9}{128}ql^2 < \dfrac{1}{8}ql^2$，故最大弯矩为 $\dfrac{1}{8}ql^2$，在支座 B 处。

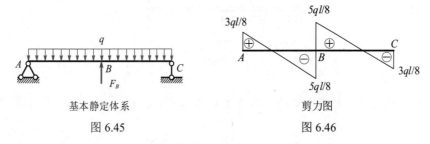

基本静定体系　　　　　　　　　剪力图

图 6.45　　　　　　　　　　　图 6.46

【例题 6.21】 如图 6.47 所示结构上作用均布荷载 q，已知中点 B 处弯矩为零，试求弹簧刚度 k，并作剪力图和弯矩图。（上海交通大学 2016）

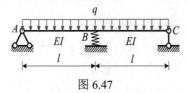

图 6.47

【解析】

解除 B 支座约束，代以反力 F_B，基本静定体系如图 6.48 所示：

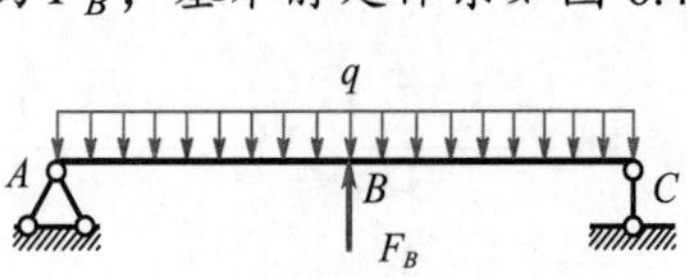

基本静定体系

图 6.48

由对称性可知 $F_A = F_C$，B 处弯矩为 0，$F_C l - \dfrac{1}{2}ql^2 = 0$，解得 $F_C = \dfrac{1}{2}ql$，

由竖向平衡可得 $F_B = 2ql - F_A - F_C = ql$，

变形协调方程：$w_B = w_{Bq} + w_{BF_B} = \dfrac{5q(2l)^4}{384EI} - \dfrac{F_B(2l)^3}{48EI} = \dfrac{F_B}{k}$，

将 $F_B = ql$ 代入解得：弹簧刚度 $k = \dfrac{24EI}{l^3}$，剪力图和弯矩图如图 6.49 所示。

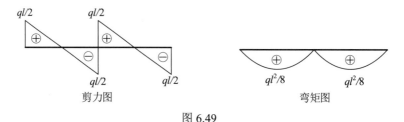

剪力图   弯矩图

图 6.49

【例题 6.22】 如图 6.50 所示梁 AB，梁抗弯刚度为 EI，因强度不足，现用同材料和同截面的短梁 AC 加固，试求：（1）两梁接触处的压力 F_{RC}；（2）加固后，梁 AB 的最大弯矩。（南昌大学 2015）

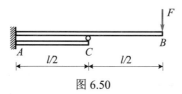

图 6.50

【解析】

（1）此结构为一次超静定结构，取基本静定体系如图 6.51 所示：

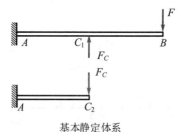

基本静定体系

图 6.51

$$w_{C1} = \frac{(F - F_C)\left(\dfrac{l}{2}\right)^3}{3EI} + \frac{F \cdot \dfrac{l}{2} \cdot \left(\dfrac{l}{2}\right)^2}{2EI}, \quad w_{C2} = \frac{F_C\left(\dfrac{l}{2}\right)^3}{3EI},$$

由变形协调条件可知 $w_{C1} = w_{C2}$，则 $\dfrac{(F - F_C)\left(\dfrac{l}{2}\right)^3}{3EI} + \dfrac{F \cdot \dfrac{l}{2} \cdot \left(\dfrac{l}{2}\right)^2}{2EI} = \dfrac{F_C\left(\dfrac{l}{2}\right)^3}{3EI}$。

化简得：$2(F - F_C) + 3F = 2F_C$，解得两梁接触处的压力 $F_{RC} = F_C = \dfrac{5F}{4}$。

（2）加固后，梁 AB 的弯矩图如图 6.52 所示，最大弯矩 $M_{\max} = \dfrac{1}{2}Fl$。

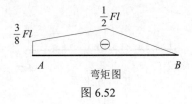

弯矩图

图 6.52

【例题 6.23】图 6.53 所示的结构中，CD 为刚性杆，梁 AB 和梁 DE 的抗弯刚度 EI 相同，试求 D 点的垂直位移。（中南大学 2018）

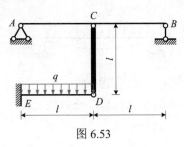

图 6.53

【解析】

截断 CD 二力杆，取基本静定体系如图 6.54 所示：

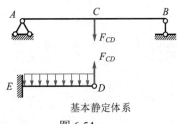

基本静定体系

图 6.54

由变形协调条件可知：$w_C = w_D$，$\dfrac{F_{CD}(2l)^3}{48EI} = \dfrac{ql^4}{8EI} - \dfrac{F_{CD}l^3}{3EI}$，解得：$F_{CD} = \dfrac{ql}{4}$，

代入得：$w_C = w_D = \dfrac{ql^4}{24EI}$，即 D 点的垂直位移大小为 $\dfrac{ql^4}{24EI}$，方向向下。

【例题 6.24】如图 6.55 所示的水平简支梁 AB 与竖杆 CD 铰接在一起，二者材料相同，梁的弯曲刚度为 EI，杆的拉压刚度为 EA。已知 $Al^3 = 12Ia$，求杆 CD 的拉力 F_N。（湖南大学 2015）

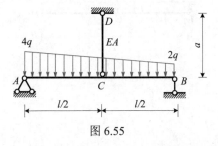

图 6.55

【解析】

去掉 CD 杆，代以 F_N，取基本静定体系如图 6.56 所示：

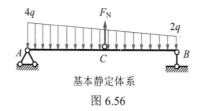

基本静定体系

图 6.56

由图 6.57 可知，$w_中 = w_{1中} - w_{2中}$，$w_中 = w_{2中}$，$w_中 = \dfrac{1}{2} w_{1中}$。

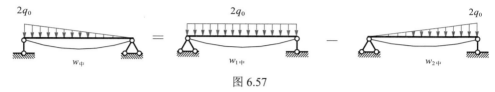

图 6.57

如图 6.58 所示，由叠加法可得梁 AB 上 C 处的挠度：

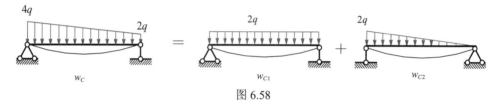

图 6.58

$$w_C = w_{C1} + w_{C2} + w_{F_N} = \frac{5 \times 2q \times l^4}{384EI} + \frac{1}{2} \times \frac{5 \times 2q \times l^4}{384EI} - \frac{F_N l^3}{48EI} = \frac{15ql^4}{384EI} - \frac{F_N l^3}{48EI} \ (\downarrow),$$

由变形协调关系得：$w_C = \Delta l_{CD}$，$\dfrac{15ql^4}{384EI} - \dfrac{F_N l^3}{48EI} = \dfrac{F_N \cdot a}{EA}$，将 $Al^3 = 12Ia$ 带入得：

$$F_N = \frac{15ql^4}{384EI} \cdot \frac{1}{\dfrac{l^3}{12EI} + \dfrac{l^3}{48EI}} = \frac{3}{8}ql \ (\text{拉})。$$

【例题 6.25】 已知某梁弯曲刚度为 EI，$AC = CD = l$，如图 6.59 所示，求：（1）$F = 0$ 时，Δ 的值？（此时 D 正好接触 B，且 $F_B = 0$）；（2）$F = ql$ 时，且 Δ 取（1）中的值，求 F_B；（3）求（2）中 C 处的挠度。（河海大学 2017）

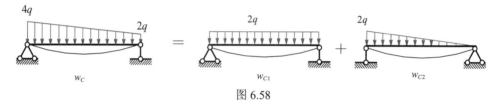

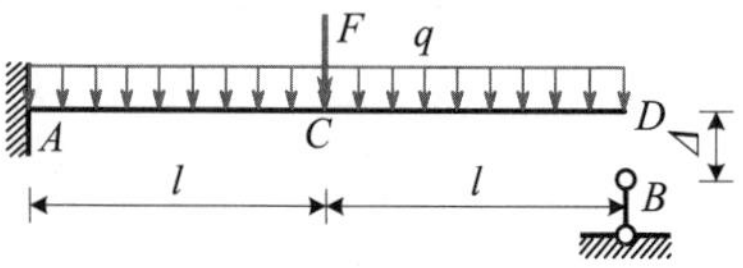

图 6.59

【解析】

（1）$\Delta = \dfrac{q(2l)^4}{8EI} = \dfrac{2ql^4}{EI}$。

（2）当 $F = ql$ 时，$\Delta = \dfrac{2ql^4}{EI}$。

由 q 引起 D 点的挠度 $w_q = \dfrac{2ql^4}{EI}(\downarrow)$，由 F 引起 D 点挠度为

$$w_F = \frac{Fl^3}{3EI} + \frac{Fl^2}{2EI} \times l = \frac{5ql^4}{6EI}(\downarrow)，$$

由 F_B 引起 D 点挠度为 $w_{F_B} = \dfrac{F_B(2l)^3}{3EI} = \dfrac{8F_B l^3}{3EI}(\uparrow)$，

变形协调方程：$w_D = w_q + w_F - w_{F_B} = \Delta$，$\dfrac{5ql^4}{6EI} - \dfrac{8F_B l^3}{3EI} = 0$，$F_B = \dfrac{5}{16}ql(\uparrow)$。

（3）悬臂梁受力如图 6.60（a）所示，求 C 处挠度时可简化为图 6.60（b）。

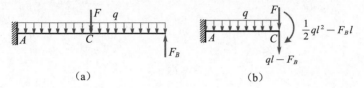

（a）　　　　　　　　　　　　　（b）

图 6.60

$$w_C = \frac{(F + ql - F_B)l^3}{3EI} + \frac{ql^4}{8EI} + \frac{1}{2EI}\left(\frac{1}{2}ql^2 - F_B l\right)l^2，将 F = ql，F_B = \frac{5}{16}ql 代入，得$$

$$w_C = \frac{25ql^4}{32EI}(\downarrow)。$$

综 合 题

【例题 6.26】如图 6.61 所示的简单桁架，已知三根杆抗拉（压）刚度相同，求杆 2 轴力。（燕山大学 2017）

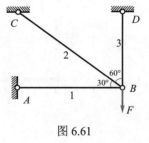

图 6.61

【解析】

假设变形后，B' 位于 B 点左下方，可得变形图及 B 节点受力分析如图 6.62 所示。

由图 6.62 中变形情况可知，杆 1 受压，杆 2、杆 3 受拉，变形协调方程：

$$\Delta l_3 = \Delta l_1 \cot 30° + \frac{\Delta l_2}{\sin 30°} \quad ①，$$

B 点列平衡方程：$F_{N2}\sin 30° + F_{N3} = F$，$F_{N2}\cos 30° = F_{N1}$　②，

设杆 3 长度为 a，物理方程：$\Delta l_1 = \dfrac{F_{N1} \cdot \sqrt{3}\,a}{EA}$，$\Delta l_2 = \dfrac{F_{N2} \cdot 2a}{EA}$，$\Delta l_3 = \dfrac{F_{N3} \cdot a}{EA}$ ③，

联立①②③解得：$F_{N2} = \dfrac{2F}{3\sqrt{3} + 9}$。

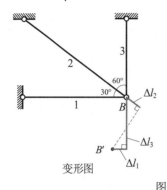

变形图 B 节点受力分析

图 6.62

【例题 6.27】 如图 6.63 所示结构中，杆 1 比原设计尺寸 a 短了 δ，现强行把杆 1、杆 2 与不计自重的刚性梁 AB 连接，然后在梁的 B 端施加力 F。已知 F, a, δ 及两杆的拉压刚度 EA。试求两杆的轴力。（δ 相对于 a 是微小量）（中南大学 2016）

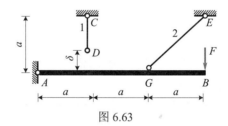

图 6.63

【解析】

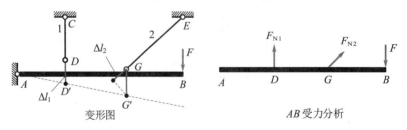

变形图 AB 受力分析

图 6.64

设在制造误差和力 F 作用下，变形图和受力如图 6.64 所示，可知杆 1，杆 2 均受拉变形协调关系：$2(\Delta l_1 - \delta) = \sqrt{2}\,\Delta l_2$ ①，

AB 杆受力，$\sum M_A = 0$，$3Fa - F_1 a - \dfrac{\sqrt{2}}{2}F_2 \times 2a = 0$ ②，

$\Delta l_1 = \dfrac{F_1 a}{EA}$，$\Delta l_2 = \dfrac{\sqrt{2}\,F_2 a}{EA}$ ③，

联立①②③解得 $F_1 = \dfrac{3Fa + \sqrt{2}EA\delta}{(1+\sqrt{2})a}$，$F_2 = \dfrac{3Fa - EA\delta}{(1+\sqrt{2})a}$。

【例题 6.28】 由两种材料黏结成的阶梯形杆如图 6.65 所示，阶梯形杆的上端固定，下端与地面留有空隙，$\Delta = 0.08$ mm，铜杆的 $A_1 = 40$ cm^2，$E_1 = 100$ GPa，$\alpha_1 = 16.5 \times 10^{-6}$ ℃$^{-1}$；钢杆的 $A_2 = 20$ cm^2，$E_2 = 200$ GPa，$\alpha_2 = 12.5 \times 10^{-6}$ ℃$^{-1}$，在两段交界处有作用力 F，试求：（1）F 为多大时空隙消失；（2）当 $F = 500$ kN 时，各段内的应力；（3）当 $F = 500$ kN 且温度再上升20 ℃时，各段内的应力。（哈尔滨工程大学 2015）

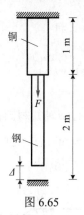

图 6.65

【解析】

（1）由 $\Delta = \dfrac{Fl_1}{E_1A_1}$ 得：$F = \dfrac{\Delta E_1 A_1}{l_1} = \dfrac{0.08 \times 10^{-3} \times 100 \times 10^9 \times 40 \times 10^{-4}}{1} = 32$ kN，故 $F = 32$ kN 时，空隙消失。

（2）当 $F = 500$ kN 时，空隙已消失，设此时上、下端支反力分别为 F_1、F_2，如图 6.66 所示，平衡方程：

$\sum F_y = 0$，$F_1 + F_2 - F = 0$，$F_1 + F_2 = 500$ kN ①，

变形协调方程：$\dfrac{F_1 l_1}{E_1 A_1} - \dfrac{F_2 l_2}{E_2 A_2} = \Delta$ ②

即 $\dfrac{F_1 \times 10^3}{100 \times 10^9 \times 40 \times 10^{-4}} - \dfrac{F_2 \times 10^3 \times 2}{200 \times 10^9 \times 20 \times 10^{-4}} = 0.08 \times 10^{-3}$

化简得：$F_1 - 2F_2 = 32$ kN，

解①②得 $F_1 = 344$ kN，$F_2 = 156$ kN。

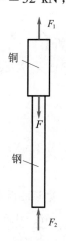

图 6.66

铜杆 $\sigma_1 = \dfrac{344 \times 10^3}{40 \times 10^{-4}} = 86$ (MPa)（拉），钢杆 $\sigma_2 = \dfrac{156 \times 10^3}{20 \times 10^{-4}} = 78$ (MPa)（压）。

（3）当 $F = 500$ kN 且温度再上升20 ℃时，仍为一次超静定问题，此时静力平衡方程与（2）中相同，而变形协调方程为

$$\frac{F_1 l_1}{E_1 A_1} - \frac{F_2 l_2}{E_2 A_2} + \alpha_1 \cdot \Delta T \cdot l_1 + \alpha_2 \cdot \Delta T \cdot l_2 = \Delta$$

即

$$\frac{F_1 \times 10^3}{100 \times 10^9 \times 40 \times 10^{-4}} - \frac{F_2 \times 10^3 \times 2}{200 \times 10^9 \times 20 \times 10^{-4}} + 16.5 \times 10^{-6} \times 20 \times 1 + 12.5 \times 10^{-6} \times 20 \times 2$$

$$= 0.08 \times 10^{-3},$$

化简得：$F_1 - 2F_2 = -300$ kN ③，

联立①③解得 $F_1 = 233.33$ kN （拉），$F_2 = 266.67$ kN （压）。

铜杆 $\sigma_1 = \dfrac{233.33 \times 10^3}{40 \times 10^{-4}} = 58.33$ (MPa) （拉），

钢杆 $\sigma_2 = \dfrac{266.67 \times 10^3}{20 \times 10^{-4}} = 133.34$ (MPa) （压）。

【例题 6.29】如图 6.67 所示阶梯形实心圆轴，材料的许用切应力 $[\tau] = 50$ MPa，作用在 C 截面的扭转力偶为 M_e，细轴的直径 $D_1 = 60$ mm。试求当 M_e 达到最大值时，粗轴直径 D_2 至少为何值？此时 M_e 为何值？（山东大学 2016）

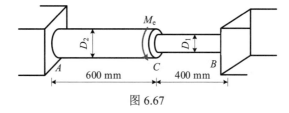

图 6.67

【解析】

选择 B 处支座为多余约束，解除多余约束代以 M_B，得基本静定体系如图 6.68 所示。

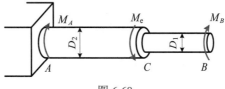

图 6.68

变形协调条件：B 截面的扭转角为零，即

$$\varphi_B = \frac{M_A \cdot 0.6}{G_1 I_{p2}} - \frac{M_B \cdot 0.4}{G I_{p1}} = 0, \quad M_A + M_B = M_e, \quad \frac{M_A}{M_B} = \frac{2D_2^4}{3D_1^4}。$$

求解 D_2，$\tau_1 = \dfrac{M_B}{W_{p1}} = \dfrac{M_B}{\dfrac{\pi D_1^3}{16}}$，$\tau_2 = \dfrac{M_A}{W_{p2}} = \dfrac{M_A}{\dfrac{\pi D_2^3}{16}}$，要使 M_e 达到最大，则要求 $\tau_1 = \tau_2 = [\tau]$，

$$\frac{\tau_1}{\tau_2} = \frac{M_B D_2^3}{M_A D_1^3} = \frac{3D_1^4 D_2^3}{2D_2^4 D_1^3} = \frac{3}{2} \times \frac{D_1}{D_2} = 1, \quad D_2 = 90 \text{ mm}。$$

求解 M_e，当细轴处于临界状态时，则

$$M_B = \frac{\pi D_1^3}{16}[\tau] = \frac{\pi \times 60^3 \times 10^{-9} \times 50 \times 10^6}{16} = 2.12 \ (\text{kN} \cdot \text{m}),$$

$$M_A = \frac{\pi D_2^3}{16}[\tau] = \frac{\pi \times 90^3 \times 10^{-9} \times 50 \times 10^6}{16} = 7.16 \ (\text{kN} \cdot \text{m}),$$

$$M_e = M_A + M_B = 9.28 \ (\text{kN} \cdot \text{m})。$$

【例题 6.30】如图 6.69 所示的一等截面直梁，其左端固支，右端铰支，在跨中承受集中荷载 F，力 F 作用于梁的对称面内，材料服从胡克定律。弹性模量 E，许用应力 $[\sigma]$，梁的跨长为 l，截面惯性矩 I 与抗弯模量 W 均为已知，试求：（1）确定支端反力 F_B；（2）确定梁危险截面的弯矩；（3）确定许用荷载 $[F]$；（4）移动的铰支座在铅垂方向的位置，使梁承受的荷载为最大，并求此时铰支座 B 在铅垂方向的位移 Δ_B。（重庆大学 2018）

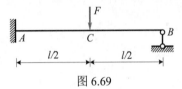

图 6.69

【解析】

（1）由叠加法可得悬臂梁端挠度：$w_B = w_{B1} - w_{B2} = 0$，

$$w_{B1} = \frac{F\left(\frac{l}{2}\right)^3}{3EI} + \frac{F\left(\frac{l}{2}\right)^2}{2EI} \times \frac{l}{2} = \frac{5Fl^3}{48EI}, \quad w_{B2} = \frac{F_B l^3}{3EI},$$

$$w_B = w_{B1} - w_{B2} = \frac{5Fl^3}{48EI} - \frac{F_B l^3}{3EI} = 0, \quad F_B = \frac{5}{16}F(\uparrow)。$$

（2）弯矩图如图 6.70 所示，A 处最危险，$M_{\max} = \frac{3}{16}Fl$（上侧受拉）。

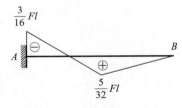

图 6.70

（3）$\sigma = \dfrac{M}{W} = \dfrac{3Fl}{16W} \leqslant [\sigma]$，$[F] = \dfrac{16W[\sigma]}{3Fl}$。

（4）荷载作用下的弯矩 $M_A = \dfrac{3}{16}Fl$（上侧受拉），$M_C = \dfrac{5}{32}Fl$（下侧受拉），支座位移作用下的弯矩，铅垂方向移动铰支座将会引起梁内的弯矩，如图 6.71 所示，设向上移动

支座位移 $\varDelta_B$ 时，支座反力为 R_B，$\dfrac{R_B l^3}{3EI} = \varDelta_B$，$R_B = \dfrac{3EI\varDelta_B}{l^3}$，

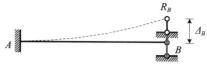

图 6.71

$M_A = \dfrac{3EI\varDelta_B}{l^3} \times l = \dfrac{3EI\varDelta_B}{l^2}$ （下侧受拉），$M_C = \dfrac{3EI\varDelta_B}{l^3} \times \dfrac{l}{2} = \dfrac{3EI\varDelta_B}{2l^2}$ （下侧受拉），

$M_A = \dfrac{3}{16}Fl - \dfrac{3EI\varDelta_B}{l^2}$ （上侧受拉），$M_C = \dfrac{5}{32}Fl + \dfrac{3EI\varDelta_B}{2l^2}$ （下侧受拉），

当 $M_A = M_C$ 时，梁承受的荷载最大 $\dfrac{3}{16}Fl - \dfrac{3EI\varDelta_B}{l^2} = \dfrac{5}{32}Fl + \dfrac{3EI\varDelta_B}{2l^2}$，$\varDelta_B = \dfrac{Fl^3}{144EI}$。

第七章　应力状态与强度理论

第一节　概述

在受力构件的同一截面上，各点处的应力状态一般是不同的，通过受力构件内的同一点处，不同方位截面上的应力一般也是不同的。

对于轴向拉压和对称弯曲中的正应力，由于杆件危险点处横截面上的正应力是通过该点各方位截面上正应力的最大值，且处于单轴应力状态，故可将其与材料在单轴拉伸（压缩）时的许用应力相比较来建立强度条件。同样地，对于圆轴扭转和对称弯曲中的切应力，由于杆件危险点处横截面上的切应力是通过该点各方位截面上切应力的最大值，且处于纯剪切应力状态，故可将其与材料在纯剪切下的许用应力相比较来建立强度条件。

一般情况下，受力构件内截面上的一点处既有正应力，又有切应力，若需对这类点的应力进行强度计算，则不能分别按正应力和切应力来建立强度条件，而需要综合考虑正应力和切应力的影响，为此，需要研究通过该点处的最大正应力和最大切应力及其所在截面的方位。过一点不同方向面上的应力情况，称为**一点处的应力状态**。研究材料破坏的共同因素，确定该共同因素的极限值，从而建立相应的强度条件，其中关于材料破坏规律的假设称为**强度理论**。

第二节　应力状态、单元体

一、基本概念

1. **一点的应力状态**：过一点不同方向面上的应力情况，称为这一点处的应力状态。

【注】不同面上不同的点的应力各不相同；同一点不同方向面上的应力也各不相同。

2. **单元体**：围绕截面上的某点 A，以纵横六个截面从构件取出的正六面体微元称为某点的单元体。

【注】单元体的尺寸无限小，每个面上的应力分布均匀；任意一对平面上的应力大小相等（方向相反）。

3. **主单元体**：正六面体的 6 个侧面切应力均为零的单元体，如图 7.1 所示。

4. **主平面**：切应力为零的方向面，通常也称作主应力面。

5. **主应力**：主平面上的正应力称为主应力。

【注】一点处必定存在这样的一个单元体，三个相互垂直的面均为主平面，三个相互垂直的主应力分别记为σ_1，σ_2，σ_3且规定按代数值大小的顺序来排列，即$\sigma_1 \geqslant \sigma_2 \geqslant \sigma_3$。

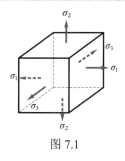

图 7.1

6. **应力状态的分类**

（1）**空间应力状态**：三个主应力σ_1，σ_2，σ_3均不等于 0 的应力状态。

（2）**二向应力状态**：三个主应力中，有两个不等于 0 的应力状态。

（3）**单向应力状态**：三个主应力中，只有一个不为 0 的应力状态。

（4）**平面应力状态**：所有应力作用线都处于同一平面内的应力状态。

（5）**纯剪切应力状态**：只受剪应力作用的应力状态。应力状态的分类见表 7.1。

表 7.1

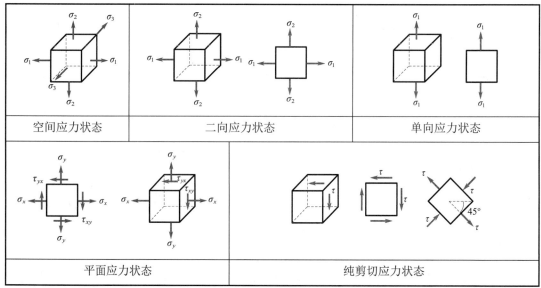

空间应力状态	二向应力状态	单向应力状态

平面应力状态	纯剪切应力状态

【注】单向应力状态、二向应力状态和纯剪切应力状态都属于平面应力状态；判断是单向、二向还是空间应力状态，应先求解主应力，再根据主应力为 0 的个数判别；纯剪切应力状态经过变换后为特殊的二向应力状态。

题型一：应力状态和单元体的理解

【**例题 7.1**】关于用微元表示一点处的应力状态，如下论述中，正确全面的是（　　）。（太原

理工大学 2016）

A．微元形状可以是任意的

B．微元形状不是任意的，只能是六面体微元

C．不一定是六面体微元，五面体微元也可以，其他形状则不行

D．微元形状可以是任意的，但其上已知的应力分量足以确定任意方向面上的应力

【解析】

　　微元的形状是任意的，可以是正六面体，也可以是其他形状，利用微元上的应力分量可以求得任意方向面上的应力，故本题选 D。

【例题 7.2】单元体的主应力面满足（　　）。（南京工业大学 2019）

A．正应力最大　　　B．正应力为零

C．切应力最小　　　D．切应力为零

【解析】

　　主应力面上切应力为零，正应力可能最大，也可能最小，也有可能取中间的某个值，读者可在学习了空间应力状态与应力圆后结合应力圆理解，故本题选 D。

【例题 7.3】任一单元体（　　）。（重庆大学 2015 年）

A．在最大正应力作用面上，切应力为零

B．在最小正应力作用面上，切应力最大

C．在最大切应力作用面上，正应力为零

D．在最小切应力作用面上，正应力最大

【解析】

　　任一单元体在最大正应力作用面上，切应力为零；反之则不成立，故本题选 A。

【例题 7.4】微元受力如图 7.2 所示，图中应力单位为 MPa，大小为 50。根据不为零主应力的数目，判别其应力状态为（　　）。（太原理工大学 2018）

A．二向应力状态　　B．单向应力状态　　C．三向应力状态　　D．纯切应力状态

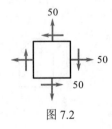

图 7.2

【解析】

$$\begin{array}{l}\sigma_{\max}\\\sigma_{\min}\end{array}=\frac{\sigma_x+\sigma_y}{2}\pm\sqrt{\left(\frac{\sigma_x-\sigma_y}{2}\right)^2+\tau_{xy}^2}$$，$\sigma_1=100$ MPa，$\sigma_2=0$，$\sigma_3=0$，为单向应力状态，故本题选 B。

题型二：外荷载作用下，某点的应力状态表示

【**例题 7.5**】悬臂梁上 1、2、3、4 点的应力状态如图 7.3 所示，其中图（　）所示的应力状态是错误的。（石家庄铁道大学 2020）

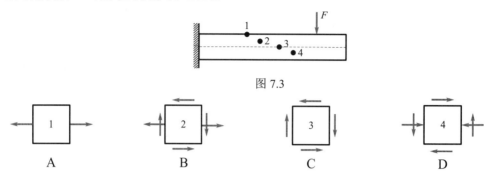

图 7.3

【**解析**】

切应力方向与剪力方向一致，4 点单元体右侧面切应力方向应向下，故本题选 D。

【**注**】剪力引起的切应力方向与剪力方向一致。

【**例题 7.6**】画出如图 7.4 所示梁固定端截面上的 1、2、3、4 点的应力状态单元体（画出单元体，标出应力方向即可，无须计算数值）。

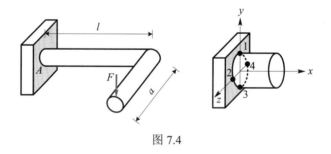

图 7.4

【**解析**】

若沿 x 轴负向看（图 7.5），固定端截面上的受力视角及各点单元体可以表示为

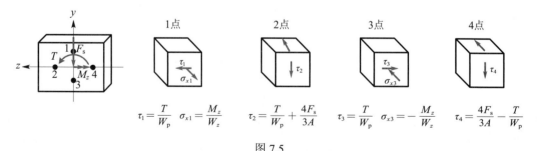

$$\tau_1 = \frac{T}{W_p} \quad \sigma_{x1} = \frac{M_z}{W_z} \qquad \tau_2 = \frac{T}{W_p} + \frac{4F_s}{3A} \qquad \tau_3 = \frac{T}{W_p} \quad \sigma_{x3} = -\frac{M_z}{W_z} \qquad \tau_4 = \frac{4F_s}{3A} - \frac{T}{W_p}$$

图 7.5

若沿 z 轴负向看（图 7.6），固定端截面上的受力视角可结合题目图的右图理解，各点单元体可以表示为

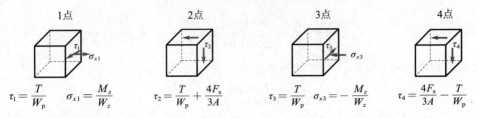

$$\tau_1 = \frac{T}{W_p} \qquad \sigma_{x1} = \frac{M_z}{W_z} \qquad \tau_2 = \frac{T}{W_p} + \frac{4F_s}{3A} \qquad \tau_3 = \frac{T}{W_p} \quad \sigma_{x3} = -\frac{M_z}{W_z} \qquad \tau_4 = \frac{4F_s}{3A} - \frac{T}{W_p}$$

图 7.6

【注】（1）本题同时考虑了剪力产生的切应力和扭转产生的切应力，读者可思考二者何时相加？何时相减？（2）以上两种视角的应力状态单元体是一样的，只是视角不同，在做题时，选择其中一个视角画出最终的应力状态单元体即可。（3）外荷载作用下，画出某点的应力状态单元体是本章的基础内容，必须熟练掌握。

【例题 7.7】试从如图 7.7 所示各构件中 A 点和 B 点处取出单元体，并标明单元体各面上的应力。

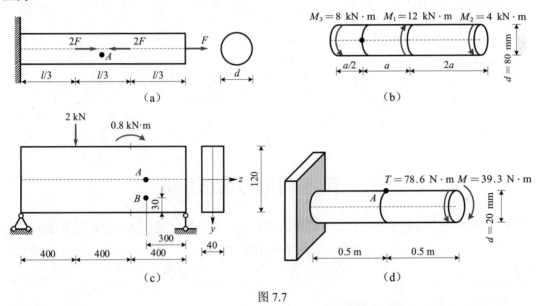

图 7.7

【解析】

（a）A 点正应力 $\sigma_A = -\dfrac{F}{A} = -\dfrac{4F}{\pi d^2}$，应力状态如图 7.8（a）所示。

（b）A 点切应力 $\tau_A = \dfrac{T}{W_p} = \dfrac{16 \times (-8) \times 10^3}{\pi \times 0.08^3} = -79.6$ (MPa)，应力状态如图 7.8（b）所示。

（c）列平衡方程可求得 A，B 所在截面的 $M = 0.4$ kN·m，$F_s = -\dfrac{4}{3}$ kN，A 点位于中性层上，因此弯矩产生的正应力为 0，只有剪力产生的切应力

$$\sigma_A = 0, \quad \tau_A = \frac{3}{2} \times \frac{F_S}{A} = \frac{3 \times \left(-\frac{4}{3}\right) \times 10^3}{2 \times 0.04 \times 0.12} = -0.42 \text{ (MPa)}。$$

B 点既有弯矩产生的正应力，又有剪力产生的切应力：

$$\sigma_B = \frac{My}{I_z} = \frac{0.4 \times 10^3 \times 0.03}{\frac{1}{12} \times 0.04 \times 0.12^3} = 2.1 \text{ (MPa)},$$

$$\tau_B = \frac{F_S \cdot S_z^*}{I_z b} = \frac{\left(-\frac{4}{3}\right) \times 10^3 \times 0.04 \times 0.03 \times 0.045}{\frac{1}{12} \times 0.04 \times 0.12^3 \times 0.04} = -0.31 \text{ (MPa)},$$

A、B 点的应力状态如图 7.8（c）所示。

（d）A 点所在截面的内力：$M = 39.3 \text{ N} \cdot \text{m}$，$T = 78.6 \text{ N} \cdot \text{m}$，

$$\sigma_A = \frac{M}{W_z} = \frac{39.3}{\frac{\pi}{32} \times 0.02^3} = 50 \text{ (MPa)}, \quad \tau_A = \frac{T}{W_p} = \frac{78.6}{\frac{\pi}{16} \times 0.02^3} = 50 \text{ (MPa)},$$

A 点应力状态如图 7.8（d）所示。

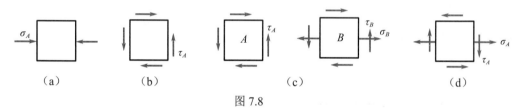

（a）　　　　（b）　　　　　　（c）　　　　　　（d）

图 7.8

第三节　平面应力状态分析

研究问题：已知通过一点的某些截面的应力后，如何确定通过这一点的其他截面（此处截面指的是某一点的某一方向面，如图 7.9 所示）上的应力，从而可以确定主应力和主平面。

一、平面应力状态分析（解析法）

1. 斜截面上的应力

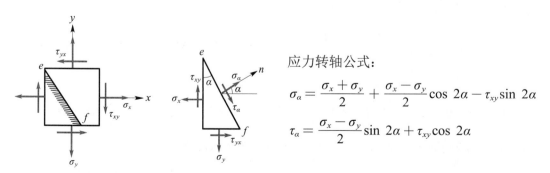

图 7.9

应力转轴公式：

$$\sigma_\alpha = \frac{\sigma_x + \sigma_y}{2} + \frac{\sigma_x - \sigma_y}{2} \cos 2\alpha - \tau_{xy} \sin 2\alpha$$

$$\tau_\alpha = \frac{\sigma_x - \sigma_y}{2} \sin 2\alpha + \tau_{xy} \cos 2\alpha$$

关于应力转轴公式，需要注意以下几点：

（1）正负号规定：由 x 轴转到斜截面外法线 n，逆时针转向时，α 为正；正应力仍规定拉应力 σ 为正；切应力对单元体内任一点取矩，顺时针转向时 τ 为正。

（2）$\sigma_\alpha + \sigma_{\alpha+90°} = \sigma_x + \sigma_y$。

2. 主应力及其方位

$$\begin{cases} \sigma_{\max} \\ \sigma_{\min} \end{cases} = \frac{\sigma_x + \sigma_y}{2} \pm \frac{1}{2}\sqrt{(\sigma_x - \sigma_y)^2 + 4\tau_{xy}^2} \qquad \tan 2\alpha_0 = -\frac{2\tau_{xy}}{\sigma_x - \sigma_y} \Longrightarrow \begin{cases} \alpha_0 \\ \alpha_0 + 90° \end{cases}$$

关于主应力及其方位，需要注意以下几点：

（1）τ_{xy} 的第一个角标 x 表示切应力作用平面的法线方向为 x 方向，第二个角标 y 表示切应力平行于 y 轴。

（2）α_0 和 $\alpha_0 + 90°$ 确定两个互相垂直的平面，一个是最大正应力所在的平面，另一个是最小正应力所在的平面。

（3）关于主平面方位的结论：若约定 $|\alpha_0| < 45°$ 内取值，当 $\sigma_x > \sigma_y$ 时，α_0 是 σ_x 与 $\sigma_{\max}$ 之间的夹角；当 $\sigma_x < \sigma_y$ 时，α_0 是 σ_x 与 $\sigma_{\min}$ 之间的夹角。

3. 最大切应力及方位

求出主应力后，最大切应力 $\tau_{\max} = \dfrac{\sigma_{\max} - \sigma_{\min}}{2}$，其方位与主应力方位成45°夹角。

二、平面应力状态分析（应力圆）

当已知一平面应力状态单元体上的应力 σ_x、σ_y 和 τ_{xy} 时，任一 α 截面上的应力 σ_α 和 τ_α 可由解析法中的斜截面应力公式得到，消去表达式中的参变量 2α，可得

$$\left(\sigma_\alpha - \frac{\sigma_x + \sigma_y}{2}\right)^2 + \tau_\alpha^2 = \left(\frac{\sigma_x - \sigma_y}{2}\right)^2 + \tau_{xy}^2$$

由上式可知，当斜截面随着方位角 α 变化时，其上的应力 σ_α 和 τ_α 在 $\sigma O \tau$ 直角坐标系内的轨迹是一个圆心为 $C\left(\dfrac{\sigma_x + \sigma_y}{2}, 0\right)$，半径为 $R = \sqrt{\left(\dfrac{\sigma_x - \sigma_y}{2}\right)^2 + \tau_{xy}^2}$ 的圆，该圆习惯上称为**应力圆**或者**莫尔圆**，如图 7.10 所示。

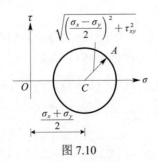

图 7.10

关于应力圆，需注意以下几点：

（1）点、面之间的关系：单元体某一面上的应力，必对应于应力圆上某一点的坐标。

（2）夹角关系：圆周上任意两点所引半径的夹角等于单元体上对应两截面夹角两倍，两者的转向一致，如图 7.11 所示。

（3）由应力圆可以非常容易得到正应力和切应力的最大值最小值及其方位。

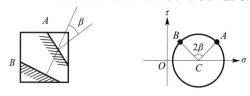

图 7.11

应力圆直观地反映了一点处平面应力状态下任意斜截面应力随截面方位角的变化特征，在实际应用中，并不一定把应力圆看作纯粹的图解法，可以利用应力圆来理解有关一点处应力状态的特征，或从图上的几何关系来分析一点处的应力状态。

题型三：求主应力大小和主平面方位

【例题 7.8】单元体应力状态如图 7.12 所示（应力单位：MPa），其最大主应力与 x 轴之间的夹角 $\alpha_0 = $（　　）。（石家庄铁道大学 2019）

A．$\alpha_0 = 22.5°$　　　　B．$\alpha_0 = -22.5°$　　　　C．$\alpha_0 = 67.5°$　　　　D．$\alpha_0 = -67.5°$

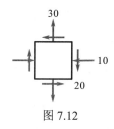

图 7.12

【解析】

$$\tan 2\alpha_0 = -\frac{2\tau_{xy}}{\sigma_x - \sigma_y} = -\frac{2 \times 20}{10 - 30} = 1 \Longrightarrow \alpha_0 = 22.5°,$$

因 $\sigma_x < \sigma_y$，故 α_0 为最小主应力与 x 轴的夹角，最大主应力与 x 轴的夹角为 $-67.5°$。

【注】若在 $|\alpha_0| < 45°$ 范围内取值，当 $\sigma_x > \sigma_y$ 时，α_0 是 σ_x 与 $\sigma_{\max}$ 之间夹角；当 $\sigma_x < \sigma_y$ 时，α_0 是 σ_x 与 $\sigma_{\min}$ 之间的夹角。

【例题 7.9】已知应力状态如图 7.13 所示（应力单位：MPa），试求：（1）用解析法计算单元体斜截面（30°角）上的应力，并在图上将应力标出来；（2）用解析法计算主应力及主应力方向，并在图上绘出主平面位置；（3）计算最大及最小剪应力。（浙江工业大学 2017）

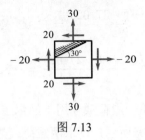

图 7.13

【解析】

（1）$\sigma_x = -20$ MPa，$\sigma_y = 30$ MPa，$\tau_{xy} = 20$ MPa。

图中斜截面与 x 轴成 $-60°$ 夹角（看斜截面外法线与 x 轴正向的夹角），则

$$\sigma_{-60°} = \frac{\sigma_x + \sigma_y}{2} + \frac{\sigma_x - \sigma_y}{2} \cos(-120°) - \tau_{xy} \cdot \sin(-120°)$$

$$= \frac{-20 + 30}{2} + \frac{-20 - 30}{2} \cos(-120°) - 20 \times \sin(-120°) = 34.82 \text{ (MPa)},$$

$$\tau_{-60°} = \frac{\sigma_x - \sigma_y}{2} \sin(-120°) + \tau_{xy} \cos(-120°) = \frac{-20 - 30}{2} \sin(-120°) + 20 \cdot \cos(-120°)$$

$$= 11.65 \text{ (MPa)},$$

斜截面应力如图 7.14 所示：

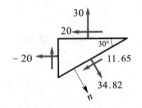

图 7.14

（2）$\begin{matrix} \sigma_{\max} \\ \sigma_{\min} \end{matrix} = \frac{\sigma_x + \sigma_y}{2} \pm \sqrt{\left(\frac{\sigma_x - \sigma_y}{2}\right)^2 + \tau_{xy}^2} = \frac{-20 + 30}{2} \pm \sqrt{\left(\frac{-20 - 30}{2}\right)^2 + 20^2}$

$$= \begin{matrix} 37.02 \text{ (MPa)} \\ -27.02 \text{ (MPa)} \end{matrix},$$

所以 $\sigma_1 = 37.02$ MPa，$\sigma_2 = 0$ MPa，$\sigma_3 = -27.02$ MPa，

因为 $2\alpha_0 = \arctan\left(\dfrac{-2\tau_{xy}}{\sigma_x - \sigma_y}\right)$，$\alpha_0 = \dfrac{1}{2}\arctan\left(\dfrac{-2 \times 20}{-20 - 30}\right) = 0.337$ rad $= 19.33°$，

又因为 $\sigma_x < \sigma_y$，故 $19.33°$ 为小主应力与 x 轴的夹角，主平面方位如图 7.15 所示：

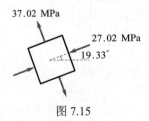

图 7.15

（3）$\tau_{\max} = \dfrac{\sigma_1 - \sigma_3}{2} = \dfrac{37.02 - (-27.02)}{2} = 32.02$ （MPa），

$\tau_{\min} = -\dfrac{\sigma_1 - \sigma_3}{2} = -\dfrac{37.02 - (-27.02)}{2} = -32.02$ （MPa）。

【例题 7.10】 已知某平面应力在第一组荷载作用下产生应力如图 7.16（a）所示，在第二组荷载作用下产生应力如图 7.16（b）所示，试求两组荷载共同作用下，主应力的数值和方位角。（南昌大学 2017）

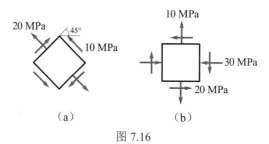

图 7.16

【解析】

第一组应力单元体顺时针旋转 $45°$ 后的应力单元如图 7.17（a）所示，其中：

$\sigma_{x_1} = \dfrac{0+20}{2} + \dfrac{0-20}{2}\cos\left(-\dfrac{\pi}{2}\right) - (-10)\sin\left(-\dfrac{\pi}{2}\right) = 0$ （MPa），

$\tau_{x_1 y_1} = \dfrac{0-20}{2}\sin\left(-\dfrac{\pi}{2}\right) + (-10)\cos\left(-\dfrac{\pi}{2}\right) = 10$ （MPa），

$\sigma_{y_1} = \dfrac{0+20}{2} + \dfrac{0-20}{2}\cos\dfrac{\pi}{2} - (-10)\sin\dfrac{\pi}{2} = 20$ （MPa），

与第二组应力单元叠加后如图 7.17（b）所示，其中：

$\begin{matrix}\sigma_{\max}\\\sigma_{\min}\end{matrix} = \dfrac{-30+30}{2} \pm \sqrt{\left(\dfrac{-30-30}{2}\right)^2 + 30^2} = \begin{matrix}42.43\ (\text{MPa})\\-42.43\ (\text{MPa})\end{matrix}$，

两组荷载共同作用下的主应力 $\sigma_1 = 42.43$ MPa，$\sigma_2 = 0$，$\sigma_3 = -42.43$ MPa，

因为 $2\alpha_0 = \arctan\dfrac{-2\tau_{xy}}{\sigma_x - \sigma_y} \Rightarrow \alpha_0 = \dfrac{1}{2}\arctan\dfrac{-2\times30}{-30-30} = 22.5°$，

又因为 $\sigma_x < \sigma_y$，故 $22.5°$ 为最小主应力与 x 轴的夹角主平面方位如图 7.17（c）所示。

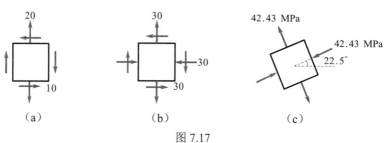

图 7.17

【例题 7.11】求如图 7.18 所示单元体的主应力及主平面的位置（单位：MPa）。（南京工业大学 2016）

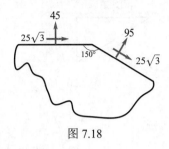

图 7.18

【解析】

设应力圆圆心为$(\sigma_C,\ 0)$，则应力圆上的两点坐标为$A(45,\ 25\sqrt{3})$、$B(95,\ 25\sqrt{3})$，

$(95-\sigma_C)^2+(25\sqrt{3})^2=(45-\sigma_C)^2+(-25\sqrt{3})^2\Longrightarrow\sigma_C=70\ \text{MPa}$，

$R=\sqrt{(95-70)^2+(25\sqrt{3})^2}=50\ (\text{MPa})$，可作应力圆如图 7.19（a）所示，单元体主应力$\sigma_1=50+70=120\ (\text{MPa})$，$\sigma_2=70-50=20\ (\text{MPa})$，$\sigma_3=0$，应力圆上 A 点逆时针旋转$60°$到达最小主应力平面，故单元体上 A 平面逆时针旋转$30°$，到达最小主应力平面，主平面方位如图 7.19（b）所示。

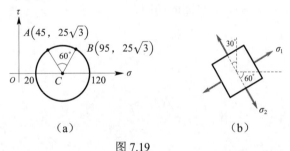

（a）　　　　　　　　　　　　　（b）

图 7.19

【注】（1）本题已知两个面的应力，相当于已知圆上两点坐标，结合应力圆的特点，圆心在横轴上，可建立方程将圆心坐标解出，这是此类题目的典型求解方法。（2）实际上，单元体上两个面的夹角为$150°$是多余条件，即使该条件未给出，本题仍能求解。（3）读者可思考，若两个面的夹角为α，当α未知时，如何求角度α的值？这类题型重庆大学曾考过，详见【例题 7.36】。

【例题 7.12】平面应力状态下某点处三个截面的应力及方向如图 7.20 所示（单位：MPa），已知两个截面的夹角$\alpha=60°$，其应力的大小分别为正应力$\sigma_x=200\ \text{MPa}$，$\tau_x=173\ \text{MPa}$，$\sigma_\alpha=200\ \text{MPa}$，切应力$\tau_\alpha=173\ \text{MPa}$。试根据已知条件作该单元所对应的应力圆，并求第三个截面上的应力σ_y、τ_y。（浙江工业大学 2019）

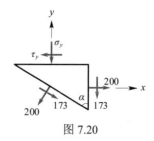

图 7.20

【解析】

单元体的应力圆如图 7.21 所示：

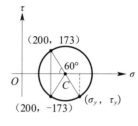

可得 $\sigma_C = \dfrac{173}{\sqrt{3}} + 200 = 299.88$ (MPa)，

$\sigma_y = 2 \times \dfrac{173}{\sqrt{3}} + 200 = 399.76$ (MPa)，

$\tau_y = -173$ MPa。

图 7.21

【注】 本题虽已知两个面的应力，但无法使用【例题 7.11】中介绍的方法求解（读者可尝试），可通过已知的两个面的夹角，绘制应力圆，根据几何关系求解。

【例题 7.13】 如图 7.22 所示为菱形单元体 *ABCD* 的各面上的应力情况（单位：MPa），试确定该点的主应力大小和 *AD*、*BC* 面的切应力 τ 的大小。（大连理工大学 2016）

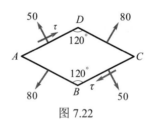

图 7.22

【解析】

绘制应力圆如图 7.23 所示：

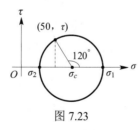

图 7.23

由应力圆可知：

$\sigma_1 = 80$ MPa，$\dfrac{3}{2}R = 80 - 50$，$R = 20$ MPa，$\sigma_c = 50 + \dfrac{R}{2} = 60$ MPa，

三个主应力分别为 $\sigma_1 = 80$ MPa，$\sigma_2 = \sigma_c - R = 40$ MPa，$\sigma_3 = 0$，

故 AD、BC 面的切应力 $\tau = \dfrac{\sqrt{3}}{2}R = 17.32$ MPa。

【注】本题虽然已知两个面上的正应力和其中一个面上的切应力，但是无法使用【例 7.11】中介绍的方法求解，可通过已知的两个面的夹角绘制应力圆，根据几何关系求解。

第四节 空间应力状态

从受力物体内部选取任一单元体，若单元体三对平面上都有正应力和切应力，称这种应力状态为一般的**空间应力状态**，如图 7.24 所示。一般空间应力状态有 9 个应力分量，根据切应力互等定理，独立的应力分量只有 6 个分别为 σ_x、σ_y、σ_z、τ_{xy}、τ_{yz}、τ_{zx}。切应力的两个下标中，第一个下标表示切应力所在的平面，第二个下标表示切应力的方向，若正面（外法线与坐标轴正向一致的平面）上切应力指向与坐标轴正向一致，或负面（外法线与坐标轴负向一致的平面）上切应力指向与坐标轴负向一致，则该切应力为正，反之为负。

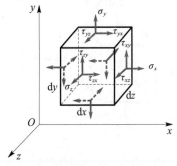

图 7.24

材料力学中通常只分析有一个面已是主平面的空间应力状态，如图 7.25 所示。图 7.25 中的 x 平面已为主平面，yOz 平面可看作平面应力状态，即此空间应力状态的 3 个主应力关系为 $\sigma_1 \geqslant \sigma_2 \geqslant \sigma_3$。

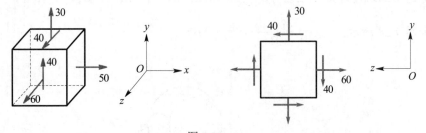

图 7.25

根据 3 个主应力 σ_1、σ_2、σ_3 可画出三向应力圆如图 7.26 所示，则该点最大正应力和最大切应力分别为 $\sigma_{\max} = \sigma_1$，$\tau_{\max} = \dfrac{1}{2}(\sigma_1 - \sigma_3)$。进一步研究表明，表示与三个主平面斜交的任意斜截面上应力 σ 和 τ 的 D 点必定位于三个应力圆所围成的阴影范围内。

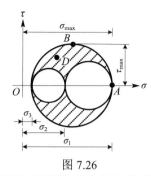

图 7.26

【注】材料力学以杆件为研究对象，一般空间应力状态在杆件变形时不常出现，因此材料力学中通常只分析较简单、特殊的空间应力状态，比如一个面已是主平面的空间应力状态。

题型四：空间应力状态及其应力圆

【例题 7.14】某单元体及应力如图 7.27 所示，三个正应力分别是 20 MPa、12 MPa、4 MPa，切应力为 3 MPa。求其主应力并画出应力圆，最大切应力为多少？（河海大学 2020）

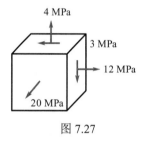

图 7.27

【解析】

先考虑平面应力状态：$\sigma_x = 12$ MPa，$\sigma_y = 4$ MPa，$\tau = 3$ MPa，

$$\left.\begin{array}{l}\sigma_1 \\ \sigma_2\end{array}\right\} = \frac{1}{2}(\sigma_x + \sigma_y) \pm \frac{1}{2}\sqrt{(\sigma_x - \sigma_y)^2 + 4\tau^2}, \quad \sigma_1 = 13 \text{ MPa}, \quad \sigma_2 = 3 \text{ MPa},$$

再考虑第三维度可知，主应力 $\sigma_1 = 20$ MPa，$\sigma_2 = 13$ MPa，$\sigma_3 = 3$ MPa，

应力圆如图 7.28 所示，$\tau_{\max} = \dfrac{\sigma_1 - \sigma_3}{2} = 8.5$ MPa。

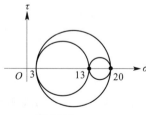

图 7.28

【注】空间应力状态的应力圆仅限于讨论一个面已是主平面的情况，这类题目常用方法：先考虑平面应力状态，再考虑第三维度（已是主平面的面）。

【例题 7.15】 已知一点处应力状态应力圆如图 7.29 所示。试用单元体表示出该点处的应力状态，并在该单元体上绘出应力圆上 A 点所代表的截面。（浙江工业大学 2020）

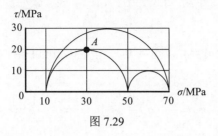

图 7.29

【解析】

题目所示应力圆三个主应力分别为 $\sigma_1 = 70$ MPa，$\sigma_2 = 50$ MPa，$\sigma_3 = 10$ MPa，A 点所代表的截面与 σ_2 所示平面夹角为 $45°$，图中阴影为 A 点所代表的截面，用单元体表示该点处的应力状态如图 7.30 所示。

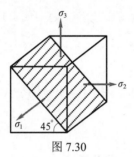

图 7.30

第五节　应力与应变的关系

一、广义胡克定律

与空间应力状态独立的 6 个应力分量 σ_x、σ_y、σ_z、τ_{xy}、τ_{yz}、τ_{zx} 相对应的 6 个独立应变分量为 ε_x、ε_y、ε_z、γ_{xy}、γ_{yz}、γ_{zx}。规定线应变 ε_x、ε_y、ε_z 以伸长为正，缩短为负，切应变 γ_{xy}、γ_{yz}、γ_{zx} 均以使直角减小为正，增大为负。正值的切应力对应正值的切应变。在线弹性、小变形条件下，空间应力状态下应力分量与应变分量间的物理关系称为**广义胡克定律**。当 σ_x、σ_y、σ_z 分别单独存在时，沿 x 方向的线应变 ε_x 依次为 $\varepsilon_x' = \dfrac{\sigma_x}{E}$，$\varepsilon_x'' = -v\dfrac{\sigma_y}{E}$，$\varepsilon_x''' = -v\dfrac{\sigma_z}{E}$；当 σ_x、σ_y、σ_z 同时存在时，沿 x、y、z 方向的线应变 ε_x、ε_y、ε_z 分别为

$$\varepsilon_x = \frac{1}{E}\left[\sigma_x - v(\sigma_y + \sigma_z)\right], \quad \varepsilon_y = \frac{1}{E}\left[\sigma_y - v(\sigma_x + \sigma_z)\right], \quad \varepsilon_z = \frac{1}{E}\left[\sigma_z - v(\sigma_x + \sigma_y)\right]$$

若已知空间应力状态下单元体的三个主应力 σ_1、σ_2、σ_3，与主应力 σ_1、σ_2、σ_3 相应的线应变分别为 ε_1、ε_2、ε_3，广义胡克定律可用主应力与主应变表示为

$$\varepsilon_1 = \frac{1}{E}\left[\sigma_1 - \nu(\sigma_2 + \sigma_3)\right], \quad \varepsilon_2 = \frac{1}{E}\left[\sigma_2 - \nu(\sigma_1 + \sigma_3)\right], \quad \varepsilon_3 = \frac{1}{E}\left[\sigma_3 - \nu(\sigma_1 + \sigma_2)\right]$$

二、平面应变状态

在平面应力状态下，设 $\sigma_z = 0$、$\tau_{xz} = 0$、$\tau_{yz} = 0$，则可得平面应力状态下的应力应变关系如下：

$$\varepsilon_x = \frac{1}{E}\left[\sigma_x - \nu\sigma_y\right], \quad \varepsilon_y = \frac{1}{E}\left[\sigma_y - \nu\sigma_x\right], \quad \varepsilon_z = -\frac{1}{E}\nu(\sigma_x + \sigma_y), \quad \gamma_{xy} = \frac{1}{G}\tau_{xy}$$

以 xOy 为参考坐标系的平面应力状态中，若已知单元体的线应变 ε_x、ε_y 和切应变 γ_{xy}，将 x 坐标轴旋转 α 角（以逆时针旋转为正），得到与 x 轴任一夹角 α 的应变转轴公式为

$$\varepsilon_\alpha = \frac{\varepsilon_x + \varepsilon_y}{2} + \frac{\varepsilon_x - \varepsilon_y}{2}\cos 2\alpha + \frac{\gamma_{xy}}{2}\sin 2\alpha, \quad -\frac{\gamma_\alpha}{2} = \frac{\varepsilon_x - \varepsilon_y}{2}\sin 2\alpha - \frac{\gamma_{xy}}{2}\cos 2\alpha$$

【注】（1）以上应变转轴公式中 γ_{xy} 的正负号规定为使直角 xOy 减小为正。（2）读者有可能在其他教材中看到这样的应变转轴公式：$\varepsilon_\alpha = \dfrac{\varepsilon_x + \varepsilon_y}{2} + \dfrac{\varepsilon_x - \varepsilon_y}{2}\cos 2\alpha - \dfrac{\gamma_{xy}}{2}\sin 2\alpha$、$\dfrac{\gamma_\alpha}{2} = \dfrac{\varepsilon_x - \varepsilon_y}{2}\sin 2\alpha + \dfrac{\gamma_{xy}}{2}\cos 2\alpha$，此形式的应变转轴公式，$\gamma_{xy}$ 的正负号规定为使得直角 xOy 增大为正。

题型五：广义胡克定律的应用（求应变）

【例题 7.16】如图 7.31 所示的凹座里嵌入一个铝质立方体。设铝块与刚座间既无间隙，也无摩擦，则在均布压力 p 作用下铝块处于（   ）。（重庆大学 2016 年）

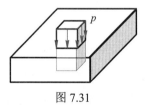

图 7.31

A. 单向应力状态，且只有一个主应变不等于零

B. 三向应力状态，且只有一个主应变不等于零

C. 单向应力状态，且三个主应变均不等于零

D. 三向应力状态，且三个主应变均不等于零

【解析】

分析图示铝质立方体可知，由于其受到均布压力且三侧受力，则其处于三向应力状态。由于凹座四周是刚性，故只有一个主应变不等于零，故本题选 B。

【例题 7.17】 如图 7.32 示板件 $ABCD$，其变形如虚线所示，求棱边 AB、AD 的平均正应变和直角 BAD 的切应变。（上海理工大学 2019）

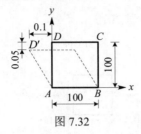

图 7.32

【解析】

$$\varepsilon_{AB}=0, \quad \varepsilon_{AD}=\frac{l'_{AD}-l_{AD}}{l_{AD}}=\frac{\sqrt{(99.95^2+0.1^2)}-100}{100}=-4.995\times10^{-4},$$

$$\angle DAD'=\arctan\frac{0.1}{100-0.5}=0.0573°=1\times10^{-3}\text{（rad）}, \quad \text{即} \angle DAB \text{增加} 1\times10^{-3}\ \text{rad，切}$$

应变 $\gamma=-1\times10^{-3}$。

【注】 切应变以直角减小为正，图中 $\angle DAB$ 增大，所以切应变为负值。

【例题 7.18】 如图 7.33 所示的单元体，材料的弹性模量 $E=210$ GPa，泊松比 $\nu=0.25$。应将应变片贴在与 x 轴成 _____ 角度的方向上，才能得到最大拉应变读数；在此方向上的正应变 $\varepsilon_\alpha=$ _____，切应变 $\gamma_\alpha=$ _____。（四川大学 2020）

图 7.33

【解析】

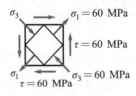

图 7.34

纯剪切应力状态的主应力如图 7.34 所示，$\sigma_1=-\sigma_3=60$MPa，最大拉应力与 x 轴成 $45°$

夹角，$\varepsilon_{45°}=\frac{1}{E}(\sigma_1-\nu\sigma_3)=\frac{1}{210\times10^3}(60+0.25\times60)=3.57\times10^{-4}$，$\gamma_{45°}=\frac{\tau}{G}=0$。

【注】 若纯剪切应力状态切应力为 τ，旋转 $45°$ 即可到达主应力面，大主应力为 τ（切应力），小主应力为 $-\tau$（压应力），此结论十分有用，读者需结合图形理解记忆。

【**例题 7.19**】某单元体应力情况如图 7.35 所示，材料的弹性模量 $E = 200$ GPa，泊松比 $v = 0.25$，试求：（1）主应力 σ_1、σ_2、σ_3，并在图上标出主应力的方向。（2）最大切应力。（3）主应变 ε_1、ε_2、ε_3。（武汉大学 2017）

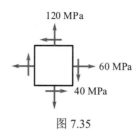

图 7.35

【**解析**】

（1）$\sigma_x = 60$ MPa，$\sigma_y = 120$ MPa，$\tau_{xy} = 40$ MPa，

$$\begin{array}{c}\sigma_{\max}\\\sigma_{\min}\end{array} = \frac{\sigma_x + \sigma_y}{2} \pm \sqrt{\left(\frac{\sigma_x - \sigma_y}{2}\right)^2 + \tau_{xy}^2} = \begin{array}{c}140 \text{ MPa}\\40 \text{ MPa}\end{array},$$

则主应力 $\sigma_1 = 140$ MPa，$\sigma_2 = 40$ MPa，$\sigma_3 = 0$，

$$\tan 2\alpha_0 = \frac{-2\tau_{xy}}{\sigma_x - \sigma_y} = \frac{-2 \times 40}{60 - 120} = \frac{4}{3}，\quad \alpha_0 = 26.6°，$$

$\sigma_x < \sigma_y$，α_0 为小主应力与 x 轴的夹角，如图 7.36 所示。

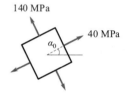

图 7.36

（2）$\tau_{\max} = \dfrac{\sigma_1 - \sigma_3}{2} = \dfrac{140 - 0}{2} = 70$（MPa）。

（3）$\varepsilon_1 = \dfrac{1}{E}\left[\sigma_1 - v(\sigma_2 + \sigma_3)\right] = \dfrac{(140 - 0.25 \times 40) \times 10^6}{200 \times 10^9} = 6.5 \times 10^{-4}$，

$\varepsilon_2 = \dfrac{1}{E}\left[\sigma_2 - v(\sigma_1 + \sigma_3)\right] = \dfrac{(40 - 0.25 \times 140) \times 10^6}{200 \times 10^9} = 2.5 \times 10^{-5}$，

$\varepsilon_3 = \dfrac{1}{E}\left[\sigma_3 - v(\sigma_1 + \sigma_2)\right] = \dfrac{-0.25 \times (140 + 40) \times 10^6}{200 \times 10^9} = -2.25 \times 10^{-4}$。

【**例题 7.20**】如图 7.37 所示，刚性槽内紧密地嵌入一立方体。已知材料的泊松比 $v = 0.2$，求在均布压力 σ_0 作用下 x、y、z 三个方向的线应变 ε_x、ε_y、ε_z 及主应力 σ_1、σ_2、σ_3。（大连理工大学 2020）

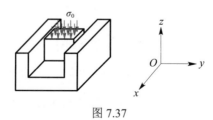

图 7.37

【解析】

由立方体的受力可知，$\sigma_x = 0$，$\sigma_z = -\sigma_0$，$\varepsilon_y = 0$。

$$\varepsilon_y = \frac{1}{E}[\sigma_y - v(\sigma_x + \sigma_z)] = \frac{1}{E}[\sigma_y - v\sigma_z] = 0 \Longrightarrow \sigma_y = -0.2\sigma_0,$$

$$\varepsilon_x = \frac{1}{E}[\sigma_x - v(\sigma_y + \sigma_z)] = \frac{0.24\sigma_0}{E}, \quad \varepsilon_z = \frac{1}{E}[\sigma_z - v(\sigma_x + \sigma_y)] = \frac{-0.96\sigma_0}{E},$$

综上可知：x、y、z 三个方向的线应变分别为 $\varepsilon_x = \dfrac{0.24\sigma_0}{E}$，$\varepsilon_y = 0$，$\varepsilon_z = \dfrac{-0.96\sigma_0}{E}$，

三个主应力分别为 $\sigma_1 = \sigma_x = 0$，$\sigma_2 = \sigma_y = -0.2\sigma$，$\sigma_3 = \sigma_z = -\sigma_0$。

【例题 7.21】 某一圆轴直径为 D，轴向拉力 F 及扭矩 M_n 作用如图所示，假设材料常数 E、μ 均为已知。试求图 7.38 所示的沿 R_1 和 R_2 方向的应变。（南京航空航天大学 2017）

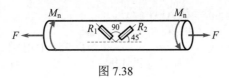

图 7.38

【解析】

$$\sigma = \frac{F}{A} = \frac{4F}{\pi D^2}, \quad \tau = \frac{M_n}{W_p} = \frac{16M_n}{\pi D^3},$$

单元体应力状态如图 7.39 所示，$\sigma_x = \dfrac{4F}{\pi D^2}$，$\sigma_y = 0$，$\tau_{xy} = \dfrac{16M_n}{\pi D^3}$，

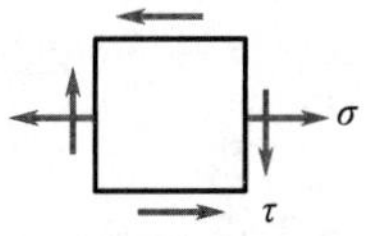

$$\sigma_{45°} = \frac{\sigma_x + \sigma_y}{2} + \frac{\sigma_x - \sigma_y}{2}\cos 90° - \tau_{xy}\sin 90° = \frac{2F}{\pi D^2} - \frac{16M_n}{\pi D^3},$$

$$\sigma_{-45°} = \frac{\sigma_x + \sigma_y}{2} + \frac{\sigma_x - \sigma_y}{2}\cos(-90°) - \tau_{xy}\sin(-90°) = \frac{2F}{\pi D^2} + \frac{16M_n}{\pi D^3},$$

图 7.39

$$\varepsilon_{45°} = \frac{1}{E}[\sigma_{45°} - \mu\sigma_{-45°}] = \frac{1}{E}\left[(1-\mu)\frac{2F}{\pi D^2} - (1+\mu)\frac{16M_n}{\pi D^3}\right],$$

$$\varepsilon_{-45°} = \frac{1}{E}(\sigma_{-45°} - \mu\sigma_{45°}) = \frac{1}{E}\left[(1-\mu)\frac{2F}{\pi D^2} + (1+\mu)\frac{16M_n}{\pi D^3}\right],$$

$\varepsilon_{-45°}$ 为 R_1 方向应变，$\varepsilon_{45°}$ 为 R_2 方向应变。

【例题 7.22】 某直角圆杆如图 7.40 所示，直径 $d = 100\,\text{mm}$，弹性模量 $E = 200\,\text{GPa}$，泊松比 $v = 0.3$，C 处为固定端约束，忽略弯曲切应力影响。（1）试画出 A 点表面应力单元体，并计算其应力。（2）计算 A 点沿 x、y、z 三个方向线应变 ε_x、ε_y、ε_z。（3）计算 A 点三个切应变 γ_{xy}、γ_{yz}、γ_{zx}。（大连理工大学 2019）

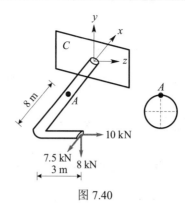

图 7.40

【解析】

（1）A 点截面弯矩：

$$M_{Ay} = -7.5 \times 3 + 10 \times 8 = 57.5 \ (\text{kN} \cdot \text{m}), \quad M_{Az} = 8 \times 8 = 64 \ (\text{kN} \cdot \text{m}),$$

A 点截面所受扭矩：$T = 8 \times 3 = 24 \ (\text{kN} \cdot \text{m})$，

A 点截面轴力引起正应力：$\sigma_1 = \dfrac{F}{A} = \dfrac{7.5 \times 10^3}{\dfrac{\pi}{4} \times 100^2} = 0.955 \ (\text{MPa})$，

A 点截面弯矩引起正应力：$\sigma_2 = \dfrac{M_{Az} y}{I_z} = \dfrac{64 \times 10^6 \times \dfrac{100}{2}}{\dfrac{\pi}{64} \times 100^4} = 651.899 \ (\text{MPa})$，

$$\sigma = \sigma_1 + \sigma_2 = 652.85 \ (\text{MPa}),$$

A 点截面扭矩引起切应力：$\tau = \dfrac{Tr}{I_p} = \dfrac{24 \times 10^6 \times \dfrac{100}{2}}{\dfrac{\pi}{32} \times 100^4} = 122.23 \ (\text{MPa})$，

A 点三向应力单元体如图 7.41 所示，也可简化为平面应力状态。

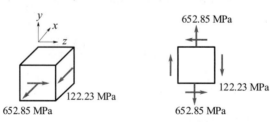

图 7.41

（2）A 点截面各方向：$\sigma_x = 652.85 \ \text{MPa}$，$\sigma_y = 0$，$\sigma_z = 0$，

$$\varepsilon_x = \frac{1}{E}[\sigma_x - v(\sigma_y + \sigma_z)] = \frac{652.85}{200 \times 10^3} = 3.26 \times 10^{-3},$$

$$\varepsilon_y = \frac{1}{E}[\sigma_y - v(\sigma_x + \sigma_z)] = \frac{-0.3 \times 652.85}{200 \times 10^3} = -9.79 \times 10^{-4},$$

$$\varepsilon_z = \frac{1}{E}[\sigma_z - v(\sigma_x + \sigma_y)] = \frac{-0.3 \times 652.85}{200 \times 10^3} = -9.79 \times 10^{-4}.$$

（3）$G = \dfrac{E}{2(1+v)} = \dfrac{200}{2(1+0.3)} = 76.92 \text{ GPa}$，

A 点截面各方向：$\tau_{xy} = 0$，$\tau_{yz} = 0$，$\tau_{zx} = 122.23 \text{ MPa}$，

$\gamma_{xy} = \dfrac{\tau_{xy}}{G} = 0$，$\gamma_{yz} = \dfrac{\tau_{yz}}{G} = 0$，$\gamma_{zx} = \dfrac{\tau_{zx}}{G} = \dfrac{122.23}{76.923 \times 10^3} = 1.589 \times 10^{-3}$。

题型六：已知应变求荷载

【例题 7.23】某一圆轴受力如图 7.42 所示，在 A 点处测得轴向应变为 $\varepsilon_{0°} = 458 \times 10^{-6}$，与轴向成 45° 夹角方向的应变为 $\varepsilon_{45°} = 126 \times 10^{-6}$，已知直径 $d = 60 \text{ mm}$，弹性模量 $E = 200 \text{ GPa}$，$v = 0.28$。（1）求外荷载 M 和 T；（2）求最大线应变。（中南大学 2020 年）

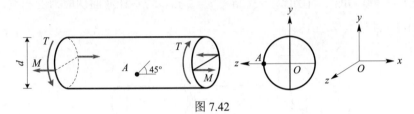

图 7.42

【解析】

（1）圆轴受弯曲和扭转的组合变形，A 点应力状态如图 7.43 所示：

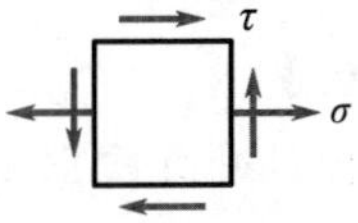

A 点只有 x 方向正应力，由广义胡克定律可得

$\varepsilon_{0°} = \dfrac{1}{E} [\sigma_x - v(\sigma_y + \sigma_z)]$，其中 $\sigma_y = \sigma_z = 0$，

$\sigma = \sigma_x = E\varepsilon_{0°} = 200 \times 10^3 \times 458 \times 10^{-6} = 91.6 \text{ (MPa)}$，

图 7.43

由斜截面正应力计算公式得：$\sigma_{45°} = \dfrac{\sigma}{2} + \tau$，$\sigma_{135°} = \dfrac{\sigma}{2} - \tau$，

$\varepsilon_{45°} = \dfrac{1}{E} [\sigma_{45°} - v\sigma_{135°}] = \dfrac{1}{E} \left[\dfrac{1}{2}(1-v)\sigma + (1+v)\tau\right] \Longrightarrow \tau = \dfrac{1}{1+v} \left[E\varepsilon_{45°} - \dfrac{1}{2}(1-v)\sigma\right]$，

代入数据：$\tau = \dfrac{1}{1+0.28} \left[200 \times 10^3 \times 126 \times 10^{-6} - \dfrac{1}{2}(1-0.28) \times 91.6\right] = -6.075 \text{ (MPa)}$，

$\sigma = \dfrac{M}{\dfrac{\pi d^3}{32}} \Longrightarrow M = \dfrac{\pi \times 0.06^3}{32} \times 91.6 \times 10^6 \times 10^{-3} = 1.942 \text{ (kN·m)}$，

$\tau = \dfrac{T}{\dfrac{\pi d^3}{16}} \Longrightarrow T = \dfrac{\pi \times 0.06^3}{16} \times (-6.075) \times 10^6 \times 10^{-3} = -0.258 \text{ (kN·m)}$，

故 M 与图中弯矩方向相同，T 与图中扭矩方向相反。

（2）$\sigma_x = \sigma = 91.6 \text{ MPa}$，$\sigma_y = 0$，$\tau_{xy} = 6.075 \text{ MPa}$，

$\begin{array}{c} \sigma_{max} \\ \sigma_{min} \end{array} = \dfrac{\sigma_x + \sigma_y}{2} \pm \sqrt{\left(\dfrac{\sigma_x - \sigma_y}{2}\right)^2 + \tau_{xy}^2} = \dfrac{91.6}{2} \pm \sqrt{\left(\dfrac{91.6}{2}\right)^2 + 6.075^2} = \begin{array}{c} 92.0 \text{ (MPa)} \\ -0.4 \text{ (MPa)} \end{array}$，

$$\varepsilon_{\max} = \frac{1}{E}(\sigma_{\max} - v\sigma_{\min}) = \frac{1}{200 \times 10^3}[92.0 - 0.28 \times (-0.4)] = 4.61 \times 10^{-4}。$$

【注】本题需注意的是，在 A 点应力状态单元体中，切应力 τ 使单元体逆时针转动，因此是负的。在运用斜截面正应力公式 $\sigma_\alpha = \dfrac{\sigma_x + \sigma_y}{2} + \dfrac{\sigma_x - \sigma_y}{2}\cos 2\alpha - \tau_{xy}\sin 2\alpha$ 求 $\sigma_{45°}$ 和 $\sigma_{135°}$ 时，τ_{xy} 应以 $-\tau$ 代入。

【例题 7.24】如图 7.44 所示的一实心圆轴，一端固定，另一端同时作用竖直向下的集中力 F 和外力偶 M_e。圆轴直径 $d = 80$ mm，上边缘 A 点处测得纵向线应变 $\varepsilon_{0°} = 400 \times 10^{-6}$，在水平直径平面的外侧 B 点处，测得与轴线成 $-45°$ 方向的线应变 $\varepsilon_{-45°} = 300 \times 10^{-6}$。已知材料的弹性模量 $E = 200$ GPa，泊松比 $v = 0.25$，$a = 2$ m。若不计弯曲切应力的影响，试确定 F 和 M_e 的大小。（浙江大学 2017）

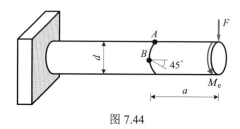

图 7.44

【解析】

圆轴受弯曲扭转组合，由图中 F 和 M 方向可得 A 点和 B 点的应力状态如图 7.45 所示，其中 B 点由弯曲产生的正应力为 0，只有扭转产生的切应力。

A 点：$\sigma_{Ax} = \dfrac{32Fa}{\pi d^3}$，$\tau_A = \dfrac{16M_e}{\pi d^3}$，$B$ 点：$\tau_B = \dfrac{16M_e}{\pi d^3}$，

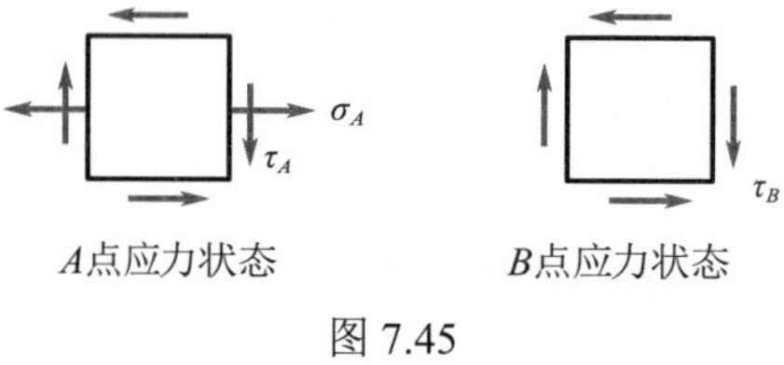

A点应力状态　　　　　　B点应力状态

图 7.45

由广义胡克定律 $\varepsilon_x = \dfrac{1}{E}[\sigma_x - v\sigma_y]$ 得

A 点：$\varepsilon_{0°} = \dfrac{\sigma_{Ax}}{E} = \dfrac{32Fa}{\pi d^3 E}$，$F = \dfrac{\pi d^3 E \varepsilon_0}{32a} = \dfrac{\pi \times 0.08^3 \times 200 \times 10^9 \times 400 \times 10^{-6}}{32 \times 2} = 2.01$ (kN)，

B 点：$\sigma_{-45°} = \tau_B$，$\sigma_{45°} = -\tau_B$，$\varepsilon_{-45°} = \dfrac{1}{E}[\sigma_{-45°} - v\sigma_{45°}] = \dfrac{1+v}{E}\tau_B = \dfrac{16(1+v)M_e}{\pi d^3 E}$，

$M_e = \dfrac{\pi d^3 E \varepsilon_{-45°}}{16(1+v)} = \dfrac{\pi \times 0.08^3 \times 200 \times 10^9 \times 300 \times 10^{-6}}{16(1+0.25)} = 4.825$ (kN·m)。

三、体应变与应变能密度

每单位体积的体积变化，称为**体应变**，用 θ 表示，体应变 θ 可用主应变表示，即 $\theta = \varepsilon_1 + \varepsilon_2 + \varepsilon_3$，用主应力表示即 $\theta = \dfrac{1-2v}{E}(\sigma_1 + \sigma_2 + \sigma_3)$。由于单元体上切应力不引起各向同性材料的体积改变，因此，材料内任一点处的体应变与该点任意三个相互垂直的平面上正应力之和成正比，体应变可表示为 $\theta = \dfrac{1-2v}{E}(\sigma_x + \sigma_y + \sigma_z)$。

单轴应力状态下物体内积蓄的应变能密度 $v_\varepsilon = \dfrac{1}{2}\sigma\varepsilon = \dfrac{\sigma^2}{2E} = \dfrac{E}{2}\varepsilon^2$，同时考虑三个主应力在与其相应的主应变上所做的功，单元体的应变能密度 $v_\varepsilon = \dfrac{1}{2}(\sigma_1\varepsilon_1 + \sigma_2\varepsilon_2 + \sigma_3\varepsilon_3) = \dfrac{1}{2E}[\sigma_1^2 + \sigma_2^2 + \sigma_3^2 - 2v(\sigma_1\sigma_2 + \sigma_2\sigma_3 + \sigma_3\sigma_1)]$。单元体在三向应力状态下发生体积改变和形状改变，可将主应力单元体分解为如图 7.46 所示两种单元体的叠加。图 7.46（b）单元体形状不变，仅发生体积改变，此单元体的应变能密度称为**体积改变能密度**：

$$v_V = \frac{1}{2E}[\sigma_m^2 + \sigma_m^2 + \sigma_m^2 - 2v(\sigma_m^2 + \sigma_m^2 + \sigma_m^2)] = \frac{3(1-2v)}{2E}\sigma_m^2 = \frac{1-2v}{6E}(\sigma_1 + \sigma_2 + \sigma_3)^2$$

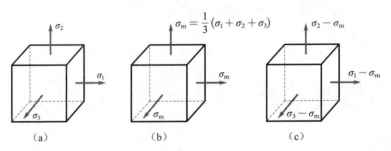

图 7.46

图 7.46（c）中单元体三个主应力之和为零，故体积不变，仅发生形状改变，称其应变能密度为**形状改变能密度**：$v_d = \dfrac{1+v}{6E}[(\sigma_1 - \sigma_2)^2 + (\sigma_2 - \sigma_3)^2 + (\sigma_3 - \sigma_1)^2]$。

应变能密度 v_ε 等于体积改变能密度 v_V 与形状改变能密度 v_d 之和，即 $v_\varepsilon = v_V + v_d$。

题型七：计算体应变

【例题 7.25】 如图 7.47 所示，材料与尺寸均相同的三个立方体，在竖向压力 σ_0 作用下，分别置于刚性表面（a）、刚性槽（b）及刚性坑（c）中，其中（b）和（c）皆为无间隙放入，已知材料弹性模量和泊松比，则立方体的体应变绝对值最大的是（　　）。（中国矿业大学 2019）

A.（a）　　　　　　B.（b）　　　　　　C.（c）　　　　　　D. 无法判断

 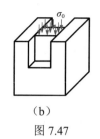 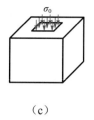

（a）　　　　　　　（b）　　　　　　（c）

图 7.47

【解析】

建立如图 7.48 所示的坐标系，

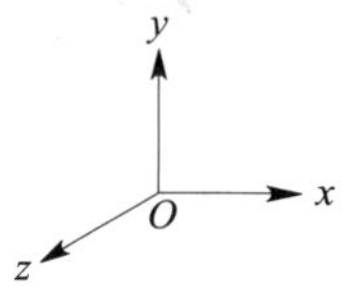

图 7.48

对于图 7.47（a），$\sigma_x = \sigma_z = 0$，$\sigma_y = -\sigma_0$，$\theta_a = \dfrac{1-2\mu}{E}(\sigma_x + \sigma_y + \sigma_z) = -\sigma_0 \dfrac{1-2\mu}{E}$；

对于图 7.47（b），$\sigma_y = -\sigma_0$，$\sigma_z = 0$，$\varepsilon_x = \dfrac{1}{E}[\sigma_x - \mu(\sigma_y + \sigma_z)] = 0 \Longrightarrow \sigma_x = -\mu\sigma_0$，

$\theta_b = \dfrac{1-2\mu}{E}(\sigma_x + \sigma_y + \sigma_z) = -(1+\mu)\sigma_0 \dfrac{1-2\mu}{E}$；

对于图 7.47（c），$\sigma_y = -\sigma_0$，$\sigma_x = \sigma_z$，$\varepsilon_x = \varepsilon_z = \dfrac{1}{E}[\sigma_x - \mu(\sigma_y + \sigma_z)] = 0$，

$\sigma_x = \sigma_z = -\dfrac{\mu\sigma_0}{1-\mu}$，$\theta_c = \dfrac{1-2\mu}{E}(\sigma_x + \sigma_y + \sigma_z) = -\dfrac{1+\mu}{1-\mu}\sigma_0 \dfrac{1-2\mu}{E}$，

当 $0 \leqslant \mu \leqslant 1$ 时，$|-k| < |-(1+\mu)k| < \left|-\dfrac{1+\mu}{1-\mu}k\right|$，其中 $k = \sigma_0 \dfrac{1-2\mu}{E}$，

$|\theta_a| < |\theta_b| < |\theta_c|$，故本题选 C。

【例题 7.26】 如图 7.49 所示，厚度 2 mm、边长 200 mm 的正方形板在水平和竖直两个方向受到均布荷载 q_x 和 q_y 的作用。在对角线 AB 上的应变片读数为 150 $\mu\varepsilon$。若已知弹性模量 $E = 40$ GPa，泊松比 $v = 0.25$，水平荷载 $q_x = 50$ N/mm，求 q_y 的大小和板面积的变化量。（四川大学 2018）

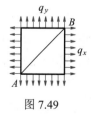

图 7.49

【解析】

取任一单元体如图 7.50 所示，其应力为

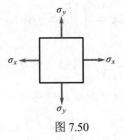

图 7.50

$$\sigma_x = \frac{q_x}{t} = \frac{50}{2} = 25 \ (\text{MPa}), \quad \sigma_y = \frac{q_y}{t} = \frac{q_y}{2}, \quad \tau_{xy} = 0。$$

根据广义胡克定律得

$$\varepsilon_x = \frac{1}{E}(\sigma_x - v\sigma_y), \quad \varepsilon_y = \frac{1}{E}(\sigma_y - v\sigma_x), \quad \gamma_{xy} = \frac{\tau_{xy}}{G} = 0,$$

$$\varepsilon_{45°} = \frac{\varepsilon_x + \varepsilon_y}{2} + \frac{\varepsilon_x - \varepsilon_y}{2}\cos 90° + \frac{\gamma_{xy}}{2}\sin 90° = \frac{(1-v)(\sigma_x + \sigma_y)}{2E} = 150 \ \mu\varepsilon = 150 \times 10^{-6},$$

$$\sigma_y = \frac{2 \times 40 \times 10^3 \times 150 \times 10^{-6}}{1 - 0.25} - 25 = -9 \ (\text{MPa}), \quad q_y = 2\sigma_y = 2 \times (-9) = -18 \ (\text{N/mm}),$$

$$\varepsilon_x = \frac{1}{E}(\sigma_x - v\sigma_y) = \frac{1}{40 \times 10^3} \times (25 + 0.25 \times 9) = 6.81 \times 10^{-4},$$

$$\varepsilon_y = \frac{1}{E}(\sigma_y - v\sigma_x) = \frac{1}{40 \times 10^3} \times (-9 - 0.25 \times 25) = -3.81 \times 10^{-4},$$

$$A' = 200(1 + \varepsilon_x) \times 200(1 + \varepsilon_y) = 40\ 011.99 \ \text{mm}^2,$$

$$\Delta A = A' - A = 11.99 \ \text{mm}^2，即板的面积增大 11.99 \ \text{mm}^2。$$

【注】 应变为无量纲量，$1\mu\varepsilon = 1 \times 10^{-6}$。

题型八：薄壁圆筒的有关问题

薄壁圆筒指的是壁厚 δ 远小于它的内径 D（$\delta < \dfrac{D}{20}$）的圆筒，此时认为其内径、外径和平均直径近似相等，在一些题目中可以简化计算。

【例题 7.27】 宽为 b、内直径 $d = 200$ mm、壁厚 $\delta = 5$ mm 的薄壁圆环，承受 $p = 2$ MPa 的内压力作用，如图 7.51 所示。试求圆环径向截面上的拉应力。

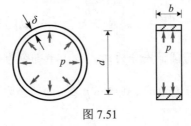

图 7.51

【解析】

薄壁圆环在内压力作用下要均匀胀大，故在包含圆环轴线的任一径向截面上，有相同的法向拉力 F_N。将圆环一分为二取半圆环为研究对象，如图 7.52 所示，则半圆环上的内压力沿 y 方向的合力为

$$F_{\mathrm{R}} = \int_0^{\pi} \left(pb \frac{d}{2} \mathrm{d}\varphi \right) \sin \varphi = \frac{pbd}{2} \int_0^{\pi} \sin \varphi \, \mathrm{d}\varphi = pbd$$

对半圆环列竖向平衡方程：$\sum F_y = 0$，$2F_{\mathrm{N}} - pbd = 0 \Longrightarrow F_{\mathrm{N}} = \dfrac{pbd}{2}$，　图 7.52

由于圆环的壁厚远小于内直径 d，故可近似认为径向截面上的正应力均匀分布，可得

$$\sigma = \frac{F_{\mathrm{N}}}{A} = \frac{pbd}{2\delta b} = \frac{pd}{2\delta} = \frac{2 \times 200}{2 \times 5} = 40 \ (\mathrm{MPa})_{\circ}$$

【注】半圆环上的内压力沿 y 方向的合力 F_{R} 的表达式本质上是微元法，在材料力学中会多次用到微元法，不熟悉的读者建议查阅高等数学中的定积分的应用进行学习。

【例题 7.28】如图 7.53 所示薄壁圆筒受内压时的应力状态，已知内径为 d，壁厚为 δ，证明轴向应力 $\sigma' = \dfrac{pd}{4\delta}$，环向应力 $\sigma'' = \dfrac{pd}{2\delta}$，径向应力 $\sigma''' = -p$。

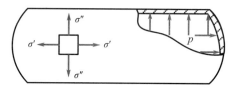 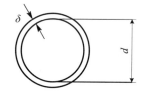

图 7.53

【解析】

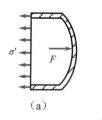 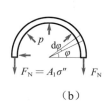

（a）　　　　　　　（b）

图 7.54

（1）将圆筒沿横截面切开取右侧为研究对象，如图 7.54（a）所示，沿圆筒轴线作用于筒底的总压力 $F = p \cdot \dfrac{\pi d^2}{4} = \dfrac{\pi p d^2}{4}$，横截面面积 $A = \pi d \delta$，故轴向应力为 $\sigma' = \dfrac{F}{A} = \dfrac{pd}{4\delta}$。

（2）假想用一直径平面将圆筒一分为二，取上半部分为研究对象，如图 7.54（b）所示，设圆筒长为 l，截面上的正应力为 σ''，则内压 p 在 y 向的合力为 $\int_0^{\pi} \left(pl \dfrac{d}{2} \mathrm{d}\varphi \right) \sin \varphi = pld$，

竖向平衡得 $2F_{\mathrm{N}} - pld = 0$，其中 $F_{\mathrm{N}} = \sigma'' A_1 = \sigma'' \delta l$，则环向应力 $\sigma'' = \dfrac{pd}{2\delta}$。

（3）径向应力 $\sigma''' = -p$，由于径向应力 σ''' 相对于 σ' 和 σ'' 很小，常常忽略不计。

【注】需要注意以下问题：（1）薄壁圆筒在内压 p 作用下，轴向应力、环向应力、径向应力含义的理解。（2）轴向应力 $\sigma' = \dfrac{pd}{4\delta}$，环向应力 $\sigma'' = \dfrac{pd}{2\delta}$，径向应力 $\sigma''' = -p \approx 0$。

【例题 7.29】 一长度 $l=3$ m，内直径 $d=1$ m，壁厚 $\delta=10$ mm 的圆柱形薄壁压力容器，承受内压 $p=1.5$ MPa，如图 7.55 所示。设容器的材料为钢材，弹性模量 $E=210$ GPa，泊松比 $\nu=0.3$，不计容器两端的局部效应，试求：（1）容器内直径、壁厚、长度及容积的改变；（2）器壁的最大切应力及其作用面。

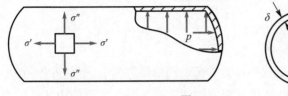

图 7.55

【解析】

（1）轴向应力 $\sigma'=\dfrac{pd}{4\delta}=\dfrac{1.5\times10^{6}\times1}{4\times0.01}=37.5$ (MPa)，环向应力 $\sigma''=\dfrac{pd}{2\delta}=75$ (MPa)，

径向应力 $\sigma'''=-p\approx0$，

$\varepsilon_d=\dfrac{\Delta d}{d}$ 与环向应变 $\varepsilon_{\pi d}=\dfrac{\pi\Delta d}{\pi d}$ 相等。由广义胡克定律得

内径增大为 $\Delta d=d\varepsilon_d=d\varepsilon_{\pi d}=d\dfrac{1}{E}(\sigma''-\nu\sigma')=1\times\dfrac{1}{210\times10^{3}}\times(75-0.3\times37.5)$

$=0.304\times10^{-3}$ (m) $=0.304$ (mm)，

壁厚减小为 $\Delta\delta=\delta\varepsilon_\delta=\delta\dfrac{1}{E}[0-\nu(\sigma'+\sigma'')]=10\times\dfrac{-1}{210\times10^{3}}\times0.3\times(75+37.5)$

$=-1.61\times10^{-3}$，

长度增大为 $\Delta l=l\varepsilon_l=l\dfrac{1}{E}[\sigma'-\nu\sigma'']=0.214$ mm，

容积增大为 $\Delta V=V'-V=\dfrac{\pi[d(1+\varepsilon_d)]^{2}}{4}\cdot l\cdot(1+\varepsilon_l)-\dfrac{\pi d^{2}}{4}\cdot l$

$=\dfrac{\pi d^{2}l}{4}[(1+\varepsilon_d)^{2}(1+\varepsilon_l)-1]\approx\dfrac{\pi d^{2}l}{4}(2\varepsilon_d+\varepsilon_l)=\dfrac{\pi d^{2}l}{4}\left[\dfrac{2}{E}(\sigma''-\nu\sigma')+\dfrac{1}{E}(\sigma'-\nu\sigma'')\right]$

$=\dfrac{\pi d^{2}l}{4}[(2-\nu)\sigma''+(1-2\nu)\sigma']=1.6\times10^{-3}$ m³。

（2）$\sigma_1=\sigma''=75$ MPa，$\sigma_2=\sigma'=37.5$ MPa，$\sigma_3=\sigma'\approx0$，容器壁任一点处的最大切应力为 $\tau_{\max}=\dfrac{\sigma_1-\sigma_3}{2}=37.5$ MPa，其作用面垂直于横截面（σ_2 主平面），并与径向截面（σ_1 主平面）和容器表面互成 45°，如图 7.56 所示。

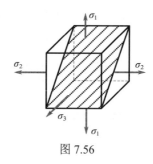

图 7.56

【例题 7.30】 如图 7.57 所示承受气体压力的薄壁圆筒壁厚为 t，平均直径为 D，已知材料弹性模量 E 和泊松比 v。现测得点 A 沿 x 方向的线应变为 ε_x，求圆筒内气体压力 p。（湖南大学 2018）

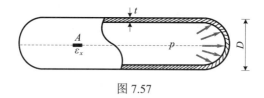

图 7.57

【解析】

$\sigma_x = \dfrac{pD}{4t}$，$\sigma_y = \dfrac{pD}{2t}$，$\sigma_z = 0$，由广义胡克定律得：$\varepsilon_x = \dfrac{1}{E}(\sigma_x - v\sigma_y) = \dfrac{pD}{4Et}(1 - 2v)$，

故气体压力 $p = \dfrac{4\varepsilon_x Et}{D(1 - 2v)}$。

【注】 掌握了内压 p 作用下轴向应力、环向应力、径向应力公式及广义胡克定律应变公式后，本题可立即解出。

第六节 强度理论

一、强度理论简介

　　强度理论是指关于材料失效规律的假设或学说，其实质是无论材料处于单向应力状态还是复杂应力状态，所产生某种类型的破坏均由同一因素引起。由于工程建设中的材料主要是砖、石、铸铁等脆性材料，观察到的失效现象都属于**脆性断裂**，因此关于断裂的强度理论被相继提出，包括**最大拉应力理论**（第一强度理论）和**最大伸长线应变理论**（第二强度理论）。随着低碳钢等塑性材料大量应用于工程建设，工程师对塑性变形的物理本质有了更多的认识，于是相继提出了以**屈服或显著塑性变形**为失效标准的强度理论，包括**最大切应力理论**（第三强度理论）和**形状改变能密度理论**（第四强度理论）。

二、四种强度理论

第一强度理论也称为**最大拉应力理论**，这一理论认为最大拉应力是引起材料脆性断裂的主要因素，即无论什么应力状态，只要最大拉应力达到极限值，材料就会发生脆性断裂。拉应力的极限值与应力状态无关，可通过单轴拉伸试样发生脆性断裂的试验来确定。按第一强度理论建立的强度条件为

$$\sigma_1 \leqslant [\sigma] = \frac{\sigma_{\mathrm{b}}}{n}$$

将极限应力σ_{b}除以安全因素n得到许用应力$[\sigma]$。

第二强度理论也称为**最大伸长线应变理论**，这一理论认为最大伸长线应变是引起材料脆性断裂的主要因素，即无论什么应力状态，只要最大伸长线应变达到与材料性能有关的某一极限值，材料就会发生脆性断裂。最大伸长线应变的极限值与应力状态无关，也可通过单轴拉伸试样发生脆性断裂的试验来确定。材料拉断时伸长线应变极限值为$\varepsilon_{\mathrm{u}} = \dfrac{\sigma_{\mathrm{b}}}{E}$，按照这一强度理论，任意应力状态下的伸长线应变$\varepsilon_1$达到极限值$\dfrac{\sigma_{\mathrm{b}}}{E}$，材料就会发生脆性断裂，建立的强度条件为$\varepsilon_1 = \dfrac{\sigma_{\mathrm{b}}}{E}$，由广义胡克定律$\varepsilon_1 = \dfrac{[\sigma_1 - v(\sigma_2 + \sigma_3)]}{E}$可得：$\sigma_1 - v(\sigma_2 + \sigma_3) = \sigma_{\mathrm{b}}$，于是按第二强度理论建立的强度条件为

$$\sigma_1 - v(\sigma_2 + \sigma_3) \leqslant [\sigma]$$

将极限应力σ_{b}除以安全因素n得到许用应力$[\sigma]$。

第三强度理论也称为**最大切应力理论**，这一理论认为最大切应力是引起材料屈服的主要因素，即无论什么应力状态，只要最大切应力$\tau_{\max}$达到与材料性能有关的某一极限值，材料就发生屈服。材料单向拉伸时，与轴线成$45°$斜截面上的切应力最大，当最大切应力$\tau_{\max} = \dfrac{\sigma_{\mathrm{s}}}{2}$时（$\sigma_{\mathrm{s}}$为横截面正应力），出现屈服。$\dfrac{\sigma_{\mathrm{s}}}{2}$是导致屈服的最大切应力极限值，任意应力状态下，只要$\tau_{\max}$达到$\dfrac{\sigma_{\mathrm{s}}}{2}$，就引起材料屈服，而任意应力状态下的最大切应力$\tau_{\max} = \dfrac{\sigma_1 - \sigma_3}{2}$，因此这一强度理论可表示为$\dfrac{\sigma_1 - \sigma_3}{2} = \dfrac{\sigma_{\mathrm{s}}}{2}$，或$\sigma_1 - \sigma_3 = \sigma_{\mathrm{s}}$，将$\sigma_{\mathrm{s}}$换成许用应力$[\sigma]$，得到按第三强度理论建立的强度条件为

$$\sigma_1 - \sigma_3 \leqslant [\sigma]$$

第四强度理论也称为**形状改变能密度理论**，这一理论认为形状改变能密度是引起屈服的主要因素，即无论什么应力状态，只要形状改变能密度v_{d}达到材料性能的某一极限值，材料就会发生屈服。材料单向拉伸时相应的形状改变能密度为$\dfrac{1+v}{6E}(2\sigma_{\mathrm{s}}^2)$，任意应力状态

下，只要形状改变能密度达到上述极限值，便引起材料的屈服，而任意应力状态下

$v_{\mathrm{d}} = \dfrac{1+v}{6E} \left[(\sigma_1 - \sigma_2)^2 + (\sigma_2 - \sigma_3)^2 + (\sigma_3 - \sigma_1)^2 \right]$，令 $v_{\mathrm{d}} = \dfrac{1+v}{6E} (2\sigma_{\mathrm{s}}^2)$，整理后的屈服准则为

$$\sqrt{\frac{1}{2} \left[(\sigma_1 - \sigma_2)^2 + (\sigma_2 - \sigma_3)^2 + (\sigma_3 - \sigma_1)^2 \right]} = \sigma_{\mathrm{s}}$$

将 σ_{s} 除以安全因素 n 得到许用应力 $[\sigma]$，于是，按第四强度理论得到的强度条件为

$$\sqrt{\frac{1}{2} \left[(\sigma_1 - \sigma_2)^2 + (\sigma_2 - \sigma_3)^2 + (\sigma_3 - \sigma_1)^2 \right]} \leqslant [\sigma]$$

四个强度理论条件可写成统一的形式：$\sigma_{\mathrm{r}} \leqslant [\sigma]$，$\sigma_{\mathrm{r}}$ 为相当应力，由三个主应力按一定形式组合而成，现将其归纳总结为表 7.2。

表 7.2

强度理论的分类和名称		相当应力表达式
第一类强度理论（脆性断裂的理论）	第一强度理论——最大拉应力理论	$\sigma_{\mathrm{r1}} = \sigma_1$
	第二强度理论——最大伸长线应变理论	$\sigma_{\mathrm{r2}} = \sigma_1 - v(\sigma_2 + \sigma_3)$
第二类强度理论（塑性屈服的理论）	第三强度理论——最大切应力理论	$\sigma_{\mathrm{r3}} = \sigma_1 - \sigma_3$
	第四强度理论——形状改变能密度理论	$\sigma_{\mathrm{r4}} = \sqrt{\dfrac{1}{2} \left[(\sigma_1 - \sigma_2)^2 + (\sigma_2 - \sigma_3)^2 + (\sigma_3 - \sigma_1)^2 \right]}$

铸铁、石料、混凝土和玻璃等脆性材料，通常以断裂形式失效，宜采用第一和第二强度理论，低碳钢、铜和铝等塑性材料，通常以屈服形式失效，宜采用第三和第四强度理论。

题型九：利用强度理论进行安全校核

【例题 7.31】已知某点应力状态如图 7.58 所示（单位：MPa），假设材料的泊松比 $v = 0.25$，试计算该点四种强度理论的相当应力分别为多少。（四川大学 2018）

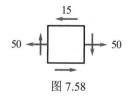

图 7.58

【解析】

$$\begin{matrix} \sigma_{\max} \\ \sigma_{\min} \end{matrix} = \frac{50}{2} \pm \sqrt{\left(\frac{50}{2}\right)^2 + 15^2} = \begin{cases} 54.15 \ (\text{MPa}) \\ -4.15 \ (\text{MPa}) \end{cases},$$

$\sigma_1 = 54.15 \ \text{MPa}, \quad \sigma_2 = 0, \quad \sigma_3 = -4.15 \ \text{MPa},$

$\sigma_{r1} = \sigma_1 = 54.15 \ \text{MPa},$

$\sigma_{r2} = \sigma_1 - v(\sigma_2 + \sigma_3) = 54.15 - 0.25(0 - 4.15) = 55.19 \ (\text{MPa}),$

$\sigma_{r3} = \sigma_1 - \sigma_3 = 58.30 \ \text{MPa},$

$$\sigma_{r4} = \sqrt{\frac{1}{2} \left[(\sigma_1 - \sigma_2)^2 + (\sigma_2 - \sigma_3)^2 + (\sigma_3 - \sigma_1)^2 \right]}$$

$$= \sqrt{\frac{1}{2} \left[(54.15 - 0)^2 + (4.15)^2 + (-4.15 - 54.15)^2 \right]} = 56.34 \ (\text{MPa}).$$

【例题 7.32】曲拐受力如图 7.59 所示，已知 AB 段是实心圆杆，直径 $d = 2$ cm，长度 $L = 0.3$ m，材料的许用应力 $[\sigma] = 140$ MPa，柄长 $a = 0.2$ m，若不考虑弯曲切应力的影响，求：（1）作 AB 段的内力图；（2）按第三强度理论校核 AB 段的强度。（哈尔滨工程大学 2019）

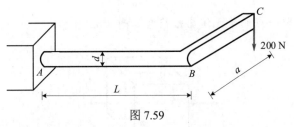

图 7.59

【解析】

（1）AB 段的内力图如图 7.60 所示：

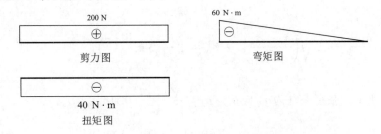

200 N

剪力图

60 N·m

弯矩图

40 N·m

扭矩图

图 7.60

（2）最危险截面为固定端 A 截面，$M_{\max} = 60$ N·m，$T = 40$ N·m，

$\sigma = \dfrac{M_{\max}}{W_z} = \dfrac{60}{\frac{\pi \times 0.02^3}{32}} = 76.4 \ (\text{MPa}), \quad \tau = \dfrac{T}{W_p} = \dfrac{40}{\frac{\pi \times 0.02^3}{16}} = 25.5 \ (\text{MPa}),$

$\sigma_{r3} = \sqrt{\sigma^2 + 4\tau^2} = \sqrt{76.4^2 + 4 \times 25.5^2} = 91.9 \ (\text{MPa}) < [\sigma]$，即 AB 段满足强度要求。

【**例题 7.33**】如图 7.61 所示的薄壁圆筒，长度为 l，壁厚为 t，平均直径为 D，材料 E，v，$[\sigma]$ 为已知，现受内压 p 和扭转力偶 $M_e = \dfrac{\pi D^3 p}{4}$ 共同作用，薄壁圆筒截面的抗扭截面模量可取 $W_p = \dfrac{\pi D^2 t}{2}$。试求：（1）按第三强度理论建立强度条件；（2）简体的轴向变形 Δl。（湖南大学 2017）

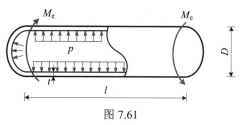

图 7.61

【**解析**】

（1）内压 P 作用下：轴向应力 $\sigma_x = \dfrac{pD}{4t}$，环向应力 $\sigma_y = \dfrac{pD}{2t}$，忽略径向应力 $\sigma_z \approx 0$。

扭转力偶作用下：切应力 $\tau = \dfrac{M_e}{W_p} = \dfrac{\dfrac{\pi D^3 p}{4}}{\dfrac{\pi D^2 t}{2}} = \dfrac{pD}{2t}$。

在薄壁圆筒内任取一点的单元体应力状态如图 7.62 所示：

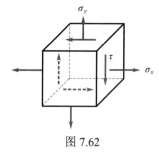

图 7.62

主应力 $\begin{cases} \sigma_1 \\ \sigma_3 \end{cases} = \dfrac{\sigma_x + \sigma_y}{2} \pm \sqrt{\left(\dfrac{\sigma_x - \sigma_y}{2}\right)^2 + \tau_{xy}^2} = \dfrac{pD}{8t}\left(3 \pm \sqrt{17}\right)$，

根据第三强度理论，强度条件为 $\sigma_{r3} = \sigma_1 - \sigma_3 = \dfrac{\sqrt{17}\,pD}{4t} \leqslant [\sigma]$。

（2）简体的轴向应变 $\varepsilon_x = \dfrac{1}{E}(\sigma_x - v\sigma_y) = \dfrac{1}{E}\left(\dfrac{pD}{4t} - \dfrac{pD}{2t}v\right)$，$\Delta l = \varepsilon_x l = \dfrac{pDl}{4Et}(1 - 2v)$。

【**例题 7.34**】一简支钢板梁承受荷载如图 7.63（a）所示，其截面尺寸见图 7.64（b）。已知钢材的许用应力 $[\sigma] = 170$ MPa，$[\tau] = 100$ MPa。试校核梁内的正应力强度和切应力强度，并按第四强度理论校核危险截面上 a 点的强度。（注：通常在计算 a 点处的应力时近似地按 a' 点的位置计算。）

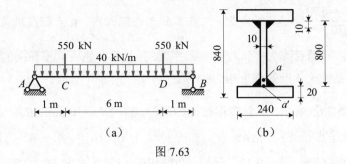

（a）　　　　　　　　　（b）

图 7.63

【解析】

由于结构对称，则 $\sum F_y = 0$，$F_A = F_B = \dfrac{1}{2}(550 \times 2 + 40 \times 8) = 710$（kN）。

剪力图和弯矩图如图 7.64 所示：

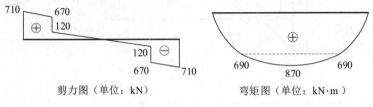

剪力图（单位：kN）　　　　　　弯矩图（单位：kN·m）

图 7.64

横截面对中性轴的惯性矩：

$$I_z = \frac{0.01 \times 0.8^3}{12} + 2\left(\frac{0.24 \times 0.02^3}{12} + 0.24 \times 0.02 \times 0.41^2\right) = 2.04 \times 10^{-3} \text{ m}^4 \text{。}$$

（1）校核梁内的最大正应力和最大切应力：

由弯矩图可知 $M_{\max} = 870$ kN·m，故最大正应力为

$$\sigma_{\max} = \frac{M_{\max} y_{\max}}{I_z} = \frac{870 \times 10^3 \times 0.42}{2.04 \times 10^{-3}} = 179.12 \text{ (MPa)} > [\sigma]\text{，}$$

$$\frac{\sigma - [\sigma]}{[\sigma]} = \frac{179.12 - 170}{170} = 5.36\% > 5\%\text{，故梁内的最大正应力不满足要求。}$$

由剪力图可知 $F_{S\max} = 710$ kN，故最大切应力为

$$\tau_{\max} = \frac{F_{S\max} S_z^*}{I_z b} = \frac{710 \times 10^3 \times (0.02 \times 0.24 \times 0.41 + 0.01 \times 0.4 \times 0.2)}{2.04 \times 10^{-3} \times 0.01} = 96.34 \text{ (MPa)} < [\tau]$$

故梁内的最大切应力满足要求。

（2）校核危险截面上 a 点的强度，截面 D 为危险截面（剪力和弯矩都较大），该截面

a 点的应力分量为 $\sigma = \dfrac{My}{I_z} = \dfrac{690 \times 10^3 \times 0.4}{2.04 \times 10^{-3}} = 135.3$（MPa），

$$\tau = \frac{F_S S_z^*}{I_z b} = \frac{670 \times 10^3 \times (0.24 \times 0.02 \times 0.41)}{2.04 \times 10^{-3} \times 0.01} = 64.6 \text{ (MPa)，}$$

由第四强度理论可知，$\sigma_{r4} = \sqrt{\sigma^2 + 3\tau^2} = \sqrt{135.3^2 + 3 \times 64.6^2} = 175.6$（MPa）$> [\sigma]$

$$\frac{\sigma-[\sigma]}{[\sigma]}=\frac{175.6-170}{170}=3.3\%<5\%，在工程允许范围内，a 点强度满足要求。$$

【注】读者思考：问题若改为"试校核该工字梁的强度"，能否只校核梁的最大正应力和最大切应力？还需要校核 a 点的强度吗？为什么？

【例题 7.35】如图 7.65 所示，一悬臂梁截面为圆形，直径 $d=30\ \text{mm}$，B 端受力 F 和扭矩 M_e 作用，A 点位于水平直径外侧，沿 $45°$ 方向的应变 $\varepsilon_{45°}=6\times10^{-4}$，沿 $-45°$ 方向的应变 $\varepsilon_{-45°}=3\times10^{-4}$，$E=200\ \text{GPa}$，$v=0.33$，$[\sigma]=120\ \text{MPa}$。（1）求 F 和 M_e。（2）第三强度理论下 A 点的相当应力。（3）采用第四强度理论校核该杆的强度。（浙江大学 2018）

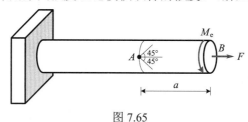

图 7.65

【解析】

（1）根据受力可绘制 A 点应力状态单元体，如图 7.66 所示：

$$\sigma_x=\frac{F}{A}=\frac{4F}{\pi d^2},\quad \tau_{xy}=\frac{M_e}{W_p}=\frac{16M_e}{\pi d^3}。$$

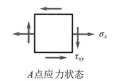

A 点应力状态

图 7.66

由斜截面应力公式可得：$\sigma_{45°}=\dfrac{\sigma_x}{2}-\tau_{xy}$，$\sigma_{-45°}=\dfrac{\sigma_x}{2}+\tau_{xy}$，

由广义胡克定律得：$\varepsilon_{45°}=\dfrac{1}{E}(\sigma_{45°}-v\sigma_{-45°})=\dfrac{1}{E}\left[\dfrac{\sigma_x}{2}(1-v)-\tau_{xy}(1+v)\right]$，

$\varepsilon_{-45°}=\dfrac{1}{E}(\sigma_{-45°}-v\sigma_{45°})=\dfrac{1}{E}\left[\dfrac{\sigma_x}{2}(1-v)+\tau_{xy}(1+v)\right]$，

解得：$\sigma_x=\dfrac{E(\varepsilon_{45°}+\varepsilon_{-45°})}{1-v}=\dfrac{200\times10^3\times9\times10^{-4}}{1-0.33}=268.66\ (\text{MPa})$，

$\tau_{xy}=\dfrac{E(\varepsilon_{-45°}-\varepsilon_{45°})}{2(1+v)}=\dfrac{200\times10^3\times(-3)\times10^{-4}}{2\times(1+0.33)}=-22.56\ (\text{MPa})$，

所以 $F=\dfrac{\pi d^2\sigma_x}{4}=\dfrac{\pi\times0.03^2}{4}\times268.66\times10^6=189\ 905\ (\text{N})=189.9\ (\text{kN})$，

$M_e=\dfrac{\pi d^3\tau_{xy}}{16}=\dfrac{\pi\times0.03^3}{16}\times(-22.56\times10^6)=-119.6\ (\text{N}\cdot\text{m})=-0.12\ (\text{kN}\cdot\text{m})$。

（2）A 点的相当应力 $\sigma_{r3}=\sqrt{\sigma_x{}^2+4\tau_{xy}{}^2}=\sqrt{268.66^2+4\times22.56^2}=272.42\ (\text{MPa})$。

（3）圆轴表面任意一点的应力状态相同，因此可用 A 点的应力状态校核圆轴的强度。

$\sigma_{r4}=\sqrt{\sigma_x{}^2+3\tau_{xy}{}^2}=\sqrt{268.66^2+3\times22.56^2}=271.49\ \text{MPa}>[\sigma]=120\ \text{MPa}$，

故强度不满足要求。

综 合 题

【例题 7.36】已知在受力体内某点处，夹角为 φ 的两截面上的应力如图 7.67 所示（应力单位：MPa），试求：（1）该点处的主应力及平面方位，并画出主单元体；（2）两截面的夹角 φ。
（重庆大学 2015 年）

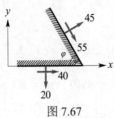

图 7.67

【解析】

（1）设应力圆圆心为 $(\sigma_c,\ 0)$，则 $R = \sqrt{(\sigma_c - 20)^2 + (-40)^2} = \sqrt{(\sigma_c - 45)^2 + 55^2}$

解得 $\sigma_c = 61$ MPa，$R = \sqrt{(61 - 20)^2 + 40^2} = 57.28$ MPa，应力圆如图 7.68（a）所示。

$\sigma_1 = 61 + 57.28 = 118.28$ （MPa），$\sigma_2 = 61 - 57.28 = 3.72$ （MPa），$\sigma_3 = 0$，由应力圆可知，

圆上的点 $A(20, -40)$，顺时针旋转 $\arctan \dfrac{40}{41} = 44.3°$，到达最小主应力点，故点 A 表示的

面顺时针旋转 $\dfrac{1}{2} \times 44.3° = 22.15°$，到达最小主应力面，主平面方位如图 7.68（b）所示：

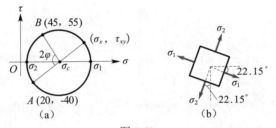

图 7.68

（2）由应力圆可知，$2\varphi = \arctan \dfrac{40}{41} + \arctan \dfrac{55}{16} = 118.08°$，$\varphi = 59.04°$。

【例题 7.37】如图 7.69 所示单元体为平面应力状态。已知 $\sigma_x = 80$ MPa，$\sigma_y = 40$ MPa，$\sigma_\alpha = 50$ MPa，试求斜截面上的切应力以及单元体的主应力和最大切应力。（山东大学 2018）

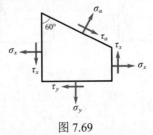

图 7.69

【解析】

单元体如图 7.70 所示：

$\sigma_x = 80$ MPa，$\sigma_y = 40$ MPa，$\sigma_\alpha = 50$ MPa，$\alpha = 60°$，则

$\sigma_\alpha = \dfrac{\sigma_x + \sigma_y}{2} + \dfrac{\sigma_x - \sigma_y}{2} \cdot \cos 2\alpha - \tau_x \cdot \sin 2\alpha$，

$50 = \dfrac{80 + 40}{2} + \dfrac{80 - 40}{2}\left(-\dfrac{1}{2}\right) - \tau_x \cdot \dfrac{\sqrt{3}}{2}$，解得 $\tau_x = 0$。

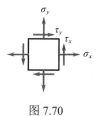

图 7.70

斜截面上切应力 $\tau_\alpha = \dfrac{\sigma_x - \sigma_y}{2} \cdot \sin 2\alpha + \tau_x \cdot \cos 2\alpha = \dfrac{80 - 40}{2} \times \dfrac{\sqrt{3}}{2} = 17.32$ (MPa)，

由 σ_x、σ_y、τ_x，可得单元体的主应力分别为：$\sigma_1 = 80$ MPa，$\sigma_2 = 40$ MPa，$\sigma_3 = 0$，

单元体最大切应力：$\tau_{\max} = \dfrac{\sigma_1 - \sigma_3}{2} = 40$ MPa。

【例题 7.38】单元体应力状态如图 7.71 所示（单位：MPa），材料弹性模量 $E = 200$ GPa，泊松比 $v = 0.3$，试求：（1）三个主应力及其对应的主平面方向；（2）计算最大的线应变，最大的切应力。（北京交通大学 2015）

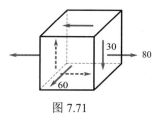

图 7.71

【解析】

（1）先分析二维：$\begin{matrix}\sigma_{\max}\\\sigma_{\min}\end{matrix} = \dfrac{80}{2} \pm \sqrt{\left(\dfrac{80}{2}\right)^2 + (30)^2} = \begin{matrix}90 \text{ (MPa)}\\-10 \text{ (MPa)}\end{matrix}$，

结合第三个维度可知：$\sigma_1 = 90$ MPa，$\sigma_2 = 60$ MP，$\sigma_3 = -10$ MPa，

$\tan 2\alpha_0 = \dfrac{-2\tau_{xy}}{\sigma_x - \sigma_y} = \dfrac{-2 \times 30}{80} = -0.75$，$\alpha_0 = -18.43°$，$\sigma_x > \sigma_y$，

故 α_0 为 $\sigma_{\max}$ 与 x 轴的夹角，最大主应力对应平面方向如图 7.72 所示：

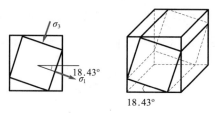

图 7.72

（2）$\varepsilon_1 = \dfrac{1}{E}[\sigma_1 - v(\sigma_2 + \sigma_3)] = \dfrac{90 - 0.3 \times (60 - 10)}{200 \times 10^3} = 3.75 \times 10^{-4}$，

$$\varepsilon_2 = \frac{1}{E}[\sigma_1 - v(\sigma_2 + \sigma_3)] = \frac{60 - 0.3 \times (90 - 10)}{200 \times 10^3} = 1.8 \times 10^{-4},$$

$$\varepsilon_3 = \frac{1}{E}[\sigma_3 - v(\sigma_1 + \sigma_2)] = \frac{-10 - 0.3 \times (90 + 60)}{200 \times 10^3} = -2.75 \times 10^{-4},$$

$$\varepsilon_{\max} = 3.75 \times 10^{-4}, \quad \tau_{\max} = \frac{90 - (-10)}{2} = 50 \ (\text{MPa})_{\circ}$$

【例题 7.39】 低碳钢构件中某危险点处的应力状态如图 7.73 所示，已知 $\sigma_x = -60$ MPa，$\sigma_y = 60$ MPa，$\sigma_z = 0$ MPa，$\tau_{xy} = 60$ MPa，许用应力 $[\sigma] = 170$ MPa，试选择合适的准则进行强度校核。（吉林大学 2016）

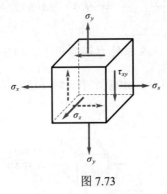

图 7.73

【解析】

先分析二维：$\begin{array}{c} \sigma_{\max} \\ \sigma_{\min} \end{array} = \frac{-60 + 60}{2} \pm \sqrt{\left(\frac{-60 - 60}{2}\right)^2 + 60^2} = \begin{array}{c} 60\sqrt{2} \ (\text{MPa}) \\ -60\sqrt{2} \ (\text{MPa}) \end{array},$

结合第三维度可知，$\sigma_1 = 60\sqrt{2}$ MPa，$\sigma_2 = 0$，$\sigma_3 = -60\sqrt{2}$ MPa。

由于材料为低碳钢，是塑性材料，应选用第三或第四强度理论进行强度校核：

$$\sigma_{r3} = \sigma_1 - \sigma_3 = 120\sqrt{2} = 169.71 \ (\text{MPa}) < [\sigma],$$

$$\sigma_{r4} = \sqrt{\frac{1}{2}\left[(\sigma_1 - \sigma_2)^2 + (\sigma_2 - \sigma_3)^2 + (\sigma_3 - \sigma_1)^2\right]}$$

$$= \sqrt{\frac{1}{2}\left[\left(60\sqrt{2}\right)^2 + \left(60\sqrt{2}\right)^2 + \left(120\sqrt{2}\right)^2\right]} = 146.97 \ (\text{MPa}) < [\sigma], \text{ 故低碳钢构件安全。}$$

【例题 7.40】 如图 7.74 所示，圆杆长 $l = 2$ m，直径 $d = 80$ mm，轴向拉力 $F = 500$ kN，径向压力 $p = 50$ MPa，扭转力偶 $M_e = 5$ kN·m，弹性模量 $E = 200$ GPa，$v = 0.3$。求：（1）在杆表面点 A 处用横截面、径向截面和纵向截面截出单元体，在单元体上画出各截面上的应力；（2）求点 A 的主应力；（3）求杆的轴向变形 Δl。（提示：圆柱体在周面上受均匀径向压力 p 作用，杆内任意一点的径向应力和周向应力均为 $-p$）（湖南大学 2020）

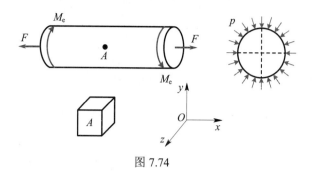

图 7.74

【解析】

（1）在 F 作用下，$\sigma_x = \dfrac{500 \times 10^3}{\dfrac{\pi \times 0.08^2}{4}} = 99.47$ （MPa），外表面在径向压力 p 作用下，由

提示可知，$\sigma_y = \sigma_z = -50$ MPa，在扭转力偶作用下，切应力为

$\tau_{xy} = \dfrac{M_e}{W_p} = \dfrac{5 \times 10^3}{\dfrac{\pi \times (0.08)^3}{16}} = 49.74$ MPa，可绘制 A 点应力状态单元体如图 7.75 所示：

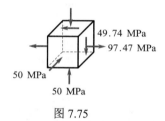

图 7.75

（2）点 A 的正应力极值为

$\left.\begin{array}{c}\sigma_{\max} \\ \sigma_{\min}\end{array}\right\} = \dfrac{99.47 - 50}{2} \pm \sqrt{\left(\dfrac{99.47 + 50}{2}\right)^2 + 49.74^2} = \begin{array}{c} 114.51 \ (\text{MPa}) \\ -65.04 \ (\text{MPa}) \end{array}$,

故 A 点主应力 $\sigma_1 = 114.51$ MPa，$\sigma_2 = -50$ MPa，$\sigma_3 = -65.04$ MPa。

（3）点 A 的应变 $\varepsilon_x = \dfrac{1}{E}[\sigma_x - v(\sigma_y + \sigma_z)] = \dfrac{99.47 - 0.3 \times (-100)}{200 \times 10^3} = 6.47 \times 10^{-4}$，

杆的轴向变形为 $\Delta l = l\varepsilon = 2 \times 10^3 \times 6.47 \times 10^{-4} = 1.294$ （mm）。

【例题 7.41】等截面直杆受力如图 7.76 所示，已知直径 d，材料的弹性模量 E，泊松比 v，在 B 截面顶点 K 处的水平面内与轴线成 $45°$ 方向测得线应变为 $\varepsilon(\varepsilon < 0)$，试求：（1）力 F 的表达式；（2）K 点的主应力及最大切应力。（重庆大学 2017 年）

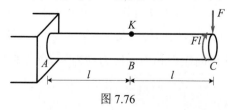

图 7.76

【解析】

（1）B 截面弯矩 $M = Fl$，扭矩 $T = -Fl$，K 点的应力状态单元体如图 7.77 所示。

$$\sigma_x = \frac{M}{W_z} = \frac{32Fl}{\pi d^3}, \quad \sigma_y = 0, \quad \tau_{xy} = \frac{T}{W_p} = -\frac{16Fl}{\pi d^3}。$$

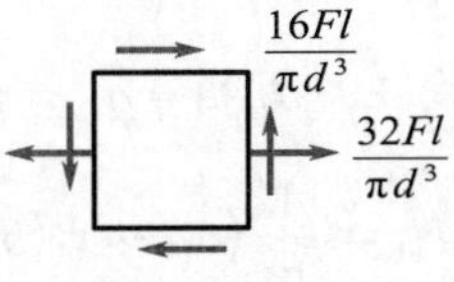

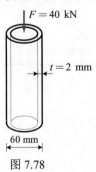

图 7.77

$$\sigma_{45°} = \frac{\sigma_x + \sigma_y}{2} + \frac{\sigma_x - \sigma_y}{2}\cos 90° - \tau_{xy}\sin 90° = \frac{32Fl}{\pi d^3}, \quad \sigma_{-45°} = 0,$$

若 $\varepsilon = \varepsilon_{45°} = \dfrac{1}{E}(\sigma_{45°} - v\sigma_{-45°}) = \dfrac{32Fl}{E\pi d^3} > 0$，与已知条件$(\varepsilon < 0)$矛盾，

$\varepsilon = \varepsilon_{-45°} = \dfrac{1}{E}(\sigma_{-45°} - v\sigma_{45°}) = -\dfrac{32vFl}{E\pi d^3} < 0$，满足，所以 $F = \dfrac{E\pi d^3|\varepsilon|}{32vl}$。

（2）$\begin{aligned}\sigma_{\max} \\ \sigma_{\min}\end{aligned} = \dfrac{\sigma_x + \sigma_y}{2} \pm \sqrt{\left(\dfrac{\sigma_x - \sigma_y}{2}\right)^2 + \tau_{xy}^2} = \begin{cases} 16(1+\sqrt{2})\dfrac{Fl}{\pi d^3} = \dfrac{(1+\sqrt{2})E|\varepsilon|}{2v} \\[3mm] 16(1-\sqrt{2})\dfrac{Fl}{\pi d^3} = \dfrac{(1-\sqrt{2})E|\varepsilon|}{2v} \end{cases}$，

故 K 点主应力为 $\sigma_1 = \dfrac{(1+\sqrt{2})E|\varepsilon|}{2v}$，$\sigma_2 = 0$，$\sigma_3 = \dfrac{(1-\sqrt{2})E|\varepsilon|}{2v}$，

$\tau_{\max} = \dfrac{\sigma_1 - \sigma_3}{2} = \dfrac{\sqrt{2}E|\varepsilon|}{v}$。

【例题 7.42】 钢管套铝柱，二者光滑接触，紧密贴合，如图 7.78 所示，已知铝和钢的弹性模量及泊松比分别为 $E_1 = 70$ GPa，$v_1 = 0.35$；$E_2 = 210$ GPa，$v_2 = 0.30$。当铝柱受 40 kN 压力作用时，求钢筒内表面任一点的应力状态，并画出单元体。（大连理工大学 2013）

$F = 40$ kN

$t = 2$ mm

60 mm

图 7.78

【解析】

圆柱体与外管横截面上的正应力分别为$\sigma_{x1} = -\dfrac{4F}{\pi D^2}$，$\sigma_{x2} = 0$，设圆柱体与外管间的相互作用力的压强为$p$，在其作用下，外管纵截面上的周向应力$\sigma_{t2} = \dfrac{pD}{2t}$，在外压$p$作用下圆柱体内任意一点处径向与周向正应力相等$\sigma_{r1} = \sigma_{t1} = -p$，根据广义胡克定律，

圆柱体外表面的周向应变：$\varepsilon_{t1} = \dfrac{1}{E_1}\left(\sigma_{t1} - v_1(\sigma_{x1} + \sigma_{r1})\right) = \dfrac{1}{E_1}\left[-p + v_1\left(\dfrac{4F}{\pi D^2} + p\right)\right]$，

外管内表面的周向应变：$\varepsilon_{t2} = \dfrac{1}{E_2}\left(\sigma_{t2} - v_2(-p)\right) = \dfrac{1}{E_2}\left(\dfrac{pD}{2t} + v_2 p\right)$，

变形协调条件：$\varepsilon_{t1} = \varepsilon_{t2}$，$\dfrac{1}{E_1}\left[-p + v_1\left(\dfrac{4F}{\pi D^2} + p\right)\right] = \dfrac{1}{E_2}\left(\dfrac{pD}{2t} + v_2 p\right)$，

代入数值得：$\dfrac{1}{70}\left[-p + 0.35\left(\dfrac{4 \times 40 \times 10^3}{\pi \times 0.06^2} + p\right)\right] = \dfrac{1}{210}\left(\dfrac{p \times 0.06}{2 \times 0.002} + 0.3p\right)$，

$p = 0.861 \times 10^6 \text{ (Pa)} = 0.861 \text{ (MPa)}$。

钢筒内表面取单元体，则横截面上正应力$\sigma_{x2} = 0$，周向应力$\sigma_{t2} = \dfrac{pD}{2t} = 12.915$ MPa，径向应力$\sigma_{r2} = -0.861$ MPa，可绘制单元体如图 7.79 所示。

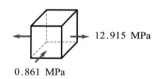

12.915 MPa

0.861 MPa

图 7.79

【注】 本题难点在于根据外管内表面和圆柱体外表面的周向变形相等建立变形协调条件$\varepsilon_{t1} = \varepsilon_{t2}$。

第八章　组合变形

第一节　概述

材料力学中杆件的主要基本变形包括轴向拉伸（压缩）、扭转和弯曲，工程上的杆件往往同时发生两种或两种以上基本变形，这类变形称为**组合变形**。对于发生组合变形的杆件，只要材料服从胡克定律和满足小变形假设，便可认为每一种基本变形都各自独立、互不影响，可将组合变形分解为几种基本变形，分别计算内力、应力，然后再进行叠加。常见的组合变形包括斜弯曲，轴向拉伸（压缩）与弯曲，偏心拉伸（压缩），扭转与弯曲。

第二节　斜弯曲

当外力作用线过截面形心但不与截面对称轴 y 轴或 z 轴重合时，梁的挠度方向一般不再与外力所在的纵向面重合，这种弯曲变形称为**斜弯曲**，如图 8.1 所示，以矩形截面为例。

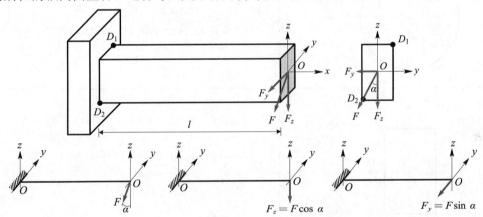

图 8.1

对于无棱角的椭圆形截面梁，如图 8.2 所示，危险点位置难以直接判断，需要按照以下方法确定危险点位置及应力：

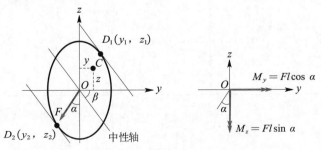

图 8.2

首先计算形心主惯性矩I_y、I_z，再计算危险截面的M_y、M_z。截面上任一点$C(y，z)$的正应力σ可用叠加法求得$\sigma = \dfrac{M_y z}{I_y} + \dfrac{M_z y}{I_z} = Fl\left(\dfrac{\cos \alpha}{I_y} \cdot z + \dfrac{\sin \alpha}{I_z} \cdot y\right)$，正应力是$y$、$z$的双线性函数，危险点位于截面边界上，且距中性轴最远。设中性轴上任一点坐标为y_0、z_0，可得中性轴方程为：$\dfrac{\cos \alpha}{I_y} \cdot z_0 + \dfrac{\sin \alpha}{I_z} \cdot y_0 = 0$，中性轴是通过截面形心的一条直线，若中性轴与$y$轴夹角为$\beta$，则斜率为$\tan \beta = -\dfrac{z_0}{y_0} = \dfrac{I_y}{I_z} \cdot \tan \alpha$，确定中性轴的位置后，在截面周边上作平行于中性轴的切线，离中性轴最远的切点正应力最大。各种类型横截面斜弯曲危险点的正应力公式总结见表8.1。

表 8.1

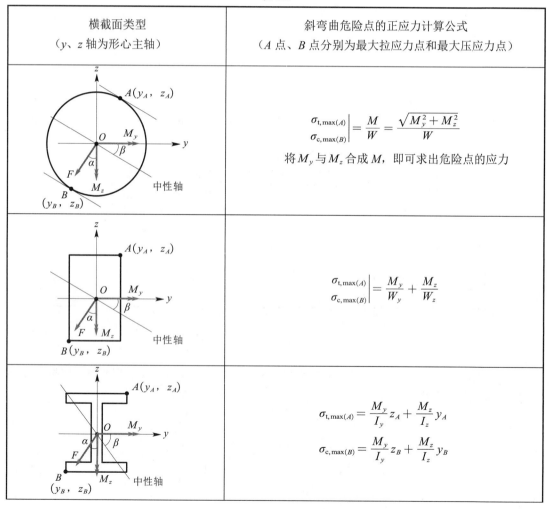

横截面类型 （y、z轴为形心主轴）	斜弯曲危险点的正应力计算公式 （A点、B点分别为最大拉应力点和最大压应力点）
	$\left.\begin{array}{l}\sigma_{t,\max(A)} \\ \sigma_{c,\max(B)}\end{array}\right| = \dfrac{M}{W} = \dfrac{\sqrt{M_y^2 + M_z^2}}{W}$ 将M_y与M_z合成M，即可求出危险点的应力
	$\left.\begin{array}{l}\sigma_{t,\max(A)} \\ \sigma_{c,\max(B)}\end{array}\right| = \dfrac{M_y}{W_y} + \dfrac{M_z}{W_z}$
	$\sigma_{t,\max(A)} = \dfrac{M_y}{I_y} z_A + \dfrac{M_z}{I_z} y_A$ $\sigma_{c,\max(B)} = \dfrac{M_y}{I_y} z_B + \dfrac{M_z}{I_z} y_B$

续表 8.1

横截面类型 （y、z 轴为形心主轴）	斜弯曲危险点的正应力计算公式 （A 点、B 点分别为最大拉应力点和最大压应力点）
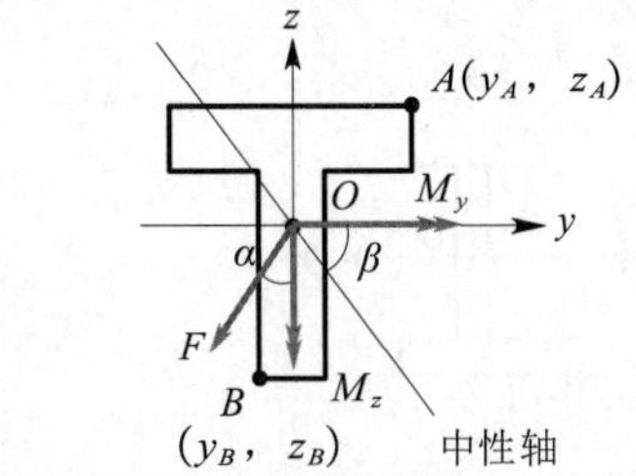	$\sigma_{t,\max(A)}=\dfrac{M_y}{I_y}z_A+\dfrac{M_z}{I_z}y_A$ $\sigma_{c,\max(B)}=\dfrac{M_y}{I_y}z_B+\dfrac{M_z}{I_z}y_B$
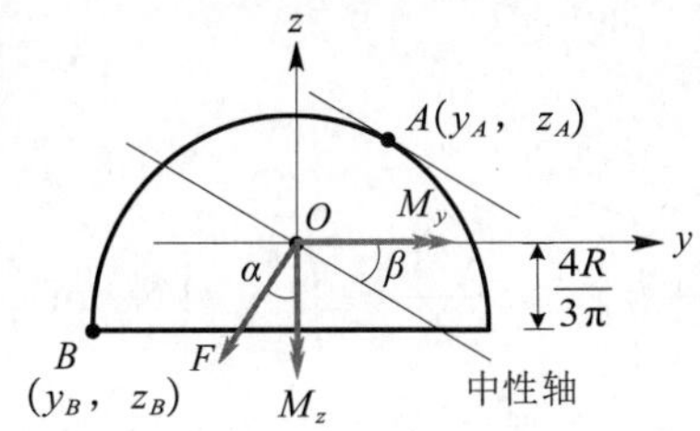	$\sigma_{t,\max(A)}=\dfrac{M_y}{I_y}z_A+\dfrac{M_z}{I_z}y_A$ $\sigma_{c,\max(B)}=\dfrac{M_y}{I_y}z_B+\dfrac{M_z}{I_z}y_B$ 先根据$\tan\beta=\dfrac{I_z}{I_y}\tan\alpha$确定中性轴的位置，然后作平行于中性轴且与圆弧相切的直线定出 A 点

【注】以上图形都有对称轴，包含对称轴且经过形心的一对坐标系的惯性矩即为形心主惯性矩，对于没有对称轴的图形（如 Z 字形截面），则需要通过转轴公式计算形心主惯性矩。

题型一：斜弯曲计算

【例题 8.1】图 8.3 所示悬臂梁分别在水平和铅垂对称面内受到集中力，且垂直于梁轴线，许用应力$[\sigma]=170\text{MPa}$，$h=2b$，试确定梁横截面尺寸。（吉林大学 2016）

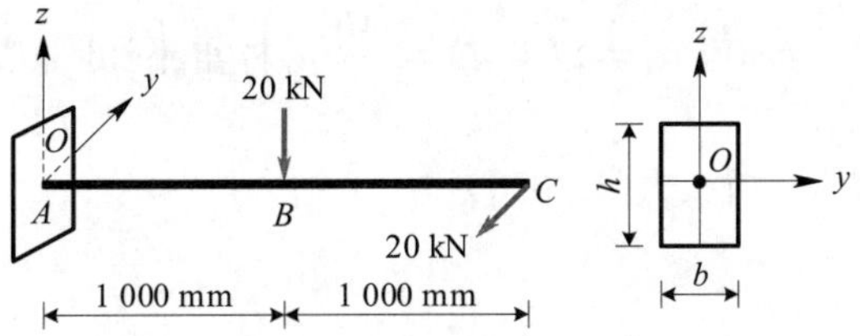

图 8.3

【解析】

$$\sigma_{\max}=\frac{M_y}{W_y}+\frac{M_z}{W_z}=\frac{20\times10^3\times1\ 000}{\frac{1}{6}\times b\times4b^2}+\frac{20\times10^3\times2\ 000}{\frac{1}{6}\times2b\times b^2}\leqslant[\sigma],$$

$$\frac{20\times10^3\times1\ 000}{\frac{1}{6}\times4}+\frac{20\times10^3\times2\ 000}{\frac{1}{6}\times2}\leqslant170b^3,\ 1.5\times10^8\leqslant170b^3,$$

$b\geqslant95.9$ mm，$h\geqslant191.8$ mm。

【注】由表 8.1 可知，矩形截面斜弯曲时的最大应力出现在角点，直接代入表中公式计算最大应力即可。

【例题 8.2】悬臂梁由 25b 工字钢制成，受力如图 8.4 所示，已知 $q = 3$ kN/m ，$F = 4$ kN ，$l = 3$ m ，$[\sigma] = 170$ MPa ，试校核其强度（25b 工字钢，$W_y = 422.7$ cm^3 ，$W_z = 52.4$ cm^3 ）。（宁波大学 2021）

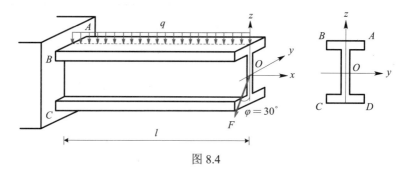

图 8.4

【解析】

固定端处的弯矩 $M_y = \dfrac{1}{2} q l^2 + F l \cos 30° = \dfrac{1}{2} \times 3 \times 9 + 4 \times 3 \times \dfrac{\sqrt{3}}{2} = 23.9$ (kN·m) ，

$M_z = F l \sin 30° = 4 \times 3 \times \dfrac{1}{2} = 6$ (kN·m) ，A 处出现最大拉应力，C 处出现最大压应力，

$\sigma_{\max} = \dfrac{M_y}{W_y} + \dfrac{M_z}{W_z} = \dfrac{23.9 \times 10^6}{422.7 \times 10^3} + \dfrac{6 \times 10^6}{52.4 \times 10^3} = 171.05$ (MPa) $> [\sigma] = 170$ MPa 。

最大应力虽然大于许用应力，但不超过许用应力的 5%，强度满足要求。

【例题 8.3】图 8.5 所示等直杆，长度 $AB = l$ ，横截面为空心圆形，外圆直径为 D ，内矩形的长和宽分别为 a、b。两者的形心均位于 O 处，杆 B 端受到横向力 F 的作用，该力作用线经过点 O 而偏离 y 轴，$\alpha = 30°$，$a = 2b$，$D = \dfrac{4b}{\pi^{\frac{1}{4}}}$，杆重不计，试求：（1）固定端正应力的极值；（2）中性轴方程。（浙江大学 2020）

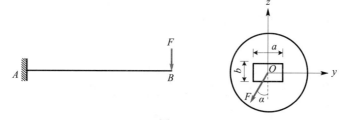

图 8.5

【解析】

（1）固定端弯矩 $M_z = \dfrac{1}{2} F l$ ，$M_y = \dfrac{\sqrt{3}}{2} F l$ ，

形心主惯性矩 $I_y = \dfrac{\pi D^4}{64} - \dfrac{a b^3}{12} = \dfrac{\pi \dfrac{(4b)^4}{\pi}}{64} - \dfrac{(2b) b^3}{12} = \dfrac{23}{6} b^4$ ，

$$I_z = \frac{\pi D^4}{64} - \frac{ba^3}{12} = \frac{\pi \frac{(4b)^4}{\pi}}{64} - \frac{b(2b)^3}{12} = \frac{10}{3}b^4 \text{。}$$

由中性轴方程可知，$\dfrac{M_y}{I_y}z + \dfrac{M_z}{I_z}y = 0$，设中性轴与 y 轴夹角为 β，$\tan\beta = \dfrac{I_y}{I_z}\cdot\tan\alpha$，

$\tan\beta = \dfrac{I_y}{I_z}\cdot\tan\alpha = \dfrac{23}{20}\times\dfrac{1}{\sqrt{3}} = 0.664$，$\beta = 33.6°$，截面中性轴如图 8.6 所示。

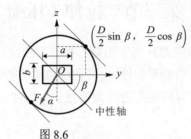

图 8.6

$$\text{固定端正应力极值}\sigma_{\max} = \frac{M_z}{I_z}y + \frac{M_y}{I_y}z = \frac{\frac{1}{2}Fl}{\frac{10}{3}b^4}\frac{D}{2}\sin\beta + \frac{\frac{\sqrt{3}}{2}Fl}{\frac{23}{6}b^4}\frac{D}{2}\cos\beta = \frac{0.41Fl}{b^3} \text{。}$$

（2）中性轴方程为 $z = -y\tan 33.6° = -0.664y$。

【**例题 8.4**】矩形截面 $b\times h = 9\ \text{cm}\times 18\ \text{cm}$ 的悬臂木梁，长度为 $l = 2\ \text{m}$，在自由端 B 荷载 $F_1 = 1\ \text{kN}$，在跨中截面 C 承受铅垂荷载 $F_2 = 1.6\ \text{kN}$，如图 8.7 所示。设木材的弹性模量 $E = 10\ \text{GPa}$，试求：（1）梁的危险点最大正应力；（2）梁的最大挠度及最大转角。

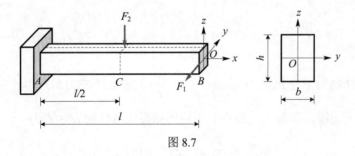

图 8.7

【**解析**】

（1）危险截面位于固定端处，其内力分量为 $M_y = 1.6\ \text{kN·m}$，$M_z = 2\ \text{kN·m}$，最大拉应力和最大压应力位于固定端截面棱角处，且大小相等，则

$$\sigma_{t,\max} = \sigma_{c,\max} = \frac{M_y}{W_y} + \frac{M_z}{W_z} = \frac{1.6\times10^6}{\frac{90\times180^2}{6}} + \frac{2\times10^6}{\frac{180\times90^2}{6}} = 11.52\ (\text{MPa}) \text{。}$$

（2）最大的挠度及转角均发生在自由端截面：

$$w_z = \frac{F_2\left(\frac{l}{2}\right)^3}{3EI_y} + \frac{F_2\left(\frac{l}{2}\right)^2}{2EI_y}\cdot\frac{l}{2} = \frac{5F_2l^3}{48EI_y} = 3.05\ (\text{mm}), \quad w_y = \frac{F_1l^3}{3EI_z} = 24.4\ (\text{mm}),$$

所以自由端处的位移 $w = \sqrt{3.05^2 + 24.4^2} = 24.59$ (mm)，

$$\theta_z = \frac{F_2\left(\frac{l}{2}\right)^2}{2EI_y} = 1.829 \times 10^{-3} \text{ (rad)}, \quad \theta_y = \frac{F_1 l^2}{2EI_z} = 18.29 \times 10^{-3} \text{ (rad)}.$$

自由端处转角 $\theta = \sqrt{(1.829 \times 10^{-3})^2 + (18.29 \times 10^{-3})^2} = 18.38 \times 10^{-3}$ (rad) $= 1.053°$。

第三节 拉伸（压缩）与弯曲

杆件受横向力和轴向力共同作用时，杆件发生拉伸与弯曲组合变形，当梁的挠度与截面尺寸相比很微小时（小变形假设），可利用力的叠加原理：梁内任意截面上的应力等于轴向拉伸和弯曲分别作用时所引起的应力的总和，如图 8.8 所示。

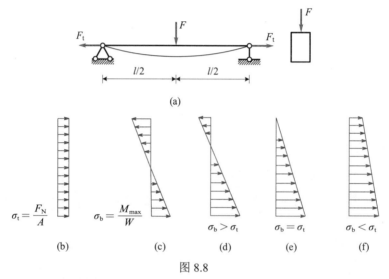

图 8.8

截面上离中性轴为 y 处的应力为 $\sigma = \frac{F}{A} \pm \frac{My}{I}$，最大正应力和最小正应力发生在弯矩最大截面的下、上边缘，其最大（最小）正应力和强度条件的表达式为

$$\sigma\Big|_{\min}^{\max} = \frac{F}{A} \pm \frac{M_{\max}}{W} \leqslant [\sigma] \tag{8.1}$$

【注】值得注意的是，弯曲刚度 EI 较小的杆件在压缩和弯曲组合变形下，轴向力引起附加弯矩较大，不能按杆原始形状来计算，叠加法也不再适用。但通常情况下默认弯曲刚度 EI 较大，叠加法直接适用。

题型二：拉（压）弯组合的计算

【例题 8.5】某矩形截面梁的高度 $h = 100$ mm，跨度 $l = 1$ m。如图 8.9 所示，梁中点受集中力 F，两端受力 $F_1 = 30$ kN，三力均作用在纵向对称面内，$a = 40$ mm，若跨中截面上均为拉应力，且最大拉应力与最小拉应力之比为 5/3，试求 F 的值。（南昌大学 2020）

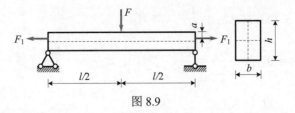

图 8.9

【解析】

偏心距 $e=\dfrac{h}{2}-a=10$ mm，跨中截面轴力 $F_N=F_1$，若 $\dfrac{Fl}{4}>F_1\cdot e$，跨中截面弯矩

$M=\dfrac{Fl}{4}-F_1\cdot e$，最大拉应力 $\sigma_{max}=\dfrac{F_N}{A}+\dfrac{M}{W}$，最小拉应力 $\sigma_{min}=\dfrac{F_N}{A}-\dfrac{M}{W}$，

$$\dfrac{\sigma_{max}}{\sigma_{min}}=\dfrac{\dfrac{F_1}{bh}+\dfrac{\dfrac{Fl}{4}-F_1e}{\dfrac{bh^2}{6}}}{\dfrac{F_1}{bh}-\dfrac{\dfrac{Fl}{4}-F_1e}{\dfrac{bh^2}{6}}}=\dfrac{F_1+\dfrac{6(F\cdot 250-10F_1)}{100}}{F_1-\dfrac{6(F\cdot 250-10F_1)}{100}}=\dfrac{4+5F}{16-5F}=\dfrac{5}{3},\quad F=1.7\text{ kN};$$

若 $F_1\cdot e>\dfrac{Fl}{4}$，跨中截面弯矩 $M=F_1\cdot e-\dfrac{Fl}{4}$，最大拉应力 $\sigma_{max}=\dfrac{F_N}{A}+\dfrac{M}{W}$，最小拉

应力 $\sigma_{min}=\dfrac{F_N}{A}-\dfrac{M}{W}$，$\dfrac{\sigma_{max}}{\sigma_{min}}=\dfrac{\dfrac{F_1}{bh}+\dfrac{F_1\cdot e-\dfrac{Fl}{4}}{\dfrac{bh^2}{6}}}{\dfrac{F_1}{bh}-\dfrac{F_1\cdot e-\dfrac{Fl}{4}}{\dfrac{bh^2}{6}}}=\dfrac{F_1+\dfrac{6(10F_1-F\cdot 250)}{100}}{F_1-\dfrac{6(10F_1-F\cdot 250)}{100}}=\dfrac{16-5F}{4+5F}=\dfrac{5}{3}$，

$F=0.7$ kN。

【注】题中的力 F 以及力 F_1 在跨中横截面产生的弯矩方向相反，因此需要分两种情况进行讨论。

【例题 8.6】长度为 n 的正方形截面悬臂梁及其承载如图 8.10 所示，已知材料的弹性模量为 E，若测得梁长度中间 a、b 和 c 三处轴向线应变分别为 ε_a、ε_b、ε_c，试求梁的荷载 F_x、F_z 和 M_z。（山东大学 2016）

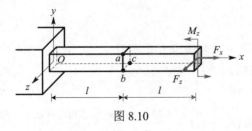

图 8.10

【解析】

悬臂梁处于拉伸弯曲组合变形状态。

F_x 单独作用下，$\sigma_{a,t1} = \sigma_{b,t1} = \sigma_{c,t1} = \dfrac{F_x}{n^2}$（拉）；

M_z 单独作用下，$\sigma_{b,t2} = \sigma_{c,t2} = \dfrac{M_z}{\frac{n^3}{6}} = \dfrac{6M_z}{n^3}$（拉），$\sigma_{a,c1} = \dfrac{6M_z}{n^3}$（压）；

F_z 单独作用下，$\sigma_{c,t3} = \dfrac{M}{\frac{n^3}{6}} = \dfrac{6F_z l}{n^3}$（拉），$\sigma_{a,c2} = \sigma_{b,c1} = \dfrac{6F_z l}{n^3}$（压）。

已知
$$\begin{cases} \sigma_a = \dfrac{F_x}{n^2} - \dfrac{6M_z}{n^3} - \dfrac{6F_z l}{n^3} & ① \\[2mm] \sigma_b = \dfrac{F_x}{n^2} + \dfrac{6M_z}{n^3} - \dfrac{6F_z l}{n^3} & ② \\[2mm] \sigma_c = \dfrac{F_x}{n^2} + \dfrac{6M_z}{n^3} + \dfrac{6F_z l}{n^3} & ③ \end{cases}$$，且$$\begin{cases} \varepsilon_a = \dfrac{\sigma_a}{E} \\[2mm] \varepsilon_b = \dfrac{\sigma_b}{E} \\[2mm] \varepsilon_c = \dfrac{\sigma_c}{E} \end{cases}$$，

① + ③ $= \sigma_a + \sigma_c = \dfrac{2F_x}{n^2}$，得 $F_x = \dfrac{En^2}{2}(\varepsilon_a + \varepsilon_c)$。

② + ③ $= \sigma_b + \sigma_c = \dfrac{2F_x}{n^2} + \dfrac{12M_z}{n^3}$，得 $M_z = \dfrac{En^3(\varepsilon_b - \varepsilon_a)}{12}$。

将 F_x、M_z 代入 ③ 中，$\sigma_c = \dfrac{E(\varepsilon_c + \varepsilon_a)}{2} + \dfrac{E(\varepsilon_b - \varepsilon_a)}{2} + \dfrac{6F_z \cdot l}{n^3}$，$F_z = \dfrac{En^3(\varepsilon_c - \varepsilon_b)}{12l}$。

【例题 8.7】 等截面圆杆左端为固定支座如图 8.11 所示，设材料的弹性模量为 E，泊松比为 μ，自由端受到 xOy 平面内与 x 轴形成 θ 角度的力 F 作用，测出距自由端距离为 a 的截面上、下表面 x 方向线应变 ε_A、ε_B，试求 F 和 θ。

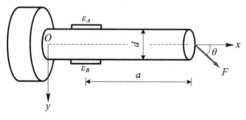

图 8.11

【解析】

距离自由端 a 处截面的上下表面应力分别为

$\sigma_A = E\varepsilon_A = \dfrac{F}{A} + \dfrac{Fa}{W} = \dfrac{4F\cos\theta}{\pi d^2} + \dfrac{32F\sin\theta a}{\pi d^3}$，$\sigma_B = E\varepsilon_B = = \dfrac{4F\cos\theta}{\pi d^2} - \dfrac{32F\sin\theta a}{\pi d^3}$，则

$E(\varepsilon_A + \varepsilon_B) = \dfrac{8F\cos\theta}{\pi d^2}$，$E(\varepsilon_A - \varepsilon_B) = \dfrac{64F\sin\theta a}{\pi d^3}$，$\dfrac{E(\varepsilon_A - \varepsilon_B)}{E(\varepsilon_A + \varepsilon_B)} = \dfrac{8\tan\theta a}{d}$，

$\tan\theta = \dfrac{d(\varepsilon_A - \varepsilon_B)}{8a(\varepsilon_A + \varepsilon_B)}$，$\theta = \arctan\dfrac{d(\varepsilon_A - \varepsilon_B)}{8a(\varepsilon_A + \varepsilon_B)}$，$F = \dfrac{E(\varepsilon_A + \varepsilon_B)\pi d^2}{8\cos\theta}$。

【例题 8.8】 图 8.12 所示混凝土坝高 $l = 2$ m。在混凝土坝的一侧整个面积上作用有静水压力，水的重度为 $\gamma_0 = 10$ kN/m³，混凝土的重度为 $\gamma = 22$ kN/m³。求坝中不出现拉应力时 b 的值。（西北农林科技大学 2015）

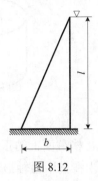

图 8.12

【解析】

取单位长度的水坝进行分析，由水压力产生的最大应力为

$$\sigma_1 = \frac{My}{I} = \frac{\frac{1}{2}\gamma_0 l \cdot l \cdot \frac{1}{3}l \cdot \frac{b}{2}}{\frac{b^3}{12}} = \frac{\frac{1}{2} \times 10 \times 2 \times 2 \times \frac{1}{3} \times 2 \times 0.5b}{\frac{b^3}{12}} = \frac{80}{b^2},$$

混凝土水坝自重产生的压应力为

$$\sigma_2 = \frac{G}{A} + \frac{G \cdot \frac{b}{6} \cdot \frac{b}{2}}{I} = \frac{22 \times 0.5b \times 2}{b} + \frac{22 \times 0.5b \times 2 \times \frac{b}{6} \times \frac{b}{2}}{\frac{b^3}{12}} = 44 \ (\text{kN/m}^2).$$

坝中不出现拉应力时 $\sigma_1 = \sigma_2$，$\dfrac{80}{b^2} = 44$，$b = 1.35$ m。

第四节　偏心压缩（拉伸）与截面核心

作用在直杆上的外力，当外力作用线与杆的轴线平行但不重合时，将引起偏心拉伸或偏心压缩，若杆件截面上的内力只有轴力和弯矩，实质上也是拉压与弯曲的一种组合。如图 8.13 所示，任意截面等直杆，承受偏心力 P 作用，作用点坐标值为 $(y_p，z_p)$，则截面弯矩 $M_z = M\sin\alpha = Py_p$，$M_y = M\cos\alpha = Pz_p$，利用叠加原理可得任意点 $(y，z)$ 应力为

$$\sigma = -\frac{P}{A} - \frac{Py_p y}{I_z} - \frac{Pz_p z}{I_y} \tag{8.2}$$

若用关系式 $I_z = i_z^2 A$，$I_y = i_y^2 A$ 代入上式，可得

$$\sigma = -\frac{P}{A}\left(1 + \frac{y_p y}{i_z^2} + \frac{z_p z}{i_y^2}\right) \tag{8.3}$$

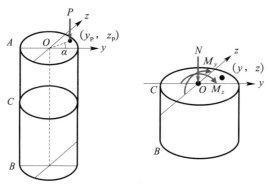

图 8.13

从式（8.2）和式（8.3）可以看出，横截面上的正应力分布规律为一倾斜平面，对于任意形状的横截面，其最大压、拉应力发生在离中性轴最远处的 D_1、D_2 两点，如图 8.14 所示，要计算最大应力，必须先确定中性轴的位置，而中性轴上正应力等于零，令上式 $\sigma = 0$，得中性轴方程为

$$1 + \frac{y_p y}{i_z^2} + \frac{z_p z}{i_y^2} = 0 \tag{8.4}$$

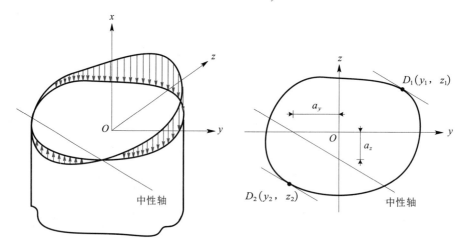

图 8.14

由于中性轴不过截面形心，设中性轴与坐标轴（y，z）的截距分别为 a_y、a_z，求 a_y 时，取 $z = 0$，$y = a_y = -\dfrac{i_z^2}{y_p}$；求 a_z 时，取 $y = 0$，$z = a_z = -\dfrac{i_y^2}{z_p}$。确定中性轴位置后，在截面上作中性轴的平行线，平行线与截面的切点即为离中性轴最远的点 D_1、D_2，设 D_1、D_2 点的坐标分别为（y_1，z_1）、（y_2，z_2），则 D_1、D_2 最大正应力及强度条件表达为

$$\sigma(D_1) = -\frac{P}{A}\left(1 + \frac{y_p y_1}{I_z} + \frac{z_p z_1}{I_y}\right) \leqslant [\sigma_c] \tag{8.5}$$

$$\sigma(D_2) = -\frac{P}{A}\left(1 - \frac{y_p y_2}{I_z} - \frac{z_p z_2}{I_y}\right) \leqslant [\sigma_t] \tag{8.6}$$

对于具有弧形的截面,危险点应力可用以上方法确定,对于矩形截面,危险点总是出现在尖角处,可以不必找中性轴而直接用直观形象来判断并确定。

从偏心压缩的分析中可知,当中性轴穿过截面时,截面上的应力分成拉、压两个区域。若偏心压力 P 向截面形心某个区域移动时,中性轴可以移到截面边缘,使得截面上只有一种性质的应力,截面形心周围的这个区域称为**截面核心**。

如图 8.15 所示截面,当偏心压力 P 作用在截面形心周围某点时,中性轴刚好与截面相切,截面上只有一种性质的应力,此时偏心压力 P 作用点的轨迹就是截面核心的周界。

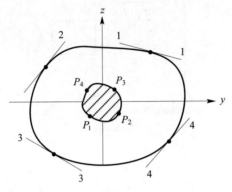

图 8.15

在计算截面核心位置时,先以截面的切线作为中性轴,再反算相应的荷载作用点,连接这些荷载作用点,在截面形心附近围成一个闭合区域(图中阴影部分),即为截面核心。

表 8.2

矩形截面	圆形截面	半圆形截面
T 字形截面	槽型截面	梯形截面

【注】(1)截面核心一定是凸区域,横截面对称时,截面核心也对称。(2)在横截面形心处挖去正多边形,不会改变截面核心的大致形状。

题型三：偏心压缩（拉伸）计算

【例题 8.9】 如图 8.16 所示立柱，欲使截面上的最大拉应力为零，求截面尺寸 h 及此时的最大压应力。（江西理工大学 2018）

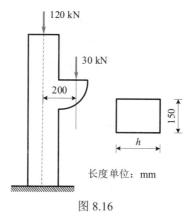

长度单位：mm

图 8.16

【解析】

截面处的最大拉应力为 $\sigma_{t,\max} = \dfrac{30 \times 10^3 \times 200}{\dfrac{150 \times h^2}{6}} - \dfrac{120 \times 10^3}{150 \times h} - \dfrac{30 \times 10^3}{150 \times h} = 0$，可解得

$h = 240$ mm。此时，$\sigma_{c,\max} = \dfrac{30 \times 10^3 \times 200}{\dfrac{150 \times 240^2}{6}} + \dfrac{120 \times 10^3}{150 \times 240} + \dfrac{30 \times 10^3}{150 \times 240} = 8.33$ (MPa)。

【例题 8.10】 图 8.17 所示矩形截面钢制立柱受轴向偏心荷载 F 作用，在 A、B、C 三处测得轴向（x 方向）线应变分别为 $\varepsilon_A = 75 \times 10^{-6}$、$\varepsilon_B = 375 \times 10^{-6}$、$\varepsilon_C = 675 \times 10^{-6}$，截面尺寸 $b = 60$ mm，$h = 100$ mm，钢的弹性模量 $E = 200$ GPa，求荷载 F 及偏心距 e_1 和 e_2 的大小。（石家庄铁道大学 2018）

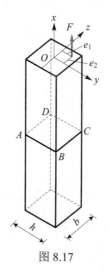

图 8.17

【解析】

将偏心力 F 等效到 O 点时，截面所受荷载有 $F_N = F$，$M_z = F \cdot e_1$，$M_y = F \cdot e_2$，

$$\sigma_A = \frac{F_N}{A} - \frac{M_z}{W_z} - \frac{M_y}{W_y} = \frac{F}{100 \times 60} - \frac{F \times e_1 \times 6}{100^2 \times 60} - \frac{F \times e_2 \times 6}{100 \times 60^2} = E\varepsilon_A,$$

$$\sigma_B = \frac{F_N}{A} + \frac{M_z}{W_z} - \frac{M_y}{W_y} = \frac{F}{100 \times 60} + \frac{F \times e_1 \times 6}{100^2 \times 60} - \frac{F \times e_2 \times 6}{100 \times 60^2} = E\varepsilon_B,$$

$$\sigma_C = \frac{F_N}{A} + \frac{M_z}{W_z} + \frac{M_y}{W_y} = \frac{F}{100 \times 60} + \frac{F \times e_1 \times 6}{100^2 \times 60} + \frac{F \times e_2 \times 6}{100 \times 60^2} = E\varepsilon_C.$$

【例题 8.11】矩形截面开口链环受力与尺寸如图 8.18 所示，荷载 F 位于其纵向对称面内，F 作用线与直线部分截面形心的距离为 e，已知 $b = 10$ mm，$h = 14$ mm，$e = 15$ mm，$F = 800$ N，试求：（1）链环直段部分横截面上的最大拉应力与最大压应力；（2）使链环直段部分横截面上均为压应力时外力 F 作用线与直段部分截面形心的最大距离 e_{max}。（华南理工大学 2020）

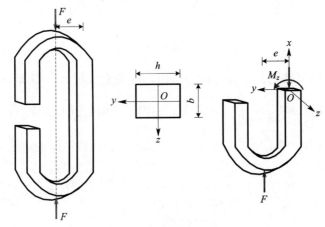

图 8.18

【解析】

（1）最大拉应力 $\sigma_{t,max} = \dfrac{Fe}{W} - \dfrac{F}{A} = \dfrac{800 \times 15}{\frac{10 \times 14^2}{6}} - \dfrac{800}{10 \times 14} = 31.02$ (MPa)，

最大压应力 $\sigma_{c,max} = \dfrac{Fe}{W} + \dfrac{F}{A} = \dfrac{800 \times 15}{\frac{10 \times 14^2}{6}} + \dfrac{800}{10 \times 14} = 42.4$ (MPa)。

（2）当 $\dfrac{Fe}{W} \leqslant \dfrac{F}{A}$ 时，横截面上均为压应力，即 $\dfrac{800 \times e}{\frac{10 \times 14^2}{6}} \leqslant \dfrac{800}{10 \times 14}$，

$e \leqslant 2.33$ mm，所以 $e_{max} = 2.33$ mm。

题型四：截面核心

【例题 8.12】 画出图示截面核心的位置。（河海大学 2014、2015）

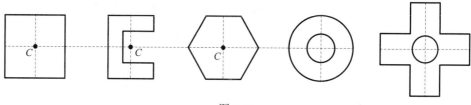

图 8.19

【解析】

各截面的核心位置如图 8.20 所示：

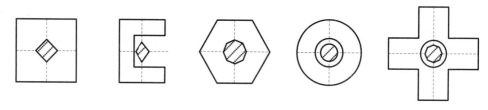

图 8.20

【例题 8.13】 一半圆形截面柱受偏心压力作用，柱截面如图 8.21 所示，C 为截面的形心，截面绕 y 轴的惯性矩 $I_y = \left(\dfrac{\pi}{8} - \dfrac{8}{9\pi} \right) R^4$，试求：（1）若偏心压力的作用点在 z 轴上，要使截面上不出现拉应力，压力作用点的范围；（2）在图上画出此柱截面的截面核心的示意图。（同济大学 2019）

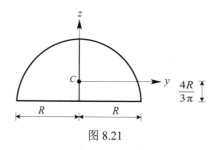

图 8.21

【解析】

（1）截面任意点所受到的外力有压力 F 以及弯矩 $M_y = Fz$，当偏心压力的作用点在 z 轴正向时，最不利位置点的应力为

$$\sigma = \frac{F}{A} - \frac{M_y}{I_y} \times \frac{4R}{3\pi} = \frac{2F}{\pi R^2} - \frac{Fz}{\left(\dfrac{\pi}{8} - \dfrac{8}{9\pi} \right) R^4} \times \frac{4R}{3\pi} = 0, \quad z = \left(\frac{3\pi}{16} - \frac{4}{3\pi} \right) R = 0.165R,$$

当偏心压力的作用点在 z 轴负向时，$\sigma = \dfrac{2F}{\pi R^2} - \dfrac{Fz}{\left(\dfrac{\pi}{8} - \dfrac{8}{9\pi} \right) R^4} \times \left(R - \dfrac{4R}{3\pi} \right) = 0,$

$$z = \frac{\frac{\pi}{4} - \frac{16}{9\pi}}{\left(\pi - \frac{4}{3}\right)} R = 0.121R$$，综上可知，压力作用点的范围为 $-0.121R \leqslant z \leqslant 0.165R$。

（2）当压力作用在 y 轴正向时，截面最不利点应力为

$$\sigma = \frac{F}{A} - \frac{M_z}{I_z} y = \frac{2F}{\pi R^2} - \frac{Fy}{\frac{1}{8}\pi R^4} R = 0$$，$y = 0.25R$，截面关于 z 轴对称，因此 y 轴的压力

作用范围为 $-0.25R \leqslant y \leqslant 0.25R$，此柱截面的截面核心如图 8.22 所示。

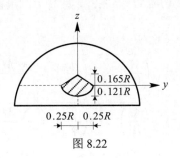

图 8.22

第五节　扭转与弯曲

如图 8.23 所示构件，固定端内力分量分别为 $M = Fl$，$T = Fa$，杆件 AB 发生弯曲与扭转组合变形，A_1 点处于平面应力状态，三个主应力分别为

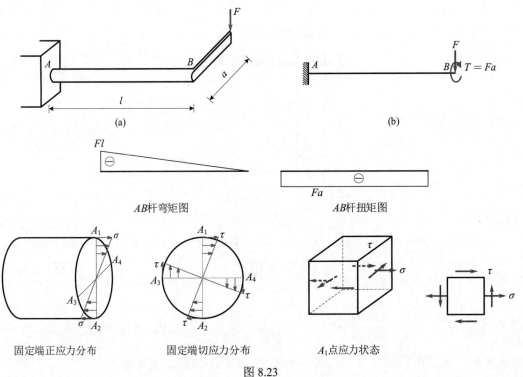

图 8.23

$$\sigma_1 = \frac{\sigma}{2} + \frac{1}{2}\sqrt{\sigma^2 + 4\tau^2}, \quad \sigma_2 = 0, \quad \sigma_3 = \frac{\sigma}{2} - \frac{1}{2}\sqrt{\sigma^2 + 4\tau^2} \tag{8.7}$$

若用第三强度理论建立强度条件，则相当应力表达式 $\sigma_{r3} = \sigma_1 - \sigma_3$，简化后得到：

$$\sigma_{r3} = \sqrt{\sigma^2 + 4\tau^2} \tag{8.8}$$

若用第四强度理论建立强度条件，则相当应力表达式：

$$\sigma_{r4} = \sqrt{\sigma^2 + 3\tau^2} \tag{8.9}$$

弯曲正应力 $\sigma = \dfrac{M}{W}$，扭转切应力 $\tau = \dfrac{T}{W_p}$，且对于圆形截面有 $W_p = 2W$，代入 σ_{r3}、σ_{r4} 中，相应的相当应力表达式可改写为

$$\sigma_{r3} = \sqrt{\left(\frac{M}{W}\right)^2 + 4\left(\frac{T}{W_p}\right)^2} = \frac{\sqrt{M^2 + T^2}}{W} \tag{8.10}$$

$$\sigma_{r4} = \sqrt{\left(\frac{M}{W}\right)^2 + 3\left(\frac{T}{W_p}\right)^2} = \frac{\sqrt{M^2 + 0.75T^2}}{W} \tag{8.11}$$

题型五：扭转与弯曲组合计算

【例题 8.14】重量 $G = 1.8$ kN 的信号牌如图 8.24 所示，最大水平风力 $F = 400$ N，立柱自重不计，直径 $d = 60$ mm，材料许用应力 $[\sigma] = 160$ MPa，试用第三强度理论校核立柱的强度。（扬州大学 2020）

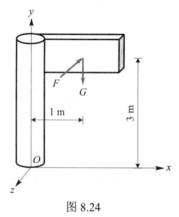

图 8.24

【解析】

信号牌底端扭矩 $T = 0.4$ kN·m，弯矩 $M_x = 1.2$ kN·m，$M_z = 1.8$ kN·m，轴力 $F_N = G = 1.8$ kN，切应力 $\tau = \dfrac{T}{W_p} = \dfrac{0.4 \times 10^6 \times 16}{\pi \times 60^3} = 9.43$ MPa，正应力 $\sigma = \dfrac{\sqrt{M_x^2 + M_z^2}}{W} +$

$\dfrac{G}{A} = \dfrac{\sqrt{(1.2 \times 10^6)^2 + (1.8 \times 10^6)^2} \times 32}{\pi \times 60^3} + \dfrac{1.8 \times 10^3 \times 4}{\pi \times 60^2} = 102.65$ (MPa)，第三强度理论

相当应力 $\sigma_{r3} = \sqrt{102.65^2 + 4 \times 9.43^2} = 104.37$ (MPa) $< [\sigma]$，满足要求。

【**例题 8.15**】如图 8.25 所示，在杆 ABD 的自由端 D 处作用有水平力 $F = 900$ N，已知 AB 段杆直径 $d = 36$ mm，材料的弹性模量 $E = 200$ GPa，泊松比 $\nu = 0.3$，试求 C 截面 H 点处的正应力和切应变 γ_{xy}。（大连理工大学 2020）

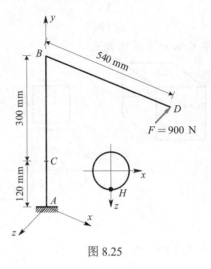

图 8.25

【**解析**】

H 点所在的 C 截面的内力为

$$T = 900 \times 540 = 486\,000 \ (\text{N} \cdot \text{mm}), \quad M = 900 \times 300 = 270\,000 \ (\text{N} \cdot \text{mm}),$$

正应力 $\sigma = \dfrac{M}{W} = \dfrac{270\,000}{\dfrac{\pi \times 36^3}{32}} = 58.95$ (MPa)，切应力 $\tau = \dfrac{T}{W_{\text{p}}} = \dfrac{486\,000}{\dfrac{\pi \times 36^3}{16}} = 53.05$ (MPa)，

$G = \dfrac{E}{2(1+\nu)} = \dfrac{200}{2 \times 1.3} = 76.92$ (GPa)，$\gamma_{xy} = \dfrac{\tau}{G} = \dfrac{53.1}{76.9 \times 10^3} = 6.9 \times 10^{-4}$。

【**例题 8.16**】已知悬臂圆杆的长度为 $2l$，直径为 d，受力如图 8.26 所示，求：（1）确定危险截面和危险点；（2）画危险点单元体；（3）用第四强度理论校核时，求 σ_{r4}；（4）当水平力分别为 $F = 0$ 和 $F = ql$ 时，画出危险截面的中性轴大体位置并在图中标明危险点位置。（河海大学 2017）

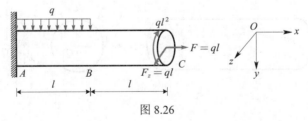

图 8.26

【**解析**】

（1）A 为危险截面，$\tan \theta = \dfrac{M_y}{M_z} = 4$，危险点位置如图 8.27 所示。

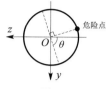

图 8.27

（2）危险点应力状态单元体如图 8.28 所示。

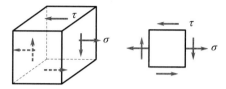

图 8.28

（3）$\sigma = \dfrac{F}{A} + \dfrac{\sqrt{M_y^2 + M_z^2}}{W} = \dfrac{ql}{\dfrac{\pi}{4}d^2} + \dfrac{\sqrt{(2ql^2)^2 + \left(\dfrac{1}{2}ql^2\right)^2}}{\dfrac{\pi d^3}{32}} = \dfrac{4qld + 65.97ql^2}{\pi d^3}$，

$\tau = \dfrac{T}{W_p} = \dfrac{ql^2}{\dfrac{\pi d^3}{16}} = \dfrac{16ql^2}{\pi d^3}$，综上可知，$\sigma_{r4} = \sqrt{\sigma^2 + 3\tau^2} = \dfrac{ql}{\pi d^3}\sqrt{(4d + 65.97l)^2 + 768l^2}$。

（4）中性轴和危险点如图 8.29 所示。

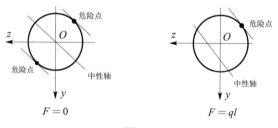

图 8.29

【例题 8.17】某圆轴受力如图 8.30 所示，测得贴在 A 点的轴向应变为 $\varepsilon_{0°} = 458 \times 10^{-6}$，与轴向夹角 45° 方向的应变为 $\varepsilon_{45°} = 126 \times 10^{-6}$，已知直径 $d = 60$ mm，弹性模量 $E = 200$ GPa，$v = 0.28$。（1）求外荷载 M 和 T。（2）求最大的应变。（中南大学 2020）

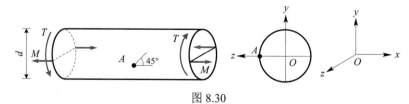

图 8.30

【解析】

（1）圆轴受弯曲和扭转的组合变形，A 点应力状态如图 8.31 所示。

A 点存在 x 方向的正应力，由广义胡克定律可得：$\varepsilon_{0°} = \dfrac{1}{E}[\sigma_x - v(\sigma_y + \sigma_z)]$，其中

$\sigma_y = \sigma_z = 0$，$\sigma = \sigma_x = E\varepsilon_{0°} = 200 \times 10^3 \times 458 \times 10^{-6} = 91.6$ (MPa)，

由斜截面正应力计算公式得：$\sigma_{45°}=\dfrac{\sigma}{2}+\tau$，$\sigma_{135°}=\dfrac{\sigma}{2}-\tau$，

$$\varepsilon_{45°}=\frac{1}{E}[\sigma_{45°}-v\sigma_{135°}]=\frac{1}{E}\left[\frac{1}{2}(1-v)\sigma+(1+v)\tau\right]\Longrightarrow\tau=\frac{1}{1+v}\left[E\varepsilon_{45°}-\frac{1}{2}(1-v)\sigma\right],$$

代入数据：$\tau=\dfrac{1}{1+0.28}\left[200\times10^{3}\times126\times10^{-6}-\dfrac{1}{2}(1-0.28)\times91.6\right]=-6.075$ （MPa），

$\sigma=\dfrac{M}{\dfrac{\pi d^{3}}{32}}\Longrightarrow M=\dfrac{\pi\times0.06^{3}}{32}\times91.6\times10^{6}\times10^{-3}=1.942$ （kN·m），

$\tau=\dfrac{T}{\dfrac{\pi d^{3}}{16}}\Longrightarrow T=\dfrac{\pi\times0.06^{3}}{16}\times(-6.075)\times10^{6}\times10^{-3}=-0.258$ （kN·m），

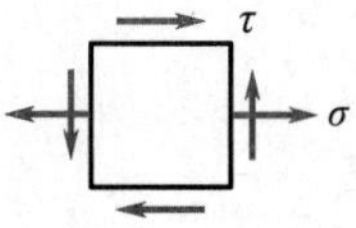

故 M 与图中弯矩方向相同，T 与图中扭矩方向相反。

图 8.31

（2）$\sigma_{x}=\sigma=91.6\ \text{MPa}$，$\sigma_{y}=0$，$\tau_{xy}=6.075\ \text{MPa}$，则

$$\begin{matrix}\sigma_{\max}\\\sigma_{\min}\end{matrix}=\frac{\sigma_{x}+\sigma_{y}}{2}\pm\sqrt{\left(\frac{\sigma_{x}-\sigma_{y}}{2}\right)^{2}+\tau_{xy}^{2}}=\frac{91.6}{2}\pm\sqrt{\left(\frac{91.6}{2}\right)^{2}+6.075^{2}}=\begin{matrix}92.0\ (\text{MPa})\\-0.4\ (\text{MPa})\end{matrix},$$

$$\varepsilon_{\max}=\frac{1}{E}(\sigma_{\max}-v\sigma_{\min})=\frac{1}{200\times10^{3}}(92.0-0.28\times(-0.4))=4.61\times10^{-4}。$$

【例题 8.18】直角折杆受力如图 8.32 所示。已知折杆为圆截面，直径为 d，其中 $a=10d$，试求危险点处的第三强度理论相当应力。（湖南大学 2019）

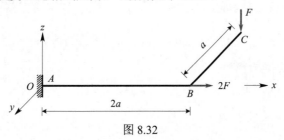

图 8.32

【解析】

AB 杆受到弯曲和扭转组合变形，A 截面上表面即为危险点，应力状态如图 8.33 所示。

$$\sigma_{x}=\frac{M}{W}+\frac{2F}{A}=\frac{2Fa}{\dfrac{\pi d^{3}}{32}}+\frac{8F}{\pi d^{2}}=\frac{64Fa}{\pi d^{3}}+\frac{8F}{\pi d^{2}}=\frac{648F}{\pi d^{2}},\quad \tau=\frac{Fa}{\dfrac{\pi d^{3}}{16}}=\frac{160F}{\pi d^{2}}。$$

第三强度理论相当应力 $\sigma_{r3}=\sqrt{\sigma_{x}^{2}+4\tau^{2}}=\dfrac{722.71F}{\pi d^{2}}$。

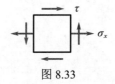

图 8.33

综 合 题

【例题 8.19】长度 $l = 2$ m，截面为 Z 字形的悬臂梁，在自由端承受铅垂集中力 $F = 10$ kN，截面尺寸如图 8.34 所示（图中尺寸单位：mm）。已知截面对 y、z 的惯性矩和惯性积分别为 $I_y = 21.6 \times 10^6$ mm^4，$I_z = 38.4 \times 10^6$ mm^4，$I_{yz} = 17.28 \times 10^6$ mm^4，试求：（1）危险截面上点 A 处的正应力；（2）中性轴位置及最大正应力。

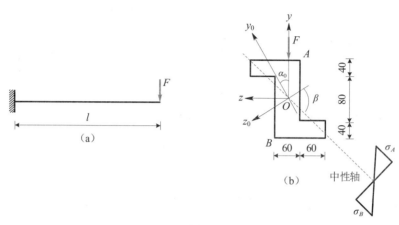

图 8.34

【解析】

（1）形心主惯性轴位置 $\tan 2\alpha_0 = -\dfrac{2I_{yz}}{I_y - I_z} = -\dfrac{2 \times 17.28 \times 10^6}{21.6 \times 10^6 - 38.4 \times 10^6} = 2.057$，

$\alpha_0 = 32°$，形心主惯性矩 $I_{z0} = 49.21 \times 10^6$ (mm^4)，$I_{y0} = 10.79 \times 10^6$ (mm^4)；

固定端截面内力分量为

$M_{y0} = F \sin \alpha_0 \cdot l = 10.61$ (kN·m)，$M_{z0} = F \cos \alpha_0 \cdot l = 16.95$ (kN·m)；

对于 y_0、z_0，点 A 的坐标为

$y_A = 80 \cos 32° - 30 \sin 32° = 51.9$ (mm)，$z_A = -80 \sin 32° - 30 \cos 32° = -67.9$ (mm)；

于是可得 A 点正应力为

$$\sigma_A = \frac{M_{y0}}{I_{y0}} z_A + \frac{M_{z0}}{I_{z0}} y_A = \frac{10.61 \times 10^6}{10.79 \times 10^6} \times 67.9 + \frac{16.95 \times 10^6}{49.21 \times 10^6} \times 51.9 = 84.6 \text{ (MPa)} 。$$

（2）设中性轴与 z_0 轴的夹角为 β，$\tan \beta = \dfrac{I_{z0}}{I_{y0}} \tan \alpha_0 = 2.875$，$\beta = 70.7°$，中性轴位置如图 8.34（b）所示，最大正应力发生在距中性轴最远的点处，距离中性轴最远的点即点 A 或点 B，点 A 为拉应力、点 B 为压应力。

【注】应力计算中，可先不考虑弯矩（M_{y0}，M_{z0}）及点坐标（y_A，z_A）的正负号，最后根据梁的变形来确定应力项（$\dfrac{M_{y0}}{I_{y0}} z_A$，$\dfrac{M_{z0}}{I_{z0}} y_A$）的正负。

【例题 8.20】 如图 8.35 所示，设梁上受到均布轴向荷载，其集度是 q，梁的截面是矩形，弹性模量为 E，试求 A 点的垂直位移和水平位移。

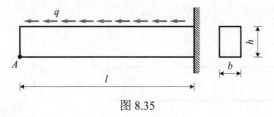

图 8.35

【解析】

建立如图 8.36 所示坐标系：

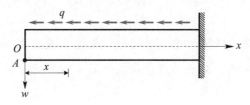

图 8.36

任意 x 截面处的轴力和弯矩是：$N(x) = qx$，$M(x) = -qx\dfrac{h}{2}$，由挠曲线的近似微分方程可知，$EIw'' = -M(x) = \dfrac{qh}{2}x$，积分得到梁的转角和挠度方程为 $EIw' = \dfrac{qh}{4}x^2 + C_1$，

$EIw = \dfrac{qh}{12}x^3 + C_1 x + C_2$，由边界条件 $x = l$，$w = 0$；$x = l$，$w' = 0$，得到 $C_1 = -\dfrac{qhl^2}{4}$，

$C_2 = \dfrac{qhl^3}{6}$，故 A 点所在截面，即 $x = 0$ 时，$w = \dfrac{qhl^3}{6EI}(\downarrow)$，$\theta = -\dfrac{qhl^2}{4EI}(\curvearrowright)$。

由轴向拉伸引起的 A 点水平位移为 $\Delta_{A1} = \int_0^l \dfrac{N(x)}{EA}\mathrm{d}x = \int_0^l \dfrac{qx}{EA}\mathrm{d}x = \dfrac{ql^2}{2EA}(\leftarrow)$，由弯曲

引起的 A 点水平位移为 $\Delta_{A2} = \theta \cdot \dfrac{h}{2} = \dfrac{qhl^2}{4EI} \cdot \dfrac{h}{2} = \dfrac{qh^2 l^2}{8EI}(\rightarrow)$；

所以 A 点的水平位移和竖向位移分别为

$$\Delta_{Ax} = \Delta_{A1} + \Delta_{A2} = \dfrac{ql^2}{2EA} - \dfrac{qh^2 l^2}{8EI} = \dfrac{ql^2}{2Ebh} - \dfrac{qh^2 l^2}{8E\frac{bh^3}{12}} = -\dfrac{ql^2}{Ebh}(\rightarrow)，$$

$$\Delta_{Ay} = w = \dfrac{qhl^3}{6EI} = \dfrac{qhl^3}{6E\frac{bh^3}{12}} = \dfrac{2ql^3}{Ebh^2}(\downarrow)。$$

【例题 8.21】 实心圆轴直径 $d = 10$ cm，右端受到扭转外力偶 M_e 和集中力 P 作用。$M_e = 10$ kN·m，作用面与圆轴的轴线垂直，$P = 300$ kN，作用在 xOy 平面内，与 y 轴形

成 $\beta = 30°$ 的夹角，如图 8.37（a）所示，材料的弹性模量 $E = 210$ GPa，泊松比 $\mu = 0.3$，在圆轴表面距离右端 50 cm 的横截面上有一 K 点，K 点到 z 轴的距离为 2 cm，如图 8.37（b）所示。试求 K 点处与轴线呈 $45°$ 方向的线应变 $\varepsilon_{45°}$。

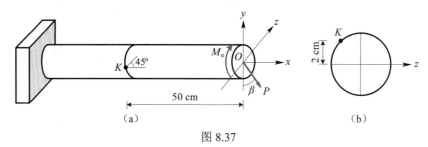

图 8.37

【解析】

圆轴发生拉伸+弯曲+扭转组合变形。K 点所在截面的轴力 $F_N = P\sin\beta$，弯矩 $M_z = P\cos\beta l$，扭矩 $T = M_e$，K 点的应力状态如图 8.38 所示，其正应力 σ 和切应力 τ 分别为

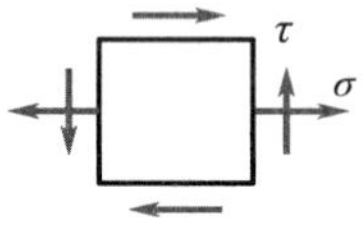

图 8.38

$$\sigma = \frac{F_N}{A} + \frac{M_z y}{I_z} = \frac{300 \times 10^3 \times \frac{1}{2}}{\frac{\pi \times 100^2}{4}} + \frac{300 \times 10^3 \times \frac{\sqrt{3}}{2} \times 500 \times 20}{\frac{\pi \times 100^4}{64}} = 548 \ (\text{MPa}),$$

$$\tau = \frac{T}{W_p} = \frac{10 \times 10^6}{\frac{\pi \times 100^3}{16}} = 51 \ (\text{MPa});$$

K 点处与轴线呈 $\pm 45°$ 方向的正应力 $\sigma_{45°}$ 和 $\sigma_{-45°}$ 分别为

$$\sigma_{45°} = \frac{\sigma_x + \sigma_y}{2} + \frac{\sigma_x - \sigma_y}{2}\cos 90° - \tau_{xy}\sin 90° = \frac{\sigma}{2} + \tau = 325 \ (\text{MPa}),$$

$$\sigma_{-45°} = \frac{\sigma_x + \sigma_y}{2} + \frac{\sigma_x - \sigma_y}{2}\cos(-90°) - \tau_{xy}\sin(-90°) = \frac{\sigma}{2} - \tau = 223 \ (\text{MPa});$$

由广义胡克定律可得，K 点处与轴线呈 $45°$ 方向的线应变为

$$\varepsilon_{45°} = \frac{1}{E}(\sigma_{45°} - \mu\sigma_{-45°}) = \frac{325 - 0.3 \times 223}{210\,000} = 1.23 \times 10^{-3}.$$

【例题 8.22】 图 8.39 所示曲拐 ABC 在水平面内，悬臂端 C 处作用铅垂集中力 F。在圆轴 AB 上表面中点 E 处，沿与母线呈 $45°$ 方向贴一应变片，测得线应变 $\varepsilon_{45°} = 70 \times 10^{-5}$，已知 $F = 15$ kN，$l = 1.2$ m，$a = 1$ m，圆轴 AB 弹性模量 $E = 200$ GPa，横向变形系数（泊松比）$\nu = 0.3$，试求圆轴 AB 杆直径 d。（同济大学 2016）

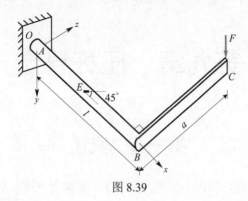

图 8.39

【解析】

E 点的扭矩和弯矩分别为 $T = 15 \times 1 = 15$ (kN·m)，$M = 15 \times \dfrac{1}{2} \times 1.2 = 9$ (kN·m)，

E 点以及 $45°$ 方向上的应力状态如图 8.40 所示。

E 点应力状态　　　　　　　E 点 $45°$ 方向应力状态

图 8.40

$$\sigma = \frac{M \times \dfrac{d}{2}}{\dfrac{\pi}{64} d^4} = \frac{91.7 \times 10^6}{d^3}, \quad \tau = \frac{T \times \dfrac{d}{2}}{\dfrac{\pi}{32} d^4} = \frac{76.4 \times 10^6}{d^3},$$

$$\sigma_{45°} = \frac{\sigma}{2} + \tau = \frac{122.3 \times 10^6}{d^3}, \quad \sigma_{-45°} = \frac{\sigma}{2} - \tau = \frac{-30.6 \times 10^6}{d^3},$$

$$\varepsilon_{45°} = \frac{1}{E} [\sigma_{45°} - v\sigma_{-45°}] = \frac{657.4}{d^3} = 70 \times 10^{-5}, \quad \text{解得} \, d = 97.93 \text{ mm}。$$

第九章　压杆稳定

第一节　概述

物体的平衡有三种状态，以图示小球（图 9.1）为例来阐述。小球由于某种原因稍微偏离原有的平衡位置，若这种原因消除以后小球能回到原有的位置，说明原有平衡状态经得起干扰，称为**稳定平衡状态**；若这种原因消除以后小球能停留在附近新的位置维持平衡，那么原有的平衡状态称为**随遇平衡状态**；若这种原因消除以后小球不能回到原有的平衡位置，而是继续偏离，说明原有的平衡状态经不起干扰，称为**不稳定平衡状态**。

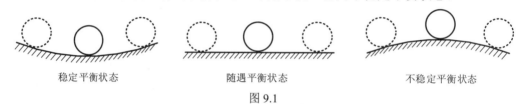

稳定平衡状态　　　　　随遇平衡状态　　　　　不稳定平衡状态

图 9.1

工程中的受压直杆相应也有三种形式的平衡状态，以图示两端铰支的细长压杆（图 9.2）来说明压杆稳定的概念。若压力与杆轴向重合，当压力逐渐增加，但小于某一极限时，杆件将一直保持直线形状的平衡，微小的侧向干扰能使其发生轻微弯曲，但干扰解除后，杆仍将恢复直线形状，此时杆处于**稳定平衡状态**；当压力逐渐增加到某一极限值时，杆件将转变为曲线形状的平衡状态，若用微小侧向干扰力使其发生轻微弯曲，在解除干扰力后，杆件将保持曲线形状的平衡，不能恢复原有的直线形状，此时杆件处于**随遇平衡状态**，这一压力极限值称为**临界压力**或**临界力**，记为 F_{cr}；当杆件所受压力超过临界压力时，将处于**不稳定平衡状态**，称为**失稳**或者**屈曲**，即使此时压杆的应力远小于材料比例极限，杆件也已经丧失了承载能力，可能导致结构整体发生损坏。本章的重点就是讨论不同形式下压杆稳定临界力的计算问题。

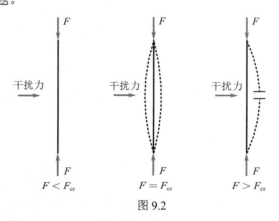

$F < F_{cr}$　　　　$F = F_{cr}$　　　　$F > F_{cr}$

图 9.2

第二节 细长压杆临界力的欧拉公式

细长压杆在临界力作用下，其材料仍处于理想的线弹性范围内，结合挠曲线的近似微分方程推导出的不同杆端约束下细长压杆的临界力表达式见表 9.1。

表 9.1

杆端约束	两端铰支	一端固定 另一端铰支	两端固定	一端固定 另一端自由	两端固定但可沿横 向相对移动
失稳时挠曲线形状	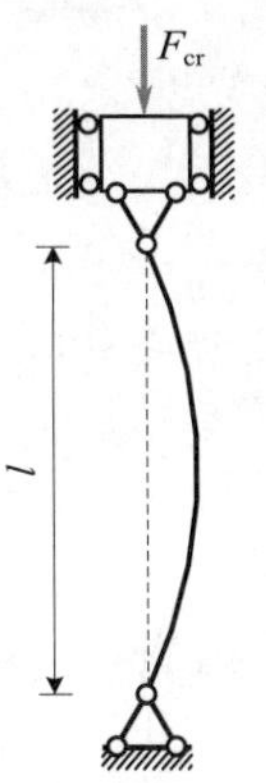	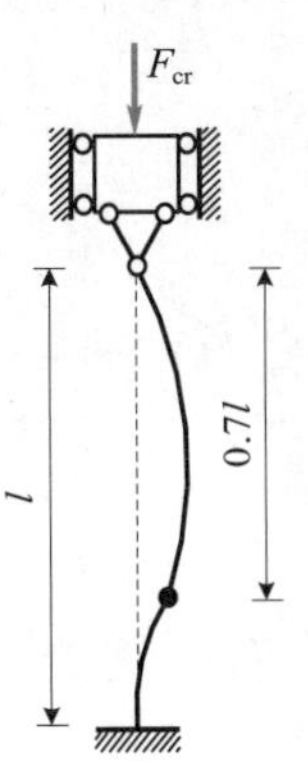	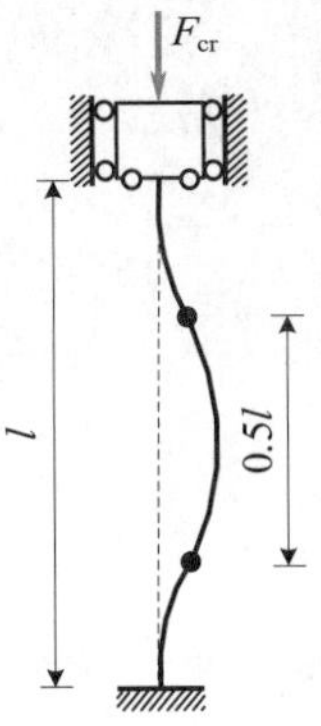	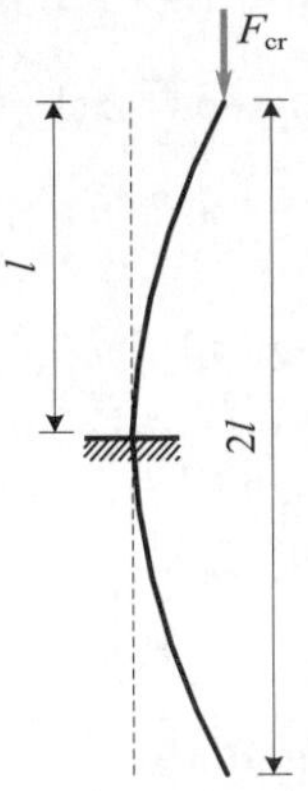	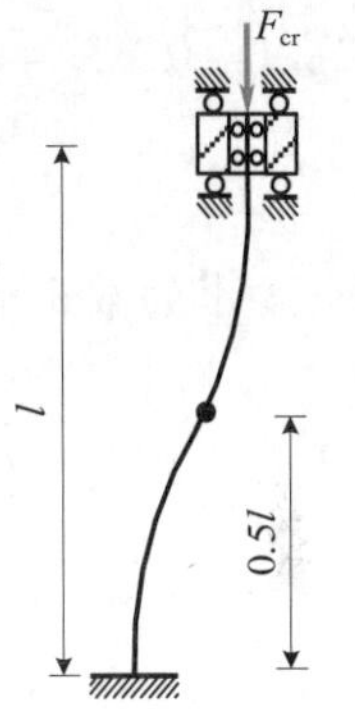
临界力 欧拉公式	$F_{cr} = \dfrac{\pi^2 EI}{l^2}$	$F_{cr} = \dfrac{\pi^2 EI}{(0.7l)^2}$	$F_{cr} = \dfrac{\pi^2 EI}{(0.5l)^2}$	$F_{cr} = \dfrac{\pi^2 EI}{(2l)^2}$	$F_{cr} = \dfrac{\pi^2 EI}{l^2}$
长度因素	$\mu = 1$	$\mu = 0.7$	$\mu = 0.5$	$\mu = 2$	$\mu = 1$

压杆临界力的欧拉公式可统一写成 $F_{cr} = \dfrac{\pi^2 EI}{(\mu l)^2}$，式中 μ 为与杆端约束有关的**长度因素**，μl 为原压杆的**相当长度**。相当长度为各种杆端约束下细长压杆失稳时，挠曲线中相当于半波正弦曲线的一段长度。

题型一：临界荷载的计算

【例题 9.1】下端固定，上端自由，长度为 l 的等直细长压杆 AB 在自由端承受轴向压力 F，如图 9.3 所示，杆的弯曲刚度为 EI，试推导其临界压力 F_{cr}。（大连理工大学 2014）

图 9.3

【解析】

临界力作用下，杆在 xOy 平面内维持微弯形态下的平衡，x 截面处的挠曲线近似微分方程为 $EIy'' = -M(x) = F_{cr}(\delta - y)$，

式中 δ 为杆自由端的最大挠度，y 为任意 x 截面挠度，令 $k^2 = \dfrac{F_{cr}}{EI}$，

微分方程化简为 $y'' + k^2 y = k^2 \delta$，通解 $y = A\sin kx + B\cos kx + \delta$，

挠度 y 的一阶导数为 $y' = Ak\cos kx - Bk\sin kx$，

边界条件有 $x=0$、$y'=0$；$x=0$、$y=0$；$x=l$、$y=\delta$。

解得 $A=0$、$B=-\delta$、$\delta=\delta(1-\cos kl)$。

因此 $\cos kl = 0$，$kl = n\pi/2\,(n=1,\ 3,\ 5,\ \cdots)$，

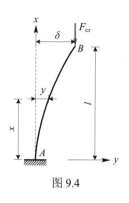

图 9.4

满足要求的最小解为 $n=1$，$kl=\pi/2$，代入 $k^2 = \dfrac{F_{cr}}{EI}$ 得一端固定、一端自由的细长压杆临

界力欧拉公式为 $F_{cr} = \dfrac{\pi^2 EI}{(2l)^2}$。

【注】 对于两端铰支、一端固定一端铰支、两端固定、一端固定一端自由的细长压杆临界力的欧拉公式，必须熟练掌握其推导过程。

【例题 9.2】 图 9.5 所示四根压杆横截面均相同，它们在纸面内失稳先后次序为（　）。（西北农林科技大学 2015）

A. (d)(a)(b)(c)　　B. (a)(b)(c)(d)　　C. (c)(d)(a)(b)　　D. (b)(c)(d)(a)

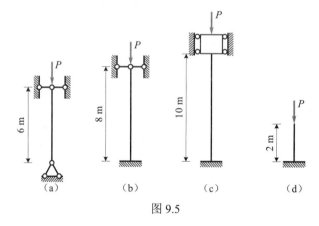

图 9.5

【解析】

由 $F_{cr} = \dfrac{\pi^2 EI}{(\mu l)^2}$ 可知，$(\mu l)^2$ 越大，临界力越小，结构越先失稳，则

(a)：$(\mu_1 l_1)^2 = 36$。(b)：$(\mu_2 l_2)^2 = 31.36$。(c)：$(\mu_3 l_3)^2 = 25$。(d) $(\mu_4 l_4)^2 = 16$。

失稳顺序为 (a)(b)(c)(d)，故本题选 B。

【注】 长度因素 μ 代表压杆的约束程度，压杆的相当长度 μl 越大，越容易失稳。

第三节　欧拉公式的适用范围、经验公式

已知截面惯性矩 $I = i^2 A$，则欧拉临界应力 $\sigma_{cr} = \dfrac{F_{cr}}{A} = \dfrac{\pi^2 EI}{(\mu l)^2 A} = \dfrac{\pi^2 E}{\lambda^2}$，$\lambda = \dfrac{\mu l}{i}$，式中 λ 为**柔度**或**长细比**，细长压杆临界力欧拉公式是由弯曲变形近似微分方程 $EIy'' = -M(x)$ 推导而来，只有材料在线弹性范围内才成立，即欧拉临界应力 σ_{cr} 应小于比例极限 σ_p，表达式为 $\dfrac{\pi^2 E}{\lambda^2} \leqslant \sigma_p$ 或 $\lambda \geqslant \pi\sqrt{\dfrac{E}{\sigma_p}}$，$\lambda_p = \pi\sqrt{\dfrac{E}{\sigma_p}}$，所以欧拉公式的适用范围为 $\lambda \geqslant \lambda_p$；若压杆柔度 $\lambda < \lambda_p$，则临界应力 σ_{cr} 大于比例极限 σ_p，此时欧拉公式已不再适用，工程中一般采用以试验结果为依据的经验公式，最常用的经验公式为**直线公式**，其临界应力总图如图9.6所示：

$$\sigma_{cr} = a - b\lambda \tag{9.1}$$

式中 a、b 是与材料性能有关的常数。直线公式中最小柔度 $\lambda_s = \dfrac{a - \sigma_s}{b}$，综上所述可知：当压杆柔度 $\lambda \leqslant \lambda_s$，称为**小柔度杆**，其破坏为强度问题，不会发生失稳破坏；当压杆柔度 $\lambda_s \leqslant \lambda \leqslant \lambda_p$，称为**中柔度杆**，可按直线公式计算临界应力；当压杆柔度 $\lambda \geqslant \lambda_p$，称为**大柔度杆**，按欧拉公式计算临界应力。

此外，与直线公式类似的另一个经验公式为**抛物线公式**，其临界应力总图如图9.7所示。它把临界应力 σ_{cr} 与柔度 λ 表示为如下抛物线关系：$\sigma_{cr} = a_1 - b_1 \lambda^2$，式中 a_1、b_1 也是与材料性能有关的常数。

压杆设计时所用的许用应力随压杆柔度的增大而减小，设稳定安全因素为 n_{st}，则压杆的工作许用压力 $[F]_{st} = \dfrac{F_{cr}}{n_{st}}$，稳定许用应力 $[\sigma]_{st} = \dfrac{\sigma_{cr}}{n_{st}}$。压杆稳定许用应力 $[\sigma]_{st}$ 也可用强度许用应力乘以一个与柔度有关的**稳定因素** $\varphi(\lambda)$（也称**折减系数**）来表示，即 $[\sigma]_{st} = \varphi[\sigma]$。

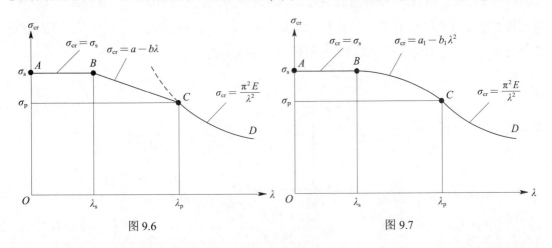

图9.6　　　　　　　　　　　　　　　图9.7

题型二：静定结构稳定性校核

【**例题 9.3**】图 9.8 所示托架，圆截面杆 CB 直径 $d = 100$ mm，材料弹性模量 $E = 10$ GPa，比例极限 $\sigma_p = 8$ MPa，根据 CB 杆稳定性求托架欧拉临界荷载集度 q。（中国矿业大学 2013）

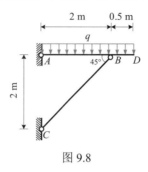

图 9.8

【**解析**】

对 A 点取矩，$\sum M_A = 0$，$q \times 2.5 \times 1.25 = F_{CB} \cdot \dfrac{\sqrt{2}}{2} \times 2$，$F_{CB} = \dfrac{25\sqrt{2}}{16} q$，

$$\sigma_p = \frac{\pi^2 E}{\lambda_p^2}, \quad \lambda_p = \pi \cdot \sqrt{\frac{E}{\sigma_p}} = 111, \quad i = \sqrt{\frac{I}{A}} = \sqrt{\frac{\pi d^4 / 64}{\pi d^2 / 4}} = 25 \text{ mm},$$

$$\lambda = \frac{\mu l}{i} = \frac{1 \times 2\sqrt{2}}{0.025} = 113, \quad \lambda > \lambda_p, \text{ 此杆为大柔度杆，}$$

$$F_{cr} = \frac{\pi^2 EI}{(\mu l)^2} = 60.6 \text{ (kN)}, \quad F_{CB} = \frac{25\sqrt{2}}{16} q = 60.6 \text{ (kN)}, \quad q = 27.4 \text{ kN/m}。$$

【**注**】压杆临界力欧拉公式只适用于细长压杆，即 $\lambda > \lambda_p$ 的杆件，在应用公式之前，必须先计算出柔度，判断公式是否可用。

【**例题 9.4**】图 9.9 所示结构中，各杆材料相同，已知 $E = 200$ GPa。AB 杆和 AC 杆的横截面直径为 18 mm，BC 杆的横截面直径为 22 mm，A、B、C 处均为球铰，$AB \perp AC$。该结构受到与水平方向夹角为 60° 的力 F 作用，假设压杆的临界压力可用欧拉公式计算。已知稳定安全因数 $n_{st} = 3$，试根据压杆稳定性计算最大外荷载 F 的大小。

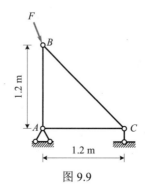

图 9.9

【解析】

设 AB 杆和 BC 杆的轴力分别为 F_{AB}、F_{BC}，根据静力平衡方程可知：

$$F\sin 60° = F_{AB} + F_{BC}\sin 45°, \quad F\cos 60° = F_{BC}\cos 45°, \quad F_{AB} = \frac{\sqrt{3}-1}{2}F, \quad F_{BC} = \frac{\sqrt{2}}{2}F,$$

AB 杆的临界压力：$F_{cr1} = \dfrac{\pi^2 EI}{l^2} = \dfrac{\pi^2 \times 200\,000 \times \frac{\pi \times 18^4}{64}}{1\,200^2} = 7\,063.62$ (N)，

AB 杆的工作许用压力为 $[F_{AB}] = \dfrac{F_{cr1}}{n_{st}} = 2\,354.54$ (N) $= \dfrac{\sqrt{3}-1}{2}F$，$[F] = 6\,432.72$ (N)，

BC 杆的临界压力：$F_{cr2} = \dfrac{\pi^2 EI}{l^2} = \dfrac{\pi^2 \times 200\,000 \times \frac{\pi \times 22^4}{64}}{\left(1\,200 \times \sqrt{2}\right)^2} = 7\,881.3$ (N)，

BC 杆的工作许用压力为 $[F_{BC}] = \dfrac{F_{cr2}}{n_{st}} = 2\,627.1$ (N) $= \dfrac{\sqrt{2}}{2}F$，$[F] = 3\,714.7$ (N)，

综上可知，根据压杆稳定性计算的最大外荷载 $[F] = 3\,714.7$ (N)。

【例题 9.5】如图 9.10 所示，杆 1 是长为 l 的正方形截面杆，横截面边长 $a = 70$ mm，杆 2 是长为 $1.5l$ 的圆截面杆，直径 $d = 80$ mm，两杆材料相同，弹性模量 $E = 206$ GPa，比例极限 $\sigma_p = 200$ MPa，$l = 3$ m，稳定安全系数 $n_{st} = 2.5$，求该结构的许用荷载 $[F]$。（湖南大学 2017）

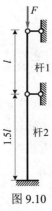

图 9.10

【解析】

$\lambda_p = \pi\sqrt{\dfrac{E}{\sigma_p}} = \pi\sqrt{\dfrac{206 \times 10^3}{200}} = 100.8$，对于正方形截面杆 1，$\mu_1 = 1$，$i_1 = \sqrt{\dfrac{I}{A}} = \sqrt{\dfrac{70^2}{12}} = 20.2$ (mm)，柔度 $\lambda_1 = \dfrac{\mu_1 l_1}{i_1} = \dfrac{1 \times 3\,000}{20.2} = 148.5 > \lambda_p$，属于大柔度杆，可利用欧拉公式；

对于圆截面杆 2，$\mu_2 = 0.7$，$i_2 = \sqrt{\dfrac{I}{A}} = \dfrac{d}{4} = 20$ (mm)，

柔度 $\lambda_2 = \dfrac{\mu_2 l_2}{i_2} = \dfrac{0.7 \times 4\,500}{20} = 157.5 > \lambda_p$ ，属于大柔度杆，可利用欧拉公式；

对比可知，杆 2 的柔度更大，更容易失稳，所以应使用杆 2 进行许用荷载的计算：

$$F_{cr} = \sigma_{cr} A = \frac{\pi^2 E}{\lambda_2{}^2} \cdot \frac{\pi d^2}{4} = \frac{\pi^3 \times 206 \times 10^3 \times 80^2}{157.5^2 \times 4} = 411.98 \text{ (kN)}, \quad [F] = \frac{F_{cr}}{n_{st}} = 164.79 \text{ (kN)} 。$$

【例题 9.6】 如图 9.11 所示，刚性梁 AB 的 A 端铰接，与 CD 杆在 C 点铰接。已知 CD 杆的直径 $d = 42$ mm，材料的 $E = 200$ GPa，$\sigma_p = 200$ MPa，$\sigma_s = 240$ MPa，集中力 $F = 120$ kN，稳定安全系数 $n_{st} = 2.5$，中柔度压杆的临界应力为 $\sigma_{cr} = 304 - 1.122\lambda$，试校核 CD 杆的稳定性。（中南大学 2017）

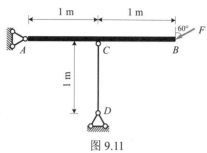

图 9.11

【解析】

取 AB 为研究对象，$\sum M_A = 0$，$F \sin 30° \times 2 - F_{CD} \times 1 \Longrightarrow F_{CD} = 120$ (kN)，

$\lambda_p = \pi \sqrt{\dfrac{E}{\sigma_p}} = 99$，$\lambda_s = \dfrac{304 - 240}{1.122} = 57$，$CD$ 压杆的柔度 $\lambda = \dfrac{ul}{i} = \dfrac{1 \times 1\,000}{10.5} = 95.2$，

因此可确定 CD 杆为中柔度杆，$F_{cr} = \sigma_{cr} A = \dfrac{\pi d^2}{4}(304 - 1.122\lambda) = 273.2$ (kN)，

$F_{CD} > \dfrac{F_{cr}}{n_{st}} = 109.3$ (kN)，因此可知 CD 杆不满足稳定性要求。

【例题 9.7】 如图 9.12 所示，A 端固定，B 点铰支，C 端固定，各杆的截面尺寸如图，弹性模量 $E = 200$ GPa，$\lambda > 122$ 时用欧拉公式计算，$\lambda < 122$ 时用经验公式（$240 - 0.006\,82\lambda^2$），试求整段杆的 F_{cr}。（湖南大学 2019）

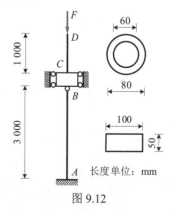

图 9.12

【解析】

CD 段：$I_1 = \dfrac{\pi(80^4 - 60^4)}{64}$，$A_1 = \dfrac{\pi(80^2 - 60^2)}{4}$，$i_1 = \sqrt{\dfrac{I_1}{A_1}} = 25$ mm，

$\lambda_1 = \dfrac{u_1 l_1}{i_1} = \dfrac{2 \times 1\,000}{25} = 80 < 122$，由经验公式可知，CD 段临界荷载为

$F_{cr1} = \sigma_{cr} A = (240 - 0.006\,82 \times 80^2) \times \dfrac{\pi(80^2 - 60^2)}{4} = 431.8$ (kN)。

AB 段：$I_2 = \dfrac{100 \times 50^3}{12}$，$A_2 = 50 \times 100$，$i_2 = \sqrt{\dfrac{I_2}{A_2}} = 14.43$ mm，

$\lambda_2 = \dfrac{u_2 l_2}{i_2} = \dfrac{0.7 \times 3\,000}{14.43} = 145.5 > 122$，由欧拉公式可知，AB 段临界荷载为

$F_{cr2} = \dfrac{\pi^2 E I_2}{(u_2 l_2)^2} = 466.3$ kN，$F_{cr1} < F_{cr2}$，所以结构的临界力 $F_{cr} = 431.8$ kN。

【例题 9.8】图 9.13 所示结构中 AB 和 AC 两杆为圆形截面钢杆，其直径均为 $D = 80$ mm，弹性模量 $E = 200$ GPa，$\sigma_p = 200$ MPa，容许应力 $[\sigma] = 160$ MPa，压杆稳定因素与柔度的关系见表 9.2。试求此结构的容许荷载 $[P]$。（广西大学 2015）

表 9.2

柔度	100	150	170	173
稳定因素	0.604	0.323	0.259	0.23

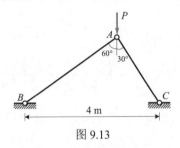

图 9.13

【解析】

由静力平衡方程可知，$P\sin 30° = F_{AB}$，$P\cos 30° = F_{AC}$，$F_{AB} = \dfrac{1}{2}P$，$F_{AC} = \dfrac{\sqrt{3}}{2}P$，

$\lambda_{AB} = \dfrac{l_{AB}}{i_{AB}} = \dfrac{3\,464}{20} = 173 > \lambda_p = \pi \sqrt{\dfrac{E}{\sigma_p}} = 99$，查表可知 $\varphi = 0.23$，

$F_{AB} = \dfrac{1}{2}P \leq \varphi A [\sigma]$，$P \leq 2\varphi A [\sigma] = 2 \times 0.23 \times \dfrac{\pi \times 80^2}{4} \times 160 = 370$ (kN)，

$\lambda_{AC} = \dfrac{l_{AC}}{i_{AC}} = \dfrac{2\,000}{20} = 100 > \lambda_p = 99$，查表可知 $\varphi = 0.604$，

$F_{AC} = \dfrac{\sqrt{3}}{2}P \leq \varphi A [\sigma]$，$P \leq \dfrac{2}{\sqrt{3}}\varphi A [\sigma] = \dfrac{2}{\sqrt{3}} \times 0.604 \times \dfrac{\pi \times 80^2}{4} \times 160 = 561$ (kN)。

综上可知，结构的容许荷载 $[P] = 370$ kN。

【注】由于不利因素会降低材料的临界应力，因此引入了稳定安全因素 n_{st} 和折减系数 $\varphi(\lambda)$，不同的是折减系数是与强度许用应力相乘，即 $[\sigma]_{st} = \varphi[\sigma]$，而稳定安全因素是被临界应力相除，即 $[\sigma]_{st} = \dfrac{\sigma_{cr}}{n_{st}}$，注意区分两者之间的关系。

题型三：超静定结构稳定性校核

【例题 9.9】如图 9.14 所示，AC 为刚性杆，$l_{AC} = 4$ m，MN、CD 为圆杆，$l_{MN} = l_{CD} = 2$ m，$d = 4$ cm，弹性模量 $E = 2 \times 10^5$ MPa，$\sigma_p = 200$ MPa，$\sigma_s = 240$ MPa，$a = 304$ MPa，$b = 1.12$ MPa。求 F 为多大时某杆件失稳？F 为多大时全部失稳？（河海大学 2020）

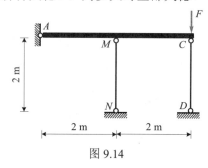

图 9.14

【解析】

先求两杆的轴力 F_{CD} 与 F_{MN}，$\sum M_A = 0$，$F_{CD} \cdot 4 + F_{MN} \cdot 2 = F \cdot 4$，$F_{CD} + \dfrac{1}{2}F_{MN} = F$，

由变形协调关系可知，$\Delta l_{CD} = 2\Delta l_{MN} \Longrightarrow \dfrac{F_{CD} \cdot l_{CD}}{EA} = \dfrac{2 \cdot F_{MN} \cdot l_{MN}}{EA}$，$F_{CD} = 2F_{MN}$，

故 $F_{CD} = \dfrac{4}{5}F$，$F_{MN} = \dfrac{2}{5}F$，因此 CD 杆更易失稳，CD 杆的柔度为

$$\lambda = \frac{\mu l}{i} = \frac{2}{\frac{0.04}{4}} = 200 > \lambda_p = \pi\sqrt{\frac{E}{\sigma_p}} = \pi\sqrt{\frac{2 \times 10^5}{200}} = 99.3，$$ 故 CD 杆为大柔度杆，

$$F_{cr} = \frac{4}{5}F = \frac{\pi^2 E}{\lambda^2} \times A = \frac{\pi^2 \times 2 \times 10^5}{200^2} \times \frac{\pi \times 40^2}{4} = 62 \text{ (kN)}，$$ 解得 $F = 77.5$ kN，故

$F = 77.5$ kN 时，CD 杆先失稳。

当 MN 也失稳时，根据 $\sum M_A = 0$，$F_{cr} \cdot 4 + F_{cr} \cdot 2 = F \cdot 4$，$F = 93$ kN，即 $F = 93$ kN 时，全部失稳。

【注】本题为简单的一次超静定结构，补充变形协调关系即可求出多余杆件的轴力，求出各杆轴力后即可转化成常规压杆稳定的临界压力计算。需要注意的是当 CD 杆达到临界压力时，将保持临界压力不变，直到 MN 杆也达到临界压力时全部失稳。

【例题 9.10】一平面结构如图 9.15 所示，三杆的材料相同，直径相同，且均为细长压杆，抗弯刚度为 EI，其中 $\alpha = 30°$。试分析三根杆件失稳的先后顺序并确定外力 F 的临界值。（重庆大学 2020）

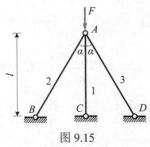

图 9.15

【解析】

由变形协调可知：$\Delta_2 = \Delta_3 = \Delta_1 \cos \alpha$。由胡克定律可知：$\Delta_2 = \dfrac{N_2 \cdot \dfrac{l}{\cos \alpha}}{EA}$，$\Delta_1 = \dfrac{N_1 l}{EA}$，

$\dfrac{\Delta_2}{\Delta_1} = \cos \alpha = \dfrac{N_2}{\cos \alpha \cdot N_1} \Longrightarrow N_2 = N_1 \cos^2 \alpha = 0.75 N_1$。进行受力分析可知：

$N_2 \cos \alpha \times 2 + N_1 = F$，$N_1 = \dfrac{4F}{4 + 3\sqrt{3}}$，$N_2 = \dfrac{3F}{4 + 3\sqrt{3}}$，

若杆 1 达到临界力时，$F_{cr1} = N_1 = \dfrac{4F}{4 + 3\sqrt{3}} = \dfrac{\pi^2 EI}{l^2}$，$F = \dfrac{4 + 3\sqrt{3}}{4} \cdot \dfrac{\pi^2 EI}{l^2}$，

杆 2 的轴力 $N_2 = \dfrac{3F}{4 + 3\sqrt{3}} = \dfrac{\pi^2 EI}{(l/\cos \alpha)^2} = F_{cr2}$，

即杆 1 达到临界力时，杆 2 也达到临界力，所以三根杆件同时失稳。

外力的临界值 $F = F_{cr1} + 2 F_{cr2} \cos \alpha = \dfrac{\pi^2 EI}{l^2} + 2 \times \cos \alpha \dfrac{\pi^2 EI}{(l/\cos \alpha)^2} = 2.3 \dfrac{\pi^2 EI}{l^2}$。

【例题 9.11】图 9.16 所示水平悬臂直梁 BC，长为 L，圆形横截面面积为 A，材料拉压刚度为 EA，抗弯刚度为 EI，自由端 C 处受到铅垂外力 F 的作用，忽略 C 处水平位移。不计梁 BC 的剪切和轴向变形影响。试求：（1）当 $F \leqslant 3EI\Delta/L^3$ 时，梁 C 端的铅垂位移；（2）当 $F > 3EI\Delta/L^3$ 时，若 DE 不发生失稳，求 C 点竖直位移和 DE 段轴力；（3）导致 DE 发生欧拉失稳的力 F 值。（浙江大学 2017）

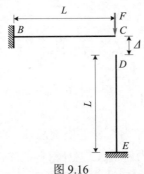

图 9.16

【解析】

（1）当 $F \leqslant \dfrac{3EI\Delta}{L^3}$ 时，C、D 端不接触，设 $M_x = Fx$，BC 杆应变能为

$$V_\varepsilon = \int_0^L \frac{(Fx)^2}{2EI}\,\mathrm{d}x = \frac{F^2 L^3}{6EI}, \quad \frac{1}{2}F\Delta_C = V_\varepsilon, \quad 梁 C 端的铅垂位移 \Delta_C = \frac{FL^3}{3EI}。$$

（2）当 $F > \dfrac{3EI\Delta}{L^3}$ 时，CD 端产生相互作用力，令 DE 杆轴力为 X，则 C 端受力为 $(F-X)$，

$$\Delta_C = \Delta_{DE} + \Delta, \quad \Delta_{DE} = \frac{XL}{EA}, \quad \frac{(F-X)L^3}{3EI} = \Delta + \frac{XL}{EA}, \quad DE 段轴力 X = \frac{FL^3 A - 3EIA\Delta}{L^3 A + 3IL},$$

$$\Delta_{DE} = \frac{XL}{EA} = \frac{L}{EA} \cdot \frac{FL^3 A - 3EIA\Delta}{L^3 A + 3IL} = \frac{FL^3 - 3EI\Delta}{L^2 EA + 3EI}, \quad C 点铅垂位移 \Delta_C = \frac{FL^3 - 3EI\Delta}{L^2 EA + 3EI} + \Delta。$$

（3）当 DE 杆轴力达到临界值时，即 $X = \dfrac{\pi^2 EI}{4L^2} = \dfrac{FL^3 A - 3EIA\Delta}{L^3 A + 3IL}$，

$$\frac{\pi^2 EI}{4L^2}(L^3 A + 3IL) + 3EIA\Delta = FL^3 A, \quad 解得 F = \frac{\pi^2 EI}{4L^2} + \frac{3\pi^2 EI^2}{4AL^4} + \frac{3EI\Delta}{L^3}。$$

【注】 当 C 点和 D 点刚接触时，C 点对 D 点没有任何约束，此时 DE 杆可以看作是一端固定一端自由的细长杆。

【例题 9.12】某结构如图 9.17 所示，已知压杆为大柔度杆，材料弹性模量 $E = 200\,\text{GPa}$，AB 杆长 $2L$，CD 杆长 L，AB 杆、CD 杆直径均为 d，$L = 20d = 1\,\text{m}$，压杆稳定安全因数 $n_{\text{st}} = 3$，求均布荷载最大值。（上海交通大学 2019）

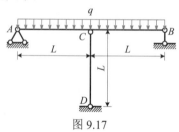

图 9.17

【解析】

设 CD 杆轴力为 F，由变形协调方程可得

$$\frac{5q(2L)^4}{384EI} - \frac{F(2L)^3}{48EI} = \frac{FL}{EA}, \quad I = \frac{\pi d^4}{64}, \quad A = \frac{\pi d^2}{4}, \quad F = \frac{10qL^3}{8L^2 + 3d^2} = 25qd = 1.25qL,$$

$$[F_{\text{cr}}] = \frac{F_{\text{cr}}}{n_{\text{st}}} = \frac{\pi^2 EI}{L^2 n_{\text{st}}} = \frac{\pi^3 Ed^4}{3 \times 64L^2} = \frac{\pi^3 \times 200 \times 10^3 \times 50^4}{3 \times 64 \times 1\,000^2} = 202 \ (\text{kN}),$$

均布荷载最大值 $q_{\max} = \dfrac{[F_{\text{cr}}]}{1.25L} = \dfrac{202}{1.25} = 161.6 \ (\text{kN/m})。$

【例题 9.13】三根材质相同，直径均为 d 的圆截面杆 1、2、3 的下端与基础铰接，上端与刚性平板铰接。平板上施加有一力偶 M_e，三杆材料的弹性模量均为 E，如图 9.18 所示。已

知杆的长度 $l=30d$，$\lambda_{\mathrm{p}}=100$，求此结构失稳时的 M_{e} 值。（南昌大学 2020）

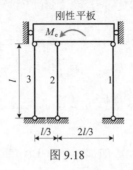

图 9.18

【解析】

结构受力及变形如图 9.19 所示：

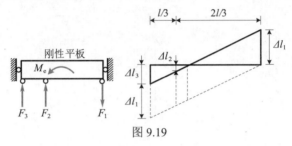

图 9.19

$\sum F_y=0$，$F_1=F_2+F_3$，$\sum M=0$，$\dfrac{2}{3}lF_2+lF_3=M_{\mathrm{e}}$，由变形协调关系可知：

$\dfrac{\Delta l_2+\Delta l_1}{\Delta l_3+\Delta l_1}=\dfrac{2}{3}$，即 $3\left(\dfrac{F_2 l}{EA}+\dfrac{F_1 l}{EA}\right)=2\left(\dfrac{F_3 l}{EA}+\dfrac{F_1 l}{EA}\right)\Longrightarrow F_1=2F_3-3F_2$，

解得 $F_1=\dfrac{15M_{\mathrm{e}}}{14l}$（拉），$F_2=\dfrac{3M_{\mathrm{e}}}{14l}$（压），$F_3=\dfrac{6M_{\mathrm{e}}}{7l}$（压），$F_3>F_2$，杆3易失稳。

$\lambda_3=\dfrac{30d}{d/4}=120>\lambda_{\mathrm{p}}=100$，$F_{\mathrm{cr}3}=\dfrac{\pi^2 EI}{l^2}=F_3=\dfrac{6M_{\mathrm{e}}}{7l}$，$M_{\mathrm{e}}=\dfrac{7\pi^3 Ed^4}{384l}$。

题型四：不同平面内失稳

【例题 9.14】 图 9.20 所示压杆，横截面为 $b\times h$ 的矩形，试从稳定性方面考虑，b/h 为何值最佳。当压杆在 xOy 平面内而失稳时，杆端约束情况可视为两端铰支；当压杆在 xOz 平面内失稳时，杆端约束情况可视为弹性固定，取 $\mu_y=0.7$。（山东大学 2017）

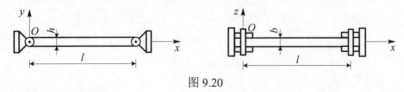

图 9.20

【解析】

要求 b/h 的最佳比值，则要求杆件在轴向力作用下于 xOy 平面、xOz 平面内同时失稳，此时的轴向力便是临界荷载 F_{cr}；当压杆在 xOy 平面内失稳时，杆端约束视为铰支，则 $\mu_z=1$，

$I_z = \dfrac{bh^3}{12}$，临界荷载 $F_{cr} = \dfrac{\pi^2 EI_z}{(\mu_z l)^2} = \dfrac{\pi^2 Ebh^3}{12l^2}$ ①；当压杆在 xOz 平面内失稳时，杆端约束

视为弹性固定，$\mu_y = 0.7$，$I_y = \dfrac{hb^3}{12}$，临界荷载 $F_{cr} = \dfrac{\pi^2 EI_y}{(\mu_y l)^2} = \dfrac{\pi^2 Ehb^3}{12 \times 0.49 l^2}$ ②，

$\dfrac{①}{②} = \dfrac{\frac{\pi^2 Ebh^3}{12l^2}}{\frac{\pi^2 Ehb^3}{12 \times 0.49 l^2}} = \dfrac{0.49h^2}{b^2} = 1$，解得 $b/h = 0.7$。

【例题 9.15】 由材料弹性模量 E 和截面惯性矩 I 均相同的三根圆截面大柔度杆组成的一平面支架，ACD 三点为铰接，B 处为固定端，如图 9.21 所示，试确定该支架因局部失稳时的 F 值（要分别考虑支架平面内及与支架平面垂直面内的稳定问题）。（中国矿业大学 2018）

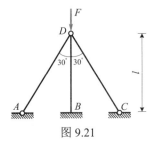

图 9.21

【解析】

取节点 D 为研究对象，由静力平衡关系以及位移协调关系可知：

$\Delta l_{CD} = \Delta l_{AD} = \dfrac{\sqrt{3}}{2} \Delta l_{BD}$，$F_{AD} = F_{CD}$，$F_{BD} + \dfrac{\sqrt{3}}{2} F_{AD} + \dfrac{\sqrt{3}}{2} F_{CD} - F = 0$，

$\Delta l_{CD} = \dfrac{F_{CD} l_{CD}}{EA}$，$\Delta l_{AD} = \dfrac{F_{AD} l_{AD}}{EA}$，$\Delta l_{BD} = \dfrac{F_{BD} l_{BD}}{EA}$，

由上式可得，$F_{AD} = F_{CD} = \dfrac{3}{4 + 3\sqrt{3}} F$，$F_{BD} = \dfrac{4}{4 + 3\sqrt{3}} F$。

由题意可知三根杆均为大柔度杆，支架在平面内失稳时 $\mu_{BD} = 0.7$，$\mu_{AD} = \mu_{CD} = 1$，

$F_{ADcr} = F_{CDcr} = \dfrac{\pi^2 EI}{(\mu_{AD} l_{AD})^2} = \dfrac{0.75 \pi^2 EI}{l^2}$，$F_{BDcr} = \dfrac{\pi^2 EI}{(\mu_{BD} l_{BD})^2} = \dfrac{2.04 \pi^2 EI}{l^2}$；

又 $F_{AD} \leqslant F_{ADcr}$；$F_{BD} \leqslant F_{BDcr} \Longrightarrow F \leqslant \dfrac{2.3 \pi^2 EI}{l^2}$，$F \leqslant \dfrac{4.7 \pi^2 EI}{l^2}$，$[F] = \dfrac{2.3 \pi^2 EI}{l^2}$，

支架在垂直面内失稳时，$\mu_{BD} = 2$，$\mu_{AD} = \mu_{CD} = 1$，此时各杆的临界荷载为

$F_{ADcr} = F_{CDcr} = \dfrac{0.75 \pi^2 EI}{l^2}$，$F_{BDcr} = \dfrac{\pi^2 EI}{(2l)^2} = \dfrac{0.25 \pi^2 EI}{l^2}$；

又 $F_{AD} \leqslant F_{ADcr}$，$F_{BD} \leqslant F_{BDcr} \Longrightarrow F \leqslant \dfrac{2.3 \pi^2 EI}{l^2}$，$F \leqslant \dfrac{0.57 \pi^2 EI}{l^2}$，$[F] = \dfrac{0.57 \pi^2 EI}{l^2}$。

综上可知，该支架因局部失稳时的 F 值为 $[F] = \dfrac{0.57 \pi^2 EI}{l^2}$。

【注】在支架平面内失稳时，各杆的长度因素 μ 容易得出；但在垂直支架平面内失稳时，对于 BD 杆而言，AD 杆和 CD 杆能够在垂直支架平面内任意转动（可理解为 A、C 为球铰），对 BD 杆无任何约束，此时 BD 杆应该看成一端固定一端自由的细长压杆，对于 AD 杆和 CD 杆而言，由于 B 是固定端，不发生任何转动，D 点被固定端通过 BD 杆约束，此时 D 点应该看作与 A 点和 C 点相同的铰支座。

综 合 题

【例题 9.16】如图 9.22 所示结构，AB 为刚性杆，CD、EF 均为 $Q235$ 钢制成的圆截面杆，两端铰支。已知杆 EF、CD 直径均为 $d_1=d_2=40\ \text{mm}$，$l=1\ \text{m}$，材料比例极限 $\sigma_p=200\ \text{MPa}$，屈服极限 $\sigma_s=240\ \text{MPa}$，弹性模量 $E=200\ \text{GPa}$，临界应力直线段公式系数 $a=304\ \text{MPa}$，$b=1.12\ \text{MPa}$，稳定安全因数 $n_{st}=3$，许用应力 $[\sigma]=100\ \text{MPa}$，试求结构的许用荷载 $[F]$。（湖南大学 2016）

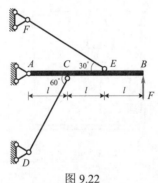

图 9.22

【解析】

由 $\sum M_A=0$ 可知，$F_{EF}\sin 30° \times 2l + F_{CD}\sin 60° \times l = F \times 3l$，$F_{EF}+\dfrac{\sqrt{3}}{2}F_{CD}=3F$，

由变形协调关系可知，$\dfrac{\Delta_{EF}}{\sin 30°}=2\dfrac{\Delta_{CD}}{\sin 60°}$，$\Delta_{EF}=\dfrac{F_{EF}}{EA}\cdot\dfrac{4\sqrt{3}}{3}l$，$\Delta_{CD}=\dfrac{F_{CD}}{EA}\cdot 2l$，

$F_{CD}=F_{EF}=\dfrac{6F}{2+\sqrt{3}}$，$EF$ 杆受压，CD 杆受拉。

EF 杆受压，需进行稳定性校核：

$\lambda=\dfrac{\mu}{i}\cdot\dfrac{4\sqrt{3}}{3}l=\dfrac{1.5}{\frac{d}{4}}=230.9>\lambda_p=\pi\sqrt{\dfrac{E}{\sigma_p}}=99$，按细长杆计算临界力：

$F_{cr}=\dfrac{\pi^2 EI}{\left(\dfrac{4\sqrt{3}}{3}l\right)^2}=\dfrac{\pi^2\times 200\times 10^3\times\frac{\pi}{64}\times 40^4}{2\ 309.3^2}=46.5\ (\text{kN})$，

$$F_{EF} = \frac{6F}{2+\sqrt{3}} \leqslant \frac{F_{cr}}{n_{st}} = \frac{46.5}{3} = 15.5 \Longrightarrow F \leqslant 9.64 \text{ (kN)} 。$$

CD 杆受拉，需进行强度校核：

$$\sigma = \frac{F_{CD}}{A} = \frac{\dfrac{6F}{2+\sqrt{3}}}{\dfrac{\pi d^2}{4}} = \frac{24F}{(2+\sqrt{3})\pi d^2} \leqslant [\sigma] \Longrightarrow F \leqslant \frac{\pi \times 40^2 \times 100}{16} = 78.2 \text{ (kN)} 。$$

所以结构许可荷载 $[F] = 9.64$ kN 。

【注】 本题难点在于列变形协调方程求解超静定问题。此外，压杆需根据稳定性来验证，而拉杆需要根据强度条件来验证，不能混淆。

【例题 9.17】 某结构受力及截面如图 9.23 所示，弹性模量均为 20 GPa，CD 杆 $\lambda < \lambda_p$ 时，$F_{cr} = 48\,000 - 0.001\,4\lambda^2$。已知 $d = 10$ mm，$B = 20$ mm，$H = 50$ mm，求杆 CD 的变形量。（大连理工大学 2015）

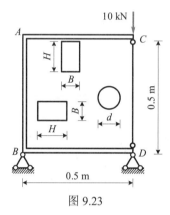

图 9.23

【解析】

设 CD 杆的轴力大小为 F_{CD}，则结构可以化简成如图 9.24 所示的计算简图。由于结构对称，取一半进行受力分析：

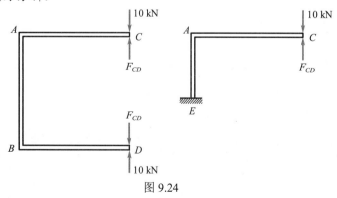

图 9.24

$$\frac{\Delta_{CD}}{2} = \frac{F_{CD}l}{2EA_1} = \frac{(10-F_{CD})\cdot l^3}{3EI} + \frac{(10-F_{CD})\cdot l \cdot \dfrac{l}{2}}{EI} \cdot l + \frac{(10-F_{CD})\cdot \dfrac{l}{2}}{EA_2},$$

$$I = \frac{20 \times 50^3}{12} = 208\,333 \ (\text{mm}^4), \quad A_1 = \frac{\pi}{4}d^2 = 78.54 \ (\text{mm}^2), \quad A_2 = BH = 1\,000 \ (\text{mm}^2),$$

代入数据可得 $F_{CD} = 9.94$ kN，$\lambda_{CD} = \dfrac{500}{\frac{d}{4}} = 200 < \lambda_{\text{p}}$，

$F_{\text{cr}} = 48\,000 - 0.14 \times 200^2 = 42.4 \ (\text{kN}) > F_{CD} = 9.94 \ (\text{kN})$，稳定性满足要求。

所以 CD 杆的变形量 $\Delta_{CD} = \dfrac{F_{CD}l}{EA_1} = \dfrac{9.94 \times 10^3 \times 500}{20 \times 10^3 \times 78.54} = 3.164 \ (\text{mm})$。

【注】本题考查的是如何应用抛物线公式来计算压杆临界压力。

【例题 9.18】两端固定的管道长为 2 m，内径 $d = 30$ mm，外径 $D = 40$ mm。材料为 Q235 钢，$\sigma_{\text{s}} = 235$ MPa，$\sigma_{\text{p}} = 200$ MPa，$E = 210$ GPa，直线经验公式的系数 $a = 304$ MPa，$b = 1.12$ MPa，线膨胀系数 $\alpha = 125 \times 10^{-7} /^\circ\text{C}$。若安装管道时的温度为 10 ℃，试求不引起管道失稳的最高温度。（中南大学 2016）

【解析】

$$\text{管道柔度} \ \lambda = \frac{\mu l}{i} = 0.5l\sqrt{\frac{A}{I}} = \frac{2l}{\sqrt{D^2 + d^2}} \approx 80, \quad \lambda_{\text{p}} = \pi\sqrt{\frac{E}{\sigma_{\text{p}}}} \approx 101.8,$$

$\lambda_{\text{s}} = \dfrac{a - \sigma_{\text{s}}}{b} \approx 61.6$，由 $\lambda_{\text{s}} < \lambda < \lambda_{\text{p}}$ 可知，管道为中柔度杆，则

$$F_{\text{cr}} = A(a - b\lambda) = \frac{\pi(a - b\lambda)(D^2 - d^2)}{4} = 117.9 \ \text{kN}，\text{令最高温度为 } T，\text{则变形协调条件为}$$

$\dfrac{F_{\text{cr}}l}{EA} = (T - T_0)\alpha l \Longrightarrow T = 91.7 \ ^\circ\text{C}$，即不引起管道失稳的最高温度为 91.7 ℃。

【注】第六章中介绍过温度超静定问题，本题中的临界压力即为温度超静定中的多余轴向压力。

【例题 9.19】试分析图 9.25 所示平面结构可能的失稳模式，并求其发生弹性屈曲时的最小失稳临界荷载。已知 $q = 0.6P/a$。

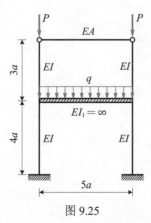

图 9.25

【解析】

图示结构有四种可能的失稳模式，失稳后的变形图如图 9.26 所示。

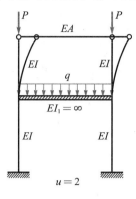 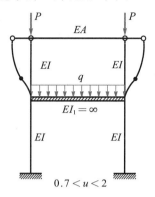

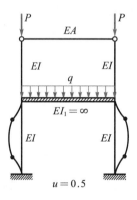 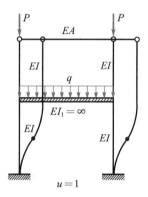

图 9.26

四种失稳模式下的临界荷载分别为

$$P_1 = \frac{\pi^2 EI}{(2 \times 3a)^2} = \frac{\pi^2 EI}{36a^2},$$

$$P_1 < P_2 < \frac{\pi^2 EI}{(0.7 \times 3a)^2} = \frac{\pi^2 EI}{4.41a^2},$$

$$P_3 + \frac{0.6P_3/a \times 5a}{2} = 2.5P_3, \quad 2.5P_3 = \frac{\pi^2 EI}{(0.5 \times 4a)^2}, \quad P_3 = \frac{\pi^2 EI}{10a^2},$$

$$2.5P_4 = \frac{\pi^2 EI}{(1 \times 4a)^2}, \quad P_4 = \frac{\pi^2 EI}{40a^2},$$

综上可知，最小失稳临界荷载 $P_{\min} = P_4 = \dfrac{\pi^2 EI}{40a^2}$。

附：截面几何性质

第一节　静矩与形心

如附图 1 所示，任意截面对 y 轴和 x 轴的**静矩**以及截面**形心**坐标分别为：$S_y = \int_A x\,\mathrm{d}A$，

$S_x = \int_A y\,\mathrm{d}A$，$x_C = \dfrac{S_y}{A}$，$y_C = \dfrac{S_x}{A}$；若干简单图形（矩形、圆形或三角形）组成截面时，

组合截面的静矩和形心坐标为

$$S_y = \sum_{i=1}^{n} A_i x_i, \quad S_x = \sum_{i=1}^{n} A_i y_i, \quad x_C = \frac{\sum_{i=1}^{n} A_i x_i}{\sum_{i=1}^{n} A_i}, \quad y_C = \frac{\sum_{i=1}^{n} A_i y_i}{\sum_{i=1}^{n} A_i}$$

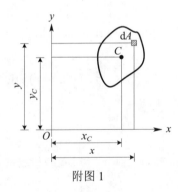

附图 1

关于静矩应注意如下要点：

（1）静矩是面积的一次矩，即面积乘以坐标。

（2）同一图形对不同坐标轴的静矩不同。

（3）面积始终为正值，坐标可能是正值、负值或零，因此静矩也可能是正值、负值或零；若图形对某一轴的静矩等于零，则该轴一定通过图形的形心，若某一轴通过形心，则图形对该轴的静矩一定等于零。

（4）静矩的量纲为长度的三次方，常用单位是 m^3 或 mm^3。

（5）既要学会从定义出发，通过定积分（或二重积分）来求解任意图形对某一坐标轴的静矩，又要学会利用形心和静矩之间的关系，基于常见图形的面积公式和形心位置（见附表 1），快速求解组合截面对某一坐标轴的静矩，进而求得组合截面的形心坐标。

附表 1

常见图形	矩形	三角形	半圆形
形心位置	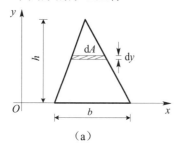		

题型一：计算静矩和形心位置

【例题 1】 试用积分法求如附图 2 所示三角形截面和半圆形截面对 x 轴静矩，并确定附图（b）半圆形的形心坐标。

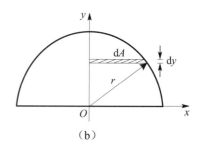

附图 2

【解析】

（1）取平行于 x 轴的狭长条作为面积元素，$\mathrm{d}A = b(y)\mathrm{d}y$，$b(y) = \dfrac{b}{h}(h-y)$，

$\mathrm{d}A = \dfrac{b}{h}(h-y)\mathrm{d}y$，$\mathrm{d}A$ 代入 S_x 中，$S_x = \displaystyle\int_0^h \dfrac{b}{h}(h-y)y\,\mathrm{d}y = b\int_0^h y\,\mathrm{d}y - \dfrac{b}{h}\int_0^h y^2\,\mathrm{d}y = \dfrac{bh^2}{6}$。

（2）根据静矩定义 $S_x = \displaystyle\int_0^r y\cdot 2\sqrt{r^2-y^2}\cdot\mathrm{d}y = -\dfrac{2}{3}\left(r^2-y^2\right)^{\frac{3}{2}}\Big|_0^r = \dfrac{2}{3}r^3$，

截面关于 y 轴对称，所以截面形心在轴上，形心的横坐标 $x_C = 0$，形心纵坐标为

$$y_C = \dfrac{S_x}{A} = \dfrac{\frac{2}{3}r^3}{\frac{1}{2}\pi r^2} = \dfrac{4r}{3\pi}$$，采用极坐标计算静矩为

$$S_x = \int_A y\,\mathrm{d}A = 2\int_0^{\frac{\pi}{2}}\mathrm{d}\theta\int_0^r \rho\cdot\sin\theta\cdot\rho\cdot\mathrm{d}\rho = 2\int_0^{\frac{\pi}{2}}\sin\theta\cdot\mathrm{d}\theta\int_0^r \rho^2\,\mathrm{d}\rho = \dfrac{2r^3}{3}$$。

【注】（1）本题考查从定义出发，通过积分求静矩，解题时牢记"静矩是面积的一次矩"，列表达式，求积分即可。（2）若不限定求解方法，且已知图形的形心，也可以利用形心与静矩的关系，快速求解静矩，如附图 2（a）中静矩可表示为 $S_x = A\cdot y_C = \dfrac{1}{2}bh\cdot\dfrac{1}{3}h = \dfrac{1}{6}bh^2$，

附图 2（b）中静矩可表示为 $S_x = A\cdot y_C = \dfrac{1}{2}\pi r^2\cdot\dfrac{4r}{3\pi} = \dfrac{2r^3}{3}$。

【例题2】试求附图3所示平面图形阴影部分形心位置，尺寸单位：mm。（吉林大学2017）

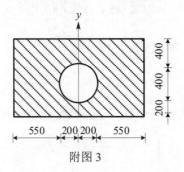

附图3

【解析】

以图形底边为参考坐标轴，利用组合截面形心公式求解：

$$y_C = \frac{1\,500 \times 1\,000 \times 500 - \frac{\pi}{4} \times 400^2 \times 400}{1\,500 \times 1\,000 - \frac{\pi}{4} \times 400^2} = 509.1 \ (\text{mm})。$$

【注】（1）形心和静矩是不可分割的一对概念，可由形心位置求静矩，也可由静矩反求形心位置。（2）此题中应用"割补法"求解组合截面静矩公式，也称"负面积法"。

【例题3】附图4所示矩形截面，C 为形心，阴影面积对 z_C 轴的静矩为 S_1，其他部分面积对 z_C 轴的静距为 S_2，S_1 与 S_2 之间关系的正确答案为（　　　）。（昆明理工大学2013）

A．$S_1 > S_2$　　　B．$S_1 < S_2$　　　C．$S_1 = S_2$　　　D．$S_1 = -S_2$

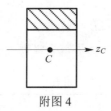

附图4

【解析】

如附图5所示，将附图4中阴影部分以外面积分割为 A_2 和 A_3，y_1、y_2、y_3 分别表示 A_1、A_2、A_3 三个图形面积的形心到 z_C 轴距离，则 $S_2 = \int_{A_2} y\,\mathrm{d}A + \int_{A_3} y\,\mathrm{d}A = A_2 \cdot y_2 + A_3 \cdot y_3 = A_3 \cdot y_3 = -S_1$。其中 $y_2 = 0$，$A_1 = A_3$，$y_3 = -y_1$，故本题选D。

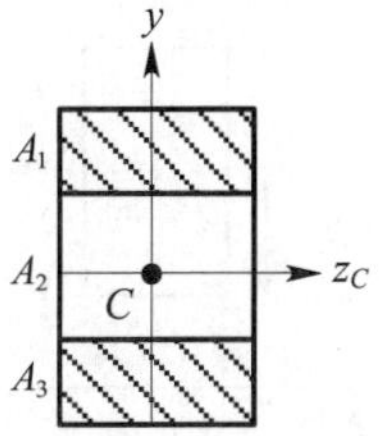

附图5

【注】（1）静矩可能是正值，可能是负值，也可能为零。（2）若某一轴通过形心，则图形对该轴的静矩一定等于零。

第二节　惯性矩、极惯性矩、惯性积

如附图 6 所示，图形对 y 轴和 x 轴的**惯性矩**分别为

$$I_y = \int_A x^2 \mathrm{d}A \, , \quad I_x = \int_A y^2 \mathrm{d}A$$

图形对 O 点的**极惯性矩**以及图形对 x 轴、y 轴**惯性积**分别为

$$I_\mathrm{p} = \int_A \rho^2 \mathrm{d}A = \int_A (x^2 + y^2) \mathrm{d}A = I_y + I_x \, , \quad I_{xy} = \int_A xy \, \mathrm{d}A$$

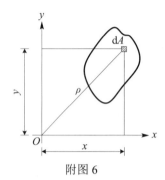

附图 6

常见截面的惯性矩见附表 2，关于惯性矩、极惯性矩、惯性积，应关注如下要点：

（1）惯性矩是面积的二次矩，即：面积乘以坐标的平方。

（2）同一图形对不同坐标轴的惯性矩不同。

（3）惯性矩和极惯性矩数值恒为正，惯性积的数值可能为正、负或零。

（4）惯性矩的量纲为长度的四次方，常用单位是 m^4 或 mm^4。

（5）惯性积常用来判断一对坐标轴是否为主惯性轴。

附表 2

截面形状和形心轴位置	惯性矩	
	I_x	I_y
矩形 h、b	$\dfrac{bh^3}{12}$	$\dfrac{b^3 h}{12}$
三角形 h、b	$\dfrac{bh^3}{36}$	$\dfrac{b^3 h}{36}$

续附表 2

截面形状和形心轴位置	惯性矩	
	I_x	I_y
	$\dfrac{bh^3}{36}$ （对底边的惯性矩 $\dfrac{bh^3}{12}$ ）	—
	$\dfrac{\pi D^4}{64}$	$\dfrac{\pi D^4}{64}$
	$\dfrac{\pi D^4}{64}(1-\alpha^4)$ $\alpha=\dfrac{d}{D}$	$\dfrac{\pi D^4}{64}(1-\alpha^4)$ $\alpha=\dfrac{d}{D}$
	$\dfrac{\pi ab^3}{4}$	$\dfrac{\pi a^3 b}{4}$

题型二：计算惯性矩和惯性积

【例题 4】 试用积分法求附图 7 所示三角形、矩形、圆形截面对 x 轴的惯性矩。

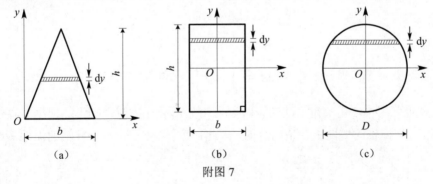

（a）　　　　　　（b）　　　　　　（c）

附图 7

【解析】

（1）求三角形截面对 x 轴的惯性矩：

$$\mathrm{d}A=b(y)\mathrm{d}y,\quad b(y)=\frac{b}{h}(h-y),\quad I_x=\int_A y^2\mathrm{d}A=\int_0^h y^2\frac{b}{h}(h-y)\mathrm{d}y=\frac{1}{12}bh^3.$$

（2）求矩形截面对 x 轴的惯性矩：

取平行于 x 轴狭长条作为微面积 $\mathrm{d}A$，$\mathrm{d}A = b\,\mathrm{d}y$，$I_x = \int_A y^2 \mathrm{d}A = \int_{-\frac{h}{2}}^{\frac{h}{2}} by^2 \mathrm{d}y = \dfrac{bh^3}{12}$。

（3）求圆形截面对 x 轴的惯性矩：

$\mathrm{d}A = 2x\,\mathrm{d}y = 2\sqrt{R^2 - y^2}\,\mathrm{d}y$，$I_x = \int_A y^2 \mathrm{d}A = 2\int_{-R}^{R} y^2 \sqrt{R^2 - y^2}\,\mathrm{d}y = \dfrac{\pi R^2}{4} = \dfrac{\pi D^4}{64}$。

若用极坐标计算，则

$$I_x = \int_A y^2 \mathrm{d}A = 4\int_0^{\frac{\pi}{2}} \mathrm{d}\theta \int_0^{\frac{D}{2}} (\rho \cdot \sin\theta)^2 \cdot \rho \cdot \mathrm{d}\rho$$

$$= 4\int_0^{\frac{\pi}{2}} \sin^2\theta\,\mathrm{d}\theta \int_0^{\frac{D}{2}} \rho^3 \mathrm{d}\rho = 4 \times \frac{1}{2} \times \frac{\pi}{2} \times \left(\frac{D}{2}\right)^4 = \frac{\pi D^4}{64}。$$

【注】（1）本题考查从定义出发，通过积分求惯性矩，解题时牢记"惯性矩是面积的二次矩"，列表达式，求积分即可。（2）若不限定求解方法，本题第一问可以利用平行移轴公式快速求解：$I_x = \dfrac{bh^3}{36} + \dfrac{1}{2}bh \cdot \left(\dfrac{1}{3}h\right)^2 = \dfrac{1}{12}bh^3$。（3）建议考生记住结论：若已知三角形的底和高分别为 b 和 h，则三角形对底边的惯性矩为 $\dfrac{1}{12}bh^3$。

【例题 5】求附图 8 所示直角扇形的 I_x 和 I_y。（太原理工大学 2015）

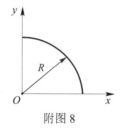

附图 8

【解析】

用极坐标来计算，则 $I_x = \int_A y^2 \mathrm{d}A = \int_0^{\frac{\pi}{2}} \mathrm{d}\theta \int_0^R r^2 \sin^2\theta \cdot r\,\mathrm{d}r = \dfrac{\pi R^4}{16}$，$I_y = I_x = \dfrac{\pi R^4}{16}$。

【注】本题也可用惯性矩的定义快速求解，若将扇形补充为整个圆形，根据对称性可知每个 1/4 圆形对坐标轴的惯性矩都是相等的，因此，每个 1/4 圆形对坐标轴的惯性矩都可表示为 $I_x = I_y = \dfrac{1}{4} \times \dfrac{\pi(2R)^4}{64} = \dfrac{\pi R^4}{16}$。

【例题 6】平面图形对任一对正交坐标轴惯性积，其数值（　　）。（南京工业大学 2016）

A. 恒为正值　　　　　　　　　　　　B. 可以是正值或等于零，不可能是负值

C. 可以是正值或负值，也可以等于零　　D. 可以是正值或负值，不可以等于零

【解析】

惯性积 $I_{xy} = \int_A xy\,\mathrm{d}A$ ，其中的 x 和 y 是微面积 $\mathrm{d}A$ 在直角坐标系中的坐标值，可为正值、负值或零。故本题选 C。

【注】 本题需从定义出发来理解，惯性矩和极惯性矩的数值恒为正，而惯性积的数值可能为正值、负值或零（数值判断与静矩类似）。

【例题 7】 试求附图 9 所示的图形对坐标轴的惯性积 I_{xy} 。

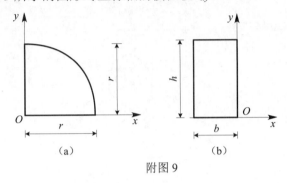

(a)   (b)

附图 9

【解析】

（1）弧形截面可以通过极坐标来计算二重积分，根据惯性积的定义可得

$$I_{xy} = \iint_A xy\,\mathrm{d}\sigma, \quad x = \rho\cos\theta, \quad y = \rho\sin\theta, \quad I_{xy} = \int_0^{\frac{\pi}{2}} \mathrm{d}\theta \int_0^r \rho^3 \cdot \cos\theta \cdot \sin\theta \cdot \mathrm{d}\rho = \frac{1}{8}r^4;$$

（2）矩形截面可以在直角坐标中计算二重积分：

$$I_{xy} = \iint_A xy\,\mathrm{d}\sigma = \int_{-b}^0 \int_0^h xy\,\mathrm{d}y\,\mathrm{d}x = -\frac{1}{4}b^2h^2.$$

【注】（1）本题利用二重积分计算惯性积。惯性矩、极惯性矩、惯性积的计算本质上是高等数学中二重积分的物理应用，考生应做到了然于心。（2）截面形心位于坐标系的第二、四象限，则惯性积必为负值。

第三节　平行移轴公式

平行移轴公式解决的问题：已知截面对形心轴 x_C、y_C 的惯性矩，求截面对与形心轴平行的 x、y 轴的惯性矩和惯性积，或进行逆向计算。

设一面积为 A 的任意形状截面如附图 10 所示。截面对于任意 x、y 轴的惯性矩和惯性积为 I_x、I_y、I_{xy}，其中 x_C、y_C 轴通过截面形心并且与 x、y 轴平行，则有

$$I_x = \int_A y^2\,\mathrm{d}A = \int_A (y_C + a)^2\,\mathrm{d}A = I_{x_C} + a^2 A \tag{1}$$

同理

$$I_y = I_{y_C} + b^2 A , \quad I_{xy} = I_{x_C y_C} + abA \tag{2}$$

注意，公式（1）（2）中的 a、b 两坐标值有正负号，可由截面形心 C 所在的象限来确定。

公式（1）和公式（2）称为惯性矩和惯性积的**平行移轴公式**。此外，组合截面的惯性矩和惯性积公式为 $I_x = \sum\limits_{i=1}^{n} I_{xi}$，$I_{xy} = \sum\limits_{i=1}^{n} I_{xiyi}$，$I_y = \sum\limits_{i=1}^{n} I_{yi}$。

在包含形心轴的所有平行线中，截面对形心轴的惯性矩最小，即 $I_x \geqslant I_{x_C}$，$I_y \geqslant I_{y_C}$。

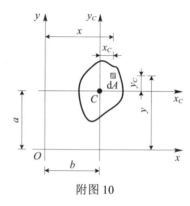

附图 10

题型三：平行移轴公式与组合截面惯性矩计算

【例题 8】附图 11 所示矩形面积为 A，C 点为形心，z_2、z_C、z_1 为平行轴，间距分别为 b 和 a，若已知图形对 z_1 轴的惯性矩为 I_1，则现图形对 z_2 轴的惯性矩为（   ）。（重庆大学 2017）

A. $I_1 + (a+b)^2 A$ B. $-(a+b)^2 A$

C. $I_1 - b^2 A + a^2 A$ D. $I_1 + b^2 A - a^2 A$

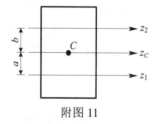

附图 11

【解析】

根据平行移轴公式可知图形对 z_C 轴的惯性矩 $I_C = I_1 - a^2 A$，同理可知图形对 z_2 轴的惯性矩 $I_2 = I_C + b^2 A = I_1 + b^2 A - a^2 A$，故本题选 D。

【注】平行移轴公式是已知截面对形心轴 x_C、y_C 的惯性矩，加上形心的面积矩，从而可求出平移到 x、y 轴的惯性矩；反之若知道 x、y 轴的惯性矩，减去形心的面积矩，即可得知截面对形心轴 x_C、y_C 的惯性矩。

【**例题 9**】如附图 12 所示，边长 $2a$ 的正方形割去四分之一面积，剩余面积的形心坐标为 $\left(\dfrac{5}{6}a,\ \dfrac{5}{6}a\right)$，求剩余面积对 y_C 轴的惯性矩 I_{yC}。（哈尔滨工程大学 2020）

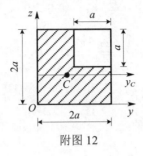

附图 12

【**解析**】

根据平行移轴公式：$I_{yC}=\dfrac{2a\cdot(2a)^3}{12}+(2a)^2\cdot\left(\dfrac{a}{6}\right)^2-\left[\dfrac{a\cdot a^3}{12}+a^2\cdot\left(\dfrac{2a}{3}\right)^2\right]=\dfrac{11}{12}a^4$。

【**注**】本题运用了割补法和平行移轴公式。阴影部分面积对 y_C 轴的惯性矩等于大正方形和小正方形对 y_C 轴的惯性矩之差，运用平行移轴公式求解大正方形和小正方形惯性矩。

【**例题 10**】求附图 13 所示图形对 y、z 轴的惯性矩 I_y 和 I_z。（燕山大学 2020）

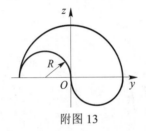

附图 13

【**解析**】

根据割补法可知：$I_y=I_z=\dfrac{1}{2}\times\dfrac{\pi(4R)^4}{64}-\dfrac{1}{2}\times\dfrac{\pi(2R)^4}{64}+\dfrac{1}{2}\times\dfrac{\pi(2R)^4}{64}=2\pi R^4$。

【**注**】本题可用惯性矩的定义快速求解。根据对称性，y 轴以下半圆和 y 轴以上挖除的半圆对 y 轴的惯性矩相等，因此，图形对 y 轴的惯性矩等于半径为 $2R$ 的半圆对 y 轴的惯性矩；对 z 轴的惯性矩同理。

【**例题 11**】求附图 14 所示截面阴影部分对于 y 轴的截面惯性矩。（燕山大学 2018）

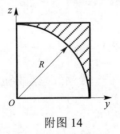

附图 14

【解析】

图中阴影部分可以看成是四分之一个正方形中割去四分之一个圆形，四分之一个正方形对 y 轴惯性矩为 $I_{y1} = \dfrac{1}{4} \cdot \dfrac{2R(2R)^3}{12} = \dfrac{R^4}{3}$，四分之一个圆形对 y 轴惯性矩为 $I_{y2} = \dfrac{\pi R^4}{16}$，

阴影部分对 y 惯性矩 $I_y = I_{y1} - I_{y2} = \dfrac{16 - 3\pi}{48} R^4 = 0.137 R^4$。

【注】 割补法是求解静矩和惯性矩最常见的方法之一，灵活应用割补法还需掌握常见图形的截面几何性质。

第四节　转轴公式、主惯性轴

一、转轴公式

转轴公式解决的问题：已知截面对坐标轴 x、y 轴的惯性矩和惯性积，求截面对 x_1、y_1 轴的惯性矩和惯性积。$x_1 O y_1$ 为 xOy 绕坐标原点转过 α 角（逆时针为正）后形成了新坐标系。

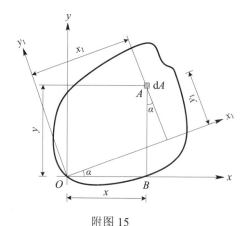

附图 15

如附图 15 所示，直角坐标系内的一点（x，y）绕原点 O 旋转 α 角到（x_1，y_1），且以逆时针为正，两坐标间关系为：$x_1 = x\cos\alpha + y\sin\alpha$，$y_1 = y\cos\alpha - x\sin\alpha$，记该截面对新坐标轴 x_1、y_1 的惯性矩和惯性积分别为 I_{x1}、I_{y1}、I_{x1y1}，则

（1）$I_{x1} = \dfrac{I_x + I_y}{2} + \dfrac{I_x - I_y}{2}\cos 2\alpha - I_{xy}\sin 2\alpha$，

$I_{y1} = \dfrac{I_x + I_y}{2} - \dfrac{I_x - I_y}{2}\cos 2\alpha + I_{xy}\sin 2\alpha$，　$I_{x1y1} = \dfrac{I_x - I_y}{2}\sin 2\alpha + I_{xy}\cos 2\alpha$。

（2）截面对于通过同一点的任意一对相互垂直坐标轴的两惯性矩之和为常数，且为极惯性矩，即 $I_{x1} + I_{y1} = I_x + I_y = I_p$。

二、主惯性轴与主惯性矩

主惯性轴：使惯性积等于零的一对坐标轴。

主惯性矩：截面对主惯性轴的惯性矩。

形心主惯性轴：当一对主惯性轴的交点与形心重合时，称为形心主惯性轴，简称形心主轴。

形心主惯性矩：截面对形心主惯性轴的惯性矩。

以下结论需掌握：

（1）过截面上任一点可以有无数对坐标轴，其中必定有一对是主惯性轴，分别对应惯性矩的最大、最小值。

（2）主惯性矩的计算公式为：$I_{max}/I_{min} = \dfrac{I_x + I_y}{2} \pm \dfrac{1}{2}\sqrt{(I_x - I_y)^2 + 4I_{xy}^2}$，与原坐标轴之间的夹角 α_0 由式 $\tan 2\alpha_0 = \dfrac{-2I_{xy}}{I_x - I_y}$ 确定。

（3）若截面有对称轴（一条或多条），则包含对称轴且经过形心的一对相互垂直的坐标轴就是形心主轴。

（4）求形心主惯性矩的一般方法：①确定形心位置；②选择通过形心的一对便于计算惯性矩和惯性积的坐标轴 x、y，计算 I_x、I_{xy}、I_y；③利用公式计算形心主惯性矩的数值和形心主轴方位。**对于有对称轴的截面，由于包含对称轴且经过形心的一对相互垂直的坐标轴就是形心主轴，计算过程将大大简化，求解的关键在于确定形心位置。**

题型四：计算形心主惯性矩

【例题 12】求附图 16 所示平面图形的形心主惯性轴方位及形心主惯性矩的大小。（太原理工大学 2017）

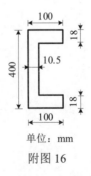

单位：mm

附图 16

【解析】

如附图 17 所示建立 yOz 坐标系，由于图形关于 z 轴对称，故 z 轴过形心，是一条形心主轴，设形心为 C，则形心惯性矩为

$$I_z = \frac{100 \times 400^3}{12} - \frac{89.5 \times (400-36)^3}{12} = 173.63 \times 10^{-6} \ (m^4),$$

$$I_{y_C} = \frac{400 \times 10.5^3}{12} + 400 \times 10.5 \times \left(27 - \frac{10.5}{2}\right)^2 +$$

$$\left[\frac{18 \times 89.5^3}{12} + 89.5 \times 18 \left(\frac{89.5}{2} + 10.5 - 27\right)^2\right] \times 2 = 6.75 \times 10^{-6} \quad (\text{m}^4)_{\circ}$$

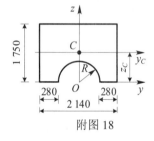

附图 17

【注】本题为有一条对称轴的截面，包含对称轴且经过形心的一对相互垂直的坐标轴就是形心主轴，求解关键在于确定形心坐标；考生应学会合理建立坐标系，确定形心位置。

【例题 13】试求附图 18 所示拱形截面对形心轴 y_C 的惯性矩。（太原理工大学 2020）

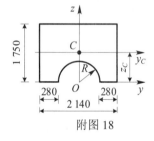

附图 18

【解析】

$$形心坐标 z_C = \frac{1\,750 \times 2\,140 \times \frac{1\,750}{2} - \frac{1}{2} \times \pi \times 790^2 \times \frac{4 \times 790}{3 \times \pi}}{1\,750 \times 2\,140 - \frac{1}{2} \times \pi \times 790^2} = 1\,066.38 \quad (\text{mm})_{,}$$

半圆形心主轴惯性矩 $I_0 = \frac{1}{2} \cdot \frac{\pi \cdot 1\,580^4}{64} - \frac{1}{2} \cdot \pi \cdot 790^2 \cdot \left(\frac{4 \cdot 790}{3\pi}\right)^2 = 4.28 \times 10^{10} \quad (\text{mm}^4)_{,}$

半圆形对 y_C 轴的惯性矩为

$$I_1 = I_0 + \frac{1}{2} \times \pi \times 790^2 \times \left(z_C - \frac{4 \times 790}{3 \times \pi}\right)^2$$

$$= 4.28 \times 10^{10} + \frac{1}{2} \times \pi \times 790^2 \times \left(1\,066.38 - \frac{4 \times 790}{3 \times \pi}\right)^2 = 5.67 \times 10^{11} \quad (\text{mm}^4)_{,}$$

拱形截面对形心轴惯性矩为

$$I_{y_C} = \frac{1}{12} \times 2\,140 \times 1\,750^3 + 1\,750 \times 2\,140 \times \left(\frac{1\,750}{2} - 1\,066.38\right)^2 - 5.67 \times 10^{11}$$

$$= 5.26 \times 10^{11} \quad (\text{mm}^4)_{\circ}$$

【注】本题考查了静矩、惯性矩的计算以及平行移轴公式的应用，此外半圆形形心位置应当做结论记住。

题型五：应用转轴公式求惯性矩

【例题14】如附图19所示边长为 a 的正方形截面，对 z 轴的惯性矩 $I_z =$ _____。（石家庄铁道大学2018）

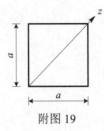

附图19

【解析】

方法一：从定义出发，根据积分法可得 $I_z = \displaystyle\int_A y^2 \mathrm{d}A = 4 \int_0^{\frac{\sqrt{2}a}{2}} \mathrm{d}y \int_0^{\frac{\sqrt{2}a}{2}-y} y^2 \mathrm{d}z = \dfrac{a^4}{12}$。

方法二：建立附图20所示正交坐标系，则 $I_{y1} = I_{z1} = \dfrac{a^4}{12}$，应用

转轴公式 $I_z = \dfrac{I_{z1}+I_{y1}}{2} + \dfrac{I_{z1}-I_{y1}}{2}\cos 90° - I_{z1y1}\sin 90°$，由于轴 z_1 为

对称轴，即 $I_{z1y1} = 0$，所以 $I_z = \dfrac{a^4}{12}$。

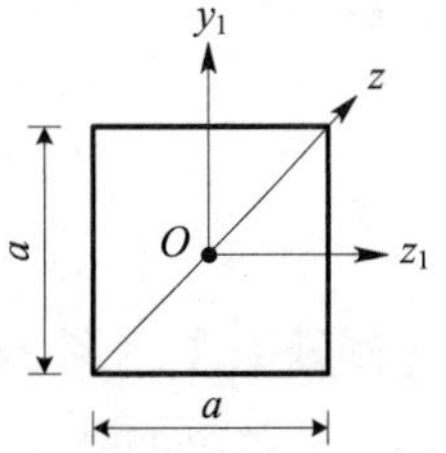

方法三：把正方形截面看成关于 z 轴对称的两个三角形，则

附图20

$$I_z = 2 \times \frac{1}{12} \times \sqrt{2}a \times \left(\frac{\sqrt{2}}{2}a\right)^3 = \frac{a^4}{12}$$ 。

方法四：$I_y + I_z = I_{y1} + I_{z1}$，$I_y = I_z$，$I_{y1} = I_{z1}$，$I_y = I_{y1} = \dfrac{a^4}{12}$。

【注】此题解法众多，最好的解法当属方法四。方法四无须计算，只是从"任一点截面对于通过同一点的任意一对相互垂直的坐标轴的两惯性矩之和为常数"这一基本定理出发即可解出此题，考生应牢牢掌握这一定理。

【例题15】求附图21所示图形阴影部分对 y 轴的惯性矩。（燕山大学2013）

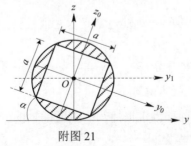

附图21

【解析】

图形阴影部分对其对称轴的惯性矩为

$I_{y_0} = I_{z_0} = \dfrac{\pi d^4}{64} - \dfrac{bh^3}{12} = \dfrac{4\pi a^4}{64} - \dfrac{a^4}{12} = \dfrac{3\pi - 4}{48} a^4$，惯性积 $I_{y_0 z_0} = 0$，由惯性矩转轴公式可

知阴影部分对虚线的惯性矩：$I_{y_1} = \dfrac{I_{y_0} + I_{z_0}}{2} + \dfrac{I_{y_0} - I_{z_0}}{2}\cos 2\alpha - I_{y_0 z_0}\sin 2\alpha = \dfrac{3\pi - 4}{48} a^4$。

又由平行移轴定理可知：

$$I_y = I_{y_1} + A\left(\dfrac{d}{2}\right)^2 = \dfrac{3\pi - 4}{48} a^4 + \left[\dfrac{\pi}{2} a^2 - a^2\right] \times \dfrac{a^2}{2} = \dfrac{15\pi - 28}{48} a^4。$$

【注】 本题可推广到如下结论：设任意图形中 x、y 轴为通过 O 点的主惯性轴，若截面对 x、y 轴的两个主惯性矩相等，则通过 O 的任一轴均为主惯性轴，且其主惯性矩相等。

截面几何性质是材料力学的基础性章节，与其他章节联系表现在：（1）计算扭转切应力时会用到极惯性矩；（2）计算弯曲正应力时会用到惯性矩；（3）计算弯曲切应力时，会用到静矩，考生要掌握基本概念，提高计算能力，为后续章节的学习打下坚实的基础。

综 合 题

【例题 16】 附图 22 中 y、z 轴为形心主惯性轴，y_1、z_1 轴为图形形心主轴的平行轴，下列论述中正确的是（　　）。（重庆大学 2012）

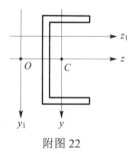

附图 22

A．截面对距形心愈远的轴，其惯性矩愈小

B．y 和 z 轴为一对主惯性轴

C．y_1 和 z_1 轴为一对主惯性轴

D．特殊情况下，惯性积不为零的一对轴也定义为主惯性轴

【解析】

截面对距形心愈远的轴，惯性矩愈大，A 错；使惯性积等于 0 的一对坐标轴是主惯性轴，$I_{yz} = 0$，B 对，C、D 错。故本题选 B。

【注】 惯性积为零的一对坐标轴称为主惯性轴；主惯性轴的坐标原点为形心则称为形心主惯性轴。考生必须能够区分这些概念。

【例题 17】已知附图 23 所示矩形截面对 z_1 轴的惯性矩为 I_{z1}，则该矩形截面对 z_2 轴的惯性矩 I_{z2} 为（　　）。（石家庄铁道大学 2019）

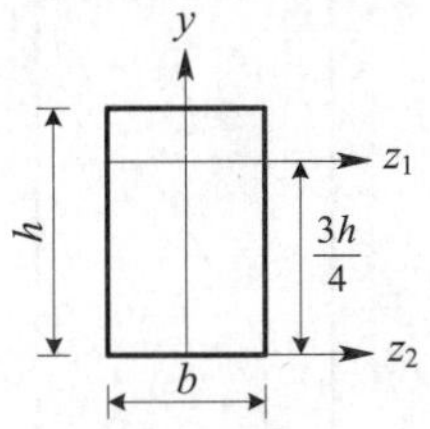

附图 23

A. $I_{z2} = I_{z1} + \dfrac{bh^3}{4}$　　B. $I_{z2} = I_{z1} + \dfrac{3bh^3}{16}$　　C. $I_{z2} = I_{z1} + \dfrac{bh^3}{16}$　　D. $I_{z2} = I_{z1} - \dfrac{3bh^3}{16}$

【解析】

设截面对形心轴的惯性矩为 I_{zC}，则

$$I_{z2} = I_{zC} + b \cdot h \cdot \left(\frac{1}{2}h\right)^2 = I_{z1} - b \cdot h \cdot \left(\frac{1}{4}h\right)^2 + b \cdot h \cdot \left(\frac{1}{2}h\right)^2 = I_{z1} + \frac{3bh^3}{16}$$，故本题选 B。

【注】本题主要考查的是平行移轴公式，平行移轴公式是将惯性矩从形心轴平移到其他轴，即形心轴的惯性矩加上形心的面积矩，从而求出平移后的惯性矩；反之，若知道 x、y 轴的惯性矩，减去形心的面积矩，即可得知截面对形心轴的惯性矩。

【例题 18】附图 24 所示截面为三个直径均为 d 的圆相切，求截面对 z_C 形心轴的惯性矩。（吉林大学 2015）

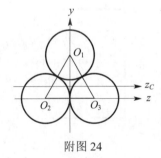

附图 24

【解析】

形心的 y 坐标：$y_C = \dfrac{\dfrac{\pi d^2}{4} \times 0 + \dfrac{\pi d^2}{4} \times 0 + \dfrac{\pi d^2}{4} \times \dfrac{\sqrt{3}}{2}d}{\dfrac{\pi d^2}{4} \times 3} = \dfrac{\sqrt{3}}{6}d$。

形心轴惯性矩：

$$I_{zC} = 2 \times \left[\frac{\pi \times d^4}{64} + \frac{\pi d^2}{4} \times \left(\frac{\sqrt{3}}{6}d\right)^2\right] + \frac{\pi \times d^4}{64} + \frac{\pi d^2}{4} \times \left(\frac{\sqrt{3}}{3}d\right)^2 = \frac{11\pi d^4}{64}$$。

【注】求形心轴惯性矩的第一步是确定形心的位置，而形心坐标是用截面的静矩除以截面面积求得。此外应记住，截面对形心轴的静矩为零。

【例题 19】试计算附图 25 所示矩形截面对 AA 轴的惯性矩。（燕山大学 2016）

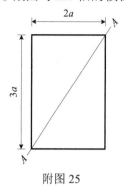

附图 25

【解析】

方法一：如附图 26 所示，建立坐标系：

$$I_x = \frac{2a \times (3a)^3}{12} = \frac{9a^4}{2}, \quad I_y = \frac{3a \times (2a)^3}{12} = 2a^4, \quad I_{xy} = 0。$$

由转轴公式可得 $I_{AA} = \dfrac{I_x + I_y}{2} + \dfrac{I_x - I_y}{2}\cos 2\alpha$，其中 α 为 AA 轴与水平轴的夹角，

$\cos \alpha = \dfrac{2}{\sqrt{13}}$，代入上式可得 $I_{AA} = \dfrac{36a^4}{13}$。

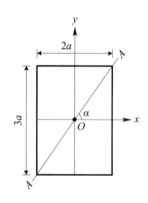

附图 26

方法二：用对角线将矩形分割成两个三角形，且两者对 AA 轴的惯性矩相等，矩形对

AA 轴的惯性矩 $I_{AA} = 2 \times \dfrac{\sqrt{13}\,a}{12} \left(\dfrac{6}{\sqrt{13}}a\right)^3 = \dfrac{36a^4}{13}$。

【注】考生若能记住结论：若已知三角形的底和高分别为 b 和 h，则三角形对底边的惯性

矩为 $\dfrac{1}{12}bh^3$，本题将会变得非常简单。

第二篇 材料力学（Ⅱ）

第十章 能量法

第一节 概述

保持平衡状态的弹性固体在外力作用下发生变形时，外力作用点发生相应的位移，因此弹性固体在变形过程中外力做功。如果不考虑加载过程中其他形式的能量损耗，外力所做的功将全部被变形固体吸收，并储存在弹性固体内部。若弹性固体处于完全弹性阶段（无塑性变形），由变形而储存起来的能量称为**应变能**（Strain Energy），当外力消除时，应变能将全部释放而做功，弹性固体恢复原状。

若外力从零开始缓慢地增加到最终值，变形中的每一瞬间变形固体都处于平衡状态，由功能原理可知，变形固体的应变能 V_ε 在数值上等于外力所做的功 W，即 $V_\varepsilon = W$，利用应变能、外力功的功能关系，求解变形体的内力、应力、位移的方法称为**能量法**。能量法不仅可用于线性弹性体，也可用于非线性弹性体。

第二节 杆件应变能（内力功）的计算

一、应变能基本公式

（1）**拉伸与压缩应变能**：线弹性范围内，杆件在轴向拉伸与压缩时的应变能为 $V_\varepsilon = \dfrac{F^2 l}{2EA}$，当杆件轴力为变量时，通过积分求解整个杆件上应变能为

$$V_\varepsilon = \int_l \frac{F_N^2(x)\,\mathrm{d}x}{2EA} \tag{10.1}$$

（2）**扭转应变能**：线弹性范围内，杆件扭转时的应变能为 $V_\varepsilon = \dfrac{M_e^2 l}{2GI_p}$，当扭矩 T 沿轴线为变量时，通过积分可得扭转应变能为

$$V_\varepsilon = \int_l \frac{T^2(x)\,\mathrm{d}x}{2GI_p} \tag{10.2}$$

（3）**弯曲应变能**：线弹性范围内，纯弯曲的应变能为 $V_\varepsilon = \dfrac{M_e^2 l}{2EI}$。横力弯曲时梁截面

上同时有弯矩和剪力，由于细长梁上的剪切应变能与弯曲应变能相比可以忽略不计，只需计算弯曲应变能。若弯矩 $M(x)$ 是截面位置 x 的函数，则弯曲应变能可通过积分求得为

$$V_\varepsilon = \int_l \frac{M^2(x)\mathrm{d}x}{2EI} \qquad (10.3)$$

杆件发生轴向拉伸与压缩、扭转、弯曲基本变形时，用内力表达的应变能计算公式可统一表示为

$$V_\varepsilon = \int_l \frac{内力^2}{2 \times 刚度}\mathrm{d}x \qquad (10.4)$$

若组合变形杆内部同时存在轴力、扭矩、弯矩时，其应变能等于各基本变形应变能之和，**组合变形杆的应变能**可表达为

$$V_\varepsilon = \int_l \frac{F_N^2(x)\mathrm{d}x}{2EA} + \int_l \frac{T^2(x)\mathrm{d}x}{2GI_p} + \int_l \frac{M^2(x)\mathrm{d}x}{2EI} \qquad (10.5)$$

【注】当各荷载不在其他任一荷载作用点上产生该点荷载方向上的位移时，各荷载共同作用下的功等于各荷载单独做功之和。

题型一：计算应变能

【例题 10.1】某传动轴受力情况如图 10.1 所示，轴的直径为 40 mm，轮的直径为 160 mm，已知 $E = 210$ GPa，$G = 80$ GPa，试计算轴的应变能。

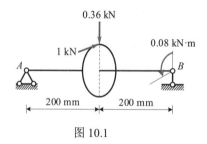

图 10.1

【解析】

传动轴上同时作用弯矩和扭矩，弯矩 $M(x) = \dfrac{\sqrt{F_1^2 + F_2^2}}{2}x = 531.4x$ $(0 < x < 200)$，

扭矩 $T(x) = 0.08 \times 10^6$ N·mm $(0 < x < 200)$，因此应变能

$$V_\varepsilon = \int_0^l \frac{T^2(x)}{2GI_p}\mathrm{d}x + 2\int_0^l \frac{M^2(x)}{2EI}\mathrm{d}x = \int_0^{200} \frac{(0.08 \times 10^6)^2}{2 \times 80 \times 10^3 \times \pi \times \frac{40^4}{32}}\mathrm{d}x +$$

$$2\int_0^{200} \frac{(531.4x)^2}{2 \times 210 \times 10^3 \times \pi \times \frac{40^4}{64}}\mathrm{d}x = 31.82 + 28.54 = 60.36 \ (\text{N} \cdot \text{mm})。$$

【注】题中弯曲应变能可用合弯矩来表示，也可以用 F_1 和 F_2 单独做功之和来表示。

【例题 10.2】 悬臂梁受力如图 10.2 所示，材料为线弹性，抗弯刚度为 EI，试求其应变能。

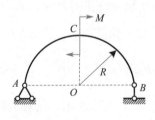

图 10.2

【解析】

方法一：弯曲方程分别为 $M(x) = -Pa$ $(0 < x < a)$，$M(x) = -Px$ $(a \le x \le 2a)$，弯曲应变能为 $V_\varepsilon = \int_0^a \dfrac{(Pa)^2}{2EI} \mathrm{d}x + \int_a^{2a} \dfrac{(Px)^2}{2EI} \mathrm{d}x = \dfrac{P^2 a^3}{2EI} + \dfrac{7P^2 a^3}{6EI} = \dfrac{5P^2 a^3}{3EI}$。

方法二：M_0 单独作用时梁的弯曲应变能为 $V_{\varepsilon 1} = \dfrac{P^2 a^3}{EI}$，$P$ 单独作用时梁的应变能为 $V_{\varepsilon 2} = \dfrac{P^2 a^3}{6EI}$，在已有 M_0 作用下再作用集中荷载 P，集中荷载 P 在 M_0 作用点处产生的转角 $\theta = \dfrac{Pa^2}{2EI}$，$M_0$ 由于 P 作用而产生的应变能为 $V_{\varepsilon 3} = M_0 \cdot \theta = \dfrac{P^2 a^3}{2EI}$，故梁的总应变能为 $V_\varepsilon = V_{\varepsilon 1} + V_{\varepsilon 2} + V_{\varepsilon 3} = \dfrac{P^2 a^3}{EI} + \dfrac{P^2 a^3}{6EI} + \dfrac{P^2 a^3}{2EI} = \dfrac{5P^2 a^3}{3EI}$。

【注】 集中荷载 P 在 M_0 作用点上产生 M_0 方向上的位移，因此总的弯曲应变能不等于各荷载单独作用时的应变能之和。

【例题 10.3】 已知刚度 EI、GI_p 和半径 R，忽略剪力和轴力影响，计算图 10.3 所示圆弧形杆的应变能。

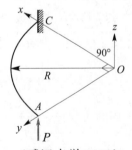

（石家庄铁道大学 2011）　　　　（武汉大学 2013）

图 10.3

【解析】

（1）根据静力平衡方程可知 $F_{By} = \dfrac{M}{2R}$（↑），$F_{Ay} = \dfrac{M}{2R}$（↓），$F_{Ax} = 0$。

$M(\theta_1) = F_{By} R(1 - \cos \theta_1) = \dfrac{M}{2}(1 - \cos \theta_1)$　$\left(0 \le \theta_1 \le \dfrac{\pi}{2}\right)$，

$M(\theta_2) = F_{Ay} R(1 - \cos \theta_2) = -\dfrac{M}{2}(1 - \cos \theta_2)$　$\left(0 \le \theta_2 \le \dfrac{\pi}{2}\right)$，

如图 10.4 所示，圆弧形杆弯曲应变能为

$$V_\varepsilon = 2 \int_0^{\frac{\pi}{2}} \frac{M^2(\theta_1)}{2EI} R \, \mathrm{d}\theta_1 = \int_0^{\frac{\pi}{2}} \frac{M^2(1-\cos\theta_1)^2}{4EI} R \, \mathrm{d}\theta_1 = \frac{(3\pi-8)M^2 R}{16EI} 。$$

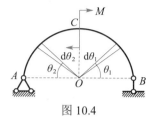

图 10.4

（2）截面上弯矩和扭矩分别为 $M(\theta) = PR\sin\theta$，$T(\theta) = PR(1-\cos\theta)$ $\left(0 \leqslant \theta \leqslant \dfrac{\pi}{2}\right)$，

积分求得整个曲杆的应变能为

$$V_\varepsilon = \int_0^{\frac{\pi}{2}} \frac{M^2(\theta)}{2EI} R \, \mathrm{d}\theta + \int_0^{\frac{\pi}{2}} \frac{T^2(\theta)}{2GI_\mathrm{p}} R \, \mathrm{d}\theta = \int_0^{\frac{\pi}{2}} \frac{P^2 R^2 \sin^2\theta}{2EI} R \, \mathrm{d}\theta + \int_0^{\frac{\pi}{2}} \frac{P^2 R^2 (1-\cos\theta)^2}{2GI_\mathrm{p}} R \, \mathrm{d}\theta$$

$$= \frac{\pi P^2 R^3}{8EI} + \frac{(3\pi-8)P^2 R^3}{8GI_\mathrm{p}} 。$$

第三节　外力功、线弹性体功的互等定理

一、外力功

外力功分为变力功与常力功。如图 10.5（a）所示，变形体在荷载 P 作用下，P 的作用点将沿力 P 方向产生位移 δ，当荷载 P 从 0 缓慢增加到终止值 P_1 时，对应的位移从 0 增加到 δ_1，荷载位移如图 10.5（b）所示，则在加载过程中荷载做功为**变力功**。

$$W_{变力功} = \int_0^{\delta_1} P \, \mathrm{d}\delta \tag{10.6}$$

若作用于变形体的荷载与位移呈正比，如图 10.5（c）所示，则称为**线弹性体**，此时，外力功 $W_{变力功} = \dfrac{1}{2} P\delta$。

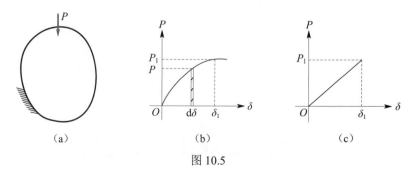

（a）　　　　　　　（b）　　　　　　　（c）

图 10.5

在静力学中，在达到平衡状态前，作用于结构上的荷载是从零开始缓慢增加的。P 是广义力，即力或力偶，δ 为广义位移，即线位移或角位移。变形体在平衡力系作用下产生变形，如果某种外界因素使这一变形状态发生改变，加力点将发生位移，原来作用在变形体上的力也要做功，因为发生位移前，力已经存在，所以这时力所做的功不是变力功，而是**常力功**，$W_{\text{常力功}} = F\varDelta'$，如图 10.6 所示。

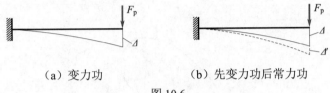

（a）变力功　　　　　　（b）先变力功后常力功

图 10.6

【思考题】如图 10.7 所示，AB 与 BC 两杆原先在水平位置，在 F 力作用下，两杆变形，B 点下移 $\varDelta$，若两杆抗拉刚度同为 EA，则 $\varDelta$ 与 F 的关系为 _____。

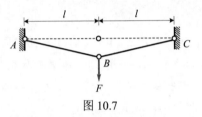

图 10.7

【解析】

本题是几何非线性问题，需注意在 B 点下移过程中，荷载和位移不是线性关系，正确关系为 $\varDelta = l\sqrt[3]{\dfrac{F}{EA}}$，详细分析过程可参考孙训方的《材料力学》第 6 版下册例题 3.3。

二、线弹性体功的互等定理

功的互等定理：对线弹性体系，状态 i 的外力在状态 j 的位移上所做的功，等于状态 j 的外力在状态 i 的位移上所做的功，如图 10.8 所示，即：

$$F_{\text{p}i}\varDelta_{ij} = F_{\text{p}j}\varDelta_{ji} \tag{10.7}$$

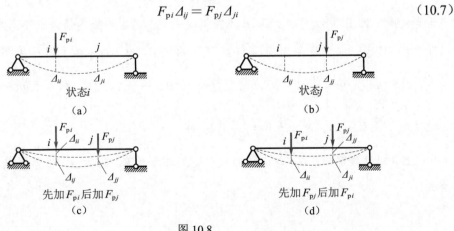

图 10.8

【注】（1）位移的第一个下标表示位移的位置，第二个下标表示引起该位移的原因。

（2）对线弹性结构而言，功的互等定理是最基本的互等定理，基于功的互等定理，可以推导出位移互等定理、反力互等定理、反力与位移互等定理。

【思考题】 任意形状的等厚度均匀薄板如图 10.9 所示，其厚度为 h。在相距 d 的两点 A、B 作用一对面内的集中力 F，薄板的弹性模量为 E，泊松比为 μ，试求薄板面积的改变量 ΔA。

（燕山大学 2011）

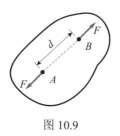

图 10.9

【解析】

题目中的系统如图 10.10（a）所示。构建在均匀薄板四周承受均匀面力 q 的系统如图 10.10（b）所示。由功的互等定理（作用在弹性体上的第一种状态的外力（包括体力和面力）在第二种状态对应位移上做功等于第二种状态的外力在第一种状态对应位移上做功）可得

$$qh\Delta A = F\Delta l_{AB}$$

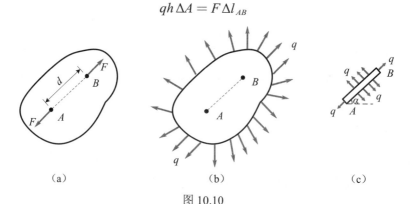

(a)　　　　　　　(b)　　　　　　　(c)

图 10.10

下面求解图 10.10（b）中 A 点和 B 点距离改变量 Δl_{AB}。薄板内任意点任意方向应力均为 q，可取图 10.10（c）所示图形进行分析，$\sigma_\alpha = q$，$\sigma_{\alpha+90°} = q$，由广义胡克定律可得

$\varepsilon_\alpha = \dfrac{1}{E}\left[\sigma_\alpha - \mu\sigma_{\alpha+90°}\right] = \dfrac{q}{E}(1-\mu)$，故 $\Delta l_{AB} = \varepsilon_\alpha \cdot d = \dfrac{qd}{E}(1-\mu)$，代入式 $qh\Delta A = F\Delta l_{AB}$ 中

得 $qh\Delta A = \dfrac{Fqd}{E}(1-\mu)$，所以 $\Delta A = \dfrac{Fd}{Eh}(1-\mu)$。

由以上分析过程可知，ΔA 与板的形状无关，与外力 F、距离 d、板厚 h 及材料特性 E、μ 有关。

第四节 结构位移计算——单位荷载法

一、虚功原理

变形体的虚功原理：变形体处于平衡时，在任何无限小的虚位移下，外力所做的虚功之和等于变形体所接受的虚变形功。若以 W_e 表示外力虚功之和，以 W_i 表示整个变形体所接受的虚变形功，则有如下变形体虚功方程：

$$W_e = W_i \tag{10.8}$$

在理解和应用变形体的虚功原理时，应注意以下基本概念：

（1）虚功原理中涉及的平衡状态与虚位移状态之间是相互独立的，不存在因果关系。

（2）虚功原理的结论具有普遍性。

从变形类型看：虚功原理既可以考虑弯曲变形，又可以考虑拉压、扭转、剪切变形。

从变形因素看：虚功原理既可以考虑荷载作用引起的位移，也可以考虑温度变化、支座移动引起的位移。

从结构类型看：虚功原理既适用于静定结构，也适用于超静定结构。

从材料性质看：虚功原理既适用于线弹性材料，也适用于非线弹性材料。

【注】虚功原理比较抽象，读者可在单位荷载法中理解。

二、单位荷载法——莫尔积分

单位荷载法是虚功原理在结构位移求解中的应用，实质是将结构的实际位移作为虚拟平衡状态的虚位移，单位荷载法的两个理解实例分别如图 10.11 和图 10.12 所示。

位移计算的一般公式：

$$\Delta = \sum \int \overline{F_N}(x) \mathrm{d}(\Delta l) + \sum \int \overline{M}(x)\mathrm{d}\theta + \sum \int \overline{F_S}(x)\mathrm{d}\lambda \tag{10.9}$$

微段变形：$\mathrm{d}(\Delta l) = \dfrac{F_{NP}\mathrm{d}x}{EA}$，$\mathrm{d}\theta = \dfrac{M_P \mathrm{d}x}{EI}$，$\mathrm{d}\lambda = \dfrac{kF_{SP}\mathrm{d}x}{GA}$。

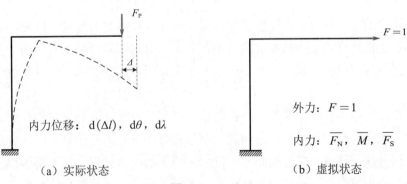

F_P

Δ

内力位移：$\mathrm{d}(\Delta l)$，$\mathrm{d}\theta$，$\mathrm{d}\lambda$

（a）实际状态

$F = 1$

外力：$F = 1$

内力：$\overline{F_N}$，$\overline{M}$，$\overline{F_S}$

（b）虚拟状态

图 10.11

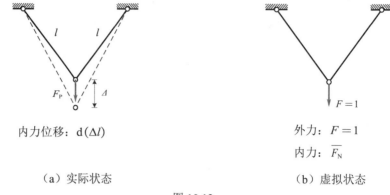

内力位移：$d(\Delta l)$

外力：$F = 1$
内力：$\overline{F_N}$

（a）实际状态　　　　　　　　　　　（b）虚拟状态

图 10.12

式（10.9）为位移计算的一般公式，相应的积分称为**莫尔积分**。$\overline{F_N}$，$\overline{M}$，$\overline{F_S}$ 为虚设单位荷载引起的轴力、弯矩、剪力；F_{NP}，M_P，F_S 为实际荷载引起的轴力、弯矩、剪力；EA、EI、GA 分别为拉压刚度、弯曲刚度、剪切刚度；k 是因切应力沿截面分布不均匀而引起的与截面形状有关的系数。

位移计算的一般公式同时考虑了拉压、弯曲、剪切变形。实际上，在梁和刚架中，以弯曲变形为主；在桁架中，以轴向变形为主；在组合结构中，有刚架式杆和只承受轴力的二力杆两种不同性质的杆件，以轴向变形和弯曲变形为主，略去次要因素，可得下列简化公式：

（1）梁和刚架：

$$\Delta = \sum \int \frac{\overline{M} M_P}{EI} dx \tag{10.10}$$

（2）桁架：

$$\Delta = \sum \int \frac{\overline{F_N} F_{NP}}{EA} dx \tag{10.11}$$

（3）组合结构：

$$\Delta = \sum \int \frac{\overline{M} M_P}{EI} dx + \sum \int \frac{\overline{F_N} F_{NP}}{EA} dx \tag{10.12}$$

需要强调的是，结构的实际位移并非是无限小量，而是有限量，因此，将实际位移视作虚位移已不能严格满足虚功原理的前提条件。只有当实际位移相对结构的原有尺度来说很小时，采用这一位移计算方法才不至于产生明显误差，或者说，单位荷载法只适用于小变形问题。

前文介绍了结构位移计算的单位荷载法，得到了位移计算的莫尔积分式，该公式是一个积分式，因此还存在积分计算的问题。莫尔积分通常有两种计算方法，分别是积分法和图乘法。积分法是通过列出外荷载和单位力作用下的内力方程，代入莫尔积分的一种直接计算方法，适用范围广，计算量相对较大，多用于曲杆；图乘法是将积分式通过数学处理转化为面积乘以形心对应的竖标，核心在于外荷载和单位力作用下的内力图绘制，适用于等截面直杆，可使积分计算工作大大简化。

题型二：用积分法计算莫尔积分

【例题 10.4】如图 10.13 所示，弯曲刚度为 EI 的等截面开口圆环受一对集中力 F 作用，环的材料为线弹性体，不计圆环内剪力和轴力对位移的影响，求圆环的张开位移 Δ。（中国矿业大学 2019）

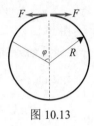

图 10.13

【解析】

可取半结构如图 10.14（a）所示。

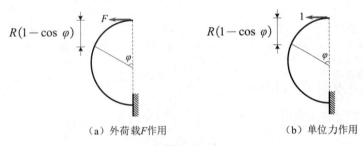

（a）外荷载F作用　　　　　（b）单位力作用

图 10.14

外荷载作用下，$M(\varphi) = FR(1 - \cos\theta)$，单位力作用下，$\overline{M}(\varphi) = R(1 - \cos\theta)$，由单位荷载法可得 $\delta = \int_0^\pi \dfrac{FR^2(1 - \cos\theta)^2}{EI} R \, \mathrm{d}\varphi = \dfrac{3\pi FR^3}{2EI}$，圆环的张开位移 $\Delta = 2\delta = \dfrac{3\pi FR^3}{EI}$。

【注】圆弧形杆位移的计算是通过求解定积分而得出相应的位移，其难点在于列出任一 θ 角度截面上的弯矩方程，此外，任一微段 $\mathrm{d}\theta$ 角度的积分弧长 $\mathrm{d}s = R \, \mathrm{d}\theta$。

【例题 10.5】如图 10.15 所示，圆环开口角度 θ 很小，试问在缺口两截面加怎样的力才能使缺口恰好密合，EI 均已知。（上海交通大学 2014）

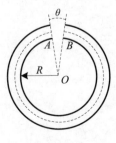

图 10.15

【解析】

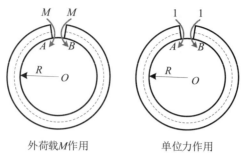

图 10.16

如图 10.16 所示，在开口两截面加一对相反的力偶。下面用单位荷载法计算两端的相对转角 Δ。外荷载作用下 $M(\varphi) = M$ （$0 < \varphi \leqslant 2\pi$），单位力偶作用下 $\overline{M} = 1$ （$0 < \varphi \leqslant 2\pi$），

$$\Delta = \int_l \frac{M(\varphi)\,\overline{M}(\varphi)}{EI}\mathrm{d}s = \int_0^{2\pi} \frac{M \times 1}{EI} R\,\mathrm{d}\varphi = \theta, \quad \frac{2\pi M R}{EI} = \theta, \quad M = \frac{EI\theta}{2\pi R}.$$

故在缺口两截面施加一对力偶 $M = \dfrac{EI\theta}{2\pi R}$ 正好让缺口闭合。

【注】本题也可虚设水平方向一对相反的力 F，用单位荷载法计算两端的相对水平位移并令其为 θR，从而求得 F 的表达式。

题型三：图乘法计算莫尔积分

在计算梁和刚架在荷载作用下的位移时，常需要求积分：

$$\int \frac{\overline{M}\,M_{\mathrm{P}}}{EI}\mathrm{d}x \tag{10.13}$$

当结构杆件数量较多而荷载情况又复杂时，以上弯矩列式和积分工作将相当烦琐。实际上，工程结构大多是由等截面直杆构成的。此时可用图乘法代替积分运算，大大简化计算工作。

（1）图乘法基本公式：

$$\int_l \frac{M_i M_j}{EI}\mathrm{d}x = \frac{1}{EI}A \cdot y_0 \tag{10.14}$$

式中，A 为 l 段内 M_i 图的面积，y_0 为 M_i 图的形心位置 C 所对应的 M_j 图的竖标。几种基本图形的面积与形心位置如图 10.17 所示。

（2）图乘法的应用条件：杆段应是等截面直杆段，$\overline{M}$、M_{P} 两个图形中至少有一个是直线，竖标 y_0 必须取自直线图形。

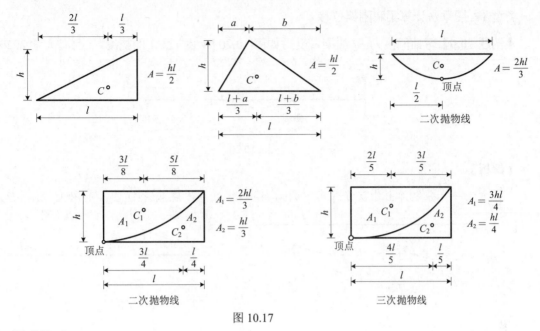

图 10.17

图乘技巧：

（1）当弯矩图形较复杂，其面积或形心位置不易确定时，可以将其分解为几个简单图形，分别与另一图形相乘，其代数和即为两图相乘的结果，如图 10.18 所示。

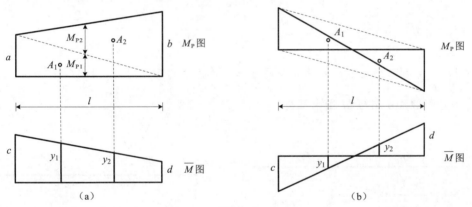

图 10.18

（2）弯矩图的叠加是指其竖标的叠加，叠加后的抛物线图形虽与原标准抛物线的形状不相同，但在任一微段 dx 上两者对应的竖标均相同，因而两者的面积和形心都是相同的。在确定图 10.19（a）虚线以下抛物线面积和形心位置时，可以采用相应的抛物线的计算公式，如图 10.19（c）所示。读者也可理解为图 10.19（a）分解成图 10.19（b）和 10.19（c）。

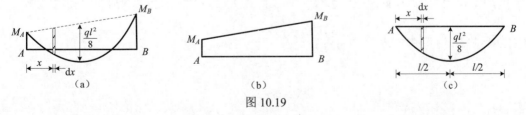

图 10.19

类型 1：图乘法计算梁和刚架位移

【例题 10.6】 弯曲刚度为 EI 的梁，受力如图 10.20 所示，求 A 的挠度。（河海大学 2020）

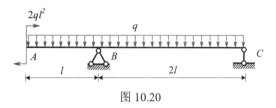

图 10.20

【解析】

方法一：分别作出外荷载作用下的 M_P 图和单位力作用下的 $\overline{M}$ 图，如图 10.21 所示。

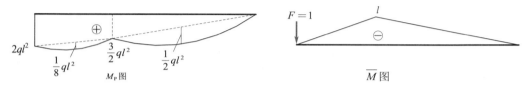

图 10.21

由单位荷载法可得

$$\Delta = -\frac{1}{EI}\left[\frac{1}{2}l \cdot l \cdot \left(\frac{1}{3} \cdot 2ql^2 + \frac{2}{3} \cdot \frac{3}{2}ql^2\right) + \frac{2}{3} \cdot l \cdot \frac{1}{8}ql^2 \cdot \frac{l}{2} + \right.$$
$$\left.\frac{1}{2} \cdot \frac{3}{2}ql^2 \cdot 2l \cdot \frac{2}{3}l + \frac{2}{3} \cdot 2l \cdot \frac{1}{2}ql^2 \cdot \frac{l}{2}\right] = -\frac{53ql^4}{24EI}(\uparrow)。$$

方法二：分别作弯矩 $2ql^2$ 和均布荷载 q 单独作用下的弯矩图 M_{P1} 和 M_{P2}，如图 10.22 所示。将 M_{P1} 和 M_{P2} 分别与 $\overline{M}$ 图乘可得

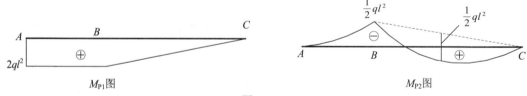

图 10.22

$$\Delta_1 = -\frac{1}{EI}\left(2ql^2 \cdot l \cdot \frac{1}{2}l + \frac{1}{2} \cdot 2ql^2 \cdot 2l \cdot \frac{2l}{3}\right) = -\frac{7ql^4}{3EI},$$

$$\Delta_2 = \frac{1}{EI}\left(\frac{1}{3} \cdot \frac{1}{2}ql^2 \cdot l \cdot \frac{3l}{4} + \frac{1}{2} \cdot \frac{1}{2}ql^2 \cdot 2l \cdot \frac{2l}{3} - \frac{2}{3} \cdot 2l \cdot \frac{ql^2}{2} \cdot \frac{l}{2}\right) = \frac{ql^4}{8EI},$$

A 点竖向位移 $f_A = \Delta_1 + \Delta_2 = -\frac{53ql^4}{24EI}$ （$\uparrow$）。

【注】（1）本题采用两种方法求解，方法一直接绘制两个荷载同时作用下的 M_P 图与 $\overline{M}$ 图乘，由于 M_P 较为复杂，对区段弯矩图的拆分和图乘法的理解提出了较高的要求；方法二按照荷载个数将弯矩图拆分成 M_{P1} 和 M_{P2} 后分别与 $\overline{M}$ 图乘，拆分后弯矩图变得相对简单，缺点是需要多绘制一个弯矩图。以上两种方法都需要熟练掌握。（2）图乘法本质上是一种简化的积分计算方法。

【例题 10.7】 试作出图 10.23 所示结构的弯矩图，并计算 D 点的垂直位移和转角。已知杆的 EI 为常数。（四川大学 2017）

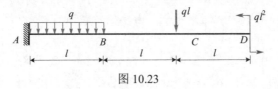

图 10.23

【解析】

（1）利用单位荷载法求 D 点垂直位移。分别作出外荷载作用下的 M_P 图和单位力作用下的 $\overline{M_1}$ 图如图 10.24 所示，由单位荷载法可得

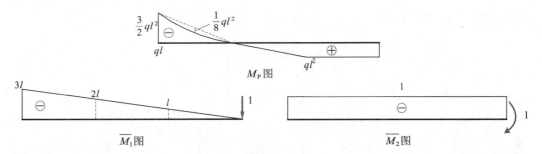

图 10.24

$$\Delta_{Dy} = \frac{1}{EI}\left[\frac{1}{2}\cdot l\cdot\frac{3}{2}ql^2\cdot\frac{8l}{3} - \frac{2}{3}\cdot l\cdot\frac{1}{8}ql^2\cdot\frac{5l}{2} - \frac{1}{2}\cdot l\cdot ql^2\cdot\frac{4l}{3} - l\cdot ql^2\cdot\frac{1}{2}l\right] = \frac{5ql^4}{8EI}(\downarrow).$$

（2）单位荷载法求 D 点转角分别作出外荷载作用下的 M_P 图和单位力作用下的 $\overline{M_2}$ 图，由单位荷载法可得

$$\theta_D = \frac{1}{EI}\left[\frac{1}{2}\cdot l\cdot\frac{3}{2}ql^2 - \frac{2}{3}\cdot l\cdot\frac{1}{8}ql^2 - \frac{1}{2}\cdot l\cdot ql^2 - l\cdot ql^2\right] = -\frac{5ql^3}{6EI} \quad (\text{逆时针}).$$

【例题 10.8】 试求图 10.25 中所示悬臂梁 C 点的竖向位移 Δ_{Cy}，设 EI 为常数。

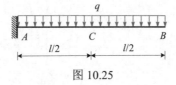

图 10.25

【解析】

作悬臂梁在均布荷载作用下 M_P 图和单位荷载作用下 $\overline{M}$ 图如图 10.26（a）（b）所示：

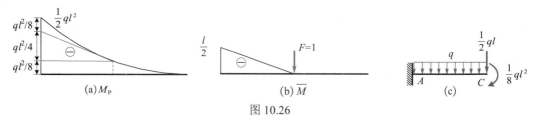

图 10.26

因 CB 段 $\overline{M}=0$，所以只需将 M_P 图在 AC 段的图形分解为一个矩形、一个三角形和一个标准抛物线图形，如图 10.26（a）所示，由单位荷载法可得

$$\Delta_{Cy}=\frac{1}{EI}\left[\frac{1}{3}\cdot\frac{l}{2}\cdot\frac{ql^2}{8}\cdot\left(\frac{3}{4}\cdot\frac{l}{2}\right)+\frac{1}{2}\cdot\frac{l}{2}\cdot\frac{ql^2}{4}\cdot\left(\frac{2}{3}\cdot\frac{l}{2}\right)+\frac{l}{2}\cdot\frac{ql^2}{8}\cdot\left(\frac{1}{2}\cdot\frac{l}{2}\right)\right]=\frac{17ql^4}{384EI}\,(\downarrow)。$$

【注】（1）实际上，M_P 图在 AC 段的三个弯矩图形，就是由（c）图所示结构中作用于 C 点的弯矩、剪力以及 AC 段均布荷载分别引起的。（2）本题是一道经典的弯矩图拆分案例，对图乘法的理解大有裨益。

【例题 10.9】 求图 10.27 所示刚架 A 截面的铅垂位移 Δ_{Ay} 及 B 截面的转角 θ_B。EI 为常量（不计轴力和剪力对变形的影响）。（山东大学 2016）

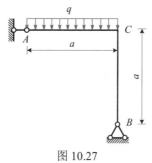

图 10.27

【解析】

（1）计算 A 截面的铅垂位移：

在 A 点施加一竖直向下的单位力 $F_0=1$，分别作出刚架在原有荷载和单位力单独作用下的 M_P 图和 $\overline{M_1}$ 图，如图 10.28（a）（b）所示，M_P 和 $\overline{M_1}$ 图乘可得

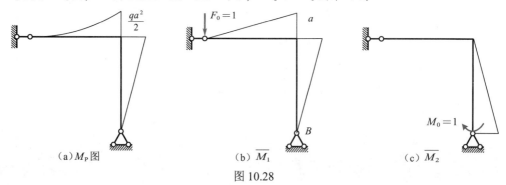

图 10.28

$$\varDelta_{Ay} = \frac{\frac{1}{3} \cdot a \cdot \frac{1}{2} qa^2 \cdot \frac{3}{4} a}{EI} + \frac{\frac{1}{2} \cdot a \cdot \frac{1}{2} qa^2 \cdot \frac{2}{3} a}{EI} = \frac{7qa^4}{24EI} (\downarrow)。$$

（2）计算 B 截面转角 θ_B：

在 B 截面施加一单位力偶 $M_0 = 1$，作弯矩图 $\overline{M_2}$，如图 10.28（c）所示，M_P 与 $\overline{M_2}$ 图

乘可得：$\theta_B = 0 + \dfrac{\frac{1}{2} \cdot a \cdot \frac{1}{2} qa^2 \cdot \frac{1}{3}}{EI} = \dfrac{qa^3}{12EI}$（顺时针）。

【例题 10.10】 平面刚架受载如图 10.29 所示，已知 q、a、$F = qa$、$M = qa^2$，弯曲刚度为 EI，试求截面 A 的铅垂位移和转角。（武汉大学 2017）

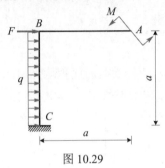

图 10.29

【解析】

（1）求截面 A 的铅垂位移：

在 A 点处施加一竖直向下的单位力 $F_0 = 1$，分别作出刚架在原有外荷载和单位力单独作用下的弯矩图如图 10.30 所示，其中 $M_P = M_{P1} + M_{P2}$。

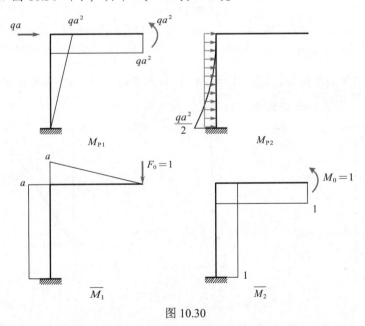

图 10.30

M_{P1} 和 M_{P2} 分别与 $\overline{M_1}$ 图乘后叠加可得 A 的铅垂位移为

$$\Delta_{Ay} = \frac{1}{EI}\left(\frac{1}{3}a \cdot \frac{qa^2}{2} \cdot a\right) - \frac{1}{EI}\left(\frac{1}{2} \cdot a \cdot a \cdot qa^2 + \frac{1}{2} \cdot qa^2 \cdot a \cdot a\right) = -\frac{5qa^4}{6EI}(\uparrow)，故 A 截面的实$$

际位移方向向上，大小为 $\dfrac{5qa^4}{6EI}$。

（2）求 A 截面的转角在 A 截面加单位力偶 $M_0 = 1$，作刚架的 $\overline{M_2}$ 图，M_{P1} 和 M_{P2} 分别与 $\overline{M_2}$ 图乘后叠加可得 A 的转角：

$$\theta_A = \frac{1}{EI}\left(\frac{1}{2}qa^2 \cdot a \cdot 1 + qa^2 \cdot a \cdot 1\right) - \frac{1}{EI}\left(\frac{1}{3} \cdot \frac{qa^2}{2} \cdot a \cdot 1\right) = \frac{4qa^3}{3EI} \quad （逆时针）。$$

【注】 请读者思考，若直接画出均布荷载、集中力和集中力偶共同作用下的 M_P 图，在运用图乘法时，如何将 M_P 图进行拆分？

类型 2：图乘法计算桁架位移

【例题 10.11】 如图 10.31 所示，两杆横截面面积均为 A，弹性模量均为 E，受到竖直向下的力 P 作用，求 B 点的铅垂位移和水平位移。（大连理工大学 2018）

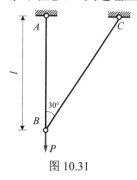

图 10.31

【解析】

（1）求 B 点的铅垂位移：

在 B 点施加竖向单位力，分别作外荷载 P 作用下的 N_P 图和竖向单位力作用下的 $\overline{N_1}$ 图如图 10.32 所示，轴力标于杆件旁，拉为正，压为负。

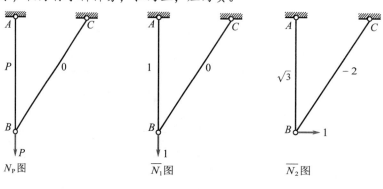

图 10.32

由单位荷载法可得：节点 B 的竖向位移为 $\Delta_y = \sum \dfrac{N_P \overline{N_1} l}{EA} = \dfrac{P \times 1 \times l}{EA} + 0 = \dfrac{Pl}{EA}(\downarrow)$。

（2）求 B 点的水平位移：

在 B 点施加水平单位力，并作 $\overline{N_2}$ 图，同样的，轴力标于杆件旁，拉为正，压为负，则

节点 B 的水平位移 $\Delta_x = \sum \dfrac{N_P \overline{N_2} l}{EA} = \dfrac{P \times \sqrt{3} \times l}{EA} + 0 = \dfrac{\sqrt{3}\,Pl}{EA}(\rightarrow)$。

【注】 请读者运用应变能法求 B 点的铅垂位移，运用变形协调关系求 B 点的水平位移，并比较该方法与单位荷载法求桁架位移的优劣。

【例题 10.12】 图 10.33 所示为一简单桁架，其各杆 EA 相等。在图示荷载作用下，试求 A、C 两节点间的相对位移 Δ_{AC}。

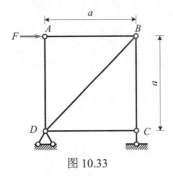

图 10.33

【解析】

作外荷载作用下的 N_P 图如图 10.34 所示，为了求 A、C 两节点的相对位移，在 A、C 两节点虚设一对相向的单位力，并作 $\overline{N}$ 图。轴力标于杆件旁，拉为正，压为负。

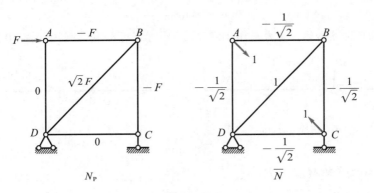

图 10.34

由单位荷载法可得，A、C 两节点的相对位移为

$$\Delta_{AC} = \sum \frac{N_P \overline{N} l}{EA} = \frac{-F \times \left(-\dfrac{1}{\sqrt{2}}\right) \times a \times 2 + \sqrt{2}\,F \times 1 \times \sqrt{2}\,a}{EA} = \frac{(\sqrt{2}+2)Fa}{EA}(\rightarrow \leftarrow)。$$

所以 A、C 两点距离缩短。

类型 3：图乘法计算组合结构位移

【例题 10.13】 如图 10.35 所示，横梁 AF 的弯曲刚度为 EI，所有杆件的拉压刚度均为 EA，试求：（1）杆件 BD、CD 的内力；（2）梁 BF 的最大弯矩；（3）在不考虑剪切作用的情况下，A 点的位移大小。（浙江大学 2020）

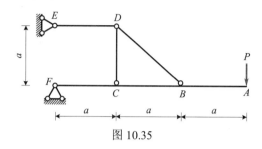

图 10.35

【解析】

（1）横梁 AF 有弯矩，其他均为二力杆。取隔离体如图 10.36（a）所示，对 F 点取矩 $\sum M_F = F_{NDE} \cdot a - P \cdot 3a = 0$，$F_{NDE} = 3P$；对 D 点进行受力分析如图 10.36（b）所示，列节点平衡方程可得：$F_{NBD} = \sqrt{2} F_{NDE} = 3\sqrt{2}P$（拉），$F_{NCD} = -\dfrac{F_{NBD}}{\sqrt{2}} = -3P$（压）。

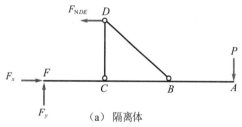

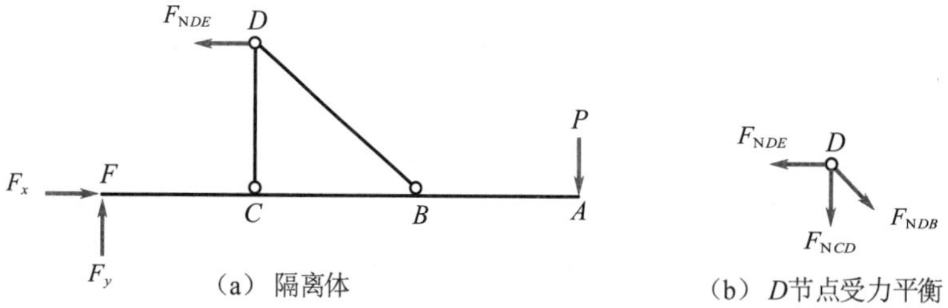

（a）隔离体 　　　　　　（b）D 节点受力平衡

图 10.36

（2）取 AF 为隔离体，受力如图 10.37（a）所示，可绘制弯矩图如图 10.37（b）所示：

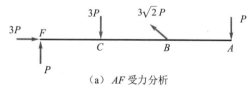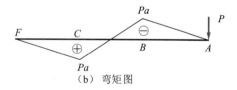

（a）AF 受力分析 　　　　　（b）弯矩图

图 10.37

梁 BF 的最大弯矩 $M_{max} = Pa$。

（3）由 AF 受力分析图可知，BF 段还有轴力 $N_P = 3P$（压）。

A 点的铅垂位移：在 A 点虚设竖向单位力 $F = 1$，竖向单位力作用下的轴力和弯矩如图 10.38（b），各杆轴力标于杆件旁，拉为正，压为负，仅 AF 杆有弯矩。由单位荷载法，图 10.38（a）和图 10.38（b）图乘可得

$$\Delta_{Ay} = \sum \int \frac{\overline{M} M_{P}}{EI} \mathrm{d}x + \sum \frac{\overline{F}_{N} F_{NP} l}{EA}$$

$$= \frac{1}{EI} \left(\frac{1}{2} Pa \cdot a \cdot \frac{2}{3} a \cdot 2 + \frac{1}{2} Pa \cdot \frac{a}{2} \cdot \frac{2a}{3} \cdot 2 \right) + \frac{1}{EA} \left(3P \cdot 3 \cdot a \cdot 4 + 3\sqrt{2} P \cdot 3\sqrt{2} \cdot \sqrt{2} a \right)$$

$$= \frac{Pa^{3}}{EI} + \frac{\left(36 + 18\sqrt{2} \right) Pa}{EA} \ (\downarrow)_{\circ}$$

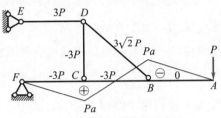

（a）外荷载作用下的轴力和弯矩

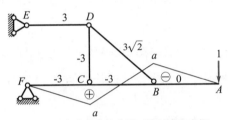

（b）竖向单位力作用下的轴力和弯矩

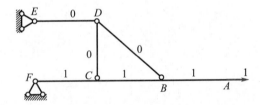

（c）水平单位力作用下的轴力（无弯矩）

图 10.38

A 点的水平位移：在 A 点虚设水平单位力 $F = 1$（图 10.38（c）），水平单位力作用下仅 AF 杆有轴力 $\overline{F}_{N} = 1$，利用单位荷载法，图 10.38（a）、图 10.38（c）图乘可得

$$\Delta_{Ax} = \frac{1}{EA} (-3P \cdot 1 \cdot a \cdot 2) = -\frac{6Pa}{EA} (\leftarrow)_{\circ}$$

故 A 点的位移大小为 $\Delta_{A} = \sqrt{\left[\frac{Pa^{3}}{EI} + \frac{\left(36 + 18\sqrt{2} \right) Pa}{EA} \right]^{2} + \left(\frac{6Pa}{EA} \right)^{2}}_{\circ}$

第五节　卡氏定理

卡氏定理是通过功能原理来求解广义力或广义位移的一种方法。

弹性杆件应变能对于杆件上某一位移之变化率，等于与该位移相应的荷载，即 $F_i = \dfrac{\partial V_\varepsilon}{\partial \Delta_i}$，称为**卡氏第一定理**，适用于一切受力状态下线性或非线性的弹性杆件。式中，F_i 代表作用在杆件上的广义力，可以代表一个力、一个力偶、一对力或一对力偶，而 Δ_i 则为与之相对应的广义位移，可以是一个线位移、一个角位移、相对线位移或相对角位移。

线弹性杆件应变能对于作用在该杆件上某一荷载之变化率等于与该荷载相应的位移，即 $\Delta_i = \dfrac{\partial V_\varepsilon}{\partial F_i}$，称为**卡氏第二定理**，仅适用于线弹性杆件。式中，Δ_i 和 F_i 分别代表广义力及相应的广义位移。

题型四：卡氏定理求力

【例题 10.14】 弯曲刚度为 EI 的悬臂梁如图 10.39 所示，已知其自由端转角为 θ，梁材料为线弹性，试按照卡氏第一定理确定施加于该处的外力偶矩。（浙江大学 2015）

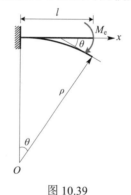

图 10.39

【解析】

梁自由端施加外力偶矩 M_e 时，梁处于纯弯曲状态，梁横截面上任一点线应变为 $\varepsilon = \dfrac{y}{\rho}$，式中，$y$ 为横截面上的点到中性轴的距离，ρ 为曲率半径，梁处于纯弯曲状态，挠曲线为圆弧，$\rho\theta = l$，则 $\varepsilon = \dfrac{y\theta}{l}$，由于材料是线弹性，应变能密度为 $v_\varepsilon = \dfrac{1}{2}E\varepsilon^2 = \dfrac{Ey^2\theta^2}{2l^2}$，应变能

$$V_\varepsilon = \int_V v_\varepsilon \, \mathrm{d}V = \int_l \left(\int_A v_\varepsilon \, \mathrm{d}A \right) \mathrm{d}x = \int_l \left(\dfrac{E\theta^2}{2l^2} \int_A y^2 \, \mathrm{d}A \right) \mathrm{d}x = \dfrac{EI\theta^2}{2l}$$，由卡氏第一定理可知，

$$M_e = \dfrac{\partial V_\varepsilon}{\partial \theta} = \dfrac{EI\theta}{l}$$。

【注】本题特点为：（1）用卡式第一定理求力，且结构为静定结构，并不常见。（2）在运用卡式第一定理时，必须将应变能表达成给定位移（在本题中是自由端处的转角θ）的函数形式，这样才能求其对给定位移的偏导数。（3）梁处于纯弯曲状态，$\dfrac{1}{\rho} = \dfrac{M}{EI}$，故曲率半径是常数，挠度曲线为圆弧。

【例题 10.15】 图 10.40 所示结构的 AC 杆、DB 杆的抗弯刚度 EI 相同，B 为刚节点，AB 段受均布荷载 q 作用，不计拉（压）和剪切应变能。试用卡式定理求解活动铰支座 C 的反力。（西安工业大学 2019）

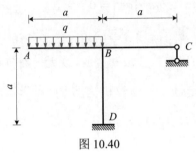

图 10.40

【解析】

解除 C 支座，代以相应反力 F_{RC}，对各段建立如图 10.41 所示坐标系，弯矩方程如下：

AB 段：$M(x_1) = \dfrac{1}{2} q x_1^2$。$BC$ 段：$M(x_2) = F_{RC} x_2$。BD 段：$M(x_3) = F_{RC} a - \dfrac{1}{2} q a^2$。

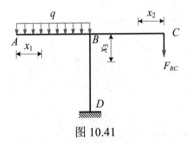

图 10.41

方法一：先积分后求导。

$$V_\varepsilon = \int_0^a \frac{M^2(x_1)}{2EI} \mathrm{d}x_1 + \int_0^a \frac{M^2(x_2)}{2EI} \mathrm{d}x_2 + \int_0^a \frac{M^2(x_3)}{2EI} \mathrm{d}x_3$$

$$= \frac{1}{2EI} \left[\int_0^a \frac{1}{4} q^2 x_1^4 \mathrm{d}x_1 + \int_0^a F_{RC}^2 x_2^2 \mathrm{d}x_2 + \int_0^a \left(F_{RC} a - \frac{1}{2} q a^2 \right)^2 \mathrm{d}x_3 \right]$$

$$= \frac{1}{2EI} \left[\frac{1}{20} q^2 a^5 + \frac{1}{3} F_{RC}^2 a^3 + \left(F_{RC} a - \frac{1}{2} q a^2 \right)^2 a \right],$$

由卡式定理得 $\dfrac{\partial V_\varepsilon}{\partial F_{RC}} = 0 \Longrightarrow \dfrac{1}{2EI} \left[\dfrac{2}{3} F_{RC} a^3 + 2 \left(F_{RC} a - \dfrac{1}{2} q a^2 \right) a^2 \right] = 0$，$F_{RC} = \dfrac{3}{8} qa(\downarrow)$。

方法二：先求导后积分。

$$V_\varepsilon = \int_0^a \frac{M^2(x_1)}{2EI}\mathrm{d}x_1 + \int_0^a \frac{M^2(x_2)}{2EI}\mathrm{d}x_2 + \int_0^a \frac{M^2(x_3)}{2EI}\mathrm{d}x_3,$$

$$\frac{\partial V_\varepsilon}{\partial F_{RC}} = \int_0^a \frac{M(x_1)}{EI}\cdot\frac{\partial M(x_1)}{\partial F_{RC}}\mathrm{d}x_1 + \int_0^a \frac{M(x_2)}{EI}\cdot\frac{\partial M(x_2)}{\partial F_{RC}}\mathrm{d}x_2 + \int_0^a \frac{M(x_3)}{EI}\cdot\frac{\partial M(x_3)}{\partial F_{RC}}\mathrm{d}x_3$$

$$= \frac{1}{EI}\left[0 + \int_0^a F_{RC}x_2\cdot x_2\,\mathrm{d}x_2 + \int_0^a\left(F_{RC}a - \frac{1}{2}qa^2\right)\cdot a\,\mathrm{d}x_2\right]$$

$$= \frac{1}{EI}\left[\frac{1}{3}F_{RC}a^3 + \left(F_{RC}a - \frac{1}{2}qa^2\right)a^2\right] = 0 \Longrightarrow F_{RC} = \frac{3}{8}qa(\downarrow).$$

【注】（1）本题要求用卡式定理求解超静定结构支座 C 的反力，常规思路是尝试卡式第一定理，然而，支座 C 的反力对应的位移为 0，应变能无法对位移求偏导。事实上，本题需要利用卡式第二定理 $\frac{\partial V_\varepsilon}{\partial F} = 0$ 来求解。（2）解析提供了两种做法，方法一先积分求体系的总应变能，再对外力 F 求偏导，更体现原理；方法二利用了高等数学中的计算技巧，简化了计算过程，更高效。

【例题 10.16】图 10.42 所示刚架结构，AB 段为 1/4 圆弧形小曲率杆，BC 段为直杆，两段的抗弯刚度均为 EI，受力如图所示。若不计轴力和剪力的影响，试用卡氏第二定理求支座 A 的约束反力。（重庆大学 2014）

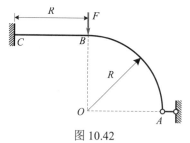

图 10.42

【解析】

撤掉 A 支座并代以相应的反力，建立坐标系如图 10.43 所示，可得弯矩方程为

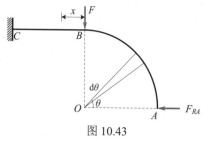

图 10.43

AB：$M(\theta) = F_{RA}R\sin\theta\ \left(0 \leqslant \theta \leqslant \dfrac{\pi}{2}\right)$。 BC：$M(x) = F_{RA}R + Fx\ (0 \leqslant x \leqslant R)$。

方法一：先积分后求导。

$$V_\varepsilon = \int_0^{\frac{\pi}{2}} \frac{M^2(\theta)}{2EI} R\,\mathrm{d}\theta + \int_0^R \frac{M^2(x)}{2EI}\,\mathrm{d}x = \int_0^{\frac{\pi}{2}} \frac{F_{RA}^2 R^3 \sin^2\theta}{2EI}\,\mathrm{d}\theta + \int_0^R \frac{(F_{RA}R + Fx)^2}{2EI}\,\mathrm{d}x$$

$$= \frac{1}{2EI}\left(\frac{\pi}{4}F_{RA}^2 R^3 + F_{RA}^2 R^3 + F_{RA}FR^3 + \frac{1}{3}F^2 R^3\right),$$

由卡式定理得 $\dfrac{\partial V_\varepsilon}{\partial F_{RA}} = 0 \Longrightarrow \dfrac{1}{2EI}\left[\dfrac{\pi}{2}F_{RA}R^3 + 2F_{RA}R^3 + FR^3\right] = 0 \Longrightarrow F_{RA} = -\dfrac{2F}{\pi+4}\,(\rightarrow)$。

方法二：先求导后积分。

$$\frac{\partial V_\varepsilon}{\partial F_{RA}} = \int_0^{\frac{\pi}{2}} \frac{M(\theta)}{EI}\cdot\frac{\partial M(\theta)}{\partial F_{RA}} R\,\mathrm{d}\theta + \int_0^R \frac{M(x)}{EI}\cdot\frac{\partial M(x)}{\partial F_{RA}}\,\mathrm{d}x$$

$$= \frac{1}{EI}\int_0^{\frac{\pi}{2}} F_{RA}R^3\sin^2\theta\,\mathrm{d}\theta + \frac{1}{EI}\int_0^R (F_{RA}R + Fx)R\,\mathrm{d}x$$

$$= \frac{1}{EI}\left[\frac{\pi}{4}F_{RA}R^3 + F_{RA}R^3 + \frac{1}{2}FR^3\right] = 0 \Longrightarrow F_{RA} = -\frac{2F}{\pi+4}\,(\rightarrow)。$$

【例题 10.17】 图 10.44 所示构件中，杆件抗弯刚度为 EI，$F = qa$，试作弯矩图，并求出最大弯矩。（中南大学 2018）

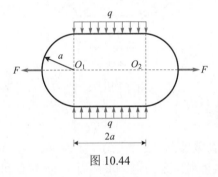

图 10.44

【解析】

图 10.44 所示结构为对称结构，所受荷载为正对称荷载，取 1/4 结构为研究对象，1/4 结构为一次超静定结构，取基本静定系如图 10.45 所示。

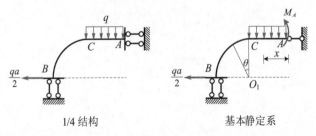

$$\text{1/4 结构} \qquad\qquad \text{基本静定系}$$

图 10.45

水平方向平衡可得：$F_A = \dfrac{qa}{2}\,(\rightarrow)$。弯矩方程 AC 段：$M_1 = M_A - \dfrac{1}{2}qx^2$。

CB 段： $M_2 = M_A - qa\left(\dfrac{a}{2} + a\sin\theta\right) - \dfrac{qa}{2}\cdot a(1-\cos\theta) = M_A - qa^2\left(1 + \sin\theta - \dfrac{1}{2}\cos\theta\right)$。

由卡式定理可知： $\theta_A = \displaystyle\int_0^a \dfrac{M_1}{EI}\cdot\dfrac{\partial M_1}{\partial M_A}\,\mathrm{d}x + \int_0^{\frac{\pi}{2}} \dfrac{M_2}{EI}\cdot\dfrac{\partial M_2}{\partial M_A}a\,\mathrm{d}\theta =$

$\dfrac{1}{EI}\left[\displaystyle\int_0^a\left(M_A - \dfrac{1}{2}qx^2\right)\mathrm{d}x + \int_0^{\frac{\pi}{2}}\left(M_A - qa^2\left(1+\sin\theta - \dfrac{1}{2}\cos\theta\right)\right)a\,\mathrm{d}\theta\right] =$

$M_A a - \dfrac{1}{6}qa^3 + M_A a\dfrac{\pi}{2} - qa^3\left(\dfrac{\pi}{2} + \dfrac{1}{2}\right) = 0 \Longrightarrow M_A = \dfrac{3\pi+4}{3\pi+6}qa^2$。

可得 $M_C = M_A - \dfrac{1}{2}qa^2 = \dfrac{3\pi+2}{2(3\pi+6)}qa^2$， BC 段弯矩方程令 $\theta = \dfrac{\pi}{2}$ 得 $M_B = -\dfrac{3\pi+8}{3\pi+6}qa^2$，

可得弯矩图如图 10.46 所示，最大弯矩 $M_{\max} = \dfrac{3\pi+8}{3\pi+6}qa^2$。

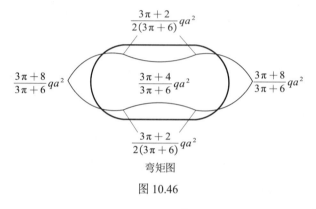

弯矩图

图 10.46

题型五：卡氏定理求位移

【例题 10.18】平面刚架受荷载如图 10.47 所示，已知 q、a、$M = qa^2$ 和弯曲刚度 EI，不考虑轴力和剪力的影响。试用卡氏第二定理求截面 A 的转角和铅垂位移。（中国矿业大学 2018）

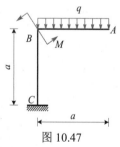

图 10.47

【解析】

为求 A 截面转角和铅垂位移，在 A 点虚设集中力偶 M_A 和竖向集中力 F_A，如图 10.48 所示，各段弯矩方程如下：

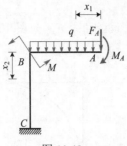

图 10.48

BA 段：$M_1 = F_A x_1 + M_A + \dfrac{1}{2} q x_1^2$ $(0 \leqslant x_1 \leqslant a)$，$\dfrac{\partial M_1}{\partial M_A} = 1$，$\dfrac{\partial M_1}{\partial F_A} = x_1$。

BC 段：$M_2 = F_A a + M_A + \dfrac{1}{2} q a^2 - q a^2$ $(0 \leqslant x_2 \leqslant a)$，$\dfrac{\partial M_2}{\partial M_A} = 1$，$\dfrac{\partial M_2}{\partial F_A} = a$。

由卡式第二定理可得

$$\theta_A = \frac{1}{EI} \int_0^a \frac{\partial M_1}{\partial M_A} \cdot M_1 \mathrm{d}x_1 + \frac{1}{EI} \int_0^a \frac{\partial M_2}{\partial M_A} \cdot M_2 \mathrm{d}x_2$$

$$= \frac{1}{EI} \left[\int_0^a \frac{1}{2} q x_1^2 \mathrm{d}x_1 + \int_0^a \left(-\frac{1}{2} q a^2 \right) \mathrm{d}x_2 \right] = -\frac{q a^3}{3EI},$$

$$\omega_A = \frac{1}{EI} \int_0^a \frac{\partial M_1}{\partial F_A} \cdot M_1 \mathrm{d}x_1 + \frac{1}{EI} \int_0^a \frac{\partial M_2}{\partial F_A} \cdot M_2 \mathrm{d}x_2$$

$$= \frac{1}{EI} \left[\int_0^a x_1 \cdot \frac{1}{2} q x_1^2 \mathrm{d}x_1 + \int_0^a a \cdot \left(-\frac{1}{2} q a^2 \right) \mathrm{d}x_2 \right] = -\frac{3 q a^4}{8EI}。$$

即截面 A 的转角大小为 $\dfrac{q a^3}{3EI}$，方向逆时针；铅垂位移大小为 $\dfrac{3 q a^4}{8EI}$，方向向上。

【注】 本题是利用卡式定理求静定结构位移。（1）当所求位移方向上有与之对应的外荷载时，无需虚设外荷载；当所求位移方向上没有与之对应的外荷载时，需要虚设相应的外荷载。（2）由于虚设的外荷载实际不存在，因此，求完偏导后计算定积分时，虚设的外荷载以零代入被积函数。

【例题 10.19】 图 10.49 所示托架由梁 AB 和 1/4 圆弧形杆 BC 组成，A、B、C 三处均为铰接，梁和曲杆的弯曲刚度均为 EI。材料为线弹性，不计轴力和剪力对变形的影响，试用卡氏第二定理求 B 点的铅垂位移。（石家庄铁道大学 2020）

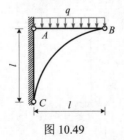

图 10.49

【解析】

为求 B 点铅垂位移，在 B 点虚设竖向力 F，如图 10.50 所示。

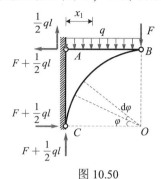

图 10.50

整体平衡：$\sum M_C = 0$，$Fl + \frac{1}{2}ql^2 - F_{Ax}l = 0$，可得 $F_{Ax} = F + \frac{1}{2}ql(\leftarrow)$，$\sum F_x = 0$，

可得 $F_{cx} = F + \frac{1}{2}ql(\rightarrow)$，以 AB 为隔离体，$\sum M_B = 0$，$\frac{1}{2}ql^2 - F_{Ay}l = 0$，$F_{Ay} = \frac{1}{2}ql(\uparrow)$，

以 BC 为隔离体，$\sum M_B = 0 \Longrightarrow F_{Cy} = F + \frac{1}{2}ql(\uparrow)$。

AB 段弯矩方程：$M_1 = \frac{1}{2}qlx_1 - \frac{1}{2}qx_1^2$，$\frac{\partial M_1}{\partial F} = 0$。

BC 段弯矩方程：$M_2 = \left(F + \frac{1}{2}ql\right)l\sin\varphi - \left(F + \frac{1}{2}ql\right)l(1-\cos\varphi)$

$$= \left(F + \frac{1}{2}ql\right)l(\sin\varphi + \cos\varphi - 1), \quad \frac{\partial M_2}{\partial F} = l(\sin\varphi + \cos\varphi - 1)。$$

$$\Delta_{By} = \frac{1}{EI}\int_0^l \frac{\partial M_1}{\partial F} \cdot M_1 \mathrm{d}x_1 + \frac{1}{EI}\int_0^{\frac{\pi}{2}} \frac{\partial M_2}{\partial F} \cdot M_2 l \mathrm{d}\varphi$$

$$= \frac{1}{EI}\left[0 + \int_0^{\frac{\pi}{2}} \frac{1}{2}ql^3(\sin\varphi + \cos\varphi - 1)^2 l \mathrm{d}\varphi\right] = \frac{(\pi - 3)ql^4}{2EI}。$$

【注】本题利用卡式定理求静定结构位移。

【**例题 10.20**】直角刚架受力如图 10.51 所示，设抗弯刚度 EI 和抗压刚度 EA 均为常数，不考虑剪切变形的影响，试用卡氏第二定理求 C 截面的铅垂位移。（重庆大学 2020）

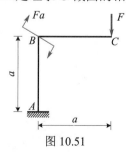

图 10.51

【解析】

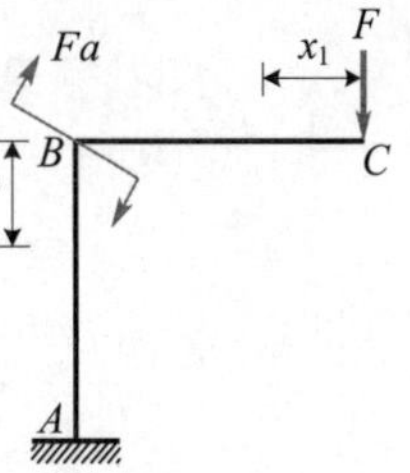

C 截面铅垂方向已有外力 F，故无须虚设外力，建立坐标系如图 10.52 所示，BC 段弯矩：$M_1(x_1) = Fx_1$，$(0 \leqslant x_1 \leqslant a)$。

BA 段弯矩：$M_2(x_2) = Fa + M_B$，$(0 \leqslant x_2 \leqslant a)$，其中 $M_B = Fa$。

BA 段轴力：$F_N(x_2) = F$，$(0 \leqslant x_2 \leqslant a)$。

$$V_\varepsilon = \int_0^a \frac{M_1^2(x_1)}{2EI} dx_1 + \int_0^a \frac{M_2^2(x_2)}{2EI} dx_2 + \int_0^a \frac{F_N^2(x_2)}{2EA} dx_2,$$

$$\Delta_{cy} = \frac{\partial V_\varepsilon}{\partial F}$$

$$= \int_0^a \frac{M_1(x_1)}{EI} \cdot \frac{\partial M_1(x_1)}{\partial F} dx_1 + \int_0^a \frac{M_2(x_2)}{EI} \cdot \frac{\partial M_2(x_2)}{\partial F} dx_2 + \int_0^a \frac{F_N(x_2)}{EA} \cdot \frac{\partial F_N(x_2)}{\partial F} dx_2$$

$$= \int_0^a \frac{Fx_1^2}{EI} dx_1 + \int_0^a \frac{(Fa + M_B)a}{EI} dx_2 + \int_0^a \frac{F}{EA} dx_2 = \frac{7Fa^3}{3EI} + \frac{Fa}{EA} (\downarrow)。$$

图 10.52

【注】 本题为易错题，若将 BA 段的弯矩写成 $M_2(x) = 2Fa$，对 F 的偏导数为 $2a$，代入公式后会得到错误的结果。运用卡式第二定理求位移时，应变能对力 F 求偏导需要注意，F 特指与 C 点竖向位移对应的外力 F。

第十一章　力法

第一节　力法原理和力法方程

在第六章中已经介绍了超静定结构的概念、超静定次数的判断以及超静定结构的一般解法，明确了超静定结构的求解关键在于变形协调方程的建立。一般求解思路是将某一处的约束当作多余约束撤掉，并在该处施加与多余约束相对应的力（多余未知力），从而得到一个由荷载和多余未知力共同作用的基本静定系，基于"在荷载和多余未知力共同作用下，基本静定体系在多余未知力处的位移等于原结构相应位移"来建立变形协调方程。

力法遵从超静定结构的一般求解思路，变形协调方程就是力法方程，通过变形协调方程可求解多余未知力。以图 11.1 所举例子说明了力法原理与力法方程的建立。

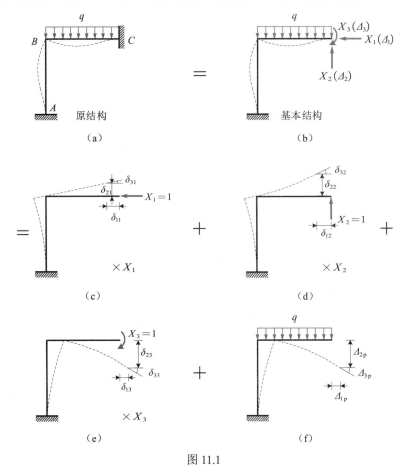

图 11.1

三次超静定刚架如图 11.1（a）所示，在图示荷载作用下的结构变形如虚线所示。若将固定支座 C 处的三个约束看作多余约束而去除，并以 X_1、X_2 和 X_3 代替原约束的作用，可得如图 11.1（b）所示的**力法的基本结构**（基本静定系）。X_1、X_2 和 X_3 便称为**力法的基本未知量**，它们的方向可以先任意假定。如果 X_1、X_2 和 X_3 与原结构 C 支座反力的大小和方向完全符合，则基本结构的全部反力、内力和变形将与原结构完全一致。

原结构 C 点处为固定支座，不可能产生任何位移。因此，基本结构在原结构和全部多余约束力作用下，也必须符合这样的变形条件，即在 C 点沿多余约束力 X_1、X_2 和 X_3 方向的位移 Δ_1、Δ_2 和 Δ_3 应都等于零。

一般来说，基本结构的上述每一项位移并非仅由该位移方向的多余约束力所引起，而是由荷载以及各多余约束力共同作用引起的。这些因素单独作用时所引起的各项位移如图 11.1（c）～（f）所示。现将 $X_1 = 1$、$X_2 = 1$ 和 $X_3 = 1$ 分别作用于基本结构时，C 点沿着 X_1 方向的位移分别记为 δ_{11}、δ_{12} 和 δ_{13}，沿 X_2 方向的位移分别记为 δ_{21}、δ_{22} 和 δ_{23}，沿 X_3 方向的位移分别记为 δ_{31}、δ_{32} 和 δ_{33}，将荷载作用于基本结构时的上述位移记为 Δ_{1p}、Δ_{2p} 和 Δ_{3p}，根据叠加原理，基本结构需满足的变形协调条件可表达为

$$\begin{cases} \Delta_1 = \delta_{11} X_1 + \delta_{12} X_2 + \delta_{13} X_3 + \Delta_{1p} = 0 \\ \Delta_2 = \delta_{21} X_1 + \delta_{22} X_2 + \delta_{23} X_3 + \Delta_{2p} = 0 \\ \Delta_3 = \delta_{31} X_1 + \delta_{32} X_2 + \delta_{33} X_3 + \Delta_{3p} = 0 \end{cases} \tag{11.1}$$

式（11.1）就是为求解多余约束力 X_1、X_2 和 X_3 所需建立的力法方程组，也称为**力法正则方程**。这组方程的物理意义：在已知荷载和全部多余未知力共同作用下，基本静定体系在多余未知力处的位移等于原结构相应的位移。

对于 n 次超静定结构就有 n 个多余约束，而每一个多余约束都对应一个未知约束力，同时又提供一个变形条件，相应地就可以建立 n 个变形协调方程，从中就可解出 n 个未知约束力。这 n 个方程可写为

$$\left. \begin{array}{l} \delta_{11} X_1 + \delta_{12} X_2 + \cdots + \delta_{1n} X_n + \Delta_{1p} = \Delta_1 \\ \delta_{21} X_1 + \delta_{22} X_2 + \cdots + \delta_{2n} X_n + \Delta_{2p} = \Delta_2 \\ \qquad\qquad\qquad \vdots \\ \delta_{n1} X_1 + \delta_{n2} X_2 + \cdots + \delta_{nn} X_n + \Delta_{np} = \Delta_n \end{array} \right\} \tag{11.2}$$

式（11.2）为荷载作用下 n 次超静定结构力法方程的一般形式。当原结构在解除多余约束处的真实位移为零时，则有

$$\left. \begin{array}{l} \delta_{11} X_1 + \delta_{12} X_2 + \cdots + \delta_{1n} X_n + \Delta_{1p} = 0 \\ \delta_{21} X_1 + \delta_{22} X_2 + \cdots + \delta_{2n} X_n + \Delta_{2p} = 0 \\ \qquad\qquad\qquad \vdots \\ \delta_{n1} X_1 + \delta_{n2} X_2 + \cdots + \delta_{nn} X_n + \Delta_{np} = 0 \end{array} \right\} \tag{11.3}$$

在理解和应用力法时，以下几点非常重要：

（1）不同的方程表示不同的多余约束方向的变形协调条件。

（2）同一方程中的不同项分别表示不同的多余约束力及荷载在同一个多余约束方向所引起的位移。

（3）第一个下标表示与多余未知力序号相应的位移序号，第二个下标则表示产生该位移的原因。例如 δ_{ij} 是由单位力 $X_j=1$ 引起的 X_i 方向的位移，Δ_{ip} 是由荷载引起的沿 X_i 方向的位移。

（4）式中的位移项 δ_{ij} 和 Δ_{ip} 可用单位荷载法求解。

（5）根据位移互等定理有 $\delta_{ij}=\delta_{ji}$，例如 $\delta_{12}=\delta_{21}$，$\delta_{23}=\delta_{32}$ 等。

（6）单位位移项 δ_{ij} 两个下标序号相同时，其值为正，即 $\delta_{ii}>0$，下标号码不同则可能为正，亦可能为负，或为零。

（7）力法方程等号右边并不一定总是零，这取决于原结构在解除多余约束处的真实位移是否为零。

第二节　力法解超静定结构

力法是超静定结构求解的基本方法，适用范围广，可以求解拉压超静定、扭转超静定、超静定梁和超静定刚架等。本节重点介绍力法求解超静定刚架。

细心的读者会发现，第六章着重介绍了拉压超静定、扭转超静定和简单超静定梁的求解，并未对超静定刚架进行系统论述。原因在于建立变形协调方程通常需要进行位移计算，对于刚架结构而言，单位荷载法是比叠加法（第五章）更实用、更简便的位移求解方法。因此超静定刚架的求解被放在了本节，读者在学习了单位荷载法和力法的基本原理之后再来学习本节，想必更容易理解。

根据力法的基本原理，超静定结构的求解可按如下步骤进行：

（1）确定结构的超静定次数，选取合理的基本结构，并将荷载和作为力法基本未知量的多余约束作用于基本结构。

（2）建立力法方程，求系数 δ_{ij}、Δ_{ip}。此时，需要分别作出单位力以及外荷载单独作用于基本结构时的单位内力图和荷载内力图（或写出内力表达式），再按照静定结构位移计算方法（最常使用的是单位荷载法）求出系数项。

（3）求解力法方程，得出基本未知量，即多余约束力。

（4）作出外荷载和多余约束力共同作用下基本结构的内力图。这实际上就是原结构的内力图。

题型一：力法解超静定刚架

【例题 11.1】试用力法正则方程求图 11.2 所示超静定刚架的支座约束反力，并绘制刚架的弯矩图。设刚架各杆 EI 相等。（昆明理工大学 2021）

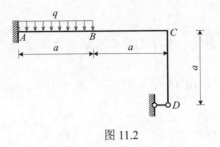

图 11.2

【解析】

解除 D 点多余约束，取基本结构如图 11.3 所示，可绘制 $\overline{M}_1$ 图和 M_p 图。

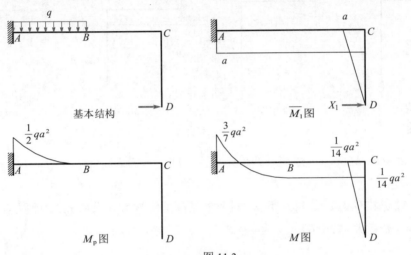

图 11.3

列力法方程：$\delta_{11} X_1 + \Delta_{1p} = 0$，$\delta_{11} = \dfrac{1}{EI}\left(2a \cdot a \cdot a + \dfrac{1}{2} a \cdot a \cdot \dfrac{2}{3} a\right) = \dfrac{7a^3}{3EI}$，

$\Delta_{1p} = \dfrac{1}{EI}\left(-\dfrac{1}{3} \cdot \dfrac{1}{2} qa^2 \cdot a\right) \cdot a = -\dfrac{qa^4}{6EI}$，代入得 $\dfrac{7a^3}{3EI} X_1 - \dfrac{qa^4}{6EI} = 0$，解得 $X_1 = \dfrac{qa}{14}$，即求

得 D 处约束力为 $\dfrac{qa}{14}(\rightarrow)$，由 $M = \overline{M}_1 X_1 + M_p$ 得原结构弯矩图。

【例题 11.2】 图 11.4 所示刚架，A 为固定端，C 为滑动铰支座，AB 长为 l，BD 为 $\dfrac{2l}{3}$，CD

为 $\dfrac{l}{3}$，D 点作用水平方向力 F。求：（1）C 支座反力；（2）刚架最大弯矩。（浙江大学 2017）

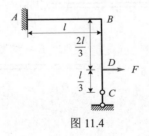

图 11.4

【解析】

（1）该结构为一次超静定，解除支座 C 代以反力 X_1，基本结构如图 11.5 所示，列力法方程：$\delta_{11}X_1 + \Delta_{1p} = 0$，绘制 $\overline{M}_1$ 图和 M_p 图，其中 $\delta_{11} = \dfrac{1}{EI}\left(\dfrac{1}{2}l \cdot l \cdot \dfrac{2}{3}l\right) = \dfrac{l^3}{3EI}$，

$\Delta_{1p} = \dfrac{1}{EI}\left(\dfrac{1}{2}l \cdot l \cdot \dfrac{2Fl}{3}\right) = \dfrac{Fl^3}{3EI}$，代入得 $\dfrac{l^3}{3EI}X_1 + \dfrac{Fl^3}{3EI} = 0$，解得 $X_1 = -F$，故 C 支座的反力为 F，方向向下。

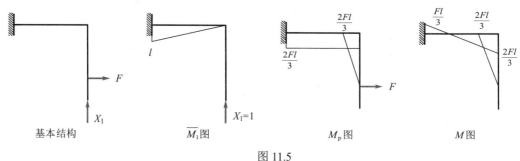

图 11.5

（2）由 $M = \overline{M}_1 X_1 + M_p$ 得原结构弯矩图，$M_{\max} = \dfrac{2}{3}Fl$。

【例题 11.3】 结构受力如图 11.6 所示，试判断其超静定次数并求杆 BD 的轴力，杆的 EA、EI 均已知。（暨南大学 2016）

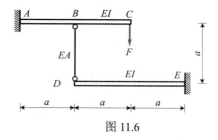

图 11.6

【解析】

图 11.6 所示结构为一次超静定，取基本结构如图 11.7 所示，可绘制 $\overline{M}_1$ 图和 M_p 图。

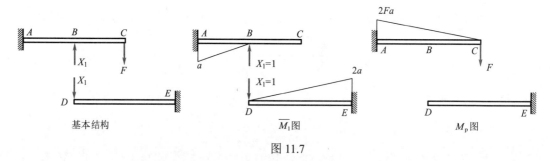

图 11.7

列力法方程：$\delta_{11}X_1 + \Delta_{1p} = -\dfrac{X_1 a}{EA}$，$\delta_{11} = \dfrac{1}{EI}\left(\dfrac{1}{2}a \cdot a \cdot \dfrac{2}{3}a + \dfrac{1}{2} \cdot 2a \cdot 2a \cdot \dfrac{4}{3}a\right) = \dfrac{3a^3}{EI}$，

$\Delta_{1p} = \dfrac{1}{EI}\left(-\dfrac{1}{2}a \cdot a \cdot \dfrac{5}{6} \cdot 2Fa\right) = -\dfrac{5Fa^3}{6EI}$，代入得 $\dfrac{3a^3}{EI}X_1 - \dfrac{5Fa^3}{6EI} = -\dfrac{X_1 a}{EA}$，

解得 $X_1 = \dfrac{5AFa^2}{18a^2 A + 6I}$，故 BD 的轴力为 $\dfrac{5AFa^2}{18a^2 A + 6I}$（压力）。

【例题 11.4】 图 11.8 所示刚架，已知各段杆的抗弯刚度为 EI。试求 A 点的水平位移。（燕山大学 2020）

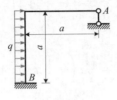

图 11.8

【解析】

（1）力法求 A 支座反力。

图 11.8 所示结构为一次超静定，解除 A 点约束，代之反力，基本结构如图 11.9 所示。

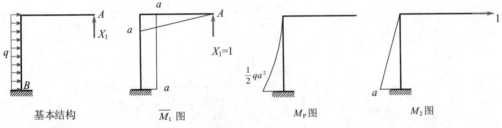

基本结构　　　　　　$\overline{M}_1$ 图　　　　　　M_P 图　　　　　　M_2 图

图 11.9

列力法方程：$\delta_{11}X_1 + \Delta_{1p} = 0$，绘制 $\overline{M}_1$ 图和 M_p 图，

$\delta_{11} = \dfrac{1}{EI}\left(\dfrac{1}{2}a \cdot a \cdot \dfrac{2}{3}a + a \cdot a \cdot a\right) = \dfrac{4a^3}{3EI}$，$\Delta_{1p} = \dfrac{1}{EI}\left(\dfrac{1}{3}\left(-\dfrac{1}{2}qa^2\right) \cdot a \cdot a\right) = -\dfrac{qa^4}{6EI}$，

代入得 $\dfrac{4a^3}{3EI}X_1 - \dfrac{qa^4}{6EI} = 0$，解得 $X_1 = \dfrac{1}{8}qa$。

（2）单位荷载法求 A 点水平位移。

在 A 点水平方向虚设单位力如图 11.9 所示，图 $\overline{M}_1 X_1$ 和图 M_p 分别与图 M_2 图乘后叠加可得

$\Delta_{Ax} = \dfrac{1}{EI}\left(-\dfrac{1}{8}qa^2 \cdot a \cdot \dfrac{1}{2}a + \dfrac{1}{3} \cdot \dfrac{1}{2}qa^2 \cdot a \cdot \dfrac{3a}{4}\right) = \dfrac{qa^4}{16EI}(\rightarrow)$。

【注】 求出 A 支座反力后，也可先由 $M = \overline{M}_1 X_1 + M_p$ 得到原结构的弯矩图后，再将 M 图与 M_2 图图乘求 A 点水平位移，但稍显繁琐。

题型二：力法解其他超静定结构

【例题 11.5】 绘制图 11.10 所示梁的剪力图和弯矩图。（南昌大学 2018）

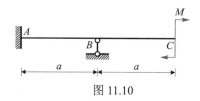

图 11.10

【解析】

去掉 B 支座，代以反力，力法基本结构如图 11.11 所示，列力法方程：$\delta_{11}X_1 + \Delta_{1p} = 0$，

绘制 $\overline{M_1}$ 图和 M_p 图：

$$\delta_{11} = \frac{1}{EI}\left(\frac{1}{2}a \cdot a \cdot \frac{2}{3}a\right) = \frac{a^3}{3EI}, \quad \Delta_{1p} = \frac{1}{EI}\left(-\frac{1}{2}a \cdot a \cdot M\right) = -\frac{Ma^2}{2EI},$$

代入得 $\frac{a^3}{3EI}X_1 - \frac{Ma^2}{2EI} = 0$，解得 $X_1 = \frac{3M}{2a}(\uparrow)$，弯矩图和剪力图如图 11.11 所示。

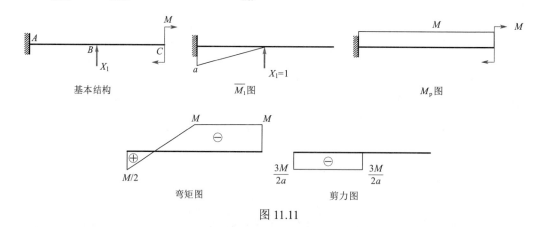

图 11.11

【例题 11.6】 图 11.12 所示梁横截面是直径为 d 的圆。跨中作用集中力 F，梁右端 C 处下方有一个刚度 $k = \dfrac{3EI}{a^3}$ 的弹簧，梁与弹簧之间有间隙 $\delta = \dfrac{Fa^3}{3EI}$，试求梁的最大正应力。（四川大学 2016）

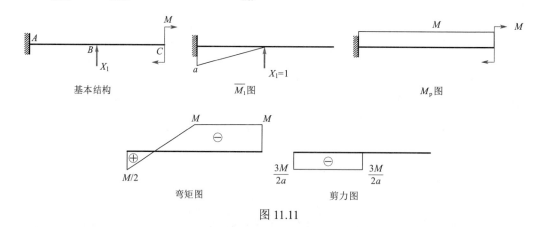

图 11.12

【解析】

F 作用下，假设 C 端无弹簧，则 $w_C > w_B = \dfrac{Fa^3}{3EI} = \delta$，故 C 端将与弹簧接触，设最终

状态弹簧的反力为 X_1，取基本结构如图 11.13 所示。

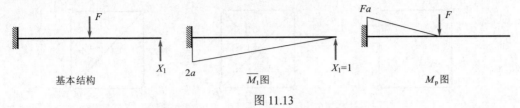

图 11.13

列力法方程：$\delta_{11} X_1 + \Delta_{1p} = -\left(\delta + \dfrac{X_1}{k}\right) = -\dfrac{(F+X_1)a^3}{3EI}$，绘制 $\overline{M}_1$ 图和 M_p 图，

$$\delta_{11} = \dfrac{1}{EI}\left(\dfrac{1}{2} \cdot 2a \cdot 2a \cdot \dfrac{4}{3}a\right) = \dfrac{8a^3}{3EI}, \quad \Delta_{1p} = \dfrac{1}{EI}\left(-\dfrac{1}{2}Fa \cdot a \cdot \dfrac{5}{3}a\right) = -\dfrac{5Fa^3}{6EI},$$

代入得 $\dfrac{8a^3}{3EI}X_1 - \dfrac{5Fa^3}{6EI} = -\dfrac{(F+X_1)a^3}{3EI}$，解得 $X_1 = \dfrac{F}{6}$（↑），

由 $M = \overline{M}_1 X_1 + M_p$ 得原结构弯矩图如图 11.14 所示，则

$$M_{\max} = \dfrac{2}{3}Fa, \quad \sigma_{\max} = \dfrac{M_{\max}}{W_z} = \dfrac{\dfrac{2}{3}Fa}{\dfrac{\pi d^3}{32}} = \dfrac{64Fa}{3\pi d^3}。$$

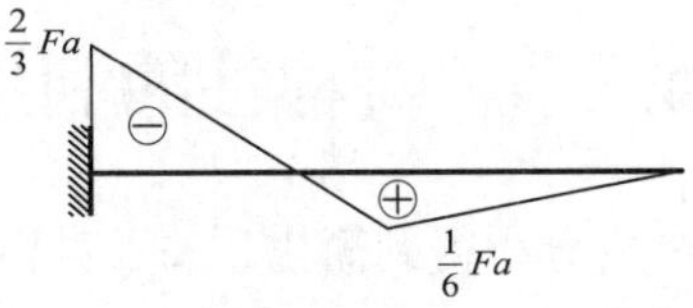

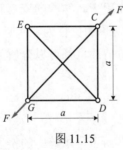

图 11.14

【例题 11.7】图 11.15 所示正方形桁架各杆的材料和横截面面积均相同，抗拉刚度均 EA，试求 GC 杆的轴力。（沈阳建筑大学 2019）

图 11.15

【解析】

用力法求解，取基本结构如图 11.16 所示。列力法方程：$\delta_{11} X_1 + \Delta_{1p} = -\dfrac{X_1 \cdot \sqrt{2}\,a}{EA}$，

绘制 $\overline{F}_N$ 图和 F_{Np} 图，受拉为正，受压为负。

$$\delta_{11} = \dfrac{1}{EA}\left[\left(-\dfrac{1}{\sqrt{2}}\right) \cdot \left(-\dfrac{1}{\sqrt{2}}\right) \cdot a \cdot 4 + 1 \cdot 1 \cdot \sqrt{2}\,a\right] = \dfrac{(2+\sqrt{2})a}{EA},$$

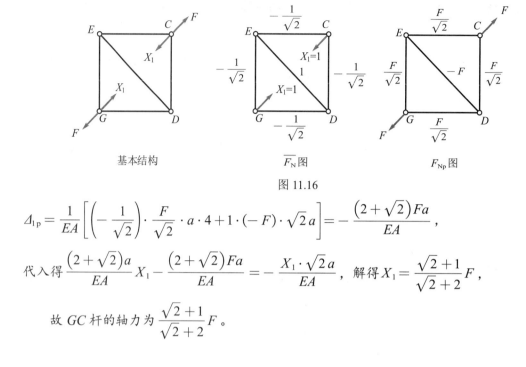

基本结构 $\qquad$ $\overline{F_N}$ 图 $\qquad$ F_{Np} 图

图 11.16

$$\Delta_{1p} = \frac{1}{EA}\left[\left(-\frac{1}{\sqrt{2}}\right)\cdot\frac{F}{\sqrt{2}}\cdot a\cdot 4 + 1\cdot(-F)\cdot\sqrt{2}a\right] = -\frac{(2+\sqrt{2})Fa}{EA},$$

代入得 $\dfrac{(2+\sqrt{2})a}{EA}X_1 - \dfrac{(2+\sqrt{2})Fa}{EA} = -\dfrac{X_1\cdot\sqrt{2}a}{EA}$，解得 $X_1 = \dfrac{\sqrt{2}+1}{\sqrt{2}+2}F$，

故 GC 杆的轴力为 $\dfrac{\sqrt{2}+1}{\sqrt{2}+2}F$。

第三节 对称性的利用

利用对称性可以使结构的受力分析得到简化。关于对称结构的受力特点，需要掌握以下结论：

（1）对称结构在对称荷载作用下，结构的变形和内力都是对称的，对称轴上反对称的未知力（剪力）为零，反对称的位移（水平位移、转角）为零。

（2）对称结构在反对称荷载作用下，结构的变形和内力都是反对称的，对称轴上对称的未知力（轴力、弯矩）为零，对称的位移为零（竖向位移）。

（3）作用于对称结构上的任意荷载，都可以分解为一组对称荷载和另一组反对称荷载。

题型三：对称性的利用

【例题 11.8】简支梁受力如图 11.17 所示，求跨中的挠度。

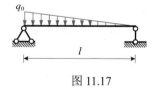

图 11.17

【解析】

将图 11.18（a）~（c）跨中挠度分别记为 w_a、w_b、w_c，则 $w_a = w_b$，$w_a + w_b = w_c$，

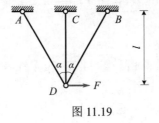

图 11.18

故原结构跨中挠度 $w = w_a = \dfrac{1}{2} w_c = \dfrac{1}{2} \times \dfrac{5 q_0 l^4}{384 EI} = \dfrac{5 q_0 l^4}{768 EI}$。

【例题 11.9】 图 11.19 所示桁架在 D 点受到一水平力作用，各杆抗拉（压）刚度 EA 相等，AD、BD 与 CD 形成相同的夹角 α，l 已知，试求各杆的内力。（三峡大学 2011）

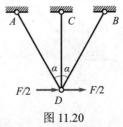

图 11.19

【解析】

原结构的等效结构如图 11.20 所示，结构为对称结构，荷载为反对称荷载，根据"对称结构在反对称荷载作用下对称轴上对称的未知力为零"可判断 CD 杆内力为 0，结构转化为静定结构，利用节点平衡可求得：$F_{NAD} = \dfrac{F}{2 \sin \alpha}$（拉），$F_{NBD} = -\dfrac{F}{2 \sin \alpha}$（压）。

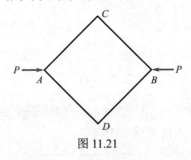

图 11.20

【注】 读者可将本题与第六章的例题 6.9，上海交通大学 2020 年真题对比，分析异同。

【例题 11.10】 如图 11.21 所示，边长为 a 的正方形刚架，在 AB 两点沿对角线方向作用一对大小相等，方向相反的力 P，在不考虑轴向变形影响下，求 CD 两点沿对角线方向的相对位移（设各边 EI 相等）。（哈尔滨工程大学 2017）

图 11.21

【解析】

该结构为对称结构，荷载为正对称荷载，可取半结构如图 11.22（a），半结构上荷载仍对称，继续取半结构得原结构的 $\frac{1}{4}$ 结构如图 11.22（b），$\frac{1}{4}$ 结构为一次超静定，取基本结构如图 11.22（c）所示。

C 截面的转角为零，力法方程为 $\delta_{11}X_1 + \Delta_{1p} = 0$，绘制 $\overline{M_1}$ 图、M_p 图如图 11.22（d）、11.22（e）所示，$\delta_{11} = \dfrac{1}{EI}(1 \times a \times 1) = \dfrac{a}{EI}$，$\Delta_{1p} = -\dfrac{1}{EI}\left(\dfrac{1}{2} \times \dfrac{Pa}{2\sqrt{2}} \times a \times 1\right) = -\dfrac{Pa^2}{4\sqrt{2}\,EI}$，

代入得 $\dfrac{a}{EI}X_1 - \dfrac{Pa^2}{4\sqrt{2}\,EI} = 0$，解得 $X_1 = \dfrac{Pa}{4\sqrt{2}}$，由 $M = \overline{M_1}X_1 + M_p$ 得 $\frac{1}{4}$ 结构的弯矩图如图 11.22（f）所示。

在 C 处虚设竖向单位力，弯矩图如图 11.22（g）所示，M 图与 $\overline{M}$ 图图乘得 C 点铅垂位移 $\Delta_C = \dfrac{1}{EI}\left(\dfrac{1}{2}\dfrac{a}{\sqrt{2}} \cdot a \cdot \dfrac{Pa}{12\sqrt{2}}\right) = \dfrac{Pa^3}{48EI}$，$CD$ 两点沿对角线方向相对位移 $\Delta_{CD} = 2\Delta_C = \dfrac{Pa^3}{24EI}$，$C$、$D$ 两点距离减小。

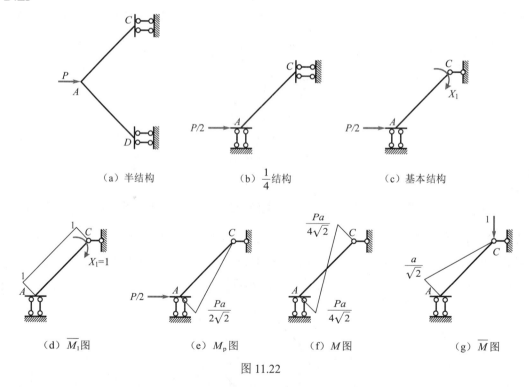

（a）半结构	（b）$\frac{1}{4}$ 结构	（c）基本结构
（d）$\overline{M_1}$ 图	（e）M_p 图	（f）M 图	（g）$\overline{M}$ 图

图 11.22

【例题 11.11】 平面刚架受力如图 11.23 所示，C 为 DE 的中点，试求截面 C 的转角（略去轴力、剪力对变形的影响）。（中南大学 2019）

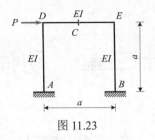

图 11.23

【解析】

　　该结构对称,可将原荷载分解为一组对称荷载和另一组反对称荷载,如图 11.24 所示。由于不考虑轴力,正对称荷载作用下无变形,下面研究反对称荷载作用下结构的受力情况。

　　取图 11.24 (b) 的半结构如图 11.24 (d) 所示,半结构为一次超静定,取基本结构如图 11.24 (e) 所示。

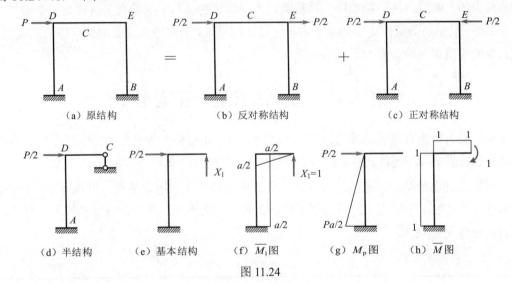

图 11.24

　　列力法方程:$\delta_{11} X_1 + \Delta_{1p} = 0$,绘制 $\overline{M}_1$ 图和 M_p 图,

$$\delta_{11} = \frac{1}{EI}\left(\frac{1}{2}\cdot\frac{a}{2}\cdot\frac{a}{2}\cdot\frac{a}{3} + \frac{a}{2}\cdot a\cdot\frac{a}{2}\right) = \frac{7a^3}{24EI}, \quad \Delta_{1p} = \frac{1}{EI}\left(-\frac{1}{2}\frac{Pa}{2}\cdot a\cdot\frac{a}{2}\right) = -\frac{Pa^3}{8EI},$$

　　代入得 $\dfrac{7a^3}{24EI}X_1 - \dfrac{Pa^3}{8EI} = 0$,解得 $X_1 = \dfrac{3P}{7}(\uparrow)$。

　　下面用单位荷载法求 C 截面转角,在 C 截面虚设单位力偶并绘制弯矩图如图 11.24(h) 所示,$\overline{M}_1 X_1$ 图和 M_p 图分别与 $\overline{M}$ 图图乘后叠加:

$$\theta_C = \frac{1}{EI}\left[\left(-\frac{1}{2}\cdot\frac{a}{2}\cdot\frac{a}{2} - \frac{a}{2}\cdot a\right)X_1 + \left(\frac{1}{2}\frac{Pa}{2}\cdot a\cdot 1\right)\right] = -\frac{Pa^2}{56EI}, \quad C \text{ 截面转角为 } \frac{Pa^2}{56EI}(\curvearrowleft)。$$

第十二章　动荷载

第一节　概述

前面章节讨论的构件强度、刚度、稳定性问题都是认为荷载是从零开始平缓地增加，加载过程中杆件各质点加速度很小，可以忽略不计，荷载加到最终值后不再变化，此即所谓**静荷载**。若所增加的荷载引起构件内部各个质点的加速度比较显著，不能忽略荷载对变形和应力的影响时，这种荷载称为**动荷载**。本章讨论的是与动荷载有关的应力和变形。

此外，只要动荷载作用下的动应力不超过比例极限，动荷载作用下胡克定律仍然成立，并且弹性模量也与静荷载作用下的相同。

第二节　动静法求应力和变形

构件做匀加速直线运动或匀速转动时，构件内各质点将产生惯性力。惯性力的大小等于质点的质量m与加速度a的乘积，方向与a的方向相反，即$F = -ma$。

匀加速直线运动或匀速转动时动应力最简单的解法是应用**动静法**，即除外加荷载外，在构件各点处加上惯性力，然后按照求解静荷载问题的步骤，求得构件的动应力。常见匀速转动模型见表12.1。

表 12.1

常见匀速转动模型	受力图
质量为 m 的杆转动	
质量为 m 的物块转动（不计绳重）	
杆和物块转动，质量分别为 m_1，m_2	

续表 12.1

常见匀速转动模型	受力图
杆在竖直面内匀速转动	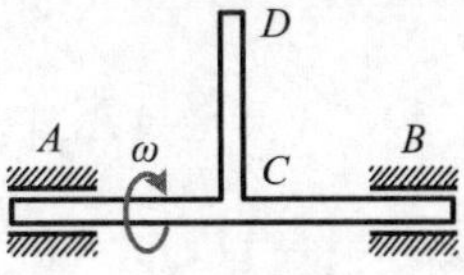 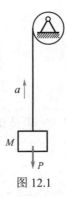
小球在竖直面内转动	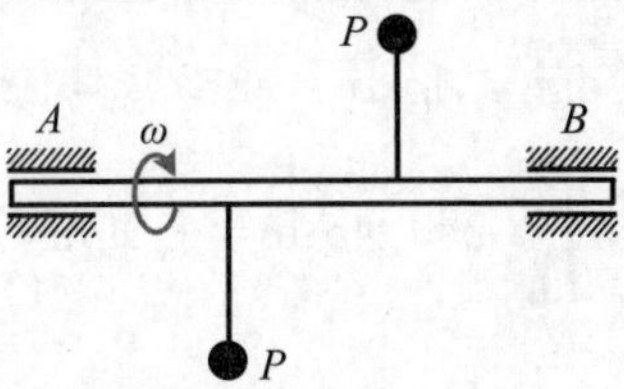

【注】通过寻找转动构件的质心和旋转半径，避免使用积分求惯性力，从而简化计算。

题型一：匀加速直线运动构件的动应力

【例题 12.1】一钢索起吊重物 M，以加速度 a 提升，如图 12.1 所示。重物 M 的重力为 P，钢索的横截面面积为 A，其重量与 P 相比甚小可忽略不计，重力加速度为 g。试求钢索横截面上的动应力 σ_d。

图 12.1

【解析】

重物 M 除受重力 P 外，还受到惯性力的作用，根据动静法可得钢索横截面上的轴力：

$$F_{Nd} = P + ma = P + \frac{P}{g}a, \quad \sigma_d = \frac{F_{Nd}}{A} = \frac{P}{A}\left(1 + \frac{a}{g}\right) = \sigma_{st}\left(1 + \frac{a}{g}\right), \quad 其中，\sigma_{st} = \frac{P}{A} 是 P 作$$

为静荷载作用在钢索横截面上的静应力。

【注】对于此类问题，可根据动静法，将惯性力力系虚加在运动构件上，使之在原有外力和惯性力共同作用下处于形式上的平衡状态，从而将动荷载问题转化为静荷载问题求解。

题型二：匀速转动构件的动应力

【例题 12.2】一均质杆以角速度 ω 绕铅垂轴在水平面内转动，如图 12.2 所示。若已知杆长为 l，杆的横截面面积为 A，材料的密度为 ρ。试求杆的最大动应力。（石家庄铁道大学 2019）

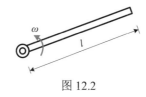

图 12.2

【解析】

方法一：如图 12.3 所示，将杆截开，杆内任一点的法向加速度为 $a = x\omega^2$，任一 dx 长度杆质量 $dm = A\rho\,dx$，距离转轴任意值 x 横截面上的轴力：

$$F_{Nd}(x) = \int_x^l x\omega^2 \cdot A\rho\,dx = \frac{1}{2}A\rho\omega^2(l^2 - x^2)\,(0 \leqslant x \leqslant l)，\text{当 } x = 0 \text{ 时，杆横截面上轴力最}$$

大，$F_{Nd\max} = \dfrac{1}{2}A\rho\omega^2 l^2$，杆最大动应力 $\sigma_{d\max} = \dfrac{F_{Nd\max}}{A} = \dfrac{1}{2}\rho\omega^2 l^2$。

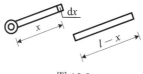

图 12.3

方法二：构件的质心在中点处，则

$$F_{Nd\max} = m\omega^2 \cdot \frac{l}{2} = A\rho l\omega^2 \cdot \frac{l}{2} = \frac{1}{2}A\rho\omega^2 l^2，\quad \sigma_{d\max} = \frac{F_{Nd\max}}{A} = \frac{1}{2}\rho\omega^2 l^2。$$

【注】 相关公式：向心加速度 $a = \omega^2 R = \dfrac{v^2}{R}$；惯性力 $F = -ma = -m\omega^2 R$，加速度与惯性力的方向相反，因此添加负号。

【例题 12.3】 平均直径为 D 的薄壁圆环，绕通过其圆心且垂直于环平面的轴做等速转动，如图 12.4 所示。已知圆环的角速度 ω、径向截面面积 A 和材料的密度 ρ，试求圆环径向截面上的正应力。

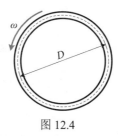

图 12.4

【解析】

若圆环厚度远小于直径，可近似认为环内各点处向心加速度大小相等，即 $a = D\omega^2/2$，由半个圆环平衡方程可得 $F_{Nd} = \dfrac{1}{2} \cdot \int_0^\pi A\rho \cdot \dfrac{D}{2}\,d\varphi \cdot \sin\varphi \cdot \dfrac{D\omega^2}{2} = \dfrac{A\rho D^2\omega^2}{4}$，由此求得圆

环横截面上的正应力为 $\sigma_d = \dfrac{F_{Nd}}{A} = \dfrac{\rho D^2 \omega^2}{4}$。

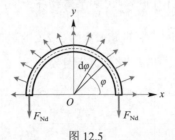

图 12.5

【注】根据动静法可知，环上的惯性力是沿圆环中心线均匀分布的线分布力，其指向远离转动中点。

第三节　受冲击时的应力和变形

若重量为 P 的物体从高 h 处自由下落到弹性杆件上，如图 12.6 所示，根据能量守恒定律可知，冲击系统的动能和势能的变化等于弹性杆件的应变能，由此可以推导出**自由落体冲击**下弹性体的冲击动荷因数 $K_d = \dfrac{\Delta_d}{\Delta_{st}} = 1 + \sqrt{1 + \dfrac{2h}{\Delta_{st}}}$，即 K_d 为冲击最大变形 Δ_d 与静位移 Δ_{st} 的比值。

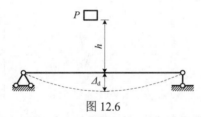

图 12.6

若重量为 P 的物体突然加于构件上，相当于自由下落 $h = 0$ 时的情况，此时 $K_d = 2$，即在突加荷载作用下，构件的应力和变形都是静荷载时的两倍。

对于水平放置的系统，如图 12.7 所示，冲击过程中系统的势能不变，若冲击物与杆件刚开始接触时的速度为 v，冲击后速度降为零，根据能量守恒定律可知，冲击物的动能全部转化为弹性杆件的应变能，同自由下落时弹性体冲击动荷因数公式的推导类似，**水平冲击**的动荷因数 $K_d = \sqrt{\dfrac{v^2}{g\Delta_{st}}}$。

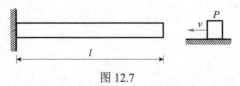

图 12.7

若吊索悬挂一重物匀速下降，滑轮被突然卡住时，重物的速度瞬间降为零，此时吊索受到冲击，根据机械能守恒定律可推导出**起吊重物冲击**的动荷因数 $K_d = 1 + \sqrt{\dfrac{v^2}{g\Delta_{st}}}$。

综上可知：构件受到冲击时产生的最大变形、最大荷载以及最大应力分别为 $\Delta_d = K_d \Delta_{st}$、$F_d = K_d P$、$\sigma_d = K_d \sigma_{st}$。常见冲击模型及动荷因数见表 12.2。

表 12.2

常见冲击模型	动荷因数	能量转化
高度 h 处自由下落	$K_d = 1 + \sqrt{1 + \dfrac{2h}{\Delta_{st}}}$	重力势能转化为应变能
接触速度 v 的冲击	$K_d = 1 + \sqrt{1 + \dfrac{v^2}{g\Delta_{st}}}$	动能+重力势能转化为应变能
初速度 v_0，高度 h 的冲击	$K_d = 1 + \sqrt{1 + \dfrac{v_0^2 + 2gh}{g\Delta_{st}}}$	动能+重力势能转化为应变能
速度 v 的水平冲击	$K_d = \sqrt{\dfrac{v^2}{g\Delta_{st}}}$	动能转化为应变能
起吊重物冲击 （绳子突然卡住）	$K_d = 1 + \sqrt{\dfrac{v^2}{g\Delta_{st}}}$	动能+重力势能转化为应变能

【注】相关公式：$v^2 - v_0^2 = 2as$，$s = v_0 t + \dfrac{1}{2} at^2$；$v_0 = 0$ 时，$v^2 = 2as$，$s = \dfrac{1}{2} at^2$。

题型三：自由落体冲击

【例题 12.4】 图 12.8 所示圆截面钢杆，直径 $d = 20$ mm，杆长 $l = 2$ m，冲击物重量 $F = 500$ N，沿高 $H = 100$ mm 处自由下落，材料的弹性模量 $E = 210$ GPa，不计钢杆和

小盘的质量，小盘可设为刚性。试计算杆内横截面上的最大正应力。（南京工业大学 2011）

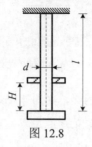

图 12.8

【解析】

计算静位移：$\Delta_{st} = \dfrac{Fl}{EA} = \dfrac{500 \times 2\,000}{210 \times 10^3 \times \dfrac{\pi \times 20^2}{4}} = 0.015\,2$ （mm）。

计算动荷因数：$K_d = 1 + \sqrt{1 + \dfrac{2H}{\Delta_{st}}} = 1 + \sqrt{1 + \dfrac{200}{0.015\,2}} = 115.7$。

求最大正应力：$\sigma_{dmax} = K_d \sigma_{max} = K_d \dfrac{F}{A} = 115.7 \times \dfrac{500}{\dfrac{\pi \times 20^2}{4}} = 184.14$ （MPa）。

【注】 此题是最常规、最简单的自由落体冲击问题，直接代入数据计算动荷因数即可。

【例题 12.5】 圆截面折杆 ABC 如图 12.9 所示，已知材料常数 E、G，长度 l，杆 AB 和杆 BC 的直径均为 d，重力加速度为 g，重物 F_p 自高度 l 处以初速度 v_0 下落至 C 点。试求梁的第三相当应力最大值。（北京交通大学 2011）

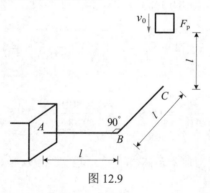

图 12.9

【解析】

C 点竖向静位移：

$$\Delta_{st} = \frac{F_p l^3}{3EI} + \frac{F_p l^3}{3EI} + \frac{F_p l \cdot l}{GI_p} \cdot l = \frac{128 F_p l^3}{3\pi E d^4} + \frac{32 F_p l^3}{\pi G d^4} = \frac{128 G F_p l^3 + 96 E F_p l^3}{3\pi E G d^4}。$$

计算动荷因数：$K_d = 1 + \sqrt{1 + \dfrac{v_0^2 + 2gl}{g\Delta_{st}}} = 1 + \sqrt{1 + \dfrac{(v_0^2 + 2gl)3\pi EG d^4}{g(128 G F_p l^3 + 96 E F_p l^3)}}$。

则 $\sigma_{dr3} = K_d \sigma_{r3} = K_d \sqrt{\sigma^2 + 4\tau^2} = K_d \sqrt{\left(\dfrac{32 F_p l}{\pi d^3}\right)^2 + 4\left(\dfrac{16 F_p l}{\pi d^3}\right)^2} =$

$$1 + \sqrt{1 + \frac{(v_0^2 + 2gl)3\pi EGd^4}{g(128GF_p l^3 + 96EF_p l^3)} \cdot \frac{32\sqrt{2}\, F_p l}{\pi d^3}} \, \text{。}$$

【注】此题综合考查了弯扭组合变形及冲击荷载，难点在于计算冲击点处的静位移；此外应注意重物是初速度 v_0 高度为 l 的下落，需选择对应的动荷因数公式。

【例题 12.6】图 12.10 所示矩形截面钢梁，宽为 40 mm，高为 16 mm，A 端是固定铰支座，B 端为弹簧支承，在该梁的中点 C 处受到重量 $P = 40$ N 的重物自高度 $h = 60$ mm 处自由下落冲击到梁上，已知弹簧刚度 $k = 25.32$ N/mm，钢的弹性模量 $E = 210$ GPa，试求动荷因数 K_d 和梁内最大冲击应力（不计梁的自重）。（海南大学 2019）

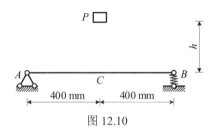

图 12.10

【解析】

梁的右端为弹簧支座，与刚性支座相比，不同之处在于梁的静位移中包括弹簧变形。

C 点静位移：

$$\Delta_{st} = \frac{Pl^3}{48EI} + \frac{P}{4k} = \frac{40 \times 800^3}{48 \times 210 \times 10^3 \times \frac{40 \times 16^3}{12}} + \frac{40}{4 \times 25.32} = 0.54 \ (\text{mm})\text{。}$$

计算动荷因数：$K_d = 1 + \sqrt{1 + \frac{2h}{\Delta_{st}}} = 1 + \sqrt{1 + \frac{2 \times 60}{0.54}} = 15.9$。

梁内最大冲击应力：

$$\sigma_{dmax} = K_d \cdot \sigma_{max} = K_d \cdot \frac{Pl}{4W} = 15.9 \times \frac{40 \times 800}{4 \times \frac{40 \times 16^2}{6}} = 74.5 \ (\text{MPa})\text{。}$$

【注】对于有弹簧的情况，动荷因数公式不变，式中 Δ_{st} 为静荷载作用下冲击点的位移，实质上已经考虑了弹簧的影响。

题型四：水平冲击

【例题 12.7】图 12.11 所示等截面刚架 ABC，其弯曲刚度为 EI，抗弯截面系数为 W。一重量为 Q 的物体以速度 v 水平冲击到刚架的 C 点处（刚架的质量忽略不计，不计轴力、剪力对刚架的影响），重力加速度为 g。试求刚架的最大冲击正应力。（浙江工业大学 2020）

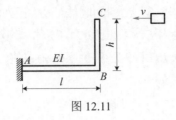

图 12.11

【解析】

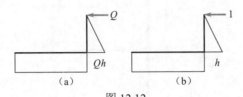

（a）　　　　　（b）

图 12.12

计算 C 点水平静位移：C 端水平方向位移可由图乘法得

$$\Delta_{st} = \frac{1}{EI}\left(\frac{1}{2}\cdot h\cdot Qh\cdot\frac{2}{3}h + Qh\cdot l\cdot h\right) = \frac{(h+3l)Qh^2}{3EI}。$$

计算冲击动荷因数：$K_d = \sqrt{\dfrac{v^2}{g\Delta_{st}}} = \sqrt{\dfrac{3EIv^2}{(h+3l)Qh^2 g}}$。

求刚架内最大应力：$\sigma_{dmax} = K_d\sigma_{max} = K_d\dfrac{M_{max}}{W} = K_d\dfrac{Qh}{W} = \sqrt{\dfrac{3EIv^2}{(h+3l)Qh^2 g}}\dfrac{Qh}{W}$。

【注】计算冲击点处的位移还可以应用逐段刚化法：$\Delta_{st} = \dfrac{Qh^3}{3EI} + \dfrac{Qhl}{EI}\cdot h = \dfrac{(h+3l)Qh^2}{3EI}$。

【例题 12.8】如图 12.13 所示，重物 $m = 50$ kg，以 $v = 3$ m/s 的速度冲击弹簧和弹性杆组成的结构，弹簧 $k = 2\,000$ N/m，弹性杆的弹性模量 $E = 10$ GPa，直径 $d = 20$ mm，试求弹性杆内的最大冲击应力（$g = 9.8$ m/s²）。（大连理工大学 2017）

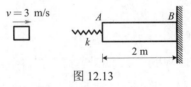

图 12.13

【解析】

计算静位移：$\Delta_{st} = \dfrac{mg}{k} + \dfrac{4mgl}{\pi d^2 E} = \dfrac{50\times 9.8}{2\,000} + \dfrac{4\times 50\times 9.8\times 2}{\pi\times 0.02^2\times 10\times 10^9} = 0.245$ (m)。

计算冲击动荷因数：$K_d = \sqrt{\dfrac{v^2}{g\Delta_{st}}} = \sqrt{\dfrac{9}{9.8\times 0.245}} = 1.94$。

求弹性杆内最大冲击应力：$\sigma_{dmax} = K_d\cdot\dfrac{mg}{A} = 1.94\cdot\dfrac{4\times 50\times 9.8}{\pi\times 0.02^2} = 3.03$ (MPa)。

【注】式中的 Δ_{st} 由弹簧的变形以及弹性杆件的变形组成。

【例题 12.9】 图 12.14 所示结构中，ABC 为刚体，BD 杆为圆截面细长压杆，其横截面面积为 A、惯性矩为 I、弹性模量为 E，重量为 Q 的物体以速度 v 水平冲击到 C 点，若规定 BD 杆的稳定安全系数 n_{st}，根据 BD 杆的稳定性条件确定速度 v，已知重力加速度为 g。（燕山大学 2020）

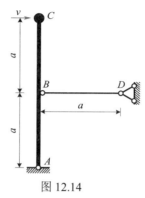

图 12.14

【解析】

计算 C 点静位移：静荷载 Q 作用于 C 点时，BD 杆轴力为 $2Q$，BD 杆变形量为

$$\Delta l_{BD} = \frac{F_{BD} a}{EA} = \frac{2Qa}{EA}，\quad C \text{ 点静位移 } \Delta_{st} = 2\Delta l_{BD} = \frac{4Qa}{EA}，\quad \text{动荷因数 } K_d = \sqrt{\frac{v^2 EA}{4Qag}}。$$

根据杆件稳定性条件确定 v：

细长压杆 BD 的临界荷载 $F_{cr} = \dfrac{\pi^2 EI}{(\mu l_{BD})^2} = \dfrac{\pi^2 EI}{a^2}$，$BD$ 杆最大冲击荷载 $F_d = K_d \times 2Q =$

$2Qv\sqrt{\dfrac{EA}{4Qag}}$，由 BD 杆稳定条件可知 $F_d \leq \dfrac{F_{cr}}{n_{st}}$，$2Qv\sqrt{\dfrac{EA}{4Qag}} \leq \dfrac{\pi^2 EI}{a^2 n_{st}}$，$v \leq \dfrac{\pi^2 I}{n_{st}}\sqrt{\dfrac{Eg}{Qa^3 A}}$。

> **【注】** 题中刚性杆 ABC 将 A 点发生转动，C 点的水平位移是 B 点水平位移的 2 倍。B 点水平位移即为 BD 杆的变形量。

题型五：起吊重物的冲击

【例题 12.10】 长度为 l_1、弯曲刚度为 EI 的悬臂梁，在自由端装有绞车，将重物 P 以匀速 v 下降，当钢绳下降至长度 l_2 时，钢绳突然被卡住，如图 12.15 所示，若钢绳的弹性模量为 E_s，横截面面积为 A，试求钢绳横截面上的动应力，已知重力加速度为 g。

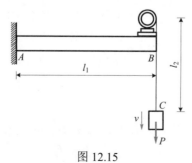

图 12.15

【解析】

计算静位移：$\varDelta_{st} = \dfrac{Pl_1^3}{3EI} + \dfrac{Pl_2}{E_s A}$。

计算动荷因数：$K_d = 1 + \sqrt{\dfrac{v^2}{g\varDelta_{st}}} = 1 + \sqrt{\dfrac{v^2}{g\left(\dfrac{Pl_1^3}{3EI} + \dfrac{Pl_2}{E_s A}\right)}}$。

动应力：$\sigma_d = K_d \dfrac{P}{A} = \dfrac{P}{A}\left[1 + \sqrt{\dfrac{v^2}{g\left(\dfrac{Pl_1^3}{3EI} + \dfrac{Pl_2}{E_s A}\right)}}\right]$。

【注】 在计算静位移时，需要同时考虑绳的伸长和悬臂梁 B 端的铅垂位移；起吊重物匀速下降，绳子突然卡住冲击模型的动荷因数为 $K_d = 1 + \sqrt{\dfrac{v^2}{g\varDelta_{st}}}$，读者可作为结论记忆；$AB$ 梁或弹簧的存在只会改变静位移的数值，不会改变动荷因数的表达式。

综 合 题

【例题 12.11】 一杆以角速度 ω 绕铅垂轴在水平面内转动。已知杆长为 l，横截面面积为 A，重量为 P_1，弹性模量为 E。另有一重量为 P 的重物连接在杆的端点，如图 12.16 所示。试求杆的最大动应力及杆的伸长。

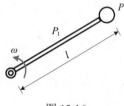

图 12.16

【解析】

（1）求最大动应力：重量为 P 的重物惯性力 $F_1 = \dfrac{P}{g} l\omega^2$，长为 $(l-x)$ 的杆的惯性力为 $F_2(x) = \dfrac{P_1}{gl}(l-x)\left(\dfrac{l+x}{2}\right)\omega^2 = \dfrac{P_1}{2gl}(l^2-x^2)\omega^2$，根据动静法可得任意截面的轴力为 $F_d(x) = \dfrac{P}{g} l\omega^2 + \dfrac{P_1}{2gl}(l^2-x^2)\omega^2$，$x=0$ 时，最大轴力 $F_{d,max} = (2P + P_1)\dfrac{l\omega^2}{2g}$，最大动应力 $\sigma_{d,max} = \dfrac{F_{d,max}}{A} = (2P + P_1)\dfrac{l\omega^2}{2Ag}$。

（2）求杆的伸长量：$\Delta l = \dfrac{1}{EA}\displaystyle\int_0^l \left[\dfrac{P}{g}l\omega^2 + \dfrac{P_1}{2gl}(l^2-x^2)\omega^2\right]dx = \dfrac{l^2\omega^2}{3gEA}(3P + P_1)$。

【注】 杆任一截面处的轴力不同，计算杆的总伸长量时，需要积分。

【**例题 12.12**】一质量为 m 的物体以速度 v 冲击一受均布荷载 q 的水平构件，如图 12.17 所示，求构件内最大的冲击动应力，g、EI、W 已知。（上海交通大学 2019）

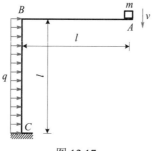

图 12.17

【**解析**】

均布荷载 q 作用下，A 点向下的位移为 $\dfrac{ql^3}{6EI} \cdot l$。

接触速度为 v 的冲击可等效为高度为 $\dfrac{v^2}{2g}$ 的自由落体冲击，考虑均布荷载 q 对下落高度的影响后，下落高度 $h = \dfrac{v^2}{2g} + \dfrac{ql^4}{6EI}$。

重物 m 作为静荷载单独作用下，A 点竖向静位移：$\varDelta_{\text{st}} = \dfrac{mg}{3EI}l^3 + \dfrac{mgl}{EI}l \cdot l = \dfrac{4mgl^3}{3EI}$。

动荷因数：$K_{\text{d}} = 1 + \sqrt{1 + \dfrac{2h}{\varDelta_{\text{st}}}} = 1 + \sqrt{1 + \dfrac{\dfrac{v^2}{g} + \dfrac{ql^4}{3EI}}{\varDelta_{\text{st}}}} = 1 + \sqrt{1 + \dfrac{3EIv^2 + ql^4 g}{4mg^2 l^3}}$。

构件在 C 处弯矩最大，$M_{\max} = K_{\text{d}} mgl + \dfrac{1}{2}ql^2$，则构件内最大的冲击动应力为

$$\sigma_{\text{d}\max} = \frac{M_{\max}}{W} = \frac{\left(1 + \sqrt{1 + \dfrac{3EIv^2 + ql^4 g}{4mg^2 l^3}}\right)mgl + \dfrac{1}{2}ql^2}{W}$$。

【**例题 12.13**】图 12.18 所示圆木桩左端固定，各段直径分别为 $d_1 = 80$ cm，$d_2 = 60$ cm，$d_3 = 40$ cm，各段杆长 $l = 1$ m，弹性模量 $E = 100$ MPa，木桩右端受质量为 $m = 200$ kg、速度为 3 m/s 的重锤的冲击作用。试计算动荷因数 K_{d}。（北京交通大学 2012）

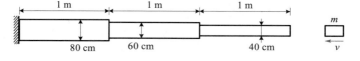

图 12.18

【**解析**】

计算静位移：$\varDelta_{\text{st}} = \dfrac{4mg}{\pi d_1^2 E}l + \dfrac{4mg}{\pi d_2^2 E}l + \dfrac{4mg}{\pi d_3^2 E}l =$

$$\frac{4\times200\times10\times1\,000}{3.14\times800^2\times100}+\frac{4\times200\times10\times1\,000}{3.14\times600^2\times100}+\frac{4\times200\times10\times1\,000}{3.14\times400^2\times100}=0.27\,(\text{mm})。$$

计算动荷因数：$K_{\text{d}}=\sqrt{\dfrac{v^2}{g\varDelta_{\text{st}}}}=\sqrt{\dfrac{3^2}{10\times0.27\times10^{-3}}}=57.74$。

【注】冲击荷载考题中的难点之一在于计算结构的静位移，本题需按静荷载作用计算各不同截面木桩的轴向位移，然后累加即可得到整体的静位移。

【例题 12.14】如图 12.19 所示结构，一重量为 $P=300$ N 的物体自高度 $h=10$ mm 处自由下落到梁上，已知 AB 杆 $EI=5\times10^5$ N·m²，BC 杆为圆截面，$E=200$ GPa，$d=38$ mm，$\sigma_{\text{p}}=200$ MPa，$n_{\text{st}}=2.5$。试求：（1）K_{d}。（2）BC 杆的稳定性。（浙江大学 2016）

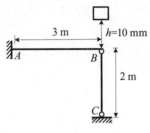

图 12.19

【解析】

设静载 P 作用在 B 点时，BC 杆的轴力为 X，由 $w_B=\Delta l_{BC}$，得 $\dfrac{(P-X)l_{AB}^3}{3EI}=\dfrac{Xl_{BC}}{EA}$

即 $\dfrac{(300-X)3^3}{3\times5\times10^5}=\dfrac{X\times2}{200\times10^9\times\frac{\pi}{4}\times0.038^2}$，解得 $X=299.853$ N，

故 $\varDelta_{\text{st}}=\dfrac{Xl_{BC}}{EA}=\dfrac{299.853\times2}{200\times10^9\times\frac{1}{4}\pi\times0.038^2}=2.644\times10^{-6}$（m）。

动荷因数 $K_{\text{d}}=1+\sqrt{1+\dfrac{2h}{\varDelta_{\text{st}}}}=1+\sqrt{1+\dfrac{2\times10}{2.644\times10^{-3}}}=87.98$。

对于 BC 杆：$\lambda_{\text{p}}=\pi\sqrt{\dfrac{E}{\sigma_{\text{p}}}}=\pi\sqrt{\dfrac{200\times10^3}{200}}=99.35$，

$\lambda_{BC}=\dfrac{\mu l}{i}=\dfrac{\mu l}{\frac{d}{4}}=\dfrac{1\times2}{\frac{0.038}{4}}=210.526\geqslant\lambda_{\text{p}}$，所以 BC 杆为大柔度杆，

$\sigma_{\text{cr}}=\dfrac{\pi^2E}{\lambda_{BC}^2}=\dfrac{\pi^2\times200\times10^9}{210.526^2}=44.54$（MPa），

$\sigma_{\text{st,d}}=K_{\text{d}}\dfrac{X}{A}=87.98\times\dfrac{299.853}{\frac{\pi}{4}\times0.038^2}=23.26$（MPa）$\geqslant\dfrac{\sigma_{\text{cr}}}{n_{\text{st}}}=\dfrac{44.54}{2.5}=17.82$（MPa），

所以 BC 杆将失去稳定。

【注】本题考查了动荷载对压杆稳定超静定问题的影响，首先需根据静荷载作用下压杆的位移关系求解出压杆轴力，其次解出动荷因数，最后验证动荷载作用下压杆稳定性。

【例题 12.15】铝合金水平梁 AB 如图 12.20 所示，截面尺寸 $b \times h = 75$ mm $\times 25$ mm，重物 $Q = 250$ N，弹簧刚度 $k = 18$ kN/m，高度 $H = 50$ mm，弹性模量 $E = 70$ GPa。试求重物在 C 点自由落体冲击时梁内最大正应力。（中南大学 2015）

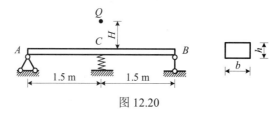

图 12.20

【解析】

计算动荷因数：静荷载 Q 作用于 C 点时结构为一次超静定，解除弹簧约束，代之反力，等效系统如图 12.21 所示。

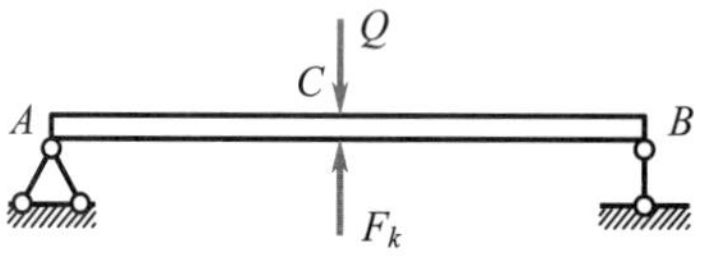

图 12.21

变形方程 $\dfrac{(Q - F_k)l_{AB}^3}{48EI} = \dfrac{F_k}{k}$，$\dfrac{(250 - F_k) \times 3^3}{48 \times 70 \times 10^9 \times \frac{1}{12} \times 0.075 \times 0.025^3} = \dfrac{F_k}{18 \times 10^3}$，

解得 $F_k = 149.24$ N，$\Delta_{st} = \dfrac{149.24}{18 \times 10^3} = 8.291$（mm），

动荷因数 $K_d = 1 + \sqrt{1 + \dfrac{2H}{\Delta_{st}}} = 1 + \sqrt{1 + \dfrac{2 \times 50}{8.291}} = 4.61$。

静荷载 Q 作用于 C 点时梁内的最大正应力为

$\sigma_{st,max} = \dfrac{\frac{1}{2}(Q - F_k)l_{AC}}{W_z} = \dfrac{3(Q - F_k)l_{AC}}{bh^2} = \dfrac{3 \times (250 - 149.24) \times 1.5}{0.075 \times 0.025^2} = 9.67$（MPa），

则动荷载作用下梁内最大正应力为 $\sigma_{dmax} = K_d \sigma_{st,max} = 4.61 \times 9.67 = 44.58$（MPa）。

【注】冲击本题为动荷载作用下的一次超静定问题，难点在于计算弹簧支座处的约束力，解出弹簧支座处的约束力即可计算动荷因数以及最大冲击正应力。

第十三章 塑性极限分析

第一节 概述

在前面各章节中，杆件的强度问题是按"**许用应力法**"来计算，即杆件危险点的相当应力小于等于材料的许用应力为准则，许用应力可用极限应力除以安全系数来表示，表达式为

$$\sigma_r \leqslant [\sigma] = \frac{\sigma_s}{n} \tag{13.1}$$

式中极限应力就是屈服极限 σ_s，n 是大于 1 的安全系数。对于塑性材料来说，当横截面边缘应力达到屈服极限 σ_s 时，截面中间部分应力尚未达到 σ_s，整个截面还能继续承担荷载，截面上增加的弯矩或扭矩可由应力尚未到达 σ_s 的那部分材料承受。同样，在超静定杆系中某一受力最大杆件的应力到达屈服极限时，其他杆件的应力并未达到屈服极限，其增加部分的荷载可由尚未达到屈服极限的杆系来承担。显然按"**许用应力法**"计算未能充分发挥材料的塑性，是偏于保守的。因此，为合理利用材料强度并减轻结构自重，有学者提出了考虑材料在屈服阶段的工作过程，这样计算结构强度的方法称为**塑性极限分析**，当杆件横截面上的应力全部达到屈服极限时计算出杆件相应所能承受的荷载大小，称为**极限荷载**，用 P_u 表示，根据极限荷载计算杆件许用荷载的方法称为"**许用荷载法**"，表达式为

$$P_{\max} \leqslant [P] = \frac{P_u}{n_u} \tag{13.2}$$

式中，n_u 为考虑材料塑性时的荷载安全系数。

为了简化计算，对塑性极限分析做了如下假设：

（1）荷载为单调增加的静荷载。

（2）结构局部产生塑性变形，但总体变形仍然足够小，变形的几何相容关系仍保持为线性。

（3）材料为理想弹塑性材料，应力应变关系如图 13.1（a）所示。

（4）材料在拉伸和压缩时的屈服极限 σ_s 及弹性模量 E 相同，如图 13.2（b）所示。

"**许用应力法**"是以杆件内某点处所承受的应力为基础，而"**许用荷载法**"是以结构整体所能承受的荷载作为基础，只有构件允许出现较大的塑性变形时，才能采用极限荷载设计的方法，脆性材料不能用许用荷载法。

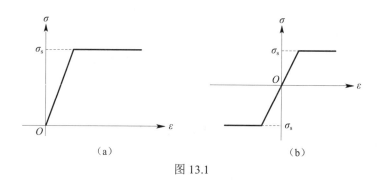

（a） （b）

图 13.1

第二节 拉压杆件的塑性分析

对于静定拉压杆件，当其中受力最大杆的应力达到材料的屈服极限时，结构就将产生大的塑性变形而达到极限状态，此时结构的极限荷载与弹性分析中最大应力达到屈服极限使杆开始屈服时的荷载相同。而对于一次超静定结构，当其中受力最大的杆件应力达到材料的屈服极限时，杆件开始屈服，但由于超静定结构中多余约束的存在，结构并不会产生较大的塑性变形。若继续增加荷载，则开始屈服的杆件应力保持不变，而其他杆件的应力继续增加，直至其他某一杆件的应力也达到屈服极限导致结构开始出现较大的塑性变形而变成几何可变体系，此时结构将达到极限状态。结构开始出现塑性变形时的荷载称为**屈服荷载** F_s，处于极限状态的荷载称为**极限荷载** F_u。

题型一：计算杆系结构的极限荷载

【**例题 13.1**】如图 13.2 所示，两端固定的梁受轴向荷载 F 作用，横截面面积为 A，区段长度 $a > b$，屈服强度为 σ_s，试求屈服荷载、极限荷载。（大连理工大学 2013）

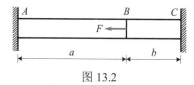

图 13.2

【**解析**】

去掉右端约束力加以支反力 F_C，$\dfrac{F_C b}{EA} - \dfrac{(F - F_C)a}{EA} = 0$，$F_C = \dfrac{Fa}{a+b}$，梁轴力图如

图 13.3 所示。由于 $a > b$，$\dfrac{aF}{a+b} > \dfrac{bF}{a+b}$，$BC$ 段轴力大，故先屈服，$\dfrac{aF_s}{a+b} = \sigma_s A$，所

以屈服荷载 $F_s = \dfrac{\sigma_s A}{a}(a+b)$；当 AB 段屈服时，梁达到极限状态，极限荷载 $\dfrac{bF_u}{a+b} = \sigma_s A$，

$F_u = \dfrac{\sigma_s A}{b}(a+b)$。

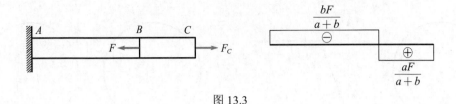

图 13.3

【例题 13.2】 如图 13.4 所示超静定结构中，设三杆的材料相同，横截面面积同为 A，试求使结构开始出现塑性变形的荷载 F_1、极限荷载 F_p。

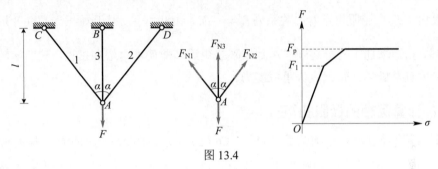

图 13.4

【解析】

以 F_{N1} 和 F_{N2} 分别表示 AC 和 AD 杆的轴力，F_{N3} 表示 AB 杆的轴力，设弹性模量为 E，

$$F_{N1} = F_{N2} = \frac{F\cos^2\alpha}{1 + 2\cos^3\alpha}, \quad F_{N3} = \frac{F}{1 + 2\cos^3\alpha}, \quad F_{N3} > F_{N1}, \text{当荷载逐渐增加时，} AB \text{杆应}$$

力首先达到 σ_s，这时的荷载即为 F_1，$F_{N3} = \dfrac{F_1}{1 + 2\cos^3\alpha} = A\sigma_s$，$F_1 = A\sigma_s(1 + 2\cos^3\alpha)$；荷

载继续增加，中间杆的轴力 F_{N3} 保持为 $A\sigma_s$，两侧杆件仍为弹性，直至两侧杆件的轴力 F_{N1}

和 F_{N2} 也达到 $A\sigma_s$，相应的荷载即为极限荷载 F_p。由节点 A 的平衡方程可得：

$$F_p = 2A\sigma_s\cos\alpha + A\sigma_s = A\sigma_s(2\cos\alpha + 1)。$$

第三节　圆轴的极限扭矩

圆轴受扭时，在线弹性阶段横截面上的切应力沿半径按线性规律分布，如图 13.5（a）所示，随着扭矩的增加，截面边缘处的最大切应力首先达到剪切屈服极限 τ_s，若相应的**屈服扭矩**为 T_1，圆轴半径为 r，则 $T_1 = \dfrac{\tau_s I_p}{r} = \dfrac{1}{2}\pi r^3 \tau_s$。设切应力和切应变的关系是理想弹塑性，如图 13.5（b）所示；当扭矩继续增加时，横截面上屈服区域逐渐增大，如图 13.5（c）所示；屈服区切应力保持为 τ_s，弹性区域逐渐减小，最后可以近似认为整个截面上的切应力均为 τ_s，如图 13.5（d）所示，与此相应的扭矩为**极限扭矩** T_p，极限扭矩 T_p 的表达式为

$$T_p = \int_A \rho\tau_s \mathrm{d}A = \int_0^r \rho\tau_s \cdot 2\pi\rho\,\mathrm{d}\rho = \frac{2}{3}\pi r^3 \tau_s。$$

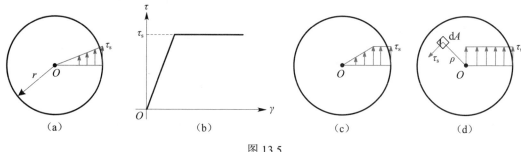

图 13.5

极限扭矩 T_p 与屈服扭矩 T_1 的关系为 $T_p = \dfrac{4}{3}T_1$，由此可见，从开始出现塑性变形到受扭极限状态，扭矩增加了三分之一。达到极限扭矩后，即使不再增加扭矩，轴的扭转变形也会持续加大直至破坏，轴已丧失承载能力。

题型二：计算圆轴的极限扭矩

【例题 13.3】 直径 d 的实心圆轴受扭如图 13.6（a）所示，其材料为理想弹塑性材料，$\tau - \gamma$ 关系如图 13.6（b），该轴的弹性极限外力偶矩为_____，该轴的塑性极限外力偶矩为_____。（重庆大学 2016）

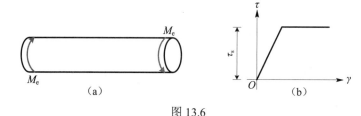

图 13.6

【解析】

截面边缘处最大切应力达到 τ_s 时，弹性极限外力偶矩 $T_1 = \tau_s W_p = \dfrac{\pi d^3 \tau_s}{16}$；整个圆截面上切应力为 τ_s 时，轴的塑性极限外力偶矩 $T_p = \displaystyle\int_0^{\frac{d}{2}} 2\pi \tau_s r^2 \mathrm{d}r = \dfrac{\pi d^3 \tau_s}{12}$。

【例题 13.4】 直径为 d 的等直圆杆 AC，两端固定，截面 B 处承受扭矩 M_e，如图 13.7 所示。材料可视为理想弹塑性，切变模量为 G，剪切屈服极限为 τ_s。试求圆杆的屈服扭矩和极限扭矩。

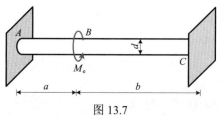

图 13.7

【解析】

根据变形几何方程 $\varphi_{AB} + \varphi_{CB} = \dfrac{M_A a}{GI_p} + \dfrac{M_C b}{GI_p} = 0$，得 $M_A = \dfrac{M_e b}{a+b}$，$M_C = -\dfrac{M_e a}{a+b}$。

因为 $|M_A| > |M_C|$，AC 段先屈服，$\tau_s = \dfrac{M_A}{W_p} = \dfrac{16M_e b}{\pi d^3 (a+b)}$，屈服扭矩 $(M_e)_s = \dfrac{\tau_s \pi d^3 (a+b)}{16b}$，

外力偶矩达到极限扭矩时，AB 段和 BC 段横截面均进入完全塑性状态，此时 $M_A = -M_C =$

$\dfrac{(M_e)_u}{2} = \displaystyle\int_0^{2\pi} \mathrm{d}\theta \int_0^{\frac{d}{2}} \tau_s \rho^2 \mathrm{d}\rho = \dfrac{\pi d^3}{12} \tau_s$，$(M_e)_u = \dfrac{\pi d^3}{6} \tau_s$。

第四节 梁的极限弯矩

一、纯弯曲梁的极限弯矩

设一纯弯曲梁如图 13.8 所示，材料可简化为理想弹塑性模型，其应力应变关系如图 13.9（a）所示；横截面上最大正应力达到材料屈服极限时，正应力沿横截面高度的变化规律如图 13.9（b）所示，此时梁开始屈服发生塑性变形，**屈服弯矩** $M_s = W\sigma_s = \dfrac{bh^2}{6}\sigma_s$；若继续增大外力偶矩，则截面上的弯矩也随之增大，横截面上正应力达到 σ_s 的区域将由上下边缘逐渐向中性轴扩展，与其相应的正应力沿横截面高度的变化规律如图 13.9（c）所示；当整个横截面上各点处的正应力均达到 σ_s 时，截面进入完全塑性状态，梁将发生明显的塑性变形而达到极限状态，如图 13.9（d）所示。

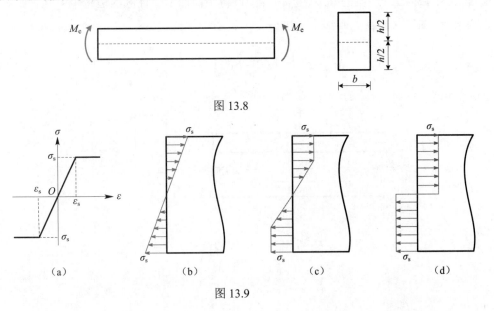

图 13.8

图 13.9

若将横截面上受拉部分和受压部分面积分别记作 A_t、A_c，由于整个横截面上内力元素组成的合力 F_N 等于零，$F_N = \int_{A_t} \sigma_s dA + \int_{A_c} (-\sigma_s) dA = 0$，$A_t = A_c$。即梁达到极限状态时，中性轴将横截面分为两个面积相等的部分，对于具有水平对称轴的横截面（如矩形、工字型、圆形截面），中性轴与对称轴重合；对于无水平对称轴的横截面（如 T 形截面），塑性状态时的中性轴将随塑性区的增加而不断移动。极限状态下，**极限弯矩**表达式为

$$M_u = \sigma_s W_s = \sigma_s (S_t + S_c) \tag{13.3}$$

式中，W_s 为塑性弯曲截面系数，S_t、S_c 分别为 A_t、A_c 两部分面积对中性轴的静矩。

二、横力弯曲梁的极限弯矩

图 13.10 所示简支梁在跨中承受集中荷载 F，若材料可简化为理想弹塑性模型，梁的最大弯矩发生在跨中，$M_{\max} = \dfrac{Fl}{4}$，若跨中最大正应力等于屈服极限 σ_s 时，跨中弯矩达到屈服弯矩 M_s，此时的荷载为屈服荷载 F_s，$M_s = \dfrac{F_s l}{4} = W \sigma_s = \dfrac{bh^2}{6} \sigma_s$，$F_s = \dfrac{2bh^2}{3l} \sigma_s$。

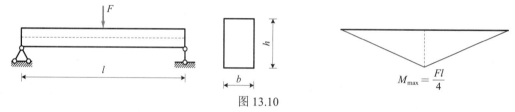

图 13.10

若集中荷载 F 继续增加，且 $F_s < F < F_u$，则跨中截面上的弯矩处于 $M_s < M < M_u$ 范围内，跨中截面上的塑性区向中性轴扩展。设跨中截面上弹性区的边缘距中性轴距离为 y_s，如图 13.11 所示，则截面弯矩表达式为

$$M = 2\left[\int_0^{y_s} \left(\sigma_s \frac{y}{y_s} b \, dy \right) y + \int_{y_s}^{\frac{h}{2}} (\sigma_s b \, dy) y \right] \tag{13.4}$$

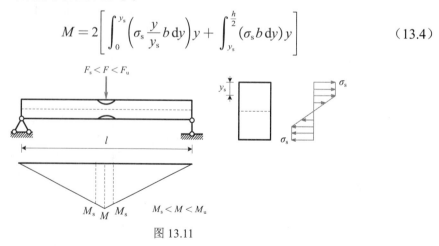

图 13.11

当荷载增大到极限弯矩M_u时，截面全部进入塑性状态，弹性区消失，即y_s趋于 0，跨中截面两侧的两段梁在极限弯矩不变的条件下，将绕截面中性轴发生相对转动。截面达到完全塑性所引起的转动效应称为**塑性铰**，如图 13.12 所示。

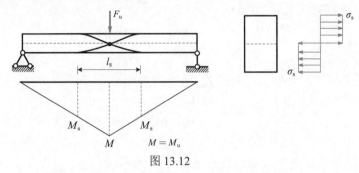

图 13.12

塑性铰所在截面两侧两段梁的转动方向与极限弯矩的方向一致，梁卸载时，塑性铰的效应消失。此时极限荷载和极限弯矩分别为

$$M_u = W_s\sigma_s = \frac{bh^2}{4}\sigma_s = \frac{F_u l}{4}, \quad F_u = \frac{bh^2}{l}\sigma_s \qquad (13.5)$$

设极限荷载作用下的梁塑性区宽度为l_s，则$\dfrac{F_u}{2} \times \dfrac{l-l_s}{2} = M_s = \dfrac{bh^2}{6}\sigma_s$，$l_s = \dfrac{l}{3}$，矩形

截面的$\dfrac{F_u}{F_s} = \dfrac{M_u}{M_s} = 1.5$，即考虑材料的塑性时，可以提高梁的承载能力。

超静定梁由于有多余约束，个别截面上出现塑性铰时，整个结构并不一定会达到极限状态，如图 13.13 所示超静定梁，增加荷载F，弯矩最大的固定端A处首先出现塑性铰，A端出现塑性铰后，原来的超静定梁相当于图 13.14（a）中的静定梁，并未丧失承载能力，荷载可以继续增加，直到截面C处形成另一个塑性铰，结构达到极限状态。

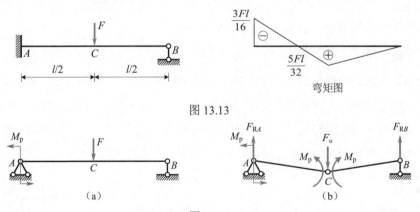

图 13.13

（a）   （b）

图 13.14

对于达到极限状态的梁，如图 13.14（b）所示，由$\sum M_C = 0$，$F_{RB} = \dfrac{2M_p}{l}$，由

$\sum M_A = 0$，$F_{RB}l - F_u \cdot \dfrac{l}{2} + M_p = 0$，$F_u = \dfrac{6M_p}{l}$，根据静力学平衡方程可求得极限荷载。

题型三：计算极限弯矩

【例题 13.5】 一结构截面如图 13.15 所示，已知截面材料的屈服极限为 σ_s，试求截面的极限弯矩 M_u。（大连理工大学 2015）

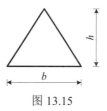

图 13.15

【解析】

　　如图 13.16 所示，设中性轴距顶端距离为 $\bar{y}$，当截面达到极限弯矩 M_u 时，中性轴把截面分成面积相等的两部分，两部分分别设为 A_c、A_t，则

$$A_c = A_t \quad \frac{1}{2}\bar{y} \cdot b \cdot \frac{\bar{y}}{h} = \frac{b}{2}h - \frac{1}{2}\bar{y} \cdot b \cdot \frac{\bar{y}}{h}, \quad \bar{y} = \frac{\sqrt{2}}{2}h.$$

面积 A_c 对中性轴静矩：$S_c = \dfrac{1}{2} \cdot bh \cdot \dfrac{1}{2} \cdot \dfrac{1}{3} \cdot \dfrac{\sqrt{2}}{2}h = \dfrac{\sqrt{2}}{24}bh^2 = 0.058\,9bh^2.$

面积 A_t 对中性轴静矩：

$$S_t = \frac{1}{2} \cdot \left(1 - \frac{\sqrt{2}}{2}\right)b \cdot \left(1 - \frac{\sqrt{2}}{2}\right)h \cdot \left(1 - \frac{\sqrt{2}}{2}\right)h \cdot \frac{2}{3} + \frac{\sqrt{2}}{2}b \cdot \left(1 - \frac{\sqrt{2}}{2}\right)h \cdot \left(1 - \frac{\sqrt{2}}{2}\right)h \cdot \frac{1}{2}$$

$$= \frac{1}{3}bh^2\left(1 - \frac{\sqrt{2}}{2}\right)^3 + \frac{\sqrt{2}}{4}bh^2\left(1 - \frac{\sqrt{2}}{2}\right)^2 = 0.038\,7bh^2.$$

截面的极限弯矩 $M_u = \sigma_s(S_c + S_t) = 0.097\,6bh^2\sigma_s.$

【注】 计算梯形对中性轴的静矩时，可以把梯形分成两个图形分别求静矩。

【例题 13.6】 理想弹塑性材料的应力应变关系如图 13.17（a）所示，τ_s 为材料的剪切屈服极限。实心圆轴扭转时，其塑性极限状态如图 13.17（b）所示，若材料的应力应变关系如图 13.17（c）所示，σ_s 为材料的屈服极限，试计算图 13.17（d）所示矩形截面梁在纯弯曲时，其塑性极限弯矩 M_u 与弹性极限弯矩 M_e 的比值。（重庆大学 2019）

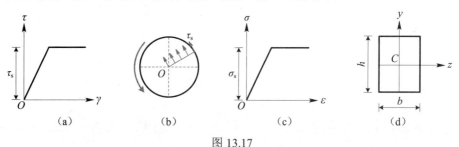

　　　（a）　　　　　（b）　　　　　（c）　　　　　（d）

图 13.17

【解析】

矩形截面梁在纯弯曲时,弹性极限弯矩 $M_e = \sigma_s W_z = \sigma_s \cdot \frac{1}{6} bh^2 = \frac{1}{6}\sigma_s bh^2$,塑性极限状态下整个截面上的应力都为屈服极限,塑性极限弯矩 $M_u = 2\left(\sigma_s \cdot b\frac{h}{2}\right) \cdot \frac{h}{4} = \frac{1}{4}\sigma_s bh^2$,因此塑性极限弯矩与弹性极限弯矩的比值 $\dfrac{M_u}{M_e} = 1.5$。

【例题 13.7】如图 13.18 所示,矩形截面梁为理想塑性材料,其长度 $l = 1$ m,拉伸和压缩时的屈服极限相同,若屈服极限 $\sigma_s = 240$ MPa,试求梁在图示 $a = 273$ mm 长度内发生屈服时,梁的危险截面上屈服区的高度 s。(大连理工大学 2017)

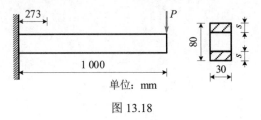

图 13.18

【解析】

屈服弯矩 $M_s = P(l - a) = 0.727P$ (kN·m),抗弯截面系数

$$W = \frac{bh^2}{6} = 3.2 \times 10^{-5} \ (\text{mm}^3), \quad M_s = \sigma_s W = 0.727P,$$

$$P = \frac{\sigma_s W}{0.727} = \frac{240 \times 10^3 \times 3.2 \times 10^{-5}}{0.727} = 10.56 \ (\text{kN}),$$ 固定端为危险截面,假设危险截面的应力情况如图 13.19 所示,截面屈服区的高度为 s,则

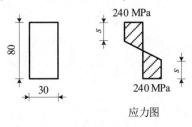

应力图

图 13.19

$$M = Pl = 10.56 \ (\text{kN·m}),$$

$$M = 2 \times \frac{1}{2} \times 240 \times 10^3 \times (0.04 - s)^2 \times \frac{2}{3} \times 0.03 + 2 \times 240 \times 10^3 \times s \times \left(0.04 - \frac{s}{2}\right) \times 0.03$$

$$= 4\,800 \times (0.04 - s)^2 + 14\,400 \times s \times \left(0.04 - \frac{s}{2}\right) = 10.56,$$

化简得 $s^2 - 0.08s + 0.0012 = 0$,解得 $s = 0.02$ m。

【注】此危险截面只有部分高度的应力达到屈服极限,因此截面并未达到极限状态。